全国高等工科教育机械工程类专业规划教材

冲压工艺及模具设计

主　编　朱旭霞
参　编　刘　毅　丁友生　曹选平
　　　　苏　君　韩海玲　罗　纲
主　审　周建忠

机　械　工　业　出　版　社

本书对冲压工艺及模具设计的相关知识进行了系统的阐述。全书共8章，介绍了冲压工艺的分类和基本概念，冲压工艺及模具发展的基本概况，冲裁工艺及模具设计，弯曲工艺及模具设计，拉深工艺及模具设计，翻边、胀形等成形工艺及模具设计，冷挤压工艺及模具设计，经济型冲压模具设计及冲压工艺规程的编制等方面内容。此外，本书还选编了各类典型的模具结构和相关实例、实用的技术参数数据，具有较强的实用性。

本书为全国高等工科教育机械工程类专业规划教材，可作为应用型本科、高职高专院校模具专业教材，也可供职业大学、成人教育等相关专业师生及从事冲压生产的技术人员参考。

图书在版编目（CIP）数据

冲压工艺及模具设计/朱旭霞主编．—北京：机械工业出版社，2008.1（2019.1重印）

ISBN 978-7-111-23127-1

Ⅰ．冲…　Ⅱ．朱…　Ⅲ．①冲压-工艺②冲模-设计
Ⅳ．TG38

中国版本图书馆CIP数据核字（2007）第196320号

机械工业出版社（北京市百万庄大街22号　邮政编码100037）
策划编辑：汪光灿
责任编辑：郑　丹　责任校对：姚培新
封面设计：姚　毅　责任印制：常天培
北京京丰印刷厂印刷
2019年1月第1版·第7次印刷
184mm×260mm·14.25印张·349千字
16 401—17 400册
标准书号：ISBN 978-7-111-23127-1
定价：34.00元

凡购本书，如有缺页、倒页、脱页，由本社发行部调换

电话服务
社服务中心：（010）88361066
销售一部：（010）68326294
销售二部：（010）88379649
读者购书热线：（010）88379203

网络服务
门户网：http：//www.cmpbook.com
教材网：http：//www.cmpedu.com
封面无防伪标均为盗版

前　言

目前，我国经济处于高速发展阶段，现代加工制造业在行业结构、产品研发创新能力、企业体制与机制改革以及技术进步等方面取得了很大发展，急需掌握各种先进制造技术和设计能力的专门人才。冲压工艺在汽车、家用电器、仪表、轻工、航天航空、兵器等行业中应用广泛、占有重要的地位，冲压模具更是占模具总量的40%以上。因此，培养了解和掌握冲压工艺及模具设计知识的应用型专门人才对于行业的发展有着非常重要的意义。

本书以培养冲压行业技术人才为目的，以冲压理论知识为基础，以模具设计为核心，理论联系实际，着重于应用能力的培养，突出实用性的指导方针，适合冲压工艺与模具设计人员工作与学习时使用。

本书由宁波工程学院朱旭霞主编，江苏大学周建忠教授主审。全书共8章，朱旭霞编写第1、2章，江阴职业技术学院刘毅编写第3章，成都纺织高等专科学校罗纲和曹选平编写第4、6章，河南工业职业技术学院苏君编写第5章，辽宁交通高等专科学校韩海玲编写第7章，南京信息职业技术学院丁友生编写第8章。

本书配有电子课件，凡使用本书作为教材的教师可登录机械工业出版社教材服务网 http://www.cmpedu.com 注册后下载。咨询邮箱：cmpgaozhi@sina.com。咨询电话：010-88379375。

由于编者水平有限，经验不足，书中难免有不足之处，敬请读者批评指正。

编　者

目　录

第1章　绪　　论

冲压工艺与模具设计是一门实用性很强的课程，需要在学习过程中理论联系实际，才能易于理解和掌握。应当强调的是：冲压工艺和模具设计是掌握冷冲压技术的两个重要方面，工艺理论是基础，模具设计是关键，两者缺一不可。通过本课程的学习并进行相关的课程设计，能初步掌握分析、制定冲压工艺方案和设计冷冲压模具的方法。

本章的学习目的是了解冲压工艺的基本类型以及冲压工艺的发展趋势。

1.1　冲压工艺分类及应用

冷冲压是塑性加工的一种基本方法。它利用安装在压力机上的模具，在常温下对毛坯施加外力，使其产生变形或分离，从而获得具有一定尺寸、形状和性能的工件。一般是以金属板料为原材料（也有采用金属管料和非金属材料的），所以也称为板料冲压。

根据成形特点，冲压工艺可分为分离工艺和成形工艺两大类。分离工艺是在压力作用下，将冲压件沿一定的轮廓线与板料分离。其特点是材料在所受应力超过强度极限时使一部分材料与另一部分分开，如落料、冲孔、切断、整修等。成形工艺是在不破坏材料的前提下使之产生塑性变形而获得所需形状与尺寸的工件。其特点是工件的变形为塑性变形，且在变形过程中不发生破坏，如弯曲、拉深等。冲压的基本工序见表1-1。

表1-1　冲压的基本工序

类别	工序		简　　图	工序性质
分离	冲裁	落料	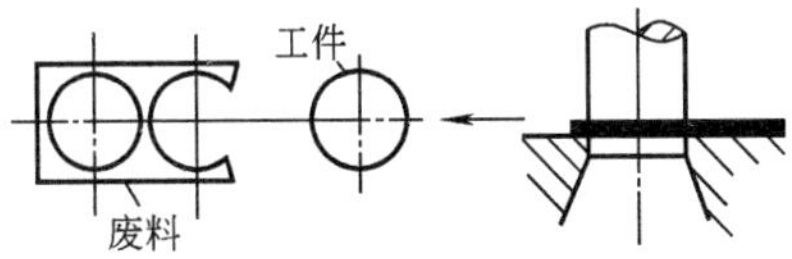 工件　废料	用模具沿封闭轮廓线冲切板料，冲下的部分是工件
		冲孔	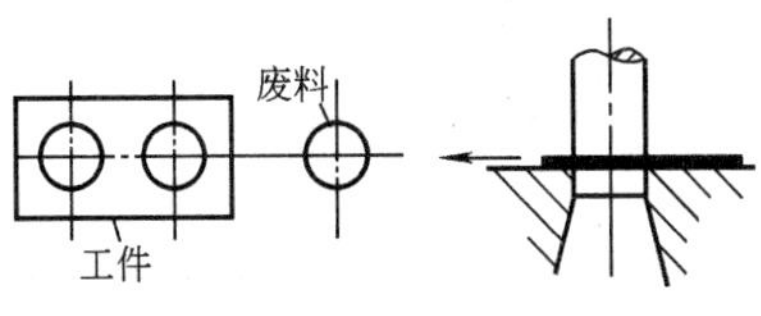 废料　工件	用模具沿封闭轮廓线冲切板料，冲下的部分是废料
	剪切		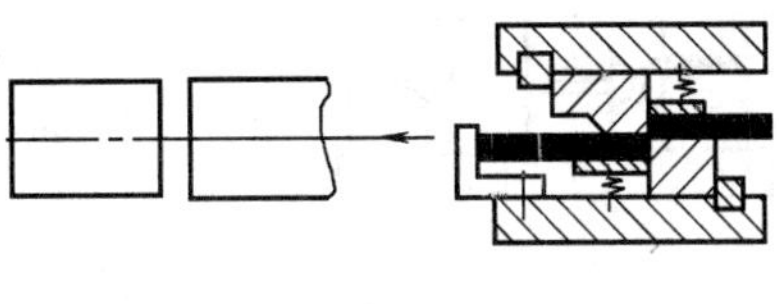	用剪或模具切断板料，切断线不封闭

（续）

类别	工序	简 图	工序性质
分离	切口	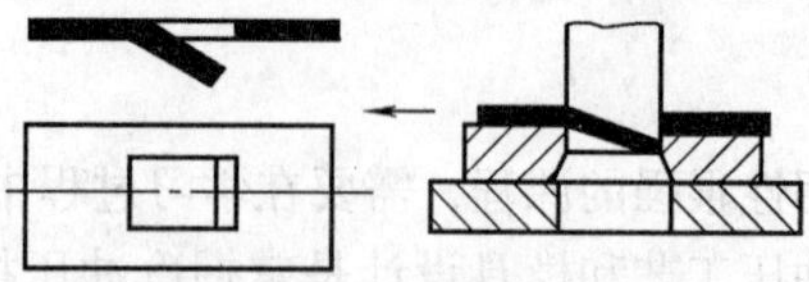	用模具将板料冲切成部分分离，切口部分发生弯曲
	切边	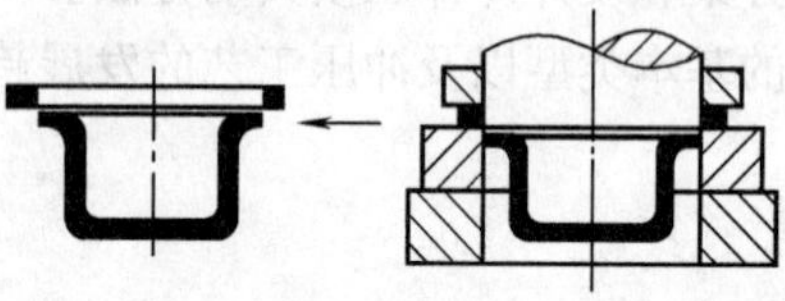	将成形后的半成品的边缘修切整齐或切成一定形状
	剖切	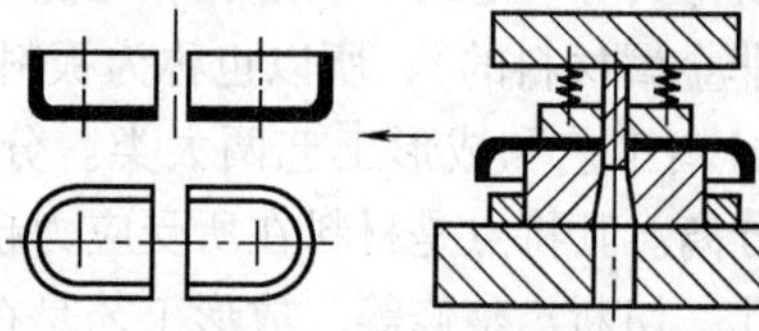	将半成品切开成两个或几个工件
成形	弯曲	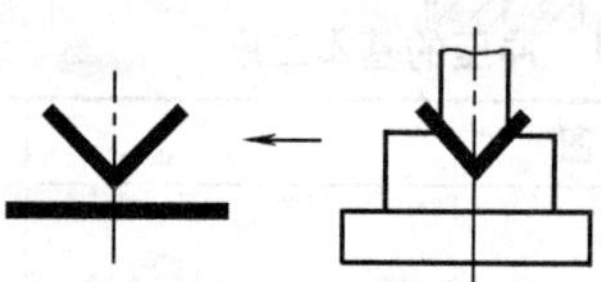	把板料沿直线弯成各种形状
	卷圆	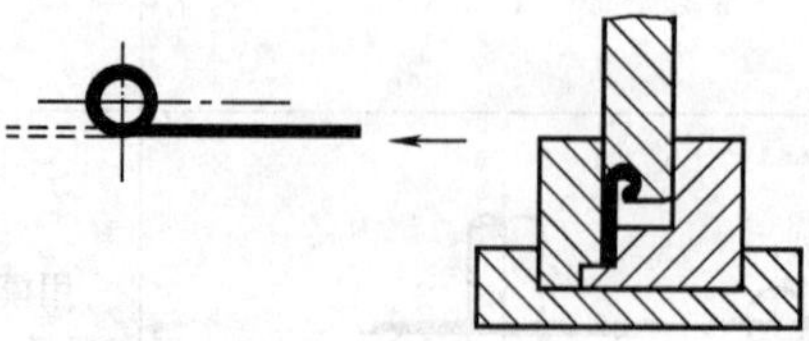	把板料端部卷圆
	扭曲	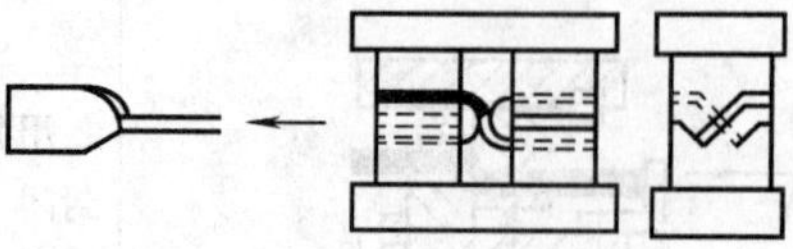	将坯料的一部分相对于另一部分扭转一个角度

（续）

类别	工序		简　图	工序性质
成形	拉深			将板料毛坯制成各种空心工件
	变薄拉深			把拉深后的空心半成品进一步加工成为侧壁厚度小于底部厚度的工件
	翻边	内孔翻边	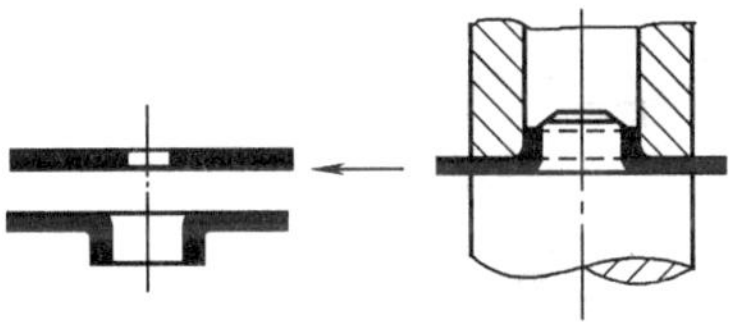	在预先冲孔的半成品上或未经冲孔的板料上冲制出竖立的边缘
		外缘翻边		把板料半成品的边缘沿曲线或圆弧翻出竖立的边缘
	缩口			将空心毛坯或管状毛坯的口部缩小
	扩口			将空心毛坯或管状毛坯的口部扩大

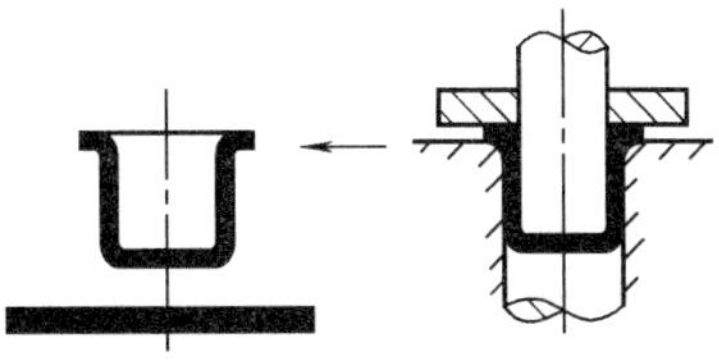

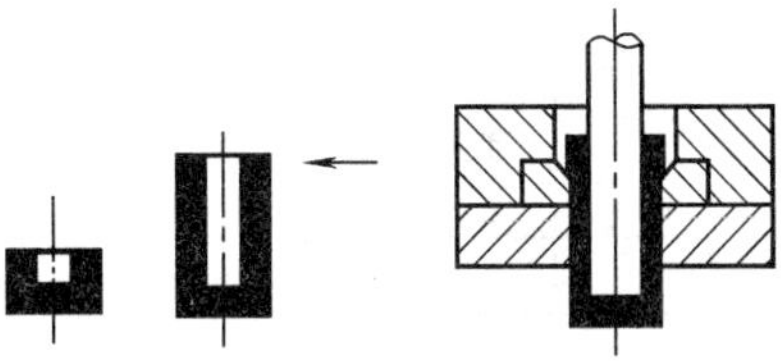

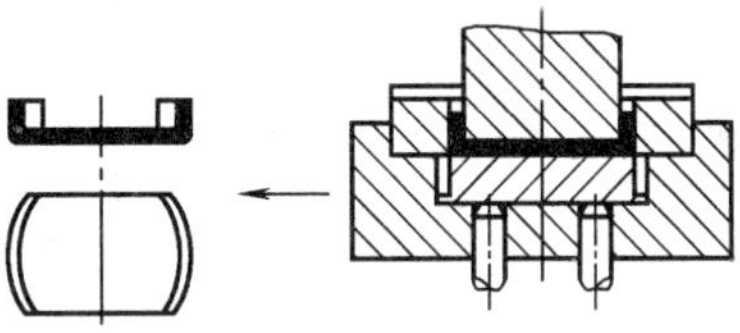

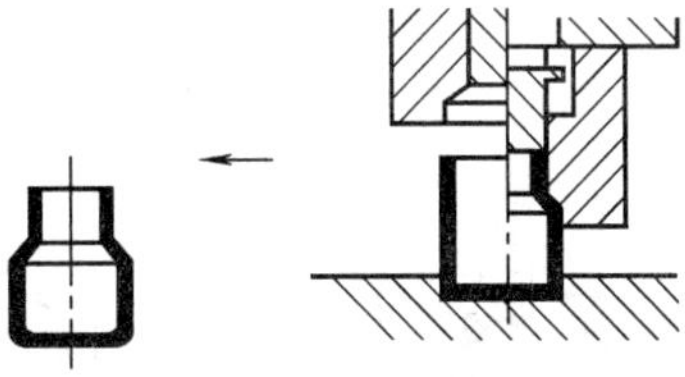

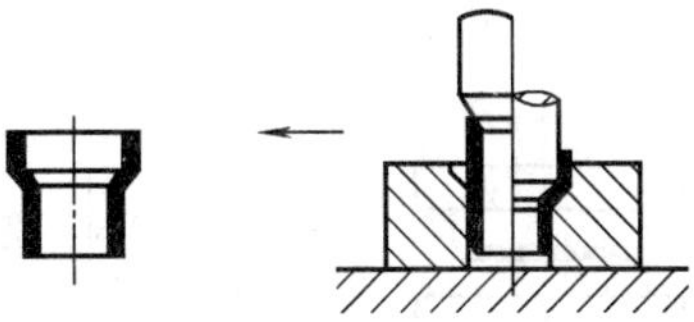

（续）

类别	工序	简图	工序性质
成形	起伏	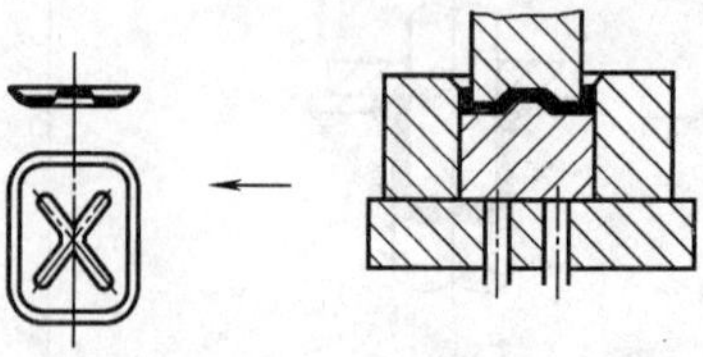	在板料毛坯或半成品上压出筋条、花纹或文字
	卷边	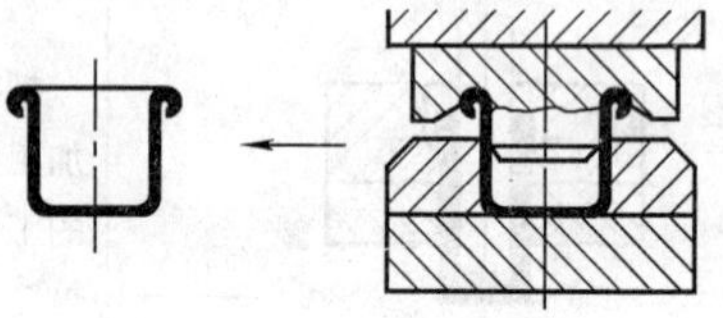	将空心件的边缘卷成圆边
	胀形	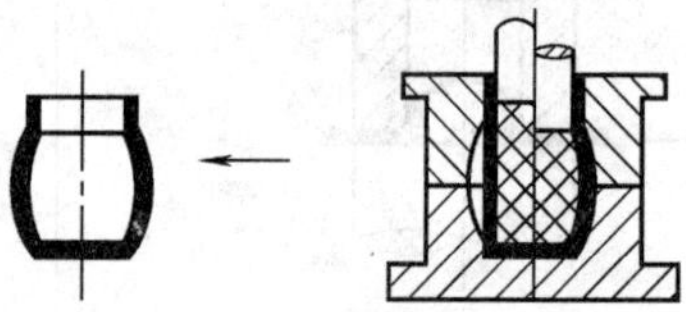	使空心毛坯或管状毛坯的一部分沿径向扩张成凸肚形
	旋压	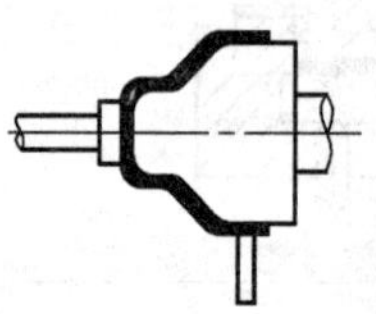	在旋转状态下用赶棒或滚轮使毛坯逐步成形
	整形	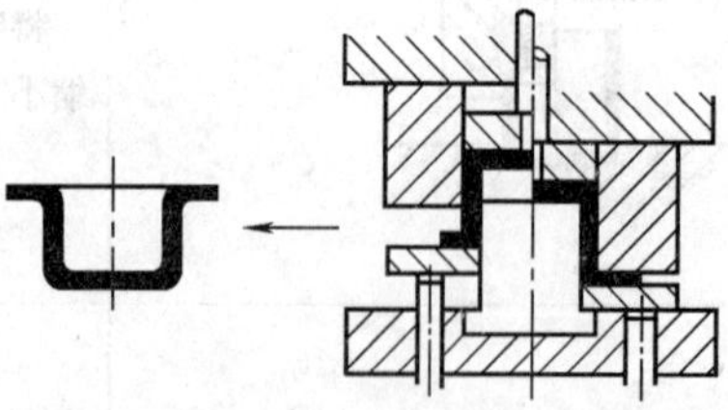	把形状不太准确的半成品校正成形，以提高工件精度或获得较小的圆角半径
	校平	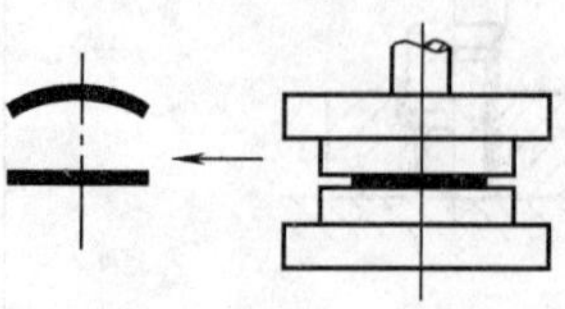	把不平的工件压平

（续）

类别	工序	简　图	工序性质
成形	压印		改变工件厚度，在工件表面上压出文字或花纹
	冷挤压		在三向压应力状态下，材料从凸、凹模间隙或凹模模口流动，将毛坯变成空心件或横截面不等的制品

在全世界的钢材中，板材大约占 60% ~70%，而其中大部分是经过冲压工艺制成成品的。与其他加工方法相比，冲压产品具有以下特点：

（1）与铸造和锻造方法相比，冲压制品具有表面光洁、精度较高、尺寸稳定、互换性好的特点，采用精密模具制成的工件精度可达微米级。冲压还可制出其他方法难于制造的带有翻边、起伏、加强筋的工件。

（2）生产效率高、生产成本低、操作简单，容易实现自动化和机械化，特别适合于大批量生产，可实现由带材开卷、矫平、冲裁到成形、精整的全自动生产。一台冲压设备每分钟可加工几十件到几百件工件。

（3）冲压制品一般不需要再进行切削加工，或仅需要少量的切削加工，可节约金属材料。

（4）冲压加工一般不需加热，可节省能源。

由于具有上述优点，冲压加工在现代汽车、家用电器、仪表以及轻工生产中占有十分重要的地位。如汽车的车身、空心凸轮轴、发动机支架、框架结构件、横纵梁底盘、油箱、散热器片，锅炉的锅筒，容器的壳体，电动机、电器的铁心硅钢片等工件都是冲压加工的。此外，在兵器、飞机、导弹等制造行业，冲压加工量所占的比例也是相当大的。据统计，2003 年我国生产汽车冲压件约 240 万 t/8 亿件，摩托车冲压件约 28 万 t/19 亿件，拖拉机、农用车冲压件约 96 万 t/7.1 亿件，家用空调和冰箱冲压件 100 万 t/12.8 亿件。随着冲压成形行业最大的用户——汽车行业的迅猛发展，冲压行业将迎来又一个快速发展时期。

1.2　冲压工艺与模具设计的现状与发展

目前，我国冲压行业还存在很多的问题：

（1）冲压行业的机械化、自动化程度较低，生产集中度低。冲压行业大多数企业设备比较落后，能耗高，材料利用率低，且多为手工操作，环境污染严重。多工位压力机、精冲机等先进生产设备由于价格昂贵，设备投资大，在我国的应用还不多，大部分冲压机还是手工上下料。要改变这种落后局面，需加速技术改造，采取新工艺，提高机械化、自动化程度。

（2）冲压板材自给率不足，品种规格不配套。目前，我国生产的汽车用薄板只能满足实际需要的60%左右，而高档轿车用钢板，如高强度板、合金化镀锌板、超宽板（钢板宽度1650mm以上）等大都依赖进口。汽车用钢板的品种应更趋合理，朝着高强、高耐蚀和多规格的薄钢板方向发展，并需改善冲压性能。铝合金、镁合金、新型复合材料已成为汽车轻量化的理想材料，扩大应用已势在必行。

（3）大、精模具依赖进口，模具标准化程度低。在现代工业生产中，60%～90%的工业产品需要使用模具，模具工业已经成为工业发展的基础。根据国际生产技术协会的预测，21世纪机械制造工业零件中粗加工件的75%，精加工件的50%都需要通过模具来完成，模具有冷冲模具、塑料成型模具、压铸模、橡皮成形模等类型，其中冷冲模具约占模具总量的40%。模具的精度和结构直接影响冲压件的成形和精度。模具的制造成本和寿命则是影响冲压件成本和质量的重要因素。模具生产的技术水平已经成为衡量一个国家制造业水平的重要评价指标。当前，我国冲压模具的材料、设计、制造均满足不了国内冲压行业发展的需要，而且标准化程度尚低，大约为40%～45%，远低于国际上70%的水平。必须加快模具制造企业的产业升级，用信息化技术改造模具企业，发展重点在于大力推广CAD/CAM/CAE一体化技术，加速我国模具标准化进程，提高模具的制造精度和互换率。在模具CAD/CAM的基础上，结合人工智能技术深入应用材料成形CAE技术，使我国企业能够尽快地登上现代数字制造技术新台阶。

（4）科技成果转化慢，先进工艺应用缓慢。在我国，许多冲压新技术起步并不晚，有些还达到了国际先进水平，但常常很难形成生产力。一方面，以高校和科研单位为主体的研究机构无法将研究成果进行科技转化；另一方面，国内企业大部分仍采用传统冲压技术，技术开发费用投入少，自主开发创新能力不足，先进冲压工艺应用不多，对新型的成形技术缺少研究与技术储备。造成这种现象的原因就是在企业与科研院所之间没能形成一个有效的产、学、研联合体。要想改变现状，就需要在两者之间搭起一座平台，以科研机构为技术支持，以企业为应用基地，围绕大型项目开发和产业化，形成产品、设备、材料、技术的企业联合实体，建立既能开发创新，又能使之迅速产业化的良性循环体系。

（5）专业人才缺乏。业内掌握先进设计技术和数字化技术的高素质人才远远不能满足冲压行业飞速发展的需要，这是一项长期而系统的任务。需要以行业组织为龙头，全面提高行业人员素质；有计划、分层次地培养大批既具备冲压知识又掌握先进技术、工艺的高级技能人才。

以上存在的种种问题也是发展的突破点，冲压行业要进步就必须依靠技术创新。如今，随着科学技术和工业生产的日新月异，现代冲压成形技术正向如下几个方向发展：

（1）研究改进板料的冲压性能，以提高冲压件的质量和冲压成形工艺的效率。

（2）研究应用模块式冲压及其控制技术、新材料及复合材料冲压加工新工艺以及特种冲压成形技术，满足产品的更新换代和多品种小批量生产的需要。

（3）研究冲压变形的基本规律，为指导冲压生产和解决实际问题提供理论依据。采用弹塑性有限元法，对复杂形状冲压件的成形过程进行分析和计算机模拟仿真，提高工艺和模具设计的可靠性。

（4）开发和应用模具 CAD/CAM/CAE 技术，缩短模具的设计和制造周期。CAD/CAM 系统从单纯的建模工具发展为设计、分析、管理和加工全过程的产品信息管理集成化系统，在数字化制造、系统集成、反向工程、快速原型以及计算机辅助应用技术等方面形成全方位的解决方案，能够提供模具开发与工程服务的业务，全面提高模具企业的水平和产品质量。

（5）采用高速多工位数控压力机或多工位连续模，利用自动送料、取件装置实现冲压生产机械化、自动化，提高生产效率，以满足大批量生产的需要。

在信息化带动工业化发展的今天，我国冲压行业必须把握时代脉搏，改革创新，锐意进取，才能在充满机遇与挑战的 21 世纪取得新的进步。

思考练习题

1. 冲压工艺可分为哪两大类？它们的主要区别有哪些？
2. 冲压工艺的特点是什么？

第2章　板材冲压成形的基本知识

本章的学习目的是要了解冲压工艺常用的基本设备，掌握相关的技术参数；了解塑性成型的基本理论；了解常用的冲压材料和模具材料。

2.1　冲压设备

用来完成冲压件各种冲压工艺的机床通称为冲压设备。冲压设备种类很多，按照传动方式的不同，主要有机械压力机和液压压力机两大类。机械压力机包括曲柄压力机、偏心压力机、拉深压力机、摩擦压力机、粉末制品压力机、模锻精压机、挤压用压力机和专用压力机等；液压压力机有冲压液压机、一般用途液压机、弯曲校正压紧用液压机、打包压块用液压机和专门化液压机等。其中以机械式曲柄压力机、摩擦压力机、偏心压力机、液压机在冲压生产中的应用最为广泛。下面简要介绍它们的工作原理和特点。

2.1.1　常用冲压设备

1. 曲柄压力机

曲柄压力机是主要的冲压设备。它能进行冲裁、弯曲、拉深和挤压等冲压工艺。各种曲柄压力机虽然公称压力大小和形状不同，但是它们的基本结构相同，都由传动系统（由带轮、传动带、齿轮、离合器、制动器及传动轴组成）、工作机构（由曲轴、连杆和滑块组成）、床身三个主要部分组成，如图2-1所示。此外，为了保护操作者和机器的安全，压力机还设有人身安全装置和过载保护装置。

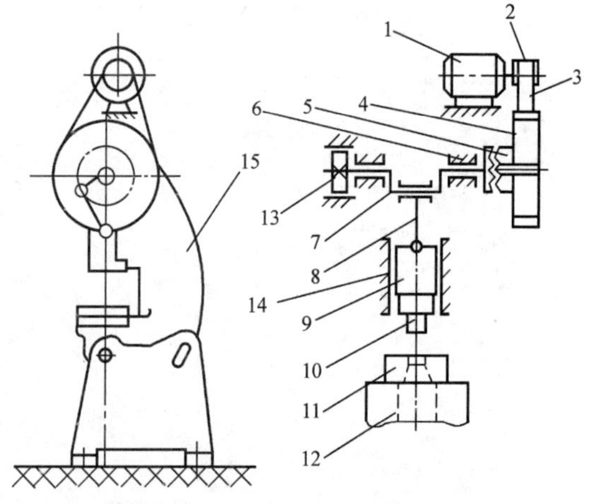

图2-1　曲柄压力机结构示意图

1—电动机　2—带轮　3—传动带　4—飞轮　5—离合器　6—轴承　7—曲轴　8—连杆　9—滑块　10—上模　11—下模　12—工作台　13—制动器　14—导块　15—床身

压力机的工作过程为：电动机1起动后，通过带轮2、传动带3和传动轴带动飞轮4旋转。当踏下脚踏板时，制动器13松开，随即离合器5接合，将传动系统与工作机构连接起来，曲轴7的旋转运动经过连杆8变成滑块9的往复运动。冲模的上模固定在滑块上，随之进行冲压成形过程。当松开脚踏板时，离合器5脱开，飞轮4空转，曲轴7被制动器13在最高点制动，滑块即停在上止点位置。

通用曲柄压力机亦称冲床。根据床身结构不同，可将其分为开式冲床和闭式冲床。开式冲床的床身前面、左面和右面三个方向是敞开的，因此操作和安装、调整模具都很方便。开式冲床公称压力较小，大都在 10^6N 之下。闭式冲床亦称龙门冲床。这种冲床刚度大、精度高，一般公称压力较大，属于大、中型压力机。按照滑块数目，压力机可分为单动、双动和三动三种。图 2-1 所示压力机只有一个滑块，为单动压力机。双动和三动压力机一般用于复杂工件的拉深。

2. 摩擦压力机

摩擦压力机是利用摩擦盘与飞轮之间相互接触来传递动力，是借螺杆与螺母相对运动原理而工作的。摩擦压力机适用于中小型件的冲压加工，生产率较低。

图 2-2 所示为摩擦压力机的传动系统示意图。工作时，压下手柄 13，轴 4 右移，使摩擦盘 3 与飞轮 6 的边缘相接触，迫使飞轮与螺杆 9 顺时针旋转，而滑块 12 向下冲压；反之，手柄向上，滑块上升。

滑块的行程靠安装在连杆 10 上的两个挡块 11 来调节。当滑块触及下挡块时，能自动地向左移动传动轴，进而改变飞轮旋转方向，滑块立即上升；当滑块触及上挡块时，滑块则下降。因此，调整两挡块之间的距离，即可决定滑块行程的大小。上滑块还有限制飞轮碰撞传动轴的作用。

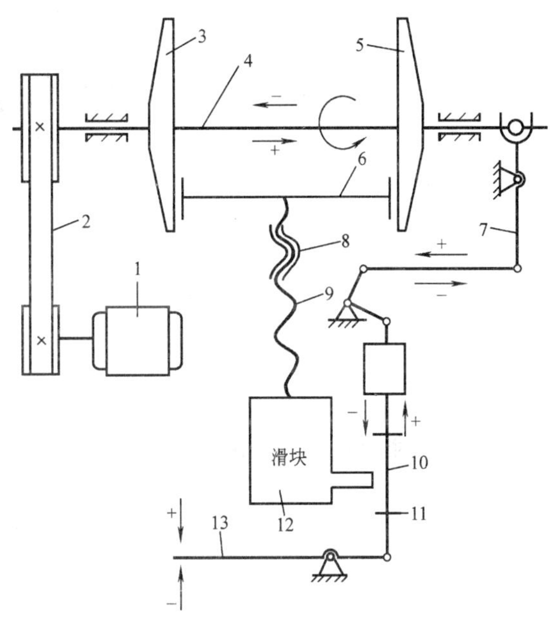

图 2-2　摩擦压力机传动系统示意图

1—电动机　2—传动带　3、5—摩擦盘　4—轴

6—飞轮　7—拨杆　8—螺母　9—螺杆

10—连杆　11—挡块　12—滑块　13—手柄

滑块运动的速度，决定于飞轮与摩擦盘接触处到摩擦盘中心的距离及两者接触的紧密程度。接触正常时，接触处到摩擦盘中心的距离愈大，飞轮转速愈快，螺杆转速也随之增加。因此，冲压时滑块以加速度下降。回程时情况恰好相反。由于这个原理，摩擦压力机在冲压瞬间能产生很大的压力，同时能够靠手柄压下的距离来控制飞轮与摩擦盘的接触松紧程度，使压力大小得到调整，以适应不同类型的冲压工作。

3. 偏心压力机

偏心压力机是曲柄压力机中的一种，偏心压力机均为开式压力机，行程不大而且可以调整，适宜作冲裁、弯曲和浅拉深等冲压工序，生产率高。

偏心压力机的基本工作机构是曲柄连杆机构。图 2-3 所示是偏心压力机的传动系统示意图。电动机 9 通过带轮 8、离合器 7（由脚踏板 1 和操纵机构 11 控制其打开或闭合）带动偏心轴 6 转动，通过偏心套使连杆 4 带动滑块 3 作上下往复运动进行冲压操作。当离合器脱开时，制动器 5 立即使滑块停止在一定的位置上。

偏心压力机的行程在一定范围内可以调整，其调节机构如图 2-4 所示。主轴 5 的前端为与主轴成一体的偏心部分，其上装有偏心套 3。偏心套与接合套 2 由端齿啮合并由螺母 1 锁紧，连杆 4 自由地套在偏心主轴上。这样，主轴的旋转运动将带动偏心套的中心 M 沿主轴中心 O 作圆周运动，从而使连杆和滑块作上下往复运动。M 点运动的圆周直径（$2MO$）即

为滑块的行程 S。当松开螺母 1，使接合套的端齿与偏心套端齿脱开，转动偏心套即可调节偏心套中心与主轴中心的距离 MO，从而可在一定范围内调整滑块的行程。其行程调节状态图如图 2-5 所示。

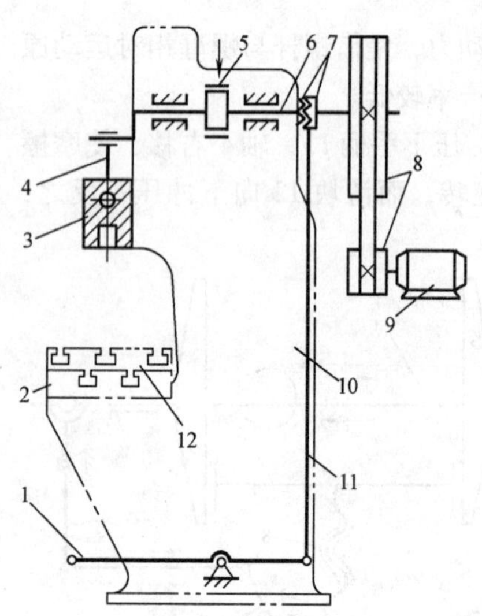

图 2-3　偏心压力机传动系统示意图

1—脚踏板　2—工作台　3—滑块　4—连杆　5—制动器　6—偏心轴　7—离合器　8—带轮　9—电动机　10—床身　11—操纵机构　12—工作台垫板

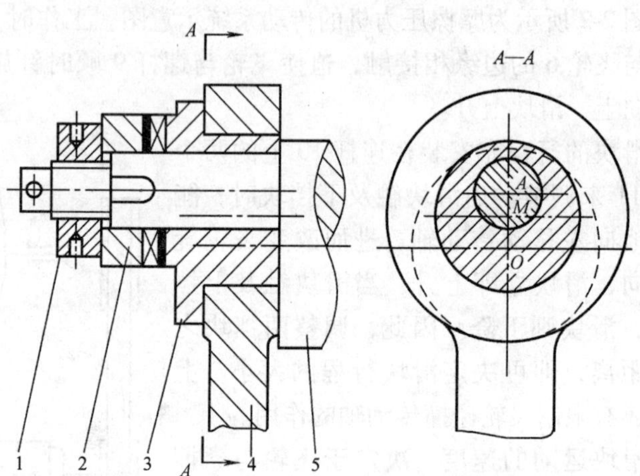

图 2-4　偏心压力机行程调节机构

1—螺母　2—接合套　3—偏心套　4—连杆　5—偏心主轴

O—偏心主轴中心　A—偏心主轴偏心部分中心　M—偏心套 3 的中心

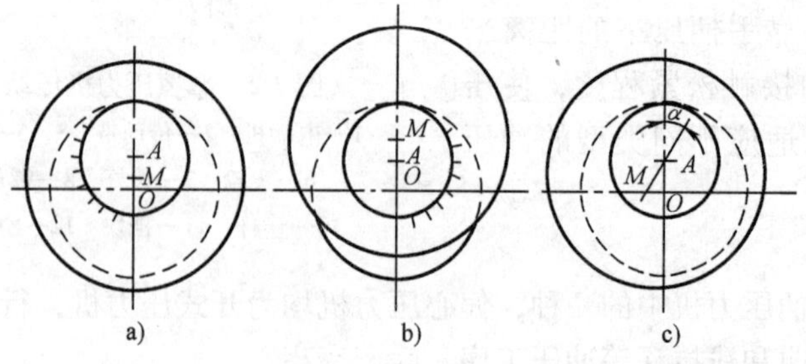

图 2-5　偏心压力机行程调节状态图

a）最小行程状态　b）最大行程状态　c）任意位置行程状态

4. 液压机

液压机是以高压液体（油、乳化液等）传送工作压力的锻压机械。液压机的行程是可变的，能够在任意位置发出最大的工作力。液压机工作平稳，没有振动，容易达到较大的锻造深度，最适合于大锻件的锻造和大规格板料的拉深、打包和压块等工作，一些弯曲、矫正、剪切工艺也采用液压机。液压机主要包括水压机和油压机。

液压机虽有多种规格，但其工作原理是一致的。

各种液压机都由三部分组成，如图 2-6 所示。

本体部分：包括立柱，上、下横梁、活动横梁、工作缸、顶出缸。

动力部分：为工作缸和顶出缸提供高压油的高压泵。

操纵控制系统：包括操纵箱和一些操纵阀。通过这些操纵阀来控制和分配各工作液压缸高压液体的流量和流动方向，以实现液压机的活动横梁快速下行，并进行加压、保压、卸压快速回程、顶出缸活塞顶出和回程等动作。

液压机的特点为：在全行程内都能实现全压和长时间保压；工作速度可调节，如空行程和回程时可快速，合模时慢速，既利于操作，又可提高生产效率；此外，还具有工作平稳、撞击和振动轻、噪声小等优点。

2.1.2 冲压设备的选用

冲压设备的选用是冲压工艺及模具设计中一项重要内容，它直接关系到冲压设备的安全使用、冲压工艺的实现，以及模具寿命、产品质量、生产效率及成本等重要问题。冲压设备的选用包括选择设备类型和确定设备规格两项内容。

1. 冲压设备类型

选择冲压设备类型，主要是根据冲压工艺特点和生产率、安全操作等因素来确定的。

在中小型冲压件生产中，主要选用开式压力机；对于薄材料的冲裁工序，最好选用导向准确的精密压力机；对于大型拉深件的冲压工序，最好选用拉深压力机；在大量生产中，应选用高速压力机或多工位自动压力机；对于不允许冲模导套离开导柱的冲压工序，最好选用行程可调整的偏心式压力机；对需要变形力大的冲压工序（如冷挤压等），应选用刚性好且比较精密的闭式压力机；对于校平、整形和温、热挤压等工序，最好选用摩擦压力机。

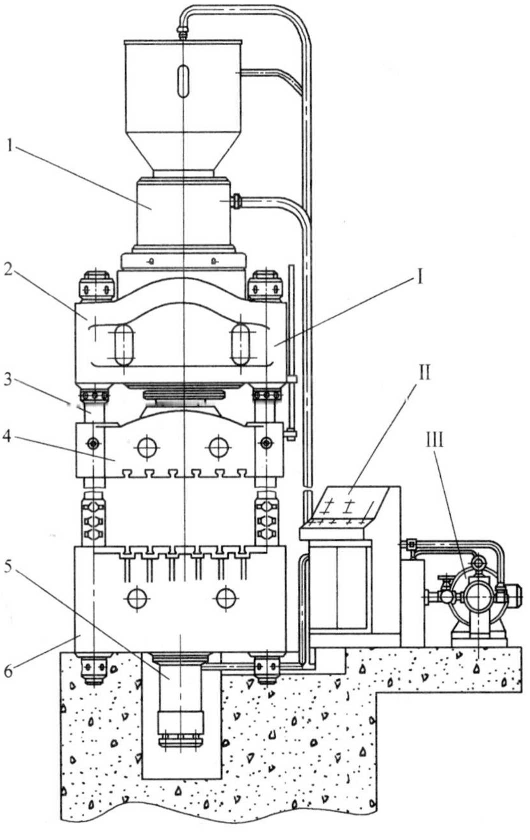

图 2-6　Y32—300 型液压机外形图

1—工作缸　2—上横梁　3—立柱

4—活动横梁　5—顶出缸　6—下横梁

Ⅰ—本体部分　Ⅱ—操作控制系统　Ⅲ—动力部分

各类压力机所适用的工作范围见表 2-1。

2. 冲压设备规格

在选定压力机的类型之后，应根据冲压力的大小、冲压件尺寸和模具尺寸来确定压力机的规格，一般需考虑下列主要技术参数：

表 2-1 各类压力机所适用的工作范围

机床类型＼工序名称	冲孔落料	拉深	落料拉深	立体成形	弯曲	型材弯曲	冷挤	整形校平
小行程曲柄压力机	✓	×	×	×	✓	×	×	×
中行程曲柄压力机	✓	○	✓	×	✓	○	×	○
大行程曲柄压力机	✓	○	✓	✓	✓	✓	○	✓
双动拉深压力机	×	✓	✓	×	×	×	×	×
曲柄高速自动压力机	✓	×	×	×	×	×	×	×
摩擦压力机	○	○	○	✓	✓	○	○	✓
偏心压力机	✓	✓	✓	✓	✓	✓	○	○
卧式压力机	×	×	×	×	×	×	✓	×
油压机	×	○	×	○	○	○	○	○
自动弯曲机	✓	×	×	×	✓	✓	×	×

注："√"表示适用,"○"表示尚可适用,"×"表示不适用。

（1）标称压力。压力机滑块下压时的冲击力就是压力机的压力。压力机滑块的压力在整个行程中不是一个常数，而是随曲柄转角的变化而不断变化的，是曲柄转角 α 的函数。图 2-7 所示为压力机的许用压力曲线。从曲线中可以看出，当曲柄转到离下止点夹角 $\alpha \approx 20° \sim 30°$ 处开始，一直到转至下止点位置 $\alpha = 0°$ 时，压力机的许用压力达到最大值。标称压力是指滑块离下止点前某一特定距离（称为标称压力行程或额定压力行程）或曲柄旋转到离下止点前某一特定角度（称为标称压力角或额定压力角）时，滑块上所允许承受的最大工作压力。标称压力是压力机的重要技术参数，我国生产的压力机标称压力已经系列化了，如 63kN、100kN、160kN、250kN、400kN、630kN、800kN、1000kN、1250kN、1600kN 等。标称压力必须大于冲压工艺所需的冲压力。

在选择压力机时，必须使冲压力曲线不超过压力机的许用压力曲线。一般对于施力行程很小的（如冲孔、落料等）冲压工序，所选压力机的标称压力大于所需冲压力总和即可；而对于施力行程较大的（如深拉深、深弯曲等）冲压工序，应按冲压所需力总和小于或等于压力机标称压力 50% ~60% 的条件来选择压力机。

（2）滑块行程。滑块行程是指滑块从上止点至下止点所经过的距离。对于曲柄压力机，滑块行程等于曲柄半径的两倍。

（3）滑块行程次数。滑块行程次数是指滑块每分钟往复运动的次数。其值的大小关系到生产率的高低。一般压力机的滑块行程次数是固定的，而高速压力机的滑块行程次数是可以调节的。

（4）工作台面尺寸和漏料孔尺寸。工作台面（或工作垫板）尺寸一般应大于模具底座 50 ~70mm，以便安装模具。其漏料孔尺寸应大于工件或废料尺寸，以便漏料。对于有弹顶装置的模具，下弹顶器的外形尺寸还应小于漏料孔尺寸。

（5）装模高度。压力机的装模高度是指滑块在下止点时，滑块底平面到工作台面（或工作垫板上平面）之间的距离。调节压力机连杆的长度，可以调节压力机的装模高度。模具的闭合高度应在压力机的最大与最小装模高度之间。

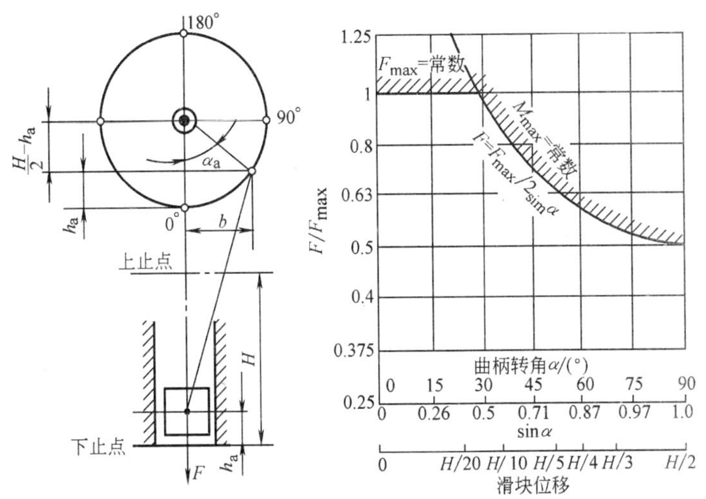

图 2-7 曲柄压力机的许用压力曲线

H—滑块行程 h_a—滑块离下止点的距离 α_a—曲柄离下止点的夹角

F—滑块在某位置时所允许的最大工作压力 F_{max}—压力机的最大许用压力

（6）电动机功率。所选择的电动机功率应大于冲压所需功率。一般情况下，电动机功率是足够的，但在某些情况下（如大型件的斜刃冲裁、深度很大的变薄拉深等），可能会出现压力足够而功率不足的现象，必须对压力机的电动机功率进行校核。

表 2-2、表 2-3 为常用压力机的主要技术参数。

表 2-2 开式压力机的主要技术参数

压力机型号	J23—3.15	J23—6.3	J23—10	J23—16F	JH23—25	JH23—40	JC23—63	JH—50	JH—100	JA11—250	JH21—80	JA21—160	J21—400A
标称压力/kN	31.5	63	100	160	250	400	630	500	1000	2500	800	1600	4000
滑块行程/mm	25	35	45	70	75	80	120	10～90	20～100	120	160	160	200
滑块行程次数/(次/min)	200	170	145	120	80	55	50	90	65	37	40～75	40	25
最大封闭高度/mm	120	150	180	205	260	330	360	270	420	450	320	450	550
封闭高度调节量/mm	25	35	35	45	55	65	80	75	85	80	80	130	150
立柱间距/mm	120	150	180	220	270	340	350					530	896
喉深/mm	90	110	130	160	200	250	260	235	340	325	310	380	480
工作台尺寸/mm 前后	160	200	240	300	370	460	480	450	600	630	600	710	900
工作台尺寸/mm 左右	250	310	370	450	560	700	710	650	800	1100	950	1120	1400

（续）

压力机型号		J23—3.15	J23—6.3	J23—10	J23—16F	JH23—25	JH23—40	JC23—63	JH—50	JH—100	JA11—250	JH21—80	JA21—160	J21—400A
垫板尺寸/mm	厚度	30	30	35	40	50	65	90	80	100	150		130	170
	孔径	$\phi110$	$\phi140$	$\phi170$	$\phi210$	$\phi260$	$\phi320$	$\phi250$	$\phi130$	$\phi160$				$\phi300$
模柄孔尺寸/mm	直径	$\phi25$	$\phi30$		$\phi40$			$\phi50$		$\phi60$	$\phi70$	$\phi50$	$\phi70$	$\phi100$
	深度	40	55		60		70	80			90	60	80	120
最大倾斜角/(°)		45		35		30								
电动机功率/kW		0.55	0.75	1.1	1.5	2.2	5.5			7	18.1	7.5	11.1	32.5
备注						需压缩空气						需压缩空气		

表 2-3　闭式压力机的主要技术参数

压力机型号		J31—100	JA31—160B	J31—250	J31—315	J31—400	JA31—630	J31—800	J31—1250	J36—160	J36—250	J36—400	J36—630
标称压力/kN		1000	1600	2500	3150	4000	6300	8000	12500	1600	2500	4000	6300
标称压力行程/mm			8.16	10.4	10.5	13.2	13	13	13	10.8	11	13.7	26
滑块行程/mm		165	160	315	315	400	400	500	500	315	400	400	500
滑块行程次数/(次/min)		35	32	20	20	16	12	10	10	20	17	16	9
最大装模高度/mm		445	375	490	490	710	700	700	830	670	590	730	810
装模高度调节量/mm		100	120	200	200	250	250	315	250	250	250	315	340
导轨间距离/mm		405	500	900	930	850	1480	1680	1520	1840	2640	2640	3270
退料杆导程/mm				150	160	150	250						
工作台尺寸/mm	前后	620	790	950	1100	1200	1500	1600	1900	1250	1250	1600	1500
	左右	620	710	1000	1100	1250	1700	1900	1800	2000	2780	2780	3450
滑块底面尺寸/mm	前后	300	560	850	960	1000	1400	1500	1560	1050	1000	1250	1270
	左右	360	·	980	910	1230				1980	2540	2550	3200
模柄孔尺寸/mm	直径	$\phi65$	$\phi75$										
	深度	120											
工作台孔尺寸/mm		$\phi250$	430×430			630×630							
垫板厚度/mm		125	105	140	140	160	200			130	160	185	190
备注			需压缩空气			备气垫							

2.1.3　其他冲压设备

随着冲压技术的不断发展，出现了许多新型的冲压设备，下面简要介绍高速压力机和数控冲模回转头压力机。

1. 高速压力机

高速冲压在近几年来得到了飞速发展，其冲压速度最高可达到1000次/min，标称压力

达到 10^6N 以上，主要用于电子、仪表、汽车等行业的大批量生产。图 2-8 所示为高速压力机及其附属机构。卷料从开卷机 1 经校平机构 2、供料缓冲装置 3 到送料机构 4，由此进入高速压力机 5 进行冲压。高速压力机的主体机身大部分都采用闭式机构以保证机床的刚性。

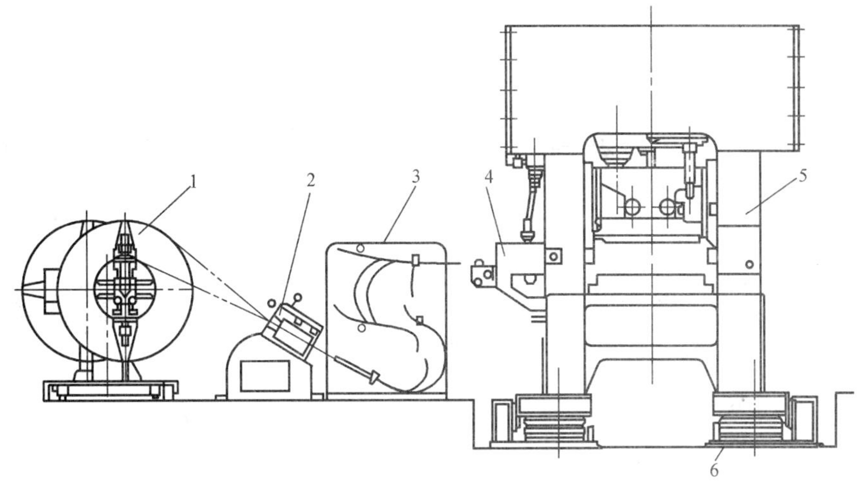

图 2-8　高速压力机及其附属机构

1—开卷机　2—校平机构　3—供料缓冲装置　4—送料机构　5—高速压力机　6—弹性支承

高速压力机的主要技术参数见表 2-4。

表 2-4　高速压力机的主要技术参数

压力机类型		开式				闭式				
压力机型号		JL21G—16	J21G—25B	J21G—35B	J21G—60B	JF75G—80A	J31k—125	J31k—200	J31k—250	JF75G—300A
标称压力/kN		160	250	350	600	800	1250	2000	2500	3000
标称压力行程/mm		1.5	0.8	1.2	1.6	3	3.5	3.5	3.5	3
滑块行程/mm		20	30	30	30	30	30	30	30	30
滑块行程次数/(次/min)		150~500	100~300	100~300	100~200	200~400	160~240	150~220	150~210	150~300
最大装模高度/mm		200	195	225	310	360	260	310	360	450
装模高度调节量/mm		50	60	60	60	50	50	50	50	50
立柱间距离/mm		260	305	380	450	1200	820	920	1070	2150
工作台板尺寸/mm	左右	600	600	673	813	1100	800	900	1050	2000
	前后	300	360	432	533	700	700	800	850	1000
滑块底面尺寸/mm	左右	350	260	324	432	1100	750	800	880	2000
	前后	240	210	222	305	500	700	700	750	900
工作台板孔尺寸/mm	左右	—	300	380	390	750	250	330	390	1500
	前后	—	230	254	360	160	150	160	180	350
主电动机功率/kW		3	3	4	5.5	18.5	22	30	37	45

2. 数控冲模回转头压力机

数控冲模回转头压力机是一种由计算机控制的高效、高精度、高自动化板材加工设备。板料自动送进，模具自动选择，通用性强、生产率高；可采用步冲的方式，用小冲模冲出大的圆孔、方孔及任意形状的曲线孔，突破了冲压加工离不开专用模具的概念。其工作原理如图 2-9 所示，夹钳 10 将待冲压板材夹持在工作台上。工作台由上、下两块滑块和传动系统组成，上、下滑块分别由电液脉冲电动机通过滚珠丝杠、滚珠螺母传动系统来驱动，使上滑块和下滑块分别沿 X、Y 方向运动，从而使板材沿 X、Y 方向送进。冲模回转头由上、下两个转盘组成，其中存储有若干套模具，上转盘安装上模，下转盘安装下模。在转换模具时，回转头上、下盘同步旋转一个角度进行换模，从而冲出不同形状的孔和轮廓。数控冲模回转头压力机适用于多品种、中小批量的复杂多孔的板材件的冲压成形。

表 2-5 为常用数控冲模回转头压力机的主要技术参数。

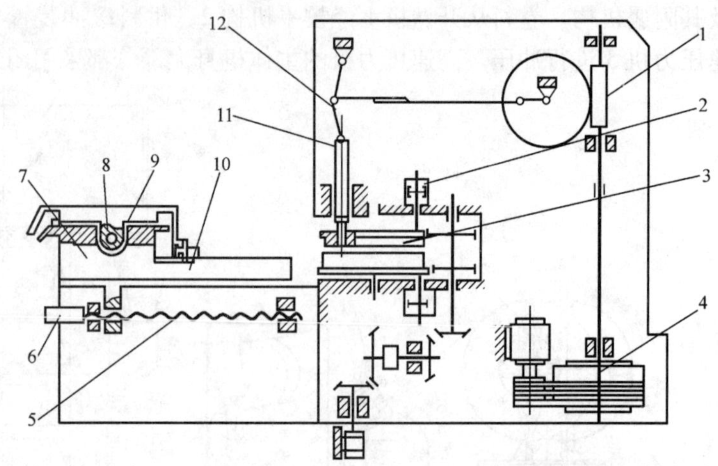

图 2-9　数控冲模回转头压力机工作原理示意图

1—蜗杆副　2—定位销　3—回转头　4—离合器　5、8—滚珠丝杠　6—液压马达　7—工作台　9—上滑块　10—夹钳　11—滑块　12—肘杆机构

表 2-5　数控冲模回转头压力机的主要技术参数

标称压力/kN		300	600	1000	1500
滑块行程/mm		25	30	40	50
滑块行程次数/(次/min)		100	100	50	60
模具数量/个		20	32	30	32
模具中心到床身距离/mm		620	950	1300	1520
冲压板料尺寸	冲孔最大直径/mm	$\phi84$	$\phi105$	$\phi115$	$\phi130$
	最大厚度/mm	3	4	6.4	8
被加工板料尺寸(前后×左右)/mm		600×1200	900×1500	1300×2000	1500×2500
孔距间定位精度/mm		±0.1	±0.1	±0.1	±0.1
主电动机功率/kW		4	4	10	10

2.2　板材冲压成形的基本理论

2.2.1　板料冲压成形中的力学基础

在冲压成形过程中，外力通过模具作用于毛坯，使之产生塑性变形，同时在其内部引起抵抗变形的内力。单位面积上的内力称为应力。在一般情况下，毛坯内各点的变形和受力情况是不相同的。要了解整个毛坯的变形情况，确定合理的冲压工艺，必须研究点应力状态和点应变状态，以及它们之间的相互关系。

1. 点的应力状态

毛坯内一点的受力状况称为点应力状态。若把一点所受应力沿坐标方向分解，则得九个应力分量，其中三个为正应力、六个为切应力，如图 2-10a 所示。根据这九个应力分量就可确定一点的应力状态。坐标系选取方向不同，虽然不改变该点的应力状态，但是九个应力分量会与原来的数值有所不同。对于任何一种应力状态，总存在这样一组坐标系，使得单元体各面上只出现正应力，而没有切应力，如图2-10b所示。这时的三个坐标轴称为主轴，坐标轴的方向叫主方向，三个正应力叫主应力，分别用σ_1、σ_2、σ_3表示。一般规定按代数值取$\sigma_1 \geqslant \sigma_2 \geqslant \sigma_3$。拉应力取正值，压应力取负值，对于一点的应力状态，可以用三个主应力来表示。以主应力表示点应力状态的图称为主应力图，根据可能出现的状态进行统计共有九种，如图2-11所示。

一点应力状态的三个主方向仅取决于该点的受力，而与坐标轴的选择无关。板料冲压时，如果忽略摩擦力的影响，可以近似认为一个主轴方向垂直于板面，另两个主轴在板面内。这样处理可以使分析过程大为简化。

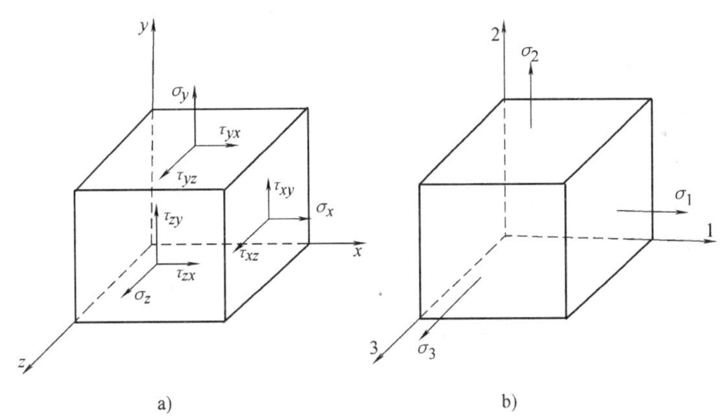

图2-10　点应力状态

a）任意坐标系统　b）主轴坐标系统

单元体的三个主应力中，若其中一个主应力等于零，则称为平面应力状态或两向应力状态。板料成形时，大多数情况下板厚方向的应力很小，可以忽略不计。所以，板料成形一般可按平面应力状态处理。

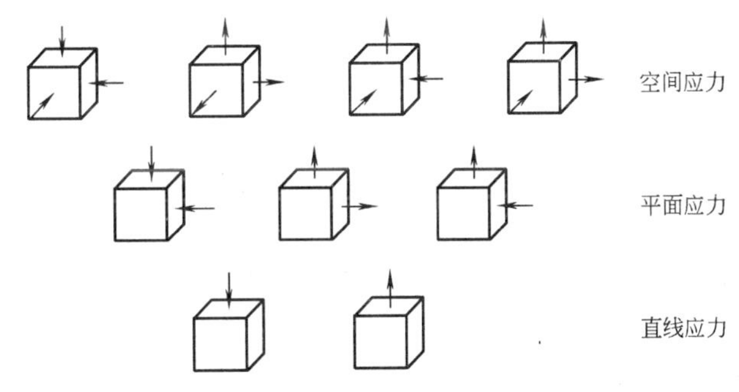

图2-11　主应力图

如果三个主应力中有两个为零，只在一个方向有应力，就称为直线应力状态或单向应力状态。板料冲压时，毛坯的内孔和外边缘处通常处于直线应力状态。

如果三个主应力都相等，则称为球应力状态。这种应力状态不可能产生切应力，故所有方向都是主方向，而且所有方向的主应力都相等。深水中的微小物体受到的就是这样一种应力状态（三向等压），所以习惯上把三向等压应力称为静水压力。静水压力大，变形抗力也大。板料冲压中的精密冲裁、校正弯曲、校平、整形等工序的毛坯处于三向压应力状态，具有较大的静水压力，致使变形抗力大为增加，因此工序所需冲压力较大。

主应力图中，压应力分量越多，数值越大，则金属的塑性越高；反之，拉应力分量越多，数值越大，则金属的塑性越低。

单元体上三个正应力的平均值称为平均应力，用σ_m表示，即

$$\sigma_m = (\sigma_1 + \sigma_2 + \sigma_3)/3 \tag{2-1}$$

任何一种应力状态都可以看成是由两种应力状态叠加而成的。其中一种是各应力分量大小等于平均应力σ_m的球应力状态，它只能改变物体的体积，而不能改变物体的形状。另一种应力状态是原来的应力状态减去了球应力状态以后得到的称为偏应力状态，此状态能使物体产生形状变化，由于偏应力状态的平均应力为零，所以不会引起物体体积的变化。

2. **点的应变状态**

变形毛坯内一点的变形情况叫点的应变状态。一点的应变状态也是用单元体的变形来表示的。物体变形时，体内各质点将产生位移，如果把单元体分别投影在三个坐标平面内研究，可以得到三个正应变分量和六个切应变分量，用这九个应变分量可以确定该点的应变状态。

应变状态具有与应力状态非常相似的性质。对于任何一种应变状态，同样存在主轴坐标系。在主轴坐标系内，单元体只有三个正应变分量，而没有切应变分量。沿主轴方向的三个正应变分量为主应变，用 ε_1、ε_2、ε_3 表示（见图 2-12）。对于一定的应变状态，其三个主应变是确定的。因此，可以用三个主应变来表示一点的应变状态。

通常情况下，应变主轴方向与应力主轴方向不一定重合，但在研究问题时，可以近似认为应变主轴与应力主轴方向重合。

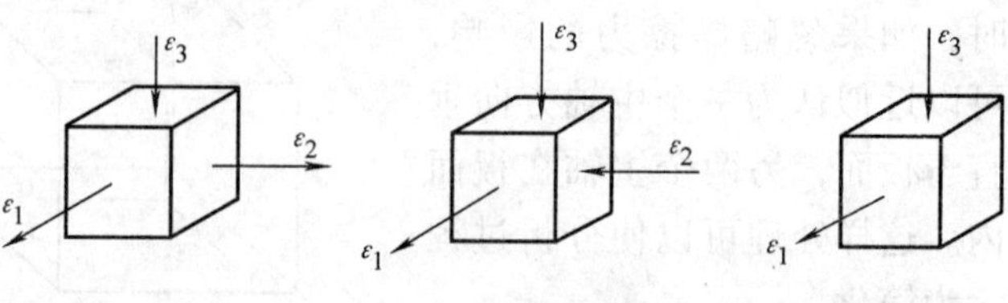

图 2-12　主应变图

实践证明，塑性变形时，物体主要发生形状的改变，而体积的变化很微小，可以忽略不计，即认为塑性变形时体积保持不变，物体塑性变形前的体积等于变形后的体积，这就是塑性变形时的体积不变条件。

设有边长分别为 b_0、l_0 和 t_0 的立方形物体，均匀变形后尺寸变为 b、l、t，根据体积不变条件

$$l_0 b_0 t_0 = lbt$$

等式两边取对数可得

$$\ln(b/b_0) + \ln(l/l_0) + \ln(t/t_0) = 0$$

以应变的形式表示，有

$$\varepsilon_1 + \varepsilon_2 + \varepsilon_3 = 0 \tag{2-2}$$

由式（2-2）可知塑性变形时三个主应变的代数和等于零。因为三个应变分量不可能为同号，所以塑性变形只可能有三种主变形方式，其中两种为三向变形，另一种为平面变形。主应变图如图 2-12 所示。

2.2.2 屈服准则

由典型的低碳钢拉伸曲线可知，在单向拉伸时，当金属的应力达到屈服应力时，材料就发生屈服，由弹性变形状态进入塑性变形状态。可是对于两向或三向的复杂应力状态，不能只根据某一个应力分量来判断一点是否已经屈服，而要同时考虑其他应力分量的作用。只有当各个应力分量之间符合一定关系时，该点才开始屈服。这种关系称为屈服准则，或叫塑性条件。屈服准则是金属进入塑性状态的力学条件。

法国工程师屈雷斯卡提出的塑性条件认为：材料塑性变形的开始与最大切应力有关。无论是何种应力状态，只要最大切应力达到某一定值时材料就开始屈服。其表达式为

$$\tau_{\max} = \frac{\sigma_1 - \sigma_3}{2} = \frac{\sigma_s}{2} \tag{2-3}$$

$$\sigma_1 - \sigma_3 = \sigma_s (\sigma_1 \geqslant \sigma_2 \geqslant \sigma_3) \tag{2-4}$$

此塑性条件计算简单，但是由于忽略了中间主应力的影响，因此仍有不足。

德国学者密塞斯于 1913 年提出：当变形金属中某点的三个主应力的组合满足以下关系

时，材料即开始屈服，进入塑性状态。即：

$$\frac{1}{\sqrt{2}}\sqrt{(\sigma_1-\sigma_2)^2+(\sigma_2-\sigma_3)^2+(\sigma_1-\sigma_3)^2}=\sigma_s \tag{2-5}$$

式中，σ_1、σ_2、σ_3 为三个主应力，按代数值，$\sigma_1 \geqslant \sigma_2 \geqslant \sigma_3$。

当 $\sigma_2=\sigma_1$，或 $\sigma_2=\sigma_3$ 时，由式（2-5）得

$$\sigma_1-\sigma_3=\sigma_s \tag{2-6}$$

当 $\sigma_2=(\sigma_1+\sigma_3)/2$ 时，即中间主应力等于最大主应力与最小主应力的平均值时，式（2-5）可简化为

$$\sigma_1-\sigma_3=1.155\sigma_s \tag{2-7}$$

式（2-6）和式（2-7）可统一写成

$$\sigma_1-\sigma_3=\beta\sigma_s \tag{2-8}$$

式中，β 是反映中间主应力影响的系数，变化范围为 $1 \leqslant \beta \leqslant 1.155$。

由于在整个塑性变形过程中，质点各应力分量之间的关系始终保持着屈服准则，所以在工程中借助式（2-8）来表达冲压成形过程中材料的屈服条件。

2.2.3 冲压变形趋向性及其控制

冲压成形时，毛坯内各处的应力-应变状态都不相同，在应力状态满足屈服准则的区域内产生塑性变形，称为变形区；应力状态没有满足屈服准则的区域，不会产生塑性变形，称为非变形区。非变形区可能是已塑性变形的已变形区，或是尚未变形而将要进行塑性变形的待变形区，也可能是始终不进行塑性变形的不变形区。当非变形区受力作用时叫传力区。在不同的冲压工序中，由于外力作用方式、毛坯及模具形状、尺寸的不同，变形区在毛坯上所处的部位也不同，其应力状态和变形特点决定了冲压工序的性质，是制订冲压工艺、设计模具的主要依据。因此，在分析冲压工艺时，一般把毛坯的变形区作为主要的研究对象。

在冲压成形过程中，毛坯的各个部分在同一个模具作用下，有可能以不同的方式发生变形，即具有不同的变形趋向性。所谓变形趋向性，就是冲压成形时毛坯内某个部位以某种方式变形的可能性。图 2-13a 所示的拉深，毛坯凸缘 A 的外径逐渐缩小，同时向模具中心移动，并经过凹模圆角流入模具间隙形成工件的侧壁 B。所以圆筒件拉深时，毛坯凸缘是变形区，侧壁部分是已变形区，同时又是传力区。与凸模下面接触的毛坯部分则是始终没有参与变形的非变形区。图 2-13b 所示的带孔毛坯翻边时，其孔径逐渐扩大，与此同时，与凸模下面接触的毛坯部分 A 翻转成侧壁 B，故凸模下面的毛坯是变形区，侧壁既是已变形区，又是传力区。图 2-13c 所示管状毛坯缩口时，毛坯与模具锥面接触部分 A 径向缩小并转化成口部 B，所以 A 是变形区，B 是已变形区。其余部分 C 是非变形区，又是传力区，其上部是待变形区。

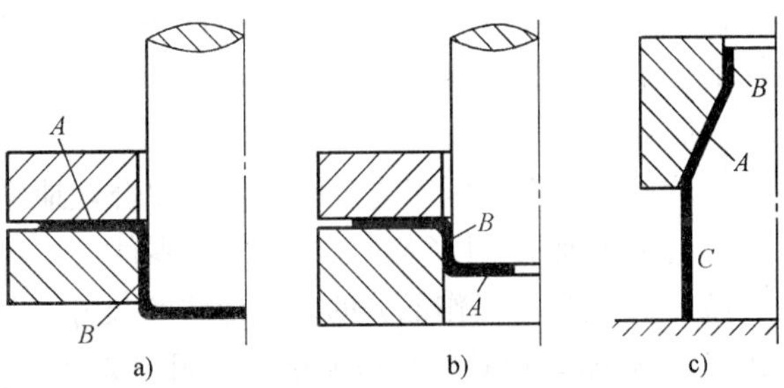

图 2-13 冲压成形时毛坯各区划分举例

a）拉深 b）翻边 c）缩口

以缩口变形为例，毛坯变形区 A 和传力区 B 都受到力的作用，这两部分都有可能产生不同方式的变形。变形区 A 可能产生的变形是直径减小的缩口变形

和在切向压应力作用下的起皱变形；传力区 B 可能产生的变形是直筒部分的镦粗变形和纵向失稳变形，即是说，缩口成形具有这四种变形趋向。

冲压成形的最基本要求，就是使毛坯的特定部位产生预期要求的变形，而同时又必须保证变形区和其他部位不产生任何不必要的变形。如上述的缩口成形，只有当毛坯的口部产生正常的缩口变形而同时避免产生起皱、镦粗和纵向失稳时，才能得到质量符合要求的缩口零件。因此，必须对冲压成形中毛坯的变形进行有效的控制，保证“弱区必先变形，变形区应为弱区”，这一结论在冲压工艺中具有重要的实用意义。如在缩口变形中必须使 A 区的缩口变形力最小，缩口工艺才能正常进行。

在冲压生产中，对毛坯变形趋向性进行控制，是保证冲压过程顺利进行和获得合格冲压件的根本保证。毛坯的变形区和传力区在一定的条件下是可以互相转化的。改变某些条件，就可以实现对变形趋向性的控制。用来控制毛坯变形趋向性的措施，有以下几个方面：

（1）改变毛坯各部分的相对尺寸。如图 2-14a 所示的环形毛坯，当外径 D_0、内孔 d_0、D_0/d_p 和 d_0/d_p 的值发生变化时，在同一个模具中进行冲压成形，可得到三种变形趋向：拉深、翻边、胀形。

当 D_0、d_0 都较小，$D_0/d_p<1.5\sim2$，$d_0/d_p<0.15$ 时，宽度为（D_0-d_p）的环形部分是弱区，冲压时产生外径收缩的拉深变形，如图 2-14b 所示。

当 D_0、d_0 都较大，$D_0/d_p>2.5$，$d_0/d_p>0.2\sim0.3$ 时，宽度为（d_p-d_0）的环形部分是弱区，冲压时产生内孔扩大的翻边变形，如图 2-14c 所示。

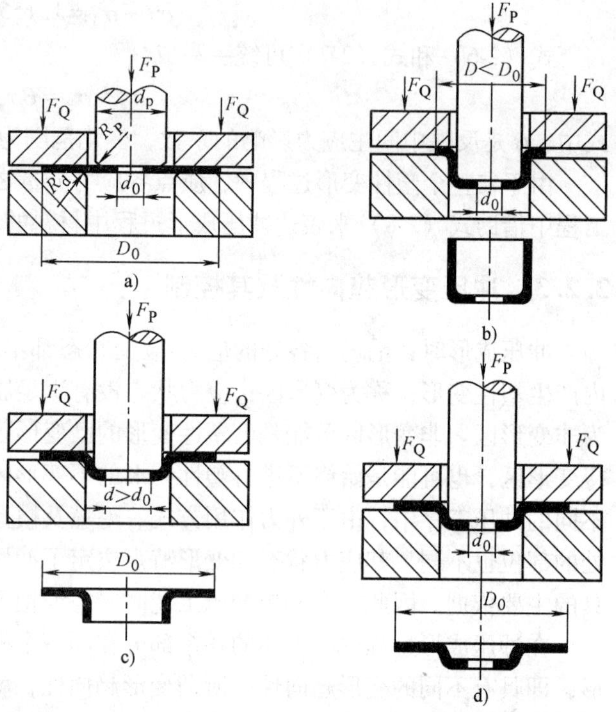

图 2-14　环形毛坯的变形趋向

a）变形前的工具与毛坯　b）拉深　c）翻边　d）胀形

F_P—冲压力　F_Q—压边力　R_P—凸模圆角半径

R_d—凹模圆角半径

当 D_0 较大，d_0 很小甚至为零，$D_0/d_p>2.5$，$d_0/d_p<0.15$ 时，宽度为（d_p-d_0）的环形部分仍是弱区，但由于翻边扩孔和拉深的变形力大为增加，故冲压时其中间部分产生厚度变薄、面积增大的胀形变形，如图 2-14d 所示。

由此可见，在冲压工艺设计时，必须合理地确定毛坯的形状和尺寸，保证变形的趋向符合预期的工艺要求，以得到合格的冲压零件。

（2）改变模具工作部分的几何形状和尺寸。增大凸模的圆角半径 R_P，减小凹模的圆角半径 R_d（见图 2-14a），可以使翻边的阻力减小，并使拉深变形的阻力增大，有利于翻边变形。反之，减小凸模的圆角半径 R_P 和增大凹模圆角半径 R_d，则有利于实现拉深变形。实际生产中常采用修磨圆角的方法来控制变形趋势。

（3）改变毛坯与模具接触表面之间的摩擦阻力。增大图2-14中所示的压边力 F_Q，使毛坯和压边圈及凹模端面之间的摩擦阻力增大，结果不利于拉深变形，而有利于翻边和胀形变形的实现。反之减小压边力，在凹模与毛坯之间进行润滑，减小毛坯与凹模表面的摩擦阻力，增加凸模表面与毛坯的摩擦阻力，则有利于拉深变形。

（4）改变毛坯局部温度。主要采用局部加热或深冷的办法，来降低变形区的变形抗力或提高传力区的强度，从而达到控制变形趋向的目的。例如，在拉深和缩口时采用局部加热变形区的工艺方法，使变形区软化，达到预期的变形。此外，在不锈钢工件拉深时采用局部深冷传力区，以达到增大承载能力、防止拉裂的目的。

2.3 常用冲压材料及其成形性能

2.3.1 冲压材料的基本要求和实验方法

冲压生产中使用的材料品种十分广泛，为了满足产品的使用要求，需要选用适当的材料，应使材料对冲压成形工艺方法有一定的适应性。板料冲压成形性能就是指冲压材料与冲压方法相适应的工艺性能，它不仅与板料本身的化学成分、金相组织和力学性能有关，同时还取决于冲压加工的工艺方法和条件。板料冲压成形性能会直接影响到冲压工艺过程、生产率、产品质量和生产成本。

材料内部组织结构的情况，如晶粒的大小、结构的均匀程度等，对材料的冲压工艺性和冲压件的精度及质量有很大的影响。一般粗晶粒钢不仅塑性差，而且容易在冲件表面形成“橘皮”形的粗糙表面，严重影响冲压件的质量及尺寸精度。而细晶粒钢则强度高、塑性好，冲压出来的制品表面质量较高。晶粒组织粗大、不均匀会大大降低钢的塑性。织构严重的材料，其纵向和横向的力学性能差别比较显著，弯曲时由于弯曲线与材料的轧制方向一致而容易导致材料开裂；拉深时，在拉深件口部出现明显的突耳等。

材料的化学成分对其冲压工艺性也有很大的影响。如钢中的碳、锰、硫、磷等元素含量增加，就会使材料的塑性降低、脆性增加，导致材料的冲压工艺性变坏。因此，在进行冲压时，对材料的选择还必须控制其化学成分，把对塑性有害的元素降低到允许的极限范围之内。如在冲压纯铜和黄铜时，对其含铅量必须加以限制，以提高材料的塑性。

此外，材料的表面质量、尺寸精度也影响冲压件的质量和加工过程。表面质量差的板料在冲压时，容易产生裂纹，也易对模具工作部分产生严重的磨损。因此，用于冲压的材料，其表面必须光滑、平整、无缺陷及损伤。材料的厚度超差会使冲压件达不到所需的形状和尺寸，当材料的厚度超过上偏差太大时，不仅影响制品质量，还可能导致模具和压力机被损坏等不良的后果。

冲压过程中变形的性质及程度对选材提出了工艺性要求。板料冲压性能按冲压工艺方法可以分为剪切性能和成形性能两大类。剪切性能是指板料对分离加工的适应能力；成形性能是指板料对冲压成形加工的适应能力。由于板料的剪切性能一般均能满足生产要求，而成形性能却在生产中反映出来的问题比较突出，对生产的影响也较大，所以人们主要研究板料的成形性能。成形性能包括抗破裂性、贴模性和定形性。

抗破裂性是指板料抵抗变形而不被破坏的能力；贴模性是指板料成形时取得模具形状的

能力；定形性是指冲压件脱模后保持其在模内既得形状的能力。通常把抗破裂性作为评定板料冲压成形性能好坏的指标。

抗破裂性涉及板料的成形极限（极限变形程度）。一般地，材料的成形极限愈高，板料的抗破裂性愈好，板料的冲压成形性能也就愈好。

板料成形性能的指标可通过各种试验方法得到的。常用的试验方法有间接试验和直接试验两大类。

1. 间接试验

间接试验的物理意义一般比较明确，能反映出与成形性有密切关系的基本性质。主要方法有拉伸试验、剪切试验、硬度试验、金相微观检查等，其中，拉伸试验是测定板材的力学性能简单而最常用的方法。

在拉伸试验中，首先将待测板材制成图 2-15a 所示的标准试样，在万能材料试验机上进行拉伸，可以得到图 2-15b 所示的应力—伸长率关系曲线。

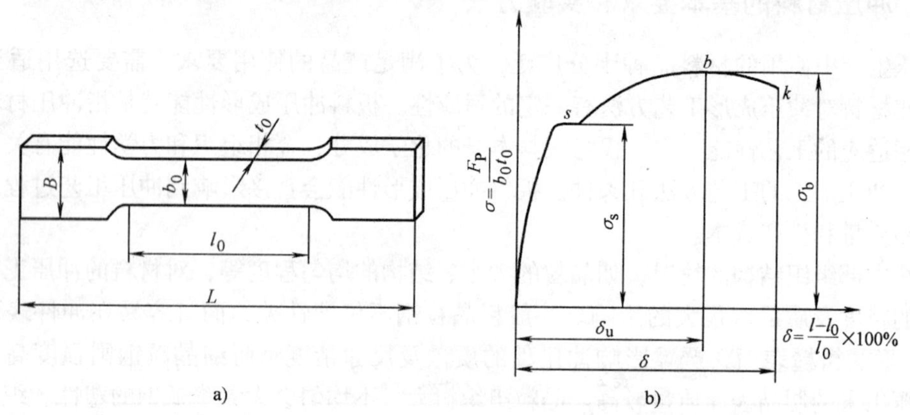

图 2-15　拉伸试验试样及应力—伸长率曲线

a）拉伸试验用试样　b）应力—伸长率曲线

由拉伸试验得到的各种力学性能指标有屈服点 σ_s 或屈服强度 $\sigma_{0.2}$、抗拉强度 σ_b、伸长率 $\delta(\%)$、弹性模量 E、加工硬化指数 n、均匀伸长率 $\delta_u(\%)$、垂直各向异性系数或塑性应变比（r、$\bar{r}$值），以及这些试验值在板面内各向异性值（Δr 值）。这些性能可以间接地表示板料的冲压性能。

2. 直接试验

在直接试验中，根据不同的工艺过程，采用类似的成形方法进行模拟，板料试样所受到的应力和所产生的变形都与实际冲压加工时相同，因此所得的试验结果也比较准确，能够真实地评定材料在冲压过程中的性质。直接试验的方法有很多种，最常用的有杯突试验、拉深性能试验、拉深力对比试验（TZP 法）、锥形件拉深试验、弯曲试验、楔形拉伸试验和扩孔试验等。

（1）杯突试验。我国金属杯突试验方法的国家标准为 GB/T 4156—1984。杯突试验用的凸模、凹模及试样的尺寸如图 2-16 所示。在进行杯突试验时，用一规定的钢球或球状凸模向由外环夹紧在规定的凹模内的试件施加压力，直到试件开始产生裂纹为止。这时，压入的深度值 h 就是被测定材料的杯突深度值 IE。在生产中常用杯突深度来衡量材料的胀形性能。

（2）拉深性能试验（L. D. R 法）。拉深性能试验是将不同直径的圆形坯料（直径相差1mm）在图 2-17 所示的有压边装置的模具中进行拉深试验，逐渐增大试样直径，取在侧壁不致被破坏条件下的最大毛坯直径 D_{max} 与拉深凸模直径 d_p 之比值 L. D. R.（Limiting Drawing Ratio）作为评定拉深性能的指标。

$$L.D.R = D_{max}/d_p \tag{2-9}$$

L. D. R 试验方法的原理与拉深时的变形条件完全相同，所得的结果可以综合地反映出拉深变形区和传力区不同受力条件下板料的冲压性能。

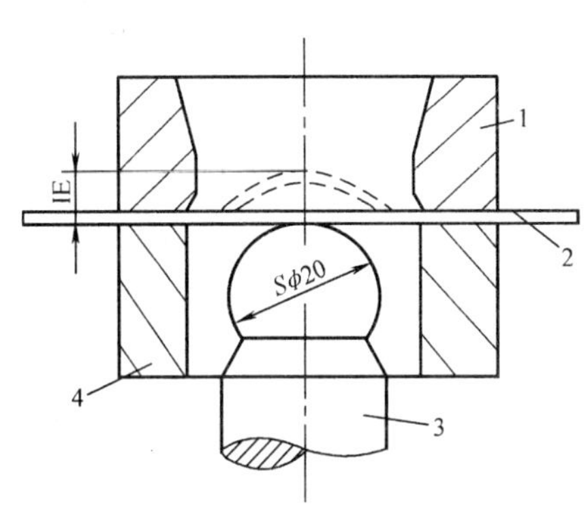

图 2-16　杯突试验（GB/T 4156—1984）

1—凹模　2—试样　3—凸模　4—压边圈

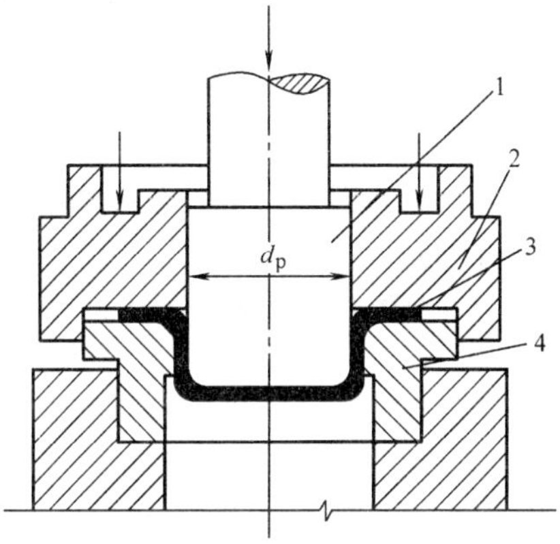

图 2-17　拉深性能试验

1—凸模　2—压边圈　3—试样　4—凹模

材料性能与成形性的关系及相关测试方法见表 2-6。

表 2-6　材料特性和成形性的关系

材料特性及符号	常用实验测试方法	与成形性的关系
弹性模量 E/MPa	拉伸试验	此值愈大，定形性就愈好
抗拉强度 σ_b/MPa	拉伸试验	此值愈大，成形力就愈大 根据材料情况（与成形性能有关的其他性能大致相同时），抗拉强度大的成形性能好
屈强比 σ_s/σ_b	拉伸试验	此值愈小，成型性、形状性愈好
总伸长率 δ_B（%）	拉伸试验	概括地说，此值愈大，胀形性能、翻边性能和弯曲性能愈好
均匀伸长率 δ_u（%）	拉伸试验	此值愈大，胀形性能、翻边性能和弯曲性能愈好
极限变形能 ε_{tlim}	拉伸试验	绝对值愈大，翻边性能和弯曲性能愈好
加工硬化指数 n 值 n_1（单向） n_2（两向）	拉伸试验	此值愈大，胀形性能、翻边性能、拉深性能和弯曲性能愈好，抗折皱性也好
塑性应变比（r 值） $r=\dfrac{r_0+r_{90}+2r_{45}}{4}$	拉伸试验	在同类材料范围内此值愈大，拉深性能愈好，抗折皱性也好
Δr 值 $\Delta r=\dfrac{r_0+r_{90}}{2}-r_{45}$	拉伸试验	此值的绝对值愈大，拉深件的突耳愈大
极限拉深比（L. D. R）	拉深性能试验	L. D. R 愈大，拉深成形性能愈好
杯突值 IE/mm	杯突试验	此值愈大，胀形性能愈好

注：r_0、r_{45}、r_{90} 分别为板材在纵向（轧制方向）、横向及 45°方向上的板厚方向性系数。

2.3.2 冲压材料的种类

冲压材料可分为金属材料和非金属材料两大类。

常用的金属材料包括黑色金属材料和有色金属材料。黑色金属材料有主要用于平板类制件或变形量小的简单制件的碳素结构钢、成形复杂的拉深、弯曲件用优质碳素结构钢、用于受力复杂的关键零件的低合金钢等。有色金属材料有适用于深拉深件的黄铜，用于制作电器零件的纯铜、广泛应用于航空制造、仪表和无线电工业中的铝材等。

非金属材料有橡胶、胶木、塑料、云母等。

冲压用材料大都以板料、带料、条料和块料形式供货。板料是冲压生产中使用最广泛的材料，用于大型零件的冲压；带料（卷料）由厂家制成卷料，或将卷料纵切成一定宽度的带料供应市场，适用于大批量生产时自动送料；条料是在剪板机上将板料裁剪而成，用于中、小零件的冲压；块料一般用于单件生产和贵重金属的冲压。

冲压生产中常用的材料及其力学性能见表2-7。

表2-7 冷冲压生产中常用的材料及其力学性能

材料名称	牌　号	材料状态	力学性能			
			抗剪强度 τ	抗拉强度 σ_b	屈服点 σ_s	伸长率 δ_{10} (%)
			MPa			
电工用工业纯铁 $w(C)<0.025$	DT1，DT2，DT3	退火	177	225		26
电工硅钢	D11，D12，D21，D31，D32	退火	441			
	D41～D43，D310～D340	未退火	549			
碳素结构钢	Q195	未退火	255～314	314～392	195	28～33
	Q235		304～373	432～461	235	21～25
	Q275		392～490	569～608	275	15～19
优质碳素结构钢	08F	已退火	216～304	275～383	177	32
	08		255～353	324～441	196	32
	10F		216～333	275～412	186	30
	10		255～333	294～432	206	29
	15		265～373	333～471	225	26
	20		275～392	353～500	245	25
	30		353～471	441～588	294	22
	35		392～511	490～637	314	20
	45		432～549	539～686	353	16

（续）

材料名称	牌号		材料状态	力学性能			
				抗剪强度 τ	抗拉强度 σ_b	屈服点 σ_s	伸长率 δ_{10} (%)
				MPa			
冷轧深拉深钢	08Al—ZF		退火		255～324	196	44
	08Al—HF				255～334	206	42
	08Al-F	板厚 $t>1.2$mm			255～343	216	39
		板厚 $t=1.2$mm			255～343	216	42
		板厚 $t<1.2$mm			255～343	235	42
优质碳素结构钢	10Mn2		已退火	314～451	392～569	225	22
	65Mn			588	736	392	12
合金结构钢	25CrMnSiA　25CrMnSi		已低温退火	392～549	490～686		18
	30CrMnSiA　30CrMnSi			432～588	539～736		16
不锈钢	2Cr13		已退火	314～392	392～490	441	20
	1Cr18Ni9Ti		经热处理	451～511	569～628	196	35
铝	1060、1050A、1200		已退火	78	74～108	49～78	25
			冷作硬化	98	118～147		4
铝锰合金	3A21		已退火	69～98	108～142	49	19
			半冷作硬化	98～137	152～196	127	13
铝镁合金 铝铜镁合金	3A02		已退火	127～158	177～225	98	
			半冷作硬化	158～196	225～275	206	
硬铝（杜拉铝）	2A12		已退火	103～147	147～211		12
			淬硬并经自然时效	275～304	392～432	361	15
			淬硬后冷作硬化	275～314	392～451	333	10
纯铜	T1、T2、T3		软	157	196	69	30
			硬	235	294		3
黄铜	H62		软	255	294		35
			半硬	294	373	196	20
			硬	412	412		10
	H68		软	235	294	98	40
			半硬	275	343		25
			硬	392	392	245	15
锡青铜	QSn4—4—2.5 QSn4—3		软	255	294	137	38
			硬	471	539		3～5
			特硬	490	637	535	1～2
可伐合金	4J29（Ni29Co18）			400～500	500～600	400	32

2.4 常用冲压模具材料及其性能

2.4.1 模具材料的种类

目前，在冷冲压成形工艺中，常使用的模具材料有工具钢、硬质合金、高速工具钢、铸铁、锌基合金、低熔点合金、环氧树脂、聚氨酯橡胶等。其中，工具钢是模具工作零件的主要材料。几种常用模具钢的特点和应用范围见表2-8。

表2-8 常用模具钢的特点和应用范围

材料		性能	应用
碳素工具钢热轧钢板	T8A、T10A	加工性好，价格便宜，但淬透性和热硬性差，热处理变形大	适用于制造工作负荷不大、形状简单的凸、凹模和要求耐磨的其他模具零件
低合金工具钢	CrWMn、9SiCr、GCr15、9Mn2V	高的淬透性，热处理变形小，有较高的硬度和耐磨性	作形状复杂的中小型冲裁模和弯曲模的工作零件
高碳高铬工具钢	Cr12、Cr12Mo、Cr12MoV	较好的淬硬性、淬透性、耐磨性、抗回火稳定性，热处理变形小，但碳化物偏析严重，需反复镦拔改锻后使用	制造工作负荷大或要求耐磨性高、形状复杂的精密模具的凸、凹模和冷挤压凹模
高碳中铬工具钢	Cr4WV、Cr4W2MoV	具有较高的淬硬性、淬透性、耐磨性和尺寸稳定性	冲裁模的凸、凹模和冷挤压凹模
高速工具钢	W18Cr4V、W6Mo5Cr4V2、6W6Mo5Cr4V	具有高强度、高硬度、高耐磨性、高韧性和抗回火稳定性	用作反挤压凸模
硬质合金	YG6、YG8、YG11	具有更高的硬度和耐磨性，但抗弯强度和韧性差，加工困难	冲击性小而要求耐磨的模具
	YG15、YG20、YG25		冲击性大、工作压力大的模具

2.4.2 选取模具材料的一般原则

设计模具时，模具材料的性能将影响到模具寿命以及冲压零件的质量，其中模具的工作零件材料的选取至关重要。在选取模具材料时，通常应综合考虑以下几个方面的因素：

1. 冲压材料的性能

冲压材料不同，模具所承受的拉压、弯曲、冲击、疲劳等应力情况也不同，冲压抗拉强度大、变形抗力较大的材料时，模具应选取耐磨性好、强度高的材料。冲压变形抗力小、抗拉强度小的材料时，则可选择性能稍差一些的材料。

2. 生产批量

当冲压件的生产批量大时，模具工作零件材料应选取质量高、耐磨性好的模具钢，如硬质合金，相应其他工艺结构部分零件材料的要求也要提高。反之，则可考虑适当放宽对材料性能的要求，如选择低熔点合金、锌基合金等。

3. 工序性质和工作条件

在不同冲压工序及工作条件下，模具受力方式和大小差异较大，因此模具选择也有所不同，如一般弯曲模具可选择性能一般的材料，而冷挤压模具应选取强度、韧性、耐磨性等综合机械性能较高的材料。

对于需加热成形的冲压件，模具材料还应具有一定的热硬性和热疲劳强度。

2.4.3 模具零件材料和热处理要求

一般冷冲压模具零件常选用的材料及热处理要求如表 2-9 所示。

表 2-9 模具零件材料及热处理要求

模具零件			材料牌号	热处理	硬度 HRC
冲裁凸、凹模	制件形状简单，产量小		T8A、T10A、9Mn2V、CrWMn	淬火	58 ~ 62
	制件形状复杂，产量大		CrWMn、Cr12MoV、GCr15、YG15、Cr6WV、Cr4W2MoV		
弯曲、成形模	凸模 凹模		T10A、Cr12、9Mn2V、Cr4W2MoV、CrWMn、Cr12MoV、Cr6WV	淬火	58 ~ 62
	材料加热弯曲的凸模、凹模		5CrNiMo、5CrMnMo		52 ~ 56
拉深、翻边模	凸、凹模		CrWMn、Cr12MoV、Cr6WV、YG8、YG15	淬火	58 ~ 62
	材料加热拉深用凸、凹模		5CrNiMo、5CrMnMo		56 ~ 58
冷挤压模	凸模		W18Cr4V、Cr12Mo、GCr15、Cr12MoV、W6Mo5Cr4V2、65Nb、6W6Mo5Cr4V	淬火	60 ~ 62
	凹模	铝制件	Cr12Mo、CrWMn、T10A、YG8、YG15	淬火	60 ~ 64
		锌制件	Cr12Mo、CrWMn、YG15、YG20		
		铜制件	Cr12MoV、W18Cr4V、GCr15、CrWMn		
		钢制件	Cr12MoV、6W6Mo5Cr4V、YG20、YG25		
上模座、下模座			HT200、Q235、45		
模柄、固定板、卸料板、导料板、承料板、限制柱弹顶器座圈			Q235		
垫板	标准规格		45	淬火	43 ~ 48
	非标准规格		T7、T8		48 ~ 52
顶杆、推杆、打杆、键、推板、顶板、挡料销、卸料螺钉、定位钉、定位板			45	淬火	43 ~ 48
导柱			20	渗碳深 0.5 ~ 0.8mm 淬火	58 ~ 62

（续）

模具零件		材料牌号	热处理	硬度 HRC
导套	滚动式	GCr15	淬火	58-62
	滑动式	20	渗碳深 0.5～0.8mm 淬火	58-62
压边圈		T8、T10 T8A、T10A	淬火	54-58
侧刃、废料切刀				58-62
斜楔、滑块				58-62
导正销				52-56
非标准导柱、导套				58-62
弹簧		65Mn、60Si2Mn	淬火	43-48

思考练习题

1. 常用的冲压设备有哪些？
2. 主应力图有哪几种？试分析其对材料塑性的影响。
3. 为什么主应变图只有三种？
4. 分别说明两种屈服条件的含义，并写出其条件公式。
5. 冲压成形工艺对材料有哪些要求？
6. 测试材料冲压性能的方法有哪些？测得的力学性能指标有哪些？这些指标对冲压成形性能有何影响？

第 3 章　冲裁工艺及冲裁模具

冲裁是利用冲裁模在压力机的作用下使板料分离的一种冷冲压工艺。

冲裁是冷冲压的基本工序之一，也是冷冲压生产中应用最广泛的工序。它可用来加工各种形状的平板零件，如垫圈、挡圈等，也可为其他成形工艺，如弯曲、拉深等准备坯料，或对成形的零件，如拉深件、成形件等进行修边、切口、冲孔等工作。

根据冲裁变形机理的不同，冲裁工艺可以分为普通冲裁和精密冲裁两大类。本章主要讨论普通冲裁。

本章的学习目的是了解冲裁工艺变形过程，掌握冲裁工艺的相关参数计算，认识冲裁模典型结构及特点，了解精密冲裁工艺及精密冲裁模具。

3.1　冲裁变形过程分析

图 3-1 所示为普通冲裁示意图。凸模 4 固定在压力机上，凹模 2 则固定在压力机工作台 1 上。凸模与凹模组成一对上、下刃口，将被裁板料 3 放在凸、凹模中间，当凸模下行时，给板料以压力，并使板料发生塑性变形以至分离，完成冲裁工作。

普通冲裁板料分离过程大致可分为以下三个阶段，如图 3-2 所示。

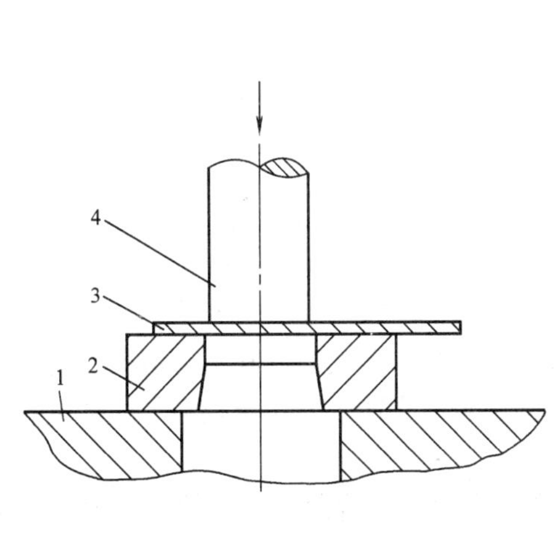

图 3-1　落料与冲孔
1—工作台　2—凹模　3—板料
4—凸模

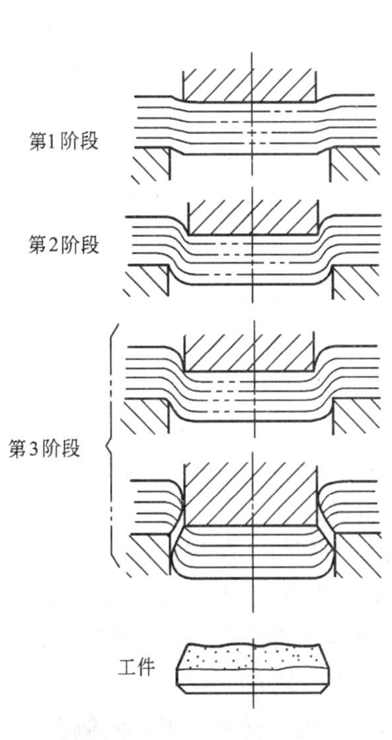

图 3-2　冲裁变形过程

1. 弹性变形阶段

板料在凸模压力作用下，首先产生弹性压缩、拉伸等变形，此时凸模略微挤入板料内，板料的另一面也略微挤入凹模刃口内，凸模端部下面的材料略有弯曲，凹模刃口上面的材料开始上翘，间隙越大，弯曲和上翘越严重。随着凸模在压力机的作用下不断下降，使材料的应力达到了弹性极限。

2. 塑性变形阶段

凸模继续压入，压力增大，材料内部的应力也随之增大，在材料内的应力达到屈服极限时便开始进入塑性变形阶段。在这一阶段中随着凸模挤入材料的深度逐渐增加，材料的塑性变形程度也逐渐增大。由于刃口处间隙的存在，材料内部的拉应力及弯矩也都增大，使变形区材料硬化加剧，直到刃口附近的材料由于拉应力及应力集中的作用开始出现微裂纹。此时，冲裁变形力也达到最大值。微裂纹的出现说明材料开始破坏，塑性变形阶段结束。

3. 断裂分离阶段

凸模继续下降，已形成的微小裂纹逐渐扩大，并向材料内部延伸。当上、下裂纹相遇重合时，材料便被分离，从而完成冲裁过程。

由于冲裁变形的特点，冲裁过程中除了剪切变形外，还有拉伸、弯曲与横向挤压等变形。因此，冲裁变形实际上是一个具有多种变形的综合复杂工艺。复杂应力与应变是冲裁断面变化的根本原因。一般来说，冲裁断面可划分为四个区域：塌角带、光亮带、断裂带和毛刺，如图 3-3 所示。

(1) 塌角带。塌角带发生在冲裁过程中弹性变形后期和塑性变形开始阶段，它的形成主要是由于凸模下降压迫板料表面后使板料产生拉伸、弯曲变形，由于板料本身具有整体的连续性，一处的变形势必牵连到附近材料参与变形，在弹性变形阶段形成初始塌角。随着凸模不断下降，变形区由弹性变形阶段进入塑性变形阶段，初始塌角也由此变成永久性塌角，当冲裁结束后，便残留在冲裁件的断面上。

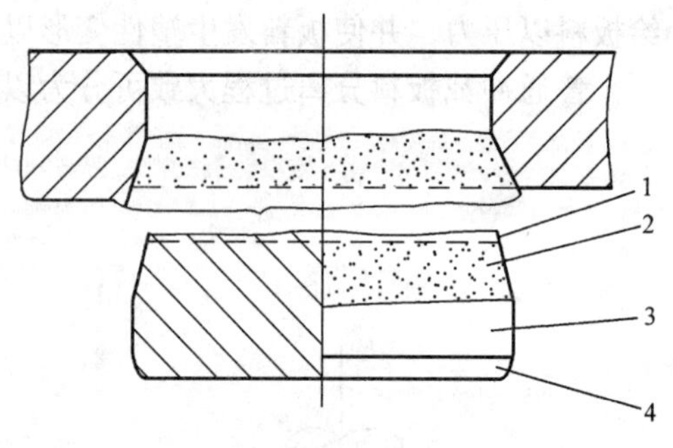

图 3-3　冲裁件断面特征

1—毛刺　2—断裂带

3—光亮带　4—塌角带

(2) 光亮带。光亮带产生于塑性变形阶段，当凸模挤入板料，压应力占主导地位时，压应力起到了阻止或减小金属晶间变形的作用，增强了金属的塑性，能使材料在塑剪情况下进行分离，所以在断面上形成较光洁平整的光亮带。这个区域表面光洁，并且与板料平面垂直，是断面质量最佳的一段。

(3) 断裂带。断裂带产生于冲裁变形后期的剪裂阶段。此阶段，因为拉应力增大，加速了金属晶界的破坏与原子层的彼此分离，由此产生微观裂纹，进而金属纤维被拉断、撕裂，造成粗糙的断面。这个断裂区域，表面粗糙而无光泽，并且带有锥度，是属于断裂形成的断面，质量较差。

(4) 毛刺。材料在刃口的侧面产生微裂纹时即产生了初始毛刺，当材料分离时，由于凸模下降又使毛刺进一步拉长，形成永久性毛刺并残留在工件上。从冲裁变形原理上讲，毛刺的产生是不可避免的，不过，当冲裁条件及间隙合适时毛刺高度很小。

冲裁件断面上四个区域的大小和在断面上所占的比例，随材料的种类、状态及冲裁条件的不同而变化。塑性好的材料，光亮带较大，断裂带较小，但塌角及毛刺高度相应增大。反之，光亮带较小，断裂带增大，塌角及毛刺较小。

对同一种材料，由于冲裁条件不同，如刃口间隙、刃口形状、锋利程度等不一样，在断面上形成的各个区域的比例也不相同。

3.2 冲裁件质量分析及冲裁间隙

3.2.1 冲裁件质量分析

冲裁件应保证一定的尺寸精度、良好的断面质量，无明显的毛刺。

1. 尺寸精度

冲裁件的尺寸精度与许多因素有关，如冲裁模的制造精度、材料性质、冲裁间隙及冲裁件的形状等。

（1）冲裁模的制造精度。冲裁模的制造精度对制件的尺寸精度有直接影响。冲裁模的精度越高，制件的精度亦越高。

（2）材料性质。由于冲裁过程中材料产生一定的弹性变形，冲裁件会产生“回弹”现象，使冲裁件的尺寸与凸、凹模尺寸不符，从而影响其精度。材料的性质对该材料在冲裁过程中的弹性变形量有很大的影响。对于比较软的材料，弹性变形量较少，冲裁后的回弹值亦小，因而零件精度较高。而硬的材料，情况正好相反。

（3）冲裁间隙。冲裁间隙对于制件精度也有很大的影响。当间隙适当时，在冲裁过程中，板料的变形区受单一剪切力作用被分离，使落料件的尺寸等于凹模尺寸，冲孔件的尺寸等于凸模尺寸。

如间隙过大，板料在冲裁过程中除受剪切力外还产生较大的拉伸与弯曲变形，冲裁后由于回弹的作用，将使制件的尺寸向实体方向收缩。对于落料件，其尺寸将会小于凹模尺寸；对于冲孔件，其尺寸将会大于凸模尺寸。

如间隙过小，则板料的冲裁过程中除受剪切力外还会受到较大的挤压力，在冲裁后同样由于回弹的作用，将使制件的尺寸向实体反方向膨胀。对于落料件，其尺寸将会大于凹模尺寸；对于冲孔件，其尺寸将会小于凸模尺寸。

（4）冲裁件的形状。冲裁件的形状越简单其精度越高。

2. 断面质量

对于断面质量，起决定作用的是冲裁间隙。

由冲裁过程的分析可知，冲裁间隙合理时，由凸、凹模刃口所产生的裂纹重合，所得制件的断面有一个微小的塌角，并有正常的既光亮又与板平面垂直的光亮带，其断裂带的粗糙度不大，斜度也不大，毛刺也不明显。获得的断面质量能够符合冲压件的要求。

但当冲裁间隙过大或过小时，上、下裂纹不能重合。

如间隙过大，使凸模产生的裂纹相对于凹模产生的裂纹向里移动一个距离。板料受拉伸、弯曲的作用加大，光亮带的高度缩短，断裂带的高度增加，锥度也加大，有明显的拉断毛刺，冲裁件平面可能产生穹弯现象。

如间隙过小，会使凸模产生的裂纹向外移动一个距离。上、下裂纹不重合，产生第二次剪切，从而在剪切面上形成了略带倒锥的第二个光亮带。在第二个光亮带下面存在着潜伏的裂纹。由于间隙过小，板料与模具的挤压作用加大，在最后被分离时，制件上有较尖锐的挤出毛刺。

由上可知，观察与分析断面质量是判断冲裁工艺是否合理、冲模的工件情况是否正常的主要方法。

3. 毛刺

由冲裁过程的分析可知，冲裁件产生微小的毛刺是不可避免的。若产品要求不允许存在毛刺，则在冲裁后应增加去毛刺的辅助工序。正常情况下，冲裁中允许的毛刺高度见表3-1。

表3-1 毛刺的允许高度

料 厚/mm	生 产 时	试 模 时
~0.3	≤0.05	≤0.015
0.5~1	≤0.10	≤0.03
1.5~2.0	≤0.15	≤0.05

若冲裁过程不正常，毛刺会明显增大，这是不允许的。产生毛刺的原因主要有两个：一是冲裁间隙不合理。如上所述，间隙过大，会产生明显的拉断毛刺；间隙过小，会产生尖锐的挤出毛刺。显然，若间隙值合理但分布不均匀，则依然会在制件上产生局部毛刺。另一个原因是凸模或凹模刃口磨钝后形成圆角，当凸、凹模刃口带有圆角后，在冲裁时就削减了应力集中现象而增大了变形区域，产生的裂纹偏离刃口，凸、凹模间金属在剪裂前有很大的拉伸，这就使冲裁断面上产生了明显的毛刺。这是产生毛刺的主要原因。

凸、凹模刃口磨钝后冲裁件产生的毛刺情况为：当凸模刃口磨钝后，则会在落料件上端产生毛刺；当凹模刃口磨钝后，则会在冲孔件的孔口下端产生毛刺；当凸、凹模刃口同时磨钝时，则制件上端及孔口下端都会产生毛刺。

综上所述，用普通冲裁方法得到的冲裁件，其尺寸精度与断面质量都不太高。

3.2.2 冲裁间隙

冲裁间隙是指冲裁凸、凹模之间工作部分的尺寸之差，如图3-4所示。即

$$Z = D_{凹} - D_{凸} \tag{3-1}$$

式中，Z 为冲裁间隙；$D_{凹}$ 为凹模刃口尺寸；$D_{凸}$ 为凸模刃口尺寸。

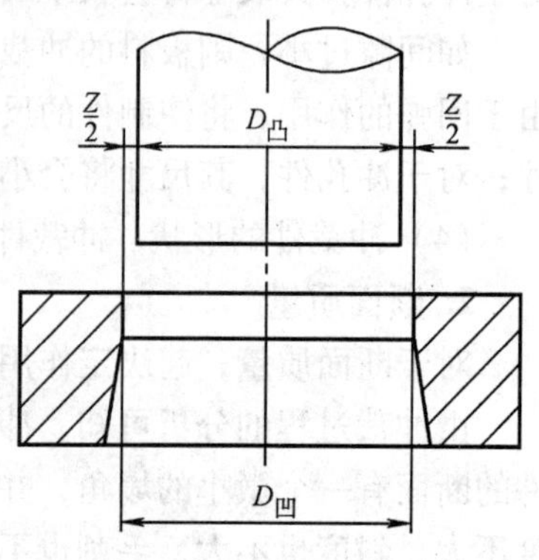

图3-4 冲裁间隙

通常，所谓的模具间隙是指凸、凹模侧壁之间的间隙，即侧边间隙。单侧的间隙称为单边间隙；两侧间隙之和称为双边间隙。如无特殊说明，冲裁间隙是指双边间隙。

冲裁时，冲裁间隙对冲裁件的断面及表面质量、尺寸精度、冲压工艺力、冲模寿命等均有很大影响。冲裁间隙是保证合理冲裁过程的最主要的工艺参数。所以在设计冲模时，应正确选择凸、凹模之间的间隙，这对冲裁工作具有很大的意

义。

所谓合理间隙，就是在这一间隙下，冲裁后能够得到令人满意的断面质量与较高的尺寸精度，使冲裁力（包括卸料力和推件力）最小，还能够使冲模有较高的使用寿命。但是，对于同一间隙数值，要想同时满足上述诸方面要求是不可能的。因此，间隙的确定应综合考虑上述各个因素的影响，选择一个适当的间隙范围。在设计模具时，可根据工件特点和生产上的具体要求按下列原则进行选取：

（1）对工件的断面质量没有严格要求时，为了提高模具寿命、减小冲裁力，可以选择较大间隙值。

（2）工件断面质量及制造公差要求较高时应选择较小间隙值。

（3）计算冲裁模刃口尺寸时，考虑到模具在使用过程中的磨损会使刃口间隙增大，应当按最小合理间隙值来计算。

确定具体间隙值的方法有理论计算法、经验法和查表法三种。生产上一般采用查表法。表3-2和表3-3分别是高、低精度要求时的冲裁间隙数据，可供生产时参考。

表3-2　冲裁间隙（双面）（较高精度）　　（单位：mm）

材料厚度 t	T8,45 1Cr18Ni9Ti		Q315,Q235 D11,锡青铜		08F,10,15,H62,T1,T2,T3		1060,1050A,1035,1200		红纸板,胶纸板,胶布板		纸,皮革,云母板	
	Z_{min}	Z_{max}	Z_{min}	Z_{max}	Z_{min}	Z_{max}	Z_{min}	Z_{max}	Z_{min}	Z_{max}	Z_{min}	Z_{max}
0.35	0.03	0.05	0.02	0.05	0.01	0.03	—	—	—	—	—	—
0.5	0.04	0.08	0.03	0.07	0.02	0.04	0.02	0.03	0.01	0.02	0.005	0.015
0.8	0.09	0.12	0.06	0.10	0.04	0.07	0.025	0.045	0.015	0.035	0.005	0.015
1.0	0.11	0.15	0.08	0.12	0.05	0.08	0.04	0.06	0.02	0.04	0.01	0.02
1.2	0.14	0.18	0.10	0.14	0.07	0.10	0.05	0.07	0.03	0.06	0.015	0.03
1.5	0.19	0.23	0.13	0.17	0.08	0.12	0.06	0.10	0.04	0.07	0.015	0.035
1.8	0.23	0.27	0.17	0.22	0.12	0.16	0.07	0.11	0.05	0.09	0.02	0.04
2.0	0.28	0.32	0.20	0.24	0.13	0.18	0.08	0.12	0.06	0.10	0.025	0.045
2.5	0.37	0.43	0.25	0.31	0.16	0.22	0.11	0.17	0.08	0.12	0.03	0.05
3.0	0.48	0.54	0.33	0.39	0.21	0.27	0.14	0.20	0.10	0.14	0.04	0.06
3.5	0.58	0.65	0.42	0.49	0.25	0.33	0.18	0.26	0.13	0.19	—	—
4.0	0.63	0.76	0.52	0.60	0.32	0.40	0.21	0.29	0.16	0.22	—	—
4.5	0.79	0.88	0.64	0.72	0.38	0.46	0.26	0.34	0.18	0.24	—	—
5.0	0.90	1.0	0.75	0.85	0.45	0.55	0.30	0.40	0.20	0.26	—	—
6.0	1.16	1.26	0.97	1.07	0.60	0.70	0.40	0.50	—	—	—	—
8.0	1.77	1.87	1.46	1.58	0.85	0.79	0.60	0.72	—	—	—	—
10	2.44	2.56	2.04	2.16	1.14	1.26	0.80	0.92	—	—	—	—

表3-3　冲裁间隙（双面）（较低精度）　　（单位：mm）

材料厚度 t	08,10,35,09Mn,Q235		16Mn		40,50		65Mn	
	Z_{min}	Z_{max}	Z_{min}	Z_{max}	Z_{min}	Z_{max}	Z_{min}	Z_{max}
<0.5	极　小　间　隙							
0.5	0.040	0.060	0.040	0.060	0.040	0.060	0.040	0.060
0.6	0.048	0.072	0.048	0.072	0.048	0.072	0.048	0.072
0.7	0.064	0.092	0.064	0.092	0.064	0.092	0.064	0.092

（续）

材料厚度 t	08,10,35,09Mn,Q235		16Mn		40,50		65Mn	
	Z_{min}	Z_{max}	Z_{min}	Z_{max}	Z_{min}	Z_{max}	Z_{min}	Z_{max}
<0.5	极小间隙							
0.8	0.072	0.104	0.072	0.102	0.072	0.104	0.064	0.092
0.9	0.090	0.126	0.090	0.126	0.090	0.126	0.090	0.126
1.0	0.100	0.140	0.100	0.140	0.100	0.140	0.090	0.126
1.2	0.126	0.180	0.132	0.180	0.132	0.180		
1.5	0.132	0.240	0.170	0.240	0.170	0.230		
1.75	0.220	0.320	0.220	0.320	0.220	0.320		
2.0	0.246	0.360	0.260	0.380	0.260	0.380		
2.1	0.260	0.380	0.280	0.400	0.280	0.400		
2.5	0.360	0.500	0.380	0.540	0.380	0.510		
2.75	0.400	0.560	0.420	0.600	0.420	0.600		
3.0	0.460	0.640	0.480	0.660	0.480	0.660		
3.5	0.540	0.740	0.580	0.780	0.580	0.780		
4.0	0.640	0.880	0.680	0.920	0.680	0.920		
4.5	0.720	1.000	0.710	0.960	0.780	1.040		
5.5	0.94	1.200	0.780	1.100	0.980	1.320		
6.0	1.080	1.440	0.840	1.200	1.110	1.500		
6.5			0.940	1.300				
8.0			1.200	1.680				

3.3 冲裁件工艺性分析

冲裁件的工艺性，是指冲裁件对冲压工艺的适应性能，即冲裁件的结构形状、尺寸大小、工件精度等对冲裁加工难易程度的影响。良好的冲裁工艺性，应能保证材料消耗最低、工序数目最少、冲模结构简单且满足寿命长、产品质量稳定、生产率高等要求。因此，冲裁件的工艺性对冲裁件的质量、模具寿命和生产效率影响很大。

一般来说，冲裁件首先应保证满足使用要求，其次是其能用最简单和最经济合理的方法制造出来，降低工艺成本。影响冲裁件工艺性的主要因素可概括为以下几方面：

1. 冲裁件形状与尺寸

（1）冲裁件的结构形状应力求简单、对称，在满足产品性能与要求的情况下，冲裁件的外形及内孔应尽量设计成圆形、矩形等规则的几何形状，避免长槽及有细长的悬臂。这样，所采用的模具结构简单、制造与维修方便。

（2）冲裁件的外形及内孔的转角处应避免尖角，并以圆角过渡。其最小圆角半径应大于或等于$0.5t$（t为板料厚度）。零件的圆角半径过小，不但会给模具加工带来困难，在热处理时也容易破裂，而且在冲压时，模具的凸、凹模尖角也易磨损、产生裂纹，影响加工精度。

（3）由于受到冲孔凸模的强度限制，冲裁件的孔径不能过小，其最小孔径与孔的形状和材料厚度有关。设计时，孔的最小直径不应该小于表3-4所列的数值。若对冲孔凸模采取特殊措施，如加装保护套等，则其最小孔径可以适当缩小。

表 3-4　用普通冲模冲孔的最小尺寸

材　　料	冲孔的最小直径或边长/mm		
	圆孔直径	方孔边长	矩形孔最小边长
硬钢及中硬钢	1.3	1	1
低碳钢及黄铜	1	0.7	0.8
铝、锌	0.8	0.6	0.6
布质胶木层压板	0.4	0.35	0.3

(4) 设计冲裁件内孔时，其孔与孔之间、孔壁与孔壁之间的最小距离 c 不应太小，一般为 $c \geqslant 2t$（t 为板料厚度），且 $c \geqslant 3 \sim 4$mm。

(5) 如图 3-5 所示，在弯曲或拉深零件上冲孔时，其孔壁与零件直壁之间应保持一定的距离，即其距离 c 应满足 $c \geqslant R + 0.5t$。假如冲孔距离太小，冲孔时会使凸模受水平推力而折断。

(6) 在产品性能允许的情况下，零件外形应尽量采用少、无废料结构设计，以节约材料、降低成本。

(7) 设计冲裁件时，零件的结构尺寸应尽可能设计成对称形或互成比例，以便于模具制造。

2. 冲裁件的精度

普通冲裁能得到冲裁件的尺寸精度在 IT10 ~ IT11 以下，粗糙度高于 $R_a 12.5\mu m$。冲孔精度可比落料精度高一级。对于精度要求高于 IT10 的冲裁件，需要通过整修或采用其他精密冲裁方法得到。

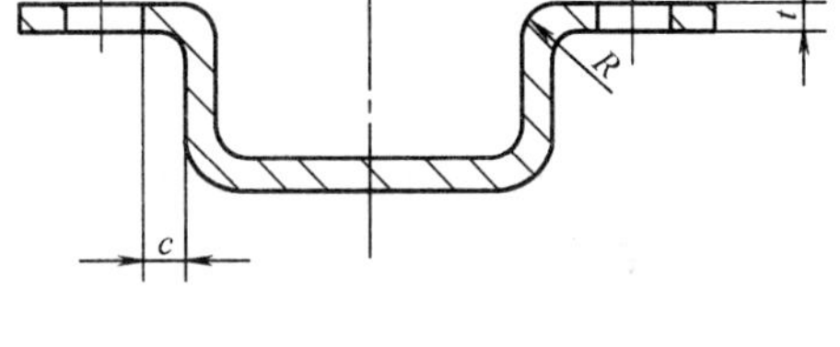

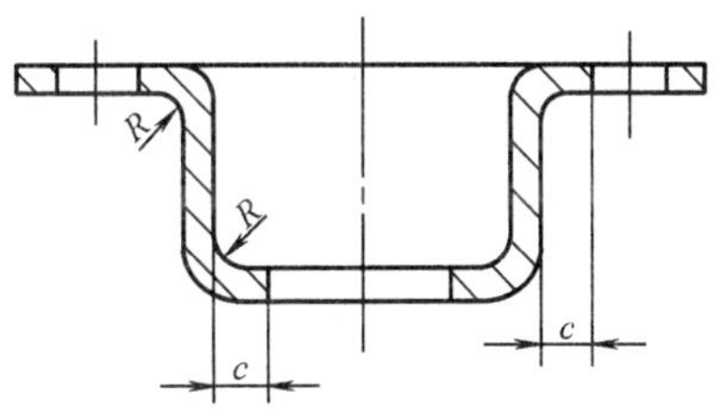

图 3-5　弯曲件和拉深件上的冲孔位置

3.4　凸模和凹模工作部分尺寸计算

凸模和凹模的工作部分尺寸及公差，直接影响冲裁件的尺寸精度。合理的间隙数值，也要靠凸模和凹模工作部分的尺寸及公差来保证。因此，确定合理的凸模和凹模工作部分的尺寸及公差是冲裁模具设计中的关键。

3.4.1　工作部分尺寸计算原则

(1) 落料时，应先确定凹模工作部分尺寸。凹模工作部分的基本尺寸取接近或等于落料件的最小极限尺寸，以保证凹模刃口磨损到一定程度后仍能冲出合格的零件。凸模的工作部分尺寸则按凹模的基本尺寸减去一个最小间隙值，即间隙是由减小凸模尺寸来取得。

(2) 冲孔时，应先确定凸模工作部分尺寸。凸模工作部分的基本尺寸取接近或等于冲孔件的最大极限尺寸，以保证凸模刃口磨损到一定程度后仍能冲出合格的零件。凹模的工作部分尺寸则按凸模的基本尺寸加上一个最小间隙值，即间隙是由增大凹模尺寸来取得。

（3）凸、凹模的制造公差主要与冲裁件的精度和形状有关，一般应比冲裁件本身所要求的精度高 2 ~ 3 级。

3.4.2 工作部分尺寸计算方法

由于模具加工和测量方法不同，凸模和凹模工作部分尺寸的计算与制造公差的标注方法也不同。常用以下两种方法：

1. 凸模和凹模分开加工时工作部分尺寸计算

凸模和凹模分开加工时，应分别计算和标注凸模和凹模工作部分尺寸与制造公差。这种方法适合圆形或形状简单的凸模和凹模及大量生产冲模时采用。采用这种方法时必须使模具的制造公差与间隙满足条件

$$|\delta_p| + |\delta_d| \leqslant Z_{max} - Z_{min} \tag{3-2}$$

这时，凸模和凹模工作部分尺寸的计算公式如下：

（1）冲孔（设工件孔的尺寸为 $d^{+\Delta}_{0}$）

$$d_t = (d + x\Delta)^{\ 0}_{-\delta_p} \tag{3-3}$$

$$d_a = (d_t + Z_{min})^{+\delta_d}_{\ 0} = (d + x\Delta + Z_{min})^{+\delta_d}_{\ 0} \tag{3-4}$$

（2）落料（设工件孔的尺寸为 $D^{\ 0}_{-\Delta}$）

$$D_a = (D - x\Delta)^{+\delta_d}_{\ 0} \tag{3-5}$$

$$D_t = (D_a - Z_{min})^{\ 0}_{-\delta_p} = (D - x\Delta - Z_{min})^{\ 0}_{-\delta_p} \tag{3-6}$$

式中，d_t、d_a 分别为冲孔凸模和凹模工作部分尺寸；D_a、D_t 分别为落料凹模和凸模工作部分尺寸；d、D 分别为冲孔件的孔径和落料件外径的基本尺寸；Δ 为工件制造公差值；Z_{min} 为最小合理间隙；δ_p、δ_d 分别是凸模和凹模制造偏差，其值可查表 3-5；x 为磨损系数，一般在 0.5 ~ 1 之间，可查表 3-6。

表 3-5 规则形状（圆形、方形）冲裁凸模、凹模的制造偏差 （单位：mm）

公 称 尺 寸	凸模偏差 δ_p	凹模偏差 δ_d
≤18	-0.020	+0.020
>18 ~ 30		+0.025
>30 ~ 80		+0.030
>80 ~ 120	-0.025	+0.035
>120 ~ 180	-0.030	+0.040
>180 ~ 260		+0.045
>260 ~ 360	-0.035	+0.050
>360 ~ 500	-0.040	+0.060
>500	-0.050	+0.070

表 3-6 磨损系数 x

材料厚度 t/mm	非 圆 形			圆 形	
	1	0.75	0.5	0.75	0.5
	零件制造公差 Δ/mm				
~1	≤0.16	0.17 ~ 0.35	≥0.36	<0.16	≥0.16
>1 ~ 2	≤0.20	0.21 ~ 0.41	≥0.42	<0.20	≥0.20
>2 ~ 4	≤0.24	0.25 ~ 0.49	≥0.50	<0.24	≥0.24
>4	≤0.30	0.31 ~ 0.59	≥0.60	<0.30	≥0.30

例 3-1　冲制一垫圈，材料为 Q235 钢，材料厚度 3mm，采用分开加工方法制造模具，计算落料和冲孔凸、凹模工作部分尺寸及制造偏差。垫圈尺寸如图 3-6 所示。

解　1. 落料

凹模刃口尺寸为 $D_a=(D-x\Delta)^{+\delta_d}_{0}$

凸模刃口尺寸为 $D_t=(D_a-Z_{min})^{0}_{-\delta_p}$

查表 3-3，取 $Z_{max}=0.64$mm，$Z_{min}=0.46$mm。

查表 3-5，取 $\delta_p=-0.02$，$\delta_d=+0.03$。

查表 3-6，取 $x=0.5$。

因为$|-0.02|+|+0.03|<0.64-0.46$，即 $0.05<0.18$，故能满足$|\delta_p|+|\delta_d|\leqslant Z_{max}-Z_{min}$的条件。将上述数据代入式（3-5）、式（3-6），即得

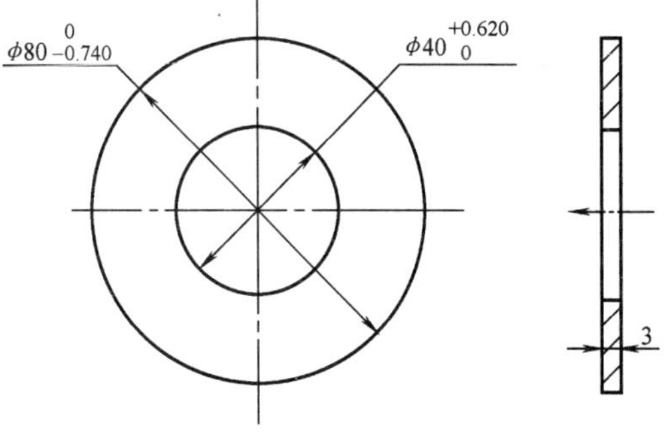

图 3-6　垫圈

$$D_a=(80-0.5\times0.74)^{+0.03}_{0}\text{mm}=79.63^{+0.03}_{0}\text{mm}$$

$$D_t=(79.63-0.46)^{0}_{-0.02}\text{mm}=79.17^{0}_{-0.02}\text{mm}$$

2. 冲孔

凸模刃口尺寸为 $d_t=(d+x\Delta)^{0}_{-\delta_p}$。

凹模刃口尺寸为 $d_a=(d_t+Z_{min})^{+\delta_d}_{0}$。

查表 3-3，取 $Z_{max}=0.64$mm，$Z_{min}=0.46$mm。

查表 3-5，取 $\delta_p=-0.02$mm，$\delta_d=+0.03$mm。

查表 3-6，取 $x=0.5$。

因为$|-0.02|+|+0.03|<0.64-0.46$，即 $0.05<0.18$，故能满足$|\delta_p|+|\delta_d|\leqslant Z_{max}-Z_{min}$条件。将上述数据代入式（3-3）、式（3-4），即得

$$d_t=(40+0.5\times0.62)^{0}_{-0.02}\text{mm}=40.31^{0}_{-0.02}\text{mm}$$

$$d_a=(40.31+0.46)^{+0.03}_{0}\text{mm}=40.77^{+0.03}_{0}\text{mm}$$

2. 凸模和凹模配合加工时工作部分尺寸计算

由于凸、凹模分开加工的方法对模具制造公差要求很严，因而造成模具加工困难、成本高以及制造周期长，特别是单件生产时，采用这种方法更不经济。目前，单件生产的模具或冲制复杂形状工件的模具，广泛采用配合加工的方法来制造。

配合加工方法是先按工件的尺寸和公差制造出凹模或凸模中的一个（一般落料件先加工出凹模，冲孔件先加工出凸模），然后以此件为基准件再配做另一件。这种方法不仅容易保证间隙，而且还可以放大基准件的公差，也不必检验 $\delta_p+\delta_d\leqslant Z_{max}-Z_{min}$，同时，设计模具图样的工作也可大大简化，只要把基准件的工作部分的尺寸及公差在图样上标注清楚，另一件只需在图样的技术要求中注明“凸模（或凹模）按凹模（或凸模）的实际尺寸配作，保证配合间隙”即可。具体计算方法如下：

（1）落料模工作部分尺寸的计算。图 3-7 所示为复杂形状落料件和凹模工作部分形状及尺寸。

因为是落料件，所以以凹模为基准件来配作凸模。按凹模尺寸变大、变小、不变的规律

分为以下三种情况：

1）凹模磨损后可能变大的尺寸（属于内表面，相当于“孔”），如图 3-7b 所示的尺寸 A_1、A_2、A_3、A_4，应使其具有最小极限尺寸，并用 x 系数修正。可按一般落料凹模尺寸公式计算，即

$$A_a = (A - x\Delta)^{+\delta_d}_{0} \tag{3-7}$$

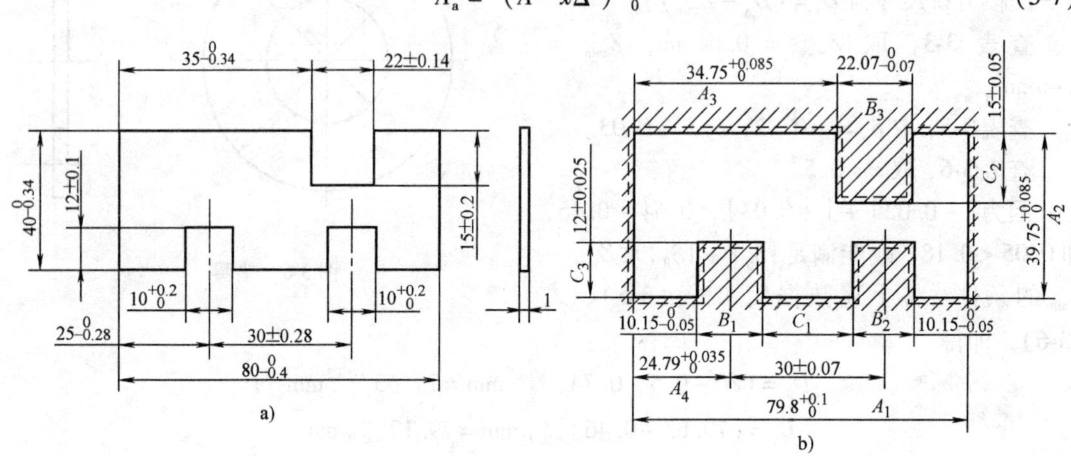

图 3-7　落料件和落料凹模尺寸

a）工件尺寸　b）落料凹模尺寸

2）凹模磨损后变小的尺寸（属于外表面，相当于“轴”），如图 3-7b 所示的尺寸 B_1、B_2、B_3，应使其具有最大极限尺寸，并用 x 系数修正。即

$$B_a = (B + x\Delta)^{\ 0}_{-\delta_d} \tag{3-8}$$

3）凹模磨损后大小不变的尺寸，如图 3-7b 所示的尺寸 C_1、C_2、C_3，分下列三种情况计算：

当工件尺寸标注偏差形式为 $C^{+\Delta}_{\ 0}$时

$$C_a = (C + 0.5\Delta) \pm \delta_d \tag{3-9}$$

当工件尺寸标注偏差形式为 $C^{\ 0}_{-\Delta}$时

$$C_a = (C - 0.5\Delta) \pm \delta_d \tag{3-10}$$

当工件尺寸标注偏差为 $C \pm \Delta'$时

$$C_a = C \pm \delta_d \tag{3-11}$$

式中，A_a、B_a、C_a 为凹模工作部分尺寸；A、B、C 为工件的基本尺寸；Δ 为工件公差值；Δ'为工件偏差；δ_d 为凹模的制造偏差。

通常取 $\delta_d = \Delta/4$ 或 $\Delta'/2$。当标注形式为 $\pm\delta_d$ 时，取 $\delta_d = \Delta/8$ 或 $\Delta'/4$。

上述是落料凹模刃口尺寸及其制造公差的计算方法。相应的凸模工作部分尺寸按凹模尺寸配作即可，只需在图样上的技术要求中注明“凸模工作部分尺寸按凹模实际尺寸配作，并保证配合间隙”。

（2）冲孔模工作部分尺寸的计算。冲孔时，冲孔模工作部分尺寸的计算应以凸模为基准件来配作凹模。同样，根据凸模磨损后工作部分尺寸的变化，分为三种情况进行计算。图 3-8a 所示为工件的形状和尺寸，图 3-8b 所示为凸模工作部分的形状和尺寸。

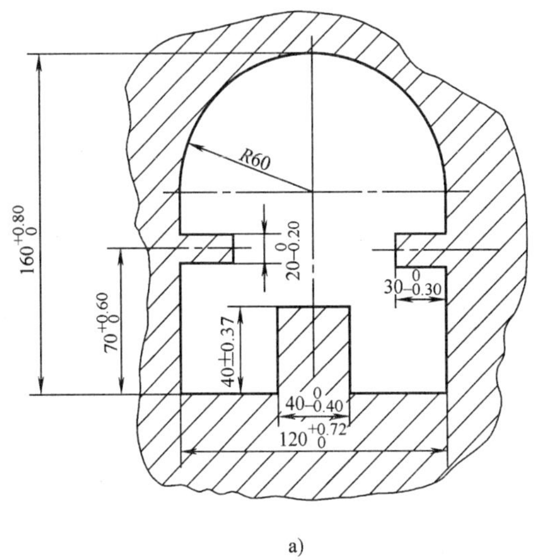

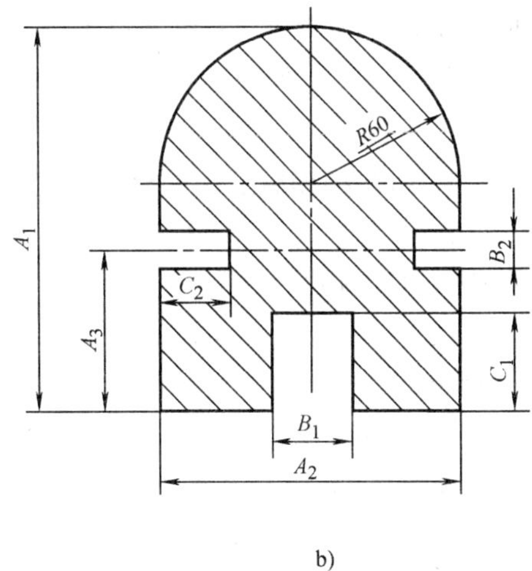

图 3-8　冲孔形状和凸模刃口图
a）工件图　b）凸模刃口图

1）凸模磨损后可能变小的尺寸（属于外表面，相当于“轴”），如图 3-8b 所示的尺寸 A_1、A_2、A_3、$R60$，应使其具有最大极限尺寸，并用 x 系数修正，制造偏差取负值。即

$$A_t = (A + x\Delta)^{\ 0}_{-\delta_p} \tag{3-12}$$

2）凸模磨损后变大的尺寸（属于内表面，相当于“孔”），如图 3-8b 所示的尺寸 B_1、B_2，应使其具有最小极限尺寸，并用 x 系数修正，制造偏差取正值。即

$$B_t = (B - x\Delta)^{+\delta_p}_{\ 0} \tag{3-13}$$

3）凸模磨损后大小不变的尺寸，如图 3-8b 所示的尺寸 C_1、C_2，可分下列三种情况计算：

当工件尺寸标注偏差形式为 $C^{+\Delta}_{\ 0}$时

$$C_t = (C + 0.5\Delta) \pm \delta_p \tag{3-14}$$

当工件尺寸标注偏差形式为 $C^{\ 0}_{-\Delta}$时

$$C_t = (C - 0.5\Delta) \pm \delta_p \tag{3-15}$$

当工件尺寸标注偏差形式为 $C \pm \Delta'$时

$$C_t = C \pm \delta_p \tag{3-16}$$

式中，A_t、B_t、C_t 为凸模工作部分尺寸；A、B、C 为工件的基本尺寸；Δ 为工件公差值；Δ' 为工件偏差；δ_p 为凸模制造偏差。

通常取 $\delta_p = \Delta/4$ 或 $\Delta'/2$。当标注形式为 $\pm\delta_p$ 时，取 $\delta_p = \Delta/8$ 或 $\Delta'/4$。

3. 冲模工作部分属于半边磨损尺寸的计算方法

冲裁模工作部分上的半边尺寸是指从某几何要素中心到某轮廓线之间距离的尺寸。如图 3-7 中的 A_4、图 3-8 中的 A_2、$R60$ 等。半边磨损尺寸的特点是：在尺寸线箭头所指的两个几何要素中，只有其中一个要素（表面）发生磨损，而另外一个不存在磨损问题。

所以，此类尺寸的计算方法，其原理与上述工作部分尺寸的计算方法相同，只是在计算时，把冲裁间隙及模具的制造公差均按上述方法减半即可。

例 3-2 冲裁图 3-8a 所示的工件，材料为 Q235，厚度为 2mm，试用配作方法确定凸模、凹模工作部分尺寸及其制造公差。

解 因为工件为冲孔件，所以先确定凸模工作部分尺寸。凸模磨损后其尺寸变化有下述三种情况：

1. 凸模磨损后工作部分尺寸变小

尺寸 A_1、A_2、A_3、$R60$ 均为外表面，其中 A_3、$R60$ 属于半边磨损尺寸，应使其具有最大极限尺寸，并用 x 系数修正。

已知：$A_1=160\text{mm}$，$\Delta_1=0.8\text{mm}$；$A_2=120\text{mm}$，$\Delta_2=0.72\text{mm}$；$A_3=70\text{mm}$，$\Delta_3=0.6\text{mm}$；$R=60\text{mm}$。

查表 3-6 得：$x_1=0.5$，$x_2=0.5$，$x_3=0.5$。

于是 $A_{t1}=(A_1+x_1\Delta_1)_{-\delta_{p1}}^{\ 0}$，取 $\delta_{p1}=\Delta_1/4=0.2\text{mm}$

$$=(160+0.5\times0.8)_{-0.2}^{\ 0}\text{mm}$$

$$=160.40_{-0.2}^{\ 0}\text{mm}$$

$$A_{t2}=(A_2+x_2\Delta_2)_{-\delta_{p2}}^{\ 0}\text{，取 }\delta_{p2}=\Delta_2/4=0.18\text{mm}$$

$$=(120+0.5\times0.72)_{-0.18}^{\ 0}\text{mm}$$

$$=120.36_{-0.18}^{\ 0}\text{mm}$$

$$A_{t3}=(A_3+x_3\Delta_3)_{-\delta_{p3}}^{\ 0}$$

因为 A_{t3} 是半边尺寸，所以 $\delta_{p3}=\Delta_3/8=0.075\text{mm}$。

于是 $A_{t3}=(70+0.5\times0.6)_{-0.075}^{\ 0}\text{mm}=70.30_{-0.075}^{\ 0}\text{mm}$。

$R60\text{mm}$ 属于半边尺寸，为了使其能与尺寸 A_{t2} 相切，故取 A_{t2} 值的 1/2，则

$$R=1/2A_{t2}{}_{-\delta_{pr}}^{\ 0},\quad \delta_{pr}=\delta_{p2}/2=0.09\text{mm}$$

$$R=1/2\times120.36_{-0.09}^{\ 0}\text{mm}=60.18_{-0.09}^{\ 0}\text{mm}$$

2. 凸模磨损后工作部分尺寸变大

尺寸 B_1，B_2 属于内表面，相当于凹模，应使其具有最小极限尺寸，并用 x 系数修正。

已知：$B_1=40\text{mm}$，$\Delta_1=0.4\text{mm}$；$B_2=20\text{mm}$，$\Delta_2=0.2\text{mm}$。

查表 3-6 得：$x_1=0.75$，$x_2=1$。

于是 $B_{t1}=(B_1-x_1\Delta_1)_{\ 0}^{+\delta_{p1}}$，取 $\delta_{p1}=\Delta_1/4=0.1\text{mm}$

$$B_{t1}=(40-0.75\times0.4)_{\ 0}^{+0.1}\text{mm}=39.7_{\ 0}^{+0.1}\text{mm}$$

$$B_{t2}=(B_2-x_2\Delta_2)_{\ 0}^{+\delta_{p2}}\text{，取 }\delta_{p2}=\Delta_2/4=0.05\text{mm}$$

$$B_{t2}=(20-1\times0.2)_{\ 0}^{+0.05}\text{mm}=19.8_{\ 0}^{+0.05}\text{mm}$$

3. 凸模磨损后工作部分尺寸无变化

已知：$C_1=40\text{mm}$，$\Delta_1=0.74\text{mm}$；$C_2=30\text{mm}$，$\Delta_2=0.3\text{mm}$。

于是 $C_{t1}=C_1\pm\delta_{p1}$，$\pm\delta_{p1}=\pm\Delta_1/8=\pm0.0925\text{mm}$

$$C_{t1}=(40\pm0.0925)\text{mm}$$

$$C_{t2}=(C_2-0.5\Delta_2)\pm\delta_{p2}\text{，}\pm\delta_{p2}=\pm\Delta_2/8=\pm0.0375\text{mm}$$

$$C_{t2}=[(30-0.5\times0.3)\pm0.0375]\text{mm}=(29.85\pm0.0375)\text{mm}$$

4. 凹模工作部分尺寸确定

凹模工作部分尺寸按凸模实际尺寸配作，保证双边间隙为 0.24～0.36mm。

3.5 冲裁力的计算

3.5.1 冲裁力的计算

冲裁力是指从板料或卷料上冲出所需轮廓尺寸的工件或坯料以及在工件或坯料上冲孔时，材料对凸模的最大抵抗力，也就是压力机在此时应具有的最小压力。冲裁力大小是选择压力机公称压力和检验模具强度的主要依据。

影响冲裁力的主要因素有材料的抗剪强度、材料的厚度与冲裁件的轮廓周长。同时，冲裁间隙、刃口锐利程度、冲裁速度、润滑情况等也对冲裁力有较大的影响。综合上述影响因素，平刃口冲裁力可按下式计算：

$$F_P = kLt\tau \tag{3-17}$$

式中，F_P 是冲裁力（N）；L 是冲裁件周边长度（mm）；t 是材料厚度（mm）；τ 是材料抗剪强度（MPa）；k 是系数，是考虑实际生产中的各种因素影响而给出的，通常取 $k=1.3$。

对同一种材料，一般其抗拉强度 $\sigma_b=1.3\tau$，则冲裁力也可按下式计算：

$$F_P = Lt\sigma_b \tag{3-18}$$

3.5.2 降低冲裁力的方法

当板料较厚或冲裁件较大，所需要的冲裁力大，而压力机公称压力不够时，可采用以下三种方法来降低冲裁力。

1. 斜刃冲裁

斜刃冲裁法，就是将冲裁凸模（或凹模）刃口平面做成与相对水平面呈一定倾斜角（$\varphi=3°\sim8°$）的斜刃。冲裁时，斜刃冲模刃口逐步分离材料，相当于把冲裁件的周边长度分成若干小段逐步进行冲裁分离，因此，能够有效降低冲裁力（见图3-9）。

2. 阶梯冲裁

在多凸模的冲模中，将凸模做成不同高度，使工作端面阶梯布置，可使各凸模冲裁力的最大值不同时出现，从而降低了冲裁力。

阶梯凸模不仅能降低冲裁力，而且能在直径相差悬殊、距离很近的多孔冲裁中，避免小直径凸模由于受材料流动挤压力的作用而产生折断或倾斜的现象。为此，一般将小直径凸模做短些（见图3-10），其高度差 H 与板料厚度有关。当 $t\leqslant3$mm 时，取 $H=t$；当 $t>3$mm 时，取 $H=0.5t$。

3. 加热冲裁

将材料加热后冲裁，可以大大降低其抗剪强度，从而降低冲裁力。

3.5.3 卸料力、推件力和顶件力的计算

卸料力是将工件或废料从凸模上卸下时所需的力；推件力是将工件或废料顺着冲裁方向从凹模内推出的力；将工件或废料从凹模洞口逆冲裁方向顶出所需的力，称为顶件力（见图3-11）。

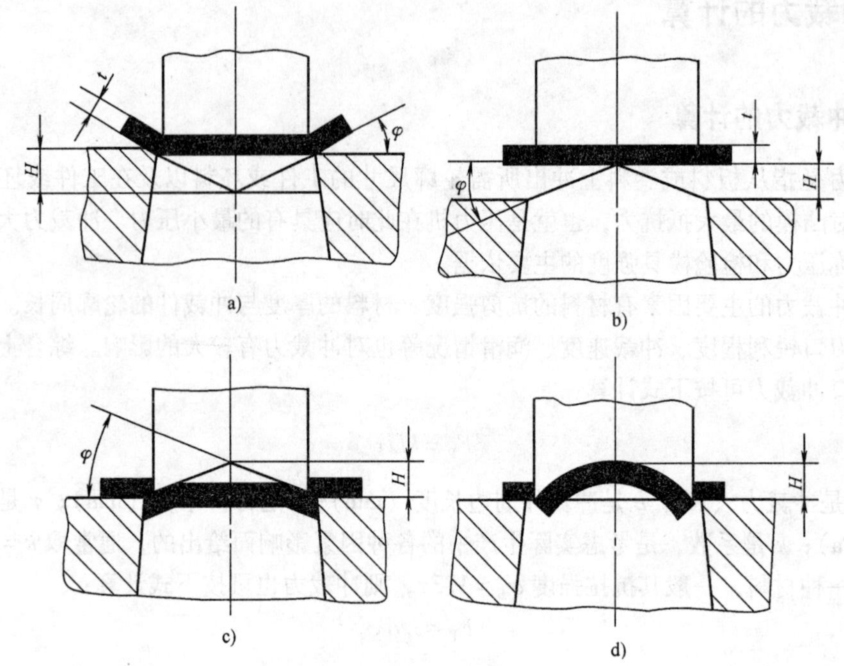

图 3-9　斜刃口冲裁模

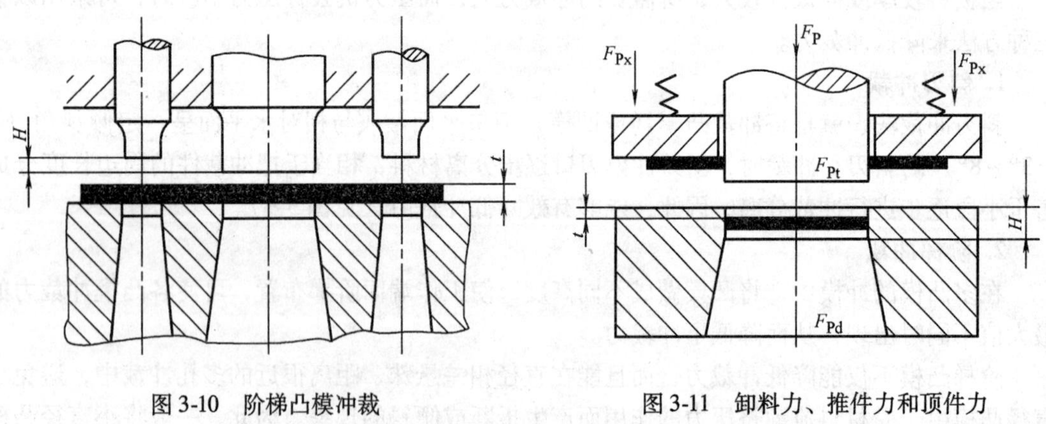

图 3-10　阶梯凸模冲裁　　　　图 3-11　卸料力、推件力和顶件力

由于影响卸料力、推件力和顶件力的因素很多，影响规律也很复杂，所以，实际生产中都是采用经验公式来计算的：

$$F_{Px} = K_x F_P \tag{3-19}$$

$$F_{Pt} = nK_t F_P \tag{3-20}$$

$$F_{Pd} = K_d F_P \tag{3-21}$$

式中，F_{Px}、F_{Pt}、F_{Pd}分别为卸料力、推件力和顶件力；K_x、K_t、K_d 分别为卸料力系数、推件力系数和顶件力系数，其值见表 3-7；F_P 为冲裁力；n 是同时卡在凹模洞口内的件数，对圆柱形凹模洞口，$n = H/t$（H 为洞口柱形的高度，t 为材料厚度）；当采用锥形洞口时，因无工件卡在凹模内，故不计推件力。

表 3-7　K_x、K_t、K_d 值

材料种类及其厚度 t/mm		K_x	K_t	K_d
钢	≤0.1	0.065～0.075	0.1	0.14
	>0.1～0.5	0.045～0.055	0.063	0.08
	>0.5～2.5	0.04～0.05	0.055	0.06
	>2.5～6.5	0.03～0.04	0.045	0.05
	>6.5	0.02～0.03	0.025	0.03
铝、铝合金		0.025～0.08	0.03～0.07	
纯铜、黄铜		0.02～0.06	0.03～0.09	

3.5.4　总冲压力的计算

在选择设备的公称压力、计算冲压力时，应根据冲模的具体结构分别考虑其计算方法。

采用刚性卸料装置和自然漏料方式时，

$$F_{Pz}=F_P+F_{Pt}=F_P+nK_tF_P \tag{3-22}$$

采用弹性卸料装置和弹性顶件装置时，

$$F_{Pz}=F_P+F_{Px}+F_{Pd}=F_P+K_xF_P+K_dF_P \tag{3-23}$$

采用弹性卸料装置和自然漏料方式时，

$$F_{Pz}=F_P+F_{Px}+F_{Pt}=F_P+K_xF_P+nK_tF_P \tag{3-24}$$

上式中，F_{Pz}为总冲压力，即压力机应给出的最小压力。

3.6　冲裁工件的排样方法

冲裁件在板料、带料或条料上的布置方式称为排样。合理排样是降低成本和保证制件质量及模具寿命的有效措施。排样的原则如下：

(1) 提高材料利用率。

(2) 操作方便、安全，降低操作者劳动强度。

(3) 模具结构简单、寿命较高。

(4) 保证制件质量和制件对板料纤维方向的要求。

排样设计的工作内容包括：选择排样方法，确定搭边的数值，计算条料宽度与送料步距，画出排样图。必要时还应核算一下材料的利用率。

3.6.1　排样方法

根据材料经济利用的程度，排样方法可以分为以下三种：

1. 有废料排样法

制件与制件之间以及制件与条料侧边之间都有工艺余料（称搭边）存在。有废料排样的材料利用率较低，但制件的质量和冲模的寿命较高，常用于制件形状复杂、尺寸精度要求较高的排样。

2. 少废料排样法

只在制件之间或制件与条料侧边之间留有搭边。少废料排样的材料利用率较高，常用于某些尺寸要求不高的制件排样。

3. 无废料排样法

制件与制件之间以及制件与条料侧边之间均无搭边存在。无废料排样的材料利用率最高，但对制件形状结构要求严格。

采用少、无废料排样法，材料利用率高，不但有利于一模获得多个制件，而且可以简化模具结构、降低冲裁力。但是，因条料本身的宽度公差以及条料导向与定位所产生的误差会直接影响制件尺寸而使制件的精度降低。同时，模具还会因单面受力而加快磨损，降低模具寿命，也会影响制件的断面质量。因此，排样时必须全面权衡各种因素。

对于简单形状的制件，可以用计算方法选择合理的排样；而对于形状复杂的制件，常采用放样的方法进行比较排样，找出比较合理的排样方案。排样的形式较多，常用的几种见表3-8。

表 3-8 常用排样方式

	有 废 料 排 样	少 无 废 料 排 样
直排	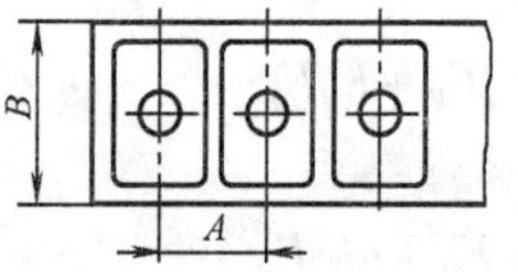 B A	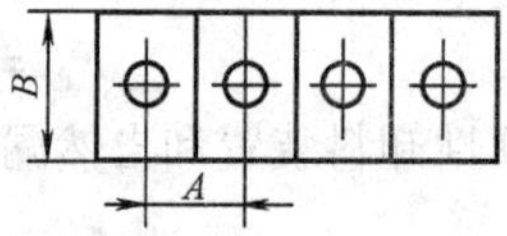 B A
斜排	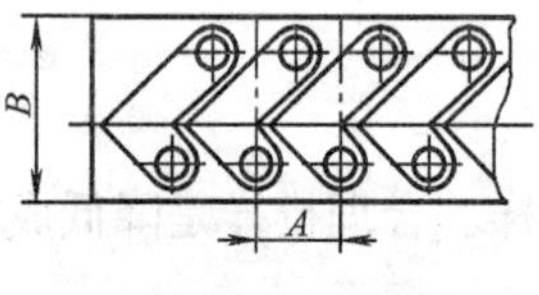 B A	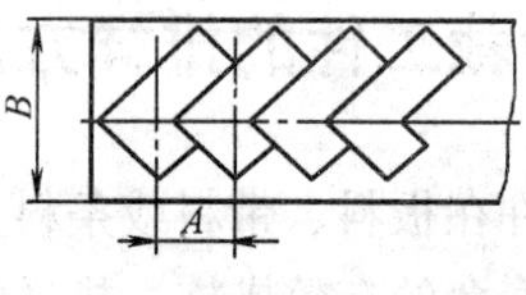 B A
直对排	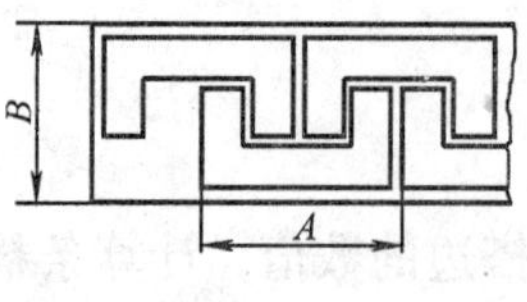 B A	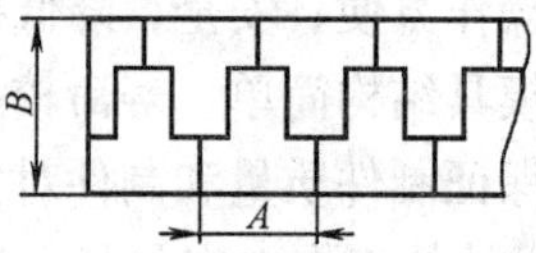 B A
斜对排	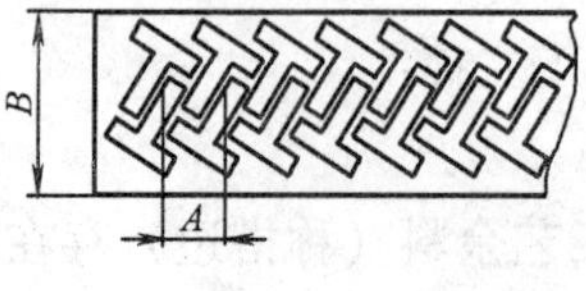 B A	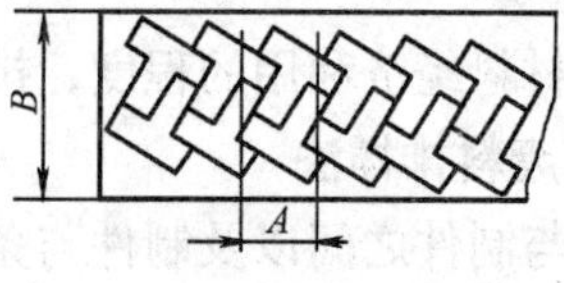 B A

（续）

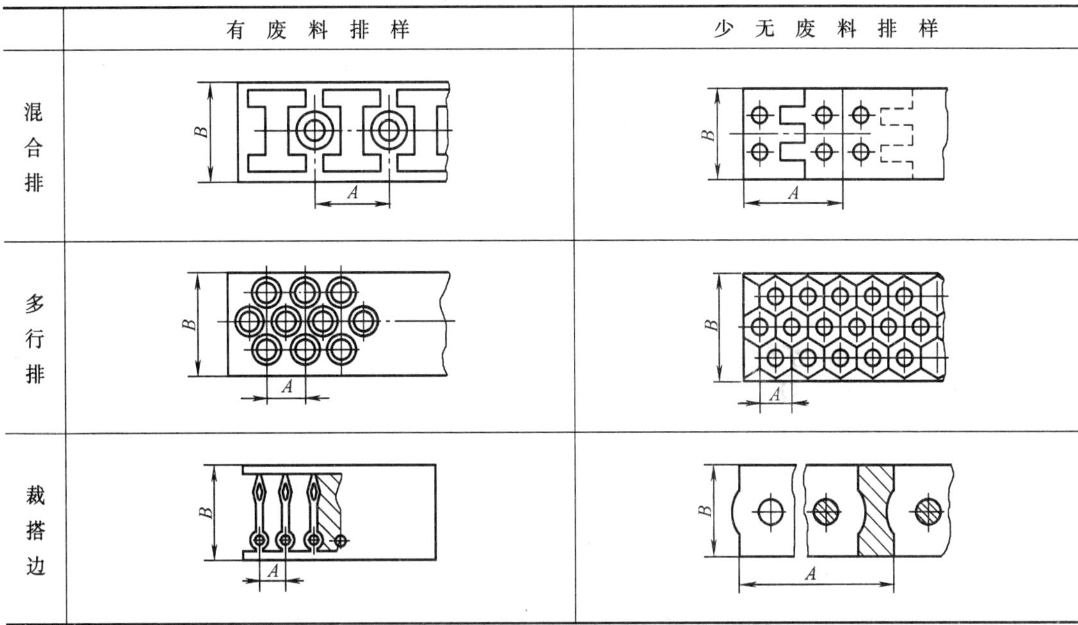

3.6.2 搭边

排样时制件与制件之间及制件与条料侧边之间留下的工艺余料叫搭边。

冲裁时，搭边可以起到补偿定位误差的作用，保证冲出合格的制件。搭边还可以使冲裁后的条料具有一定的强度、刚度，便于条料送进。

搭边值的选取要综合考虑材料的机械性能、制件的形状与尺寸、条料的厚度及送进和挡料方式等因素的影响。搭边值通常由经验确定，表 3-9 为最小搭边数值，供参考。

表 3-9　最小搭边数值　　（单位：mm）

料厚	手送料						自动送料	
	圆形		非圆形		往复送料			
	a	b	a	b	a	b	a	b
~1	1.5	1.5	2	1.5	3	2		
大于 1 ~2	2	1.5	2.5	2	3.5	2.5	3	2
大于 2 ~3	2.5	2	3	2.5	4	3.5		
大于 3 ~4	3	2.5	3.5	3	5	4	4	3
大于 4 ~5	4	3	5	4	6	5	5	4
大于 5 ~6	5	4	6	5	7	6	6	5
大于 6 ~8	6	5	7	6	8	7	7	6
8 以上	7	6	8	7	9	8	8	7

注：a 为制件与制件之间搭边，b 为制件与条料侧边之间搭边。

3.6.3 材料利用率

衡量排样经济性、合理性的指标是材料利用率。材料利用率是指冲裁件的实际面积与所用材料面积的比。

$$\eta = A_{F0}/A_F \times 100\% \tag{3-25}$$

式中，η 为材料利用率；A_F 为冲裁时所需要材料面积；A_{F0} 为冲裁件面积。

分析公式可知：η 值越大，说明废料越少，材料的利用率就越高。

冲裁所产生的废料可分为两种，如图 3-12 所示，一种是由于制件的各种内孔而产生的废料，称设计废料，它决定于制件的形状；另一种是由于制件之间及制件与条料侧边之间有搭边存在，以及不可避免的料头和料尾而产生的废料，称工艺废料，它决定于制件的冲压方法和排样方式。

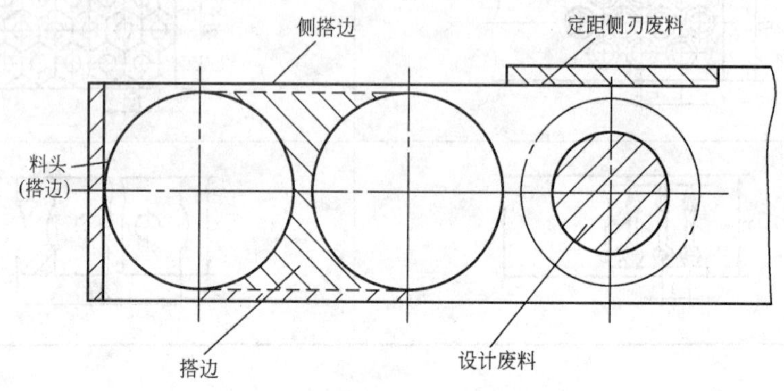

图 3-12　废料种类

要提高材料利用率，主要应从减少工艺废料着手，即设计合理的排样方案，选择合适的板料规格及合理的裁料法，利用废料冲制小件等，也可在不影响设计要求的前提下，改变零件结构。

3.6.4　条料宽度与送料步距的计算

选定排样方法与确定搭边值之后，就要计算条料宽度与送料步距，画出排样图。

1. 条料宽度

为了保证最小的搭边值，必须考虑条料的单向（负向）偏差。条料宽度还与排样形式有关，其计算公式为

$$B_{-\Delta}^{\ 0} = (D + 2b + \Delta)_{-\Delta}^{\ 0} \tag{3-26}$$

式中，B 为条料宽度尺寸（mm）；D 为制件在条料宽度方向的基本尺寸（mm）；b 为制件与条料侧边的搭边值（mm）；Δ 为条料宽度公差值（mm），见表 3-10。

表 3-10　条料宽度公差 Δ　（单位：mm）

条料宽度 B	材料厚度 t			
	~1	1~2	2~3	3~5
~50	0.4	0.5	0.7	0.9
50~100	0.5	0.6	0.8	1.0
100~150	0.6	0.7	0.9	1.1
150~220	0.7	0.8	1.0	1.2
220~300	0.8	0.9	1.1	1.3

2. 送料步距

条料在模具上每次送进的距离称为送料步距（简称步距或进距）。每个步距可以冲出一个制件，也可以冲出几个制件。送料步距的数值应为条料上两个对应制件的对应点之间的距离。每次只冲一个制件的送料步距 A 的计算公式为

$$A = D + a \tag{3-27}$$

式中，D 是平行于送料方向的制件宽度（mm）；a 是制件之间的搭边值（mm）。

如果一模出两件，其送料步距是制件宽度的两倍。

3.6.5 排样图

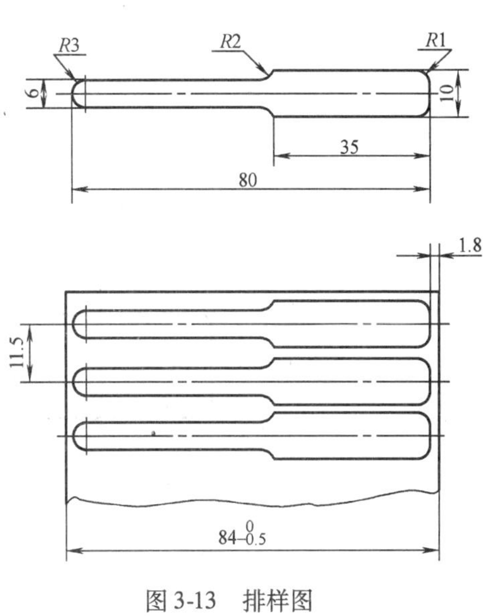

图 3-13 排样图

排样图是排样设计最终的表达形式，是编制冲压工艺与设计模具的重要工艺文件。一张完整的模具装配图应在其右上角画出制件及排样图。在排样图上应标注条料宽度及其公差、送料步距及搭边值，如图 3-13 所示。采用斜排方法排样时，还应注明倾斜角度。必要时，还可用双点画线画出条料在送料时的定位元件的位置。对有纤维方向要求的排样图，则应用箭头表示条料的纹向。

3.7 冲裁模具分类

3.7.1 冲裁模的分类

用来完成冲裁工序的冲模称为冲裁模。冲裁模的结构形式很多，可以按照以下几个主要特征进行分类：

（1）按工序的性质可分为落料模、冲孔模、切断模、切口模、切边模、剖切模等。

（2）按工序的组合方式可分为单工序模、连续（级进）模及复合模。

（3）按上、下模的导向形式可分为无导向的开式模和有导向的导板冲模、导柱模等。

（4）按控制送料步距的方法可分为固定挡料销式、活动挡料销式、自动挡料销式、导正销式、侧刃式等冲模。

（5）按凸、凹模的材料可分为金属模（钢质冲模、硬质合金冲模）和非金属模（橡皮冲模、聚氨酯橡胶冲模等）。

（6）按凸、凹模的结构可分为整体模和拼块模。

（7）按凸、凹模的布置方法可分为正装模和倒装模。

（8）按模具的卸料方式可分为刚性卸料模和弹性卸料模。

此外，还可按送料、出件及排除废料的方法分为手动模、半自动模、自动模；按冲模的大小分为小型冲模、中型冲模和大型冲模；按模具的专业化程度分为专用模、通用模、组合冲模、简易冲模等。

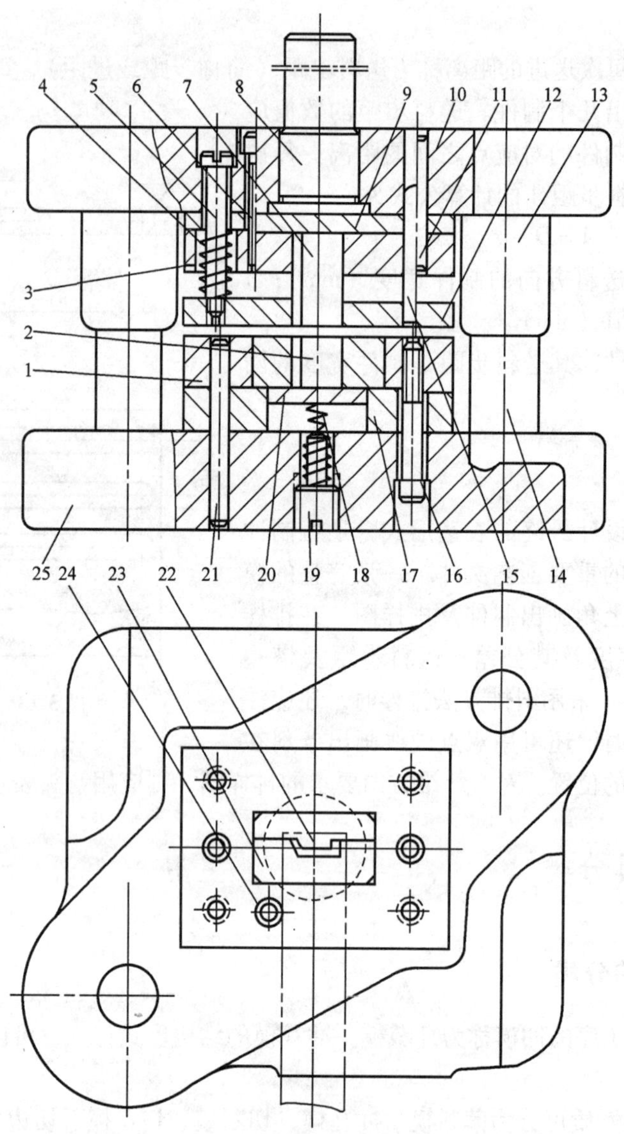

图 3-14 落料冲裁模

1—凹模固定板 2—顶块 3—凸模固定板 4、18—弹簧 5—卸料螺钉 6、16、19—螺钉 7—凸模 8—模柄 9、17—垫板 10—上模座 11、21—销 12—弹性卸料板 13—导套 14—导柱 15—小导柱 20—顶板 22、23—凹模 24—挡料销 25—下模座

3.7.2 冲裁模工作原理

图 3-14 所示为落料冲裁模，其工作原理如下：直接或间接固定在上模座 10 上的零件（件 3 ~ 13、件 15）组成模具的上模，它通过模柄 8 与压力机滑块相连接。固定在下模座 25 上的零件（件 14、件 16 ~ 25）组成了模具的下模，并利用压板固定在压力机的工作台上。上模与下模通过导套 13、导柱 14 导向。工作时，条料靠着挡料销 24 送进定位，当上模随滑块下降时，卸料板 12 先压住板料，接着凸模 7 冲落凹模（22、23）上面的材料获得工

件。这时工件卡在凸模7与顶块2之间，废料也紧紧箍在凸模上。在上模回升时，工件由顶块2靠顶板20借弹簧18的弹力从凹模洞口中顶出；同时，箍在凸模7上的废料，由卸料板12靠弹簧4的弹力卸掉，再取走工件，至此完成整个落料过程。再将条料送进一个步距，进行下一次冲裁落料过程，如此往复进行。

3.8 单工序模的典型结构

单工序模又称简单模，是指压力机在一次行程中只能完成一种冲裁工序的冲模。

3.8.1 无导向模

图3-15为无导向模。冲模的上模部分由模柄1、凸模2组成，通过模柄安装在压力机滑块上；下模部分由卸料板3、导料板4、凹模5、下模座6、定位板7组成，通过下模座安装在压力机工作台上。上模与下模没有直接导向关系，靠压力机导轨导向。

无导向模的特点是结构简单，重量轻，尺寸较小，模具制造容易，成本低廉。但冲裁模使用时安装麻烦，模具寿命低，冲裁件精度差，操作也不安全。

无导向模适用于精度要求不高，形状简单，批量小或试制的冲裁件。

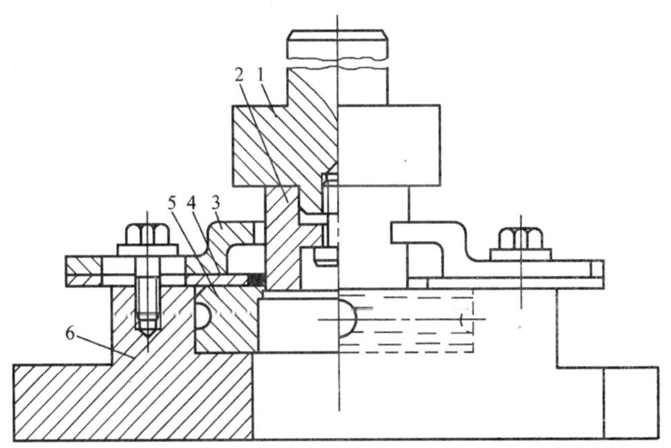

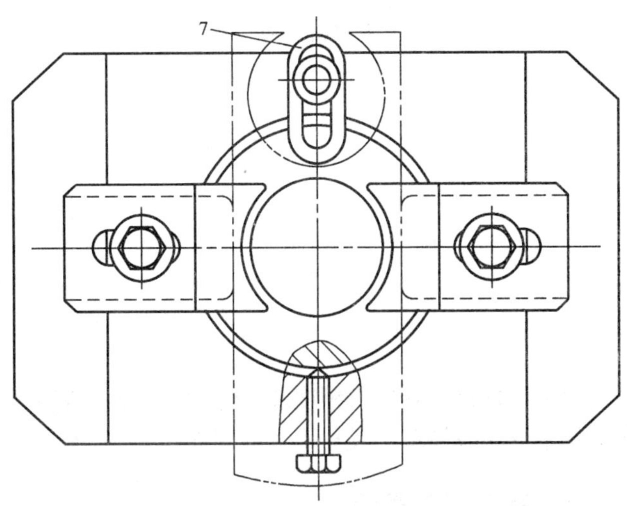

图3-15 无导向模

1—模柄 2—凸模 3—卸料板 4—导料板 5—凹模 6—下模座 7—定位板

3.8.2 导板冲模

图3-16为导板冲模，结构与无导向模基本相似。上模部分主要由模柄1、上模板2、垫板3、凸模固定板4、凸模5组成；下模部分主要由下模座10、凹模9、承料板11、导板6、导料板7、固定挡料销8组成。这种模具的特点是上模通过凸模利用导板上的孔进行导向，导板兼作卸料板。工作时凸模始终不脱离导板，以保证模具导向精度。因此，要求使用的压力机行程不大于导板厚度（可用行程较小并可以调整的偏心式压力机）。这种冲裁模的工作过程是：条料沿承料板、导料板从右向左送料，首次冲裁时固定挡料销定位，首次冲裁以后抬起往前送料，搭边越过固定挡料销后，

再向前推动条料，使挡料销后端面抵住条料搭边进行定位，凸模下行实现冲裁。

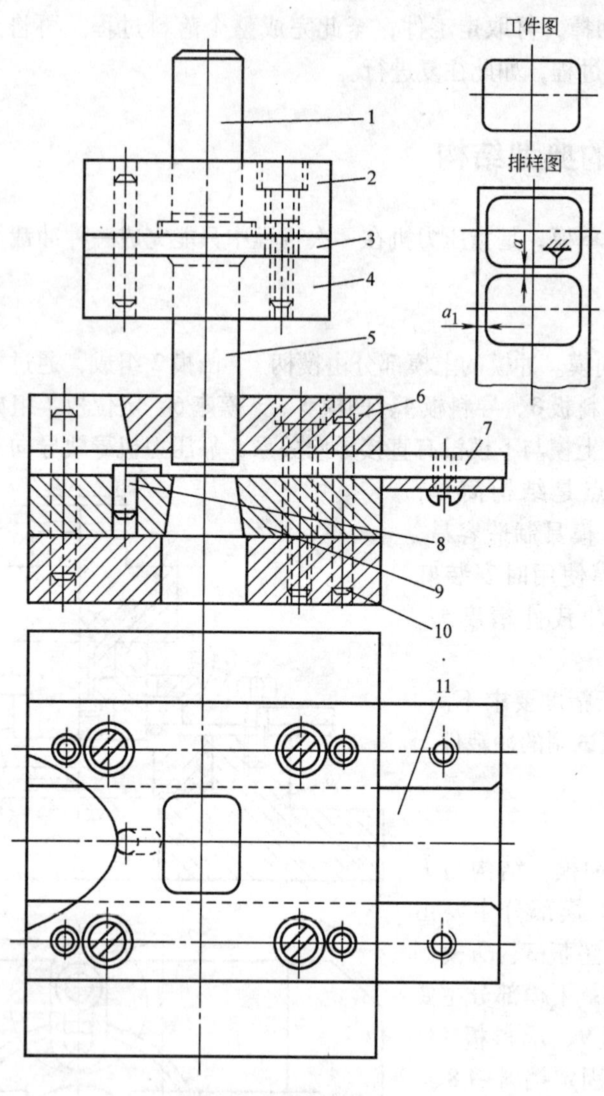

图 3-16　导板冲模

1—模柄　2—上模座　3—垫板　4—凸模固定板
5—凸模　6—导板　7—导料板　8—固定挡料销
9—凹模　10—下模座　11—承料板

导板冲模比无导向模精度高，寿命长，使用安装容易，操作安全，但制造比较复杂。一般适用于形状较简单，尺寸不大的制件。

3.8.3　导柱式简单模

图 3-17 为导柱式简单模。该冲模利用一对导柱和导套实现上、下模精确导向。冲裁模工作时条料靠导料板 6 和固定挡料销 1（亦称定位销）实现正确定位，以保证冲裁时搭边值

均匀一致。此冲裁模采用刚性卸料板5卸掉箍在凸模上的废料，冲出的制件在凹模洞口中经凸模的顶压作用，逐个实现自然漏料。

由于导柱式简单模导向准确可靠，能保证冲裁间隙的均匀，冲裁的制件精度较高，模具使用寿命长，而且在压力机上安装使用方便，因此，导柱式冲裁模是生产中应用最广泛的一种冲裁模，适合大批量生产。

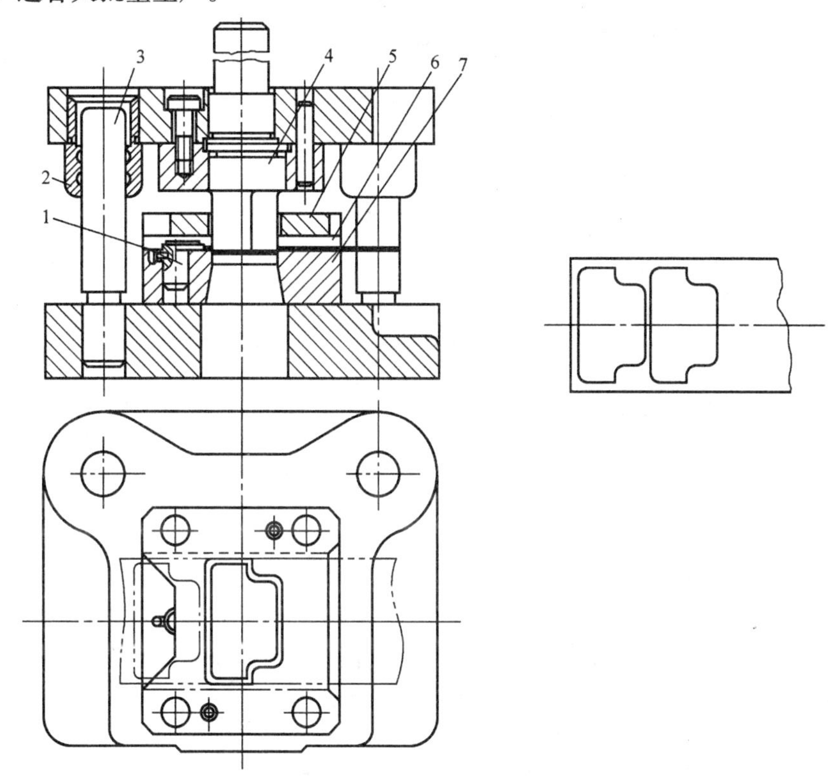

图3-17　导柱式简单模

1—挡料销　2—导套　3—导柱　4—凸模　5—刚性卸料板　6—导料板　7—凹模

3.9 连续冲裁模的典型结构

连续模又称级进模或跳步模，是指压力机在一次行程中，依次在几个不同的位置上，同时完成多道工序的冲模。

3.9.1 用导正销定距的连续模

图3-18为用导正销定距的冲孔落料连续模。该模具的特点是采用固定挡料销和导正销的定位结构。第一工步为冲孔，条料由始用挡料销7定位。冲孔完毕后，条料送进一个步距至第二工步落料，由固定挡料销6对条料作初始定位。落料时，用装于落料凸模4端面上的导正销5先插入已冲好的内孔，对条料作精确定位，以保证孔与外缘的位置精度。在最后的落料工位，制件跟条料完全分离，完成制件的全部冲裁。

用导正销定距的连续模结构简单，只适用于厚度较大的材料。

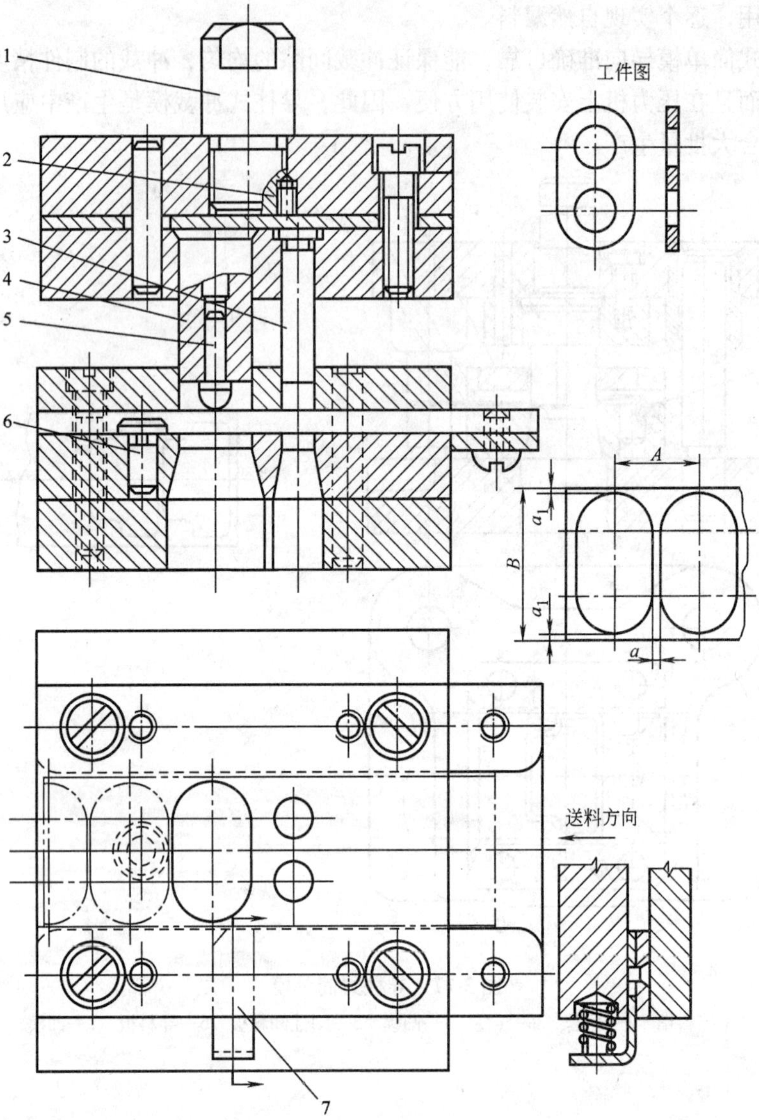

图 3-18 导正销定距连续冲裁模

1—模柄 2—螺钉 3—冲孔凸模 4—落料凸模
5—导正销 6—固定挡料销 7—始用挡料销

3.9.2 用侧刃定距的连续模

图 3-19 为用侧刃定距的冲孔落料连续模。该模具的特点是用侧刃 9 代替了始用挡料销、固定挡料销、导正销，其作用是在压力机的每次冲压行程中，沿条料边缘切下一块长度等于步距的料边。用弹性卸料板 3 代替了固定卸料板，这样当上模下降，凸模冲裁时，弹簧 6 被压缩而压料；当凸模回升时，弹簧回复，推动卸料板卸料。

用侧刃定距的连续模结构较复杂，材料利用率下降，适用于材料厚度为 0.1 ~ 0.5mm 的制件。

连续模是目前应用比较多的冲模结构，生产率高，送料方便，安全可靠，易实现自动化生产。但连续模的结构一般都比较复杂，制造困难，成本较高，适于批量大的冲压件生产。

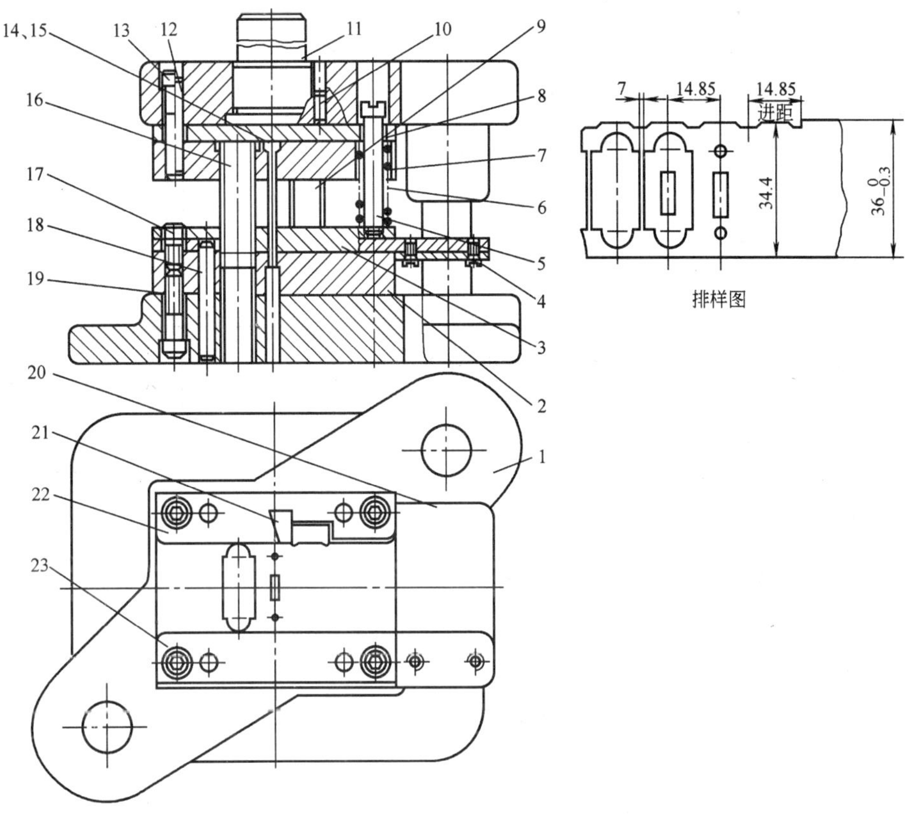

图 3-19 侧刃定距连续冲裁模

1—下模座 2—凹模 3—卸料板 4、13、17、19—螺钉 5—卸料螺钉 6—卸料弹簧 7—凸模固定板 8—垫板 9—侧刃 10—防转销 11—模柄 12、18—圆柱式销 14、15—冲孔凸模 16—落料凹模 20—承料板 21—侧刃挡块 22、23—导料板

3.10 复合冲裁模的典型结构

复合模与连续模一样，也是一种多工序模，是指压力机在一次行程中，模具在同一位置上，同时完成几道工序的冲模。

图 3-20 所示为冲孔落料复合模的基本结构。在模具的一方（指上模或下模）外面装有落料凹模，中间装有冲孔凸模，而在另一方，则装有凸凹模（这是在复合模中必有的零件，其外形是落料凸模，其内孔是冲孔凹模，故称此零件为凸凹模）。当上、下模两部分嵌合时，就能同时完成冲孔与落料。

复合模按落料凹模的不同位置可分为正装式和倒装式两类，落料凹模装置在下模座上的称正装复合模，装置在上模座上的称倒装复合模。

3.10.1 正装复合模

图3-21所示为一副冲孔落料正装复合冲裁模的典型结构。该模具向上出件，顶件装置由顶板2和顶杆11组成，其弹性元件装在下模板下面，不受模具空间位置的限制，可获得较大的弹力，且力的大小可以调节。冲孔废料由上模的打料装置推出，凸凹模孔内不积存废料，所受胀力小，不易胀破，但冲孔废料落在冲模工作面上，不易排除。

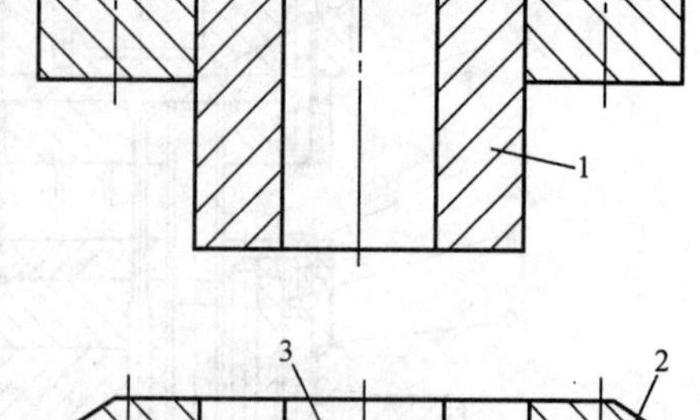

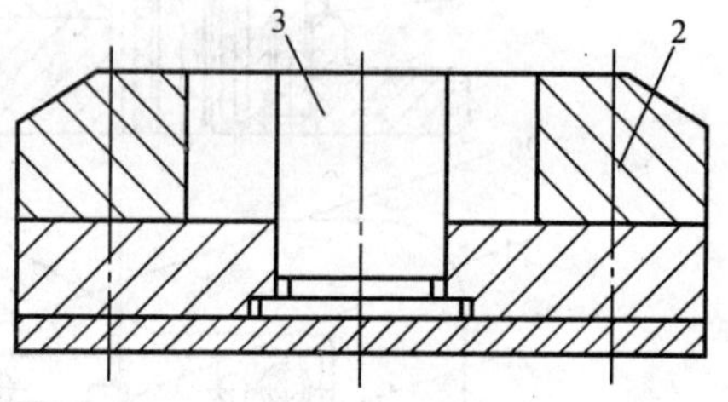

图3-20 冲孔落料复合模的基本结构
1—凸凹模 2—落料凹模 3—冲孔凸模

3.10.2 倒装复合模

图3-22为倒装复合模的典型结构。它的落料凹模5装在上模上，凸凹模2装在下模上。材料的卸脱由弹性卸料装置来完成。弹性卸料装置由卸料螺钉9、弹簧8、卸料板7组成。冲孔废料可直接从凸凹模的凹模孔内掉落。工件则由刚性推件装置推出。

复合冲裁模的优点是结构紧凑，制件精度高，特别是制件内外轮廓的位置精度高；缺点是加工、装配困难，制造周期长，成本较高。

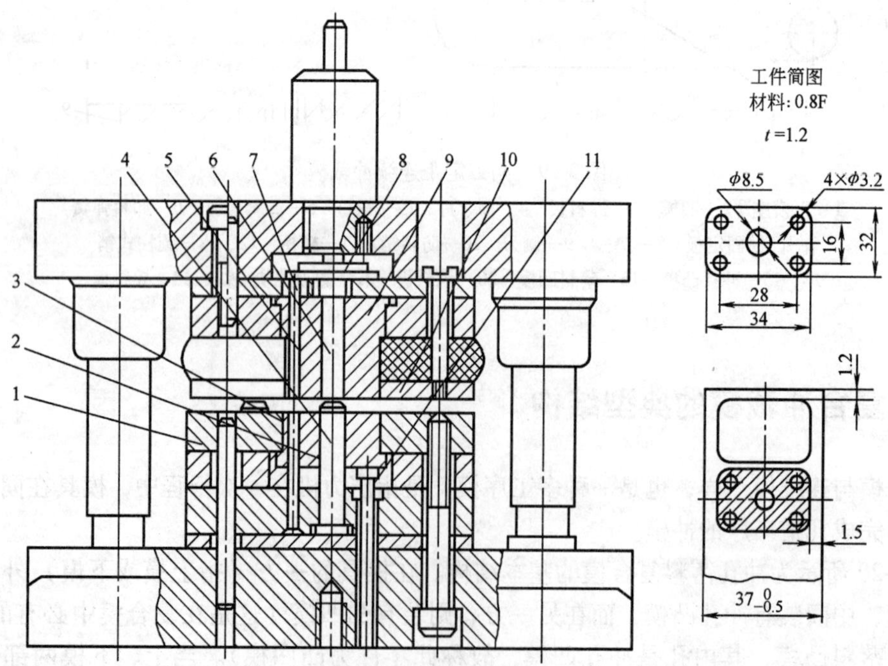

图3-21 正装复合模
1—落料凹模 2—顶板 3、4—冲孔凸模 5、6—推杆 7—打板
8—打杆 9—凸凹模 10—弹压卸料板 11—顶杆

3.10.3 正、倒装复合模的比较

正装复合模的优点是顶件板、卸料板都是弹性的，材料与冲件同时受到压平作用，所以对于较软、较薄的制件能达到平整要求，制件的精度也较高。用正装复合模，在凸凹模的孔内不会积聚冲孔废料，可以减少孔内废料的胀力，有利于减少凸凹模的最小壁厚。

倒装复合模的主要优点是废料能直接从压力机台面落下，制件则从上模推下，比较容易从工作区域引出。因此，操作方便安全，易于安装送料装置，生产效率较高，所以倒装复合模应用比较广泛。

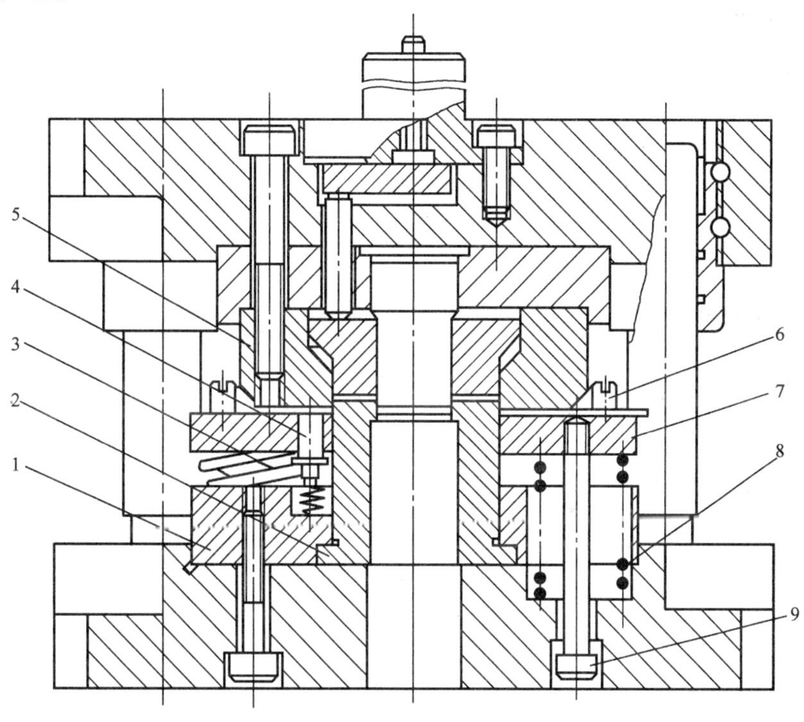

图 3-22 倒装复合模

1—固定板 2—凸凹模 3—弹簧 4—活动挡料销 5—凹模 6—导料螺钉 7—卸料板 8—弹簧 9—卸料螺钉

3.11 精密冲裁及精密冲裁模具

精密冲裁，是指通过一次冲压行程即可获得较好的表面粗糙度和高精度冲裁零件的工艺方法。

用精密冲裁方法获得的制件尺寸精度可达 IT6，制件断面全部为光亮带，表面粗糙度 $R_a1.6\sim0.4\mu m$，而且冲裁断面与板料平面垂直，塌角和毛刺都很小。因此，精密冲裁方法可以作为精度要求较高的制件的最终加工工序，制件不需要再用其他切削方法精加工就可以进行装配，完全能满足使用性能及设计的要求。在大量生产中，精密冲裁的经济效益十分显著。目前，在钟表、照相机、电子、仪表、打字机、精密仪器等行业，已广泛应用精密冲裁方法。精密冲裁是一种很有发展前景的先进冷冲压工艺。

3.11.1 精密冲裁机理

根据金属塑性变形原理分析可知，塑性金属材料在变形过程中，压应力及压应变只能使金属材料产生形态的改变，而不会导致金属材料的断裂破坏。引起变形金属材料断裂破坏的主要因素是拉应力及拉应变。精密冲裁的机理，就是设法使冲裁变形区的金属材料在冲模刃口处进行纯塑性剪切变形，这样就杜绝了微裂纹的产生及断面撕裂破坏的可能性，从而获得高质量的以纯塑性变形方式分离的冲裁件断面。

3.11.2 精密冲裁工艺措施

为保证冲裁过程能在纯塑性变形情况下进行，需采取以下工艺措施，如图3-23所示。

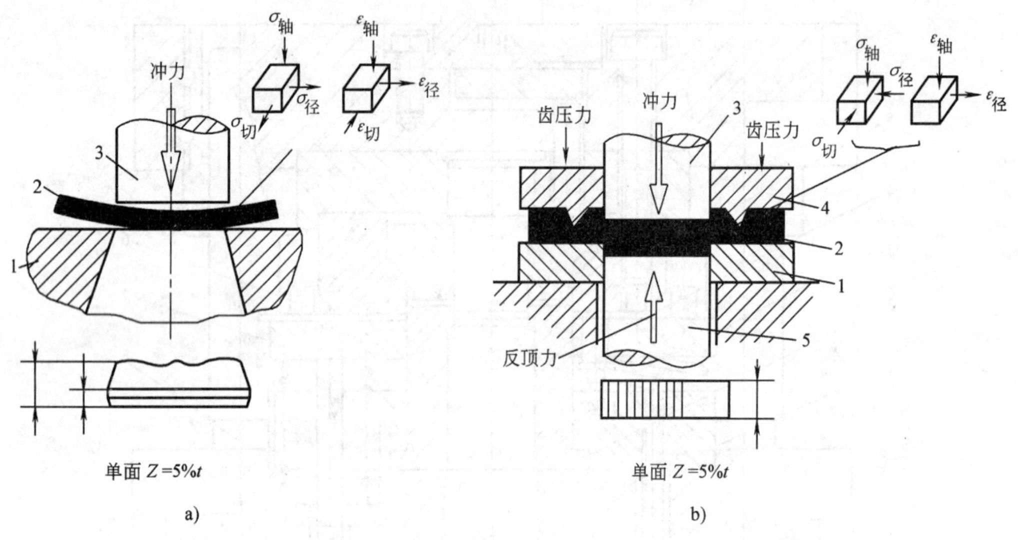

图3-23 精密冲裁原理图

a）普通冲压 b）齿压精密冲裁

1—凹模 2—材料 3—凸模 4—齿圈压板 5—顶板

（1）采用V形齿圈压板。在凸模接触板料之前，齿圈压板首先压紧板料，使材料变形区的单位压力等于或稍大于材料的屈服点 σ_s，同时V形齿压入材料内部。当凸模冲入材料时，V形齿内侧产生一个向心反力，阻止因凸模的挤压而使刃口周围的金属向外扩张流动，因而增强了冲裁变形区金属内部的压应力状态。

（2）采用极小的冲裁间隙。一般双面间隙为材料厚度的1%～1.5%，极小的间隙可以防止冲裁过程中变形金属产生弯矩和拉应力，增强变形区的静水压力效应。

（3）采用具有反向顶力的顶板（杆），在凸模压入板料的同时，顶板（杆）也从板料的另一面施加反向顶力，因而对板料造成强大的三向挤压效果，增加了金属的塑性并使精密冲裁件平直，不产生拱弯现象。

（4）对落料凹模或冲孔凸模的刃口做出 $R=0.01\sim0.03$mm 的圆角，以避免刃口处应力集中，消除或抑制微裂纹的产生，使金属材料顺利挤入凹模洞口。试冲时先选用较小的 R 值，当断面上出现剪裂纹而增大压边力又不能解决时，再逐步增大刃口圆角半径。

由于精密冲裁采用了上述措施，使冲裁变形区金属处于三向压应力状态，增强了变形金属的塑性，克服了普通冲裁过程中出现的弯曲—拉伸—撕裂现象，使精密冲裁件的断面是在纯塑性剪切变形条件下获得的，因而断面的表面粗糙度值小，质量好。

3.11.3 精密冲裁模具

常用的精密冲裁模有两种结构类型，即凸模固定式精密冲裁模和凸模移动式精密冲裁模。

1. 凸模固定式精密冲裁模

图 3-24 所示为凸模固定式精密冲裁模，是在专用精密冲裁压力机上使用的专用模具。落料凹模 9 及冲孔凸模 11 固定在下模上，凸凹模 7 固定在上模上。模具的齿圈压板 8 的压边力由压力机的上柱塞 1 通过顶杆 5 传递，顶件板 10 的顶料力则由压力机的下柱塞 16 通过顶块 14 与顶杆 12 传递。上、下柱塞一般采用液压传动。

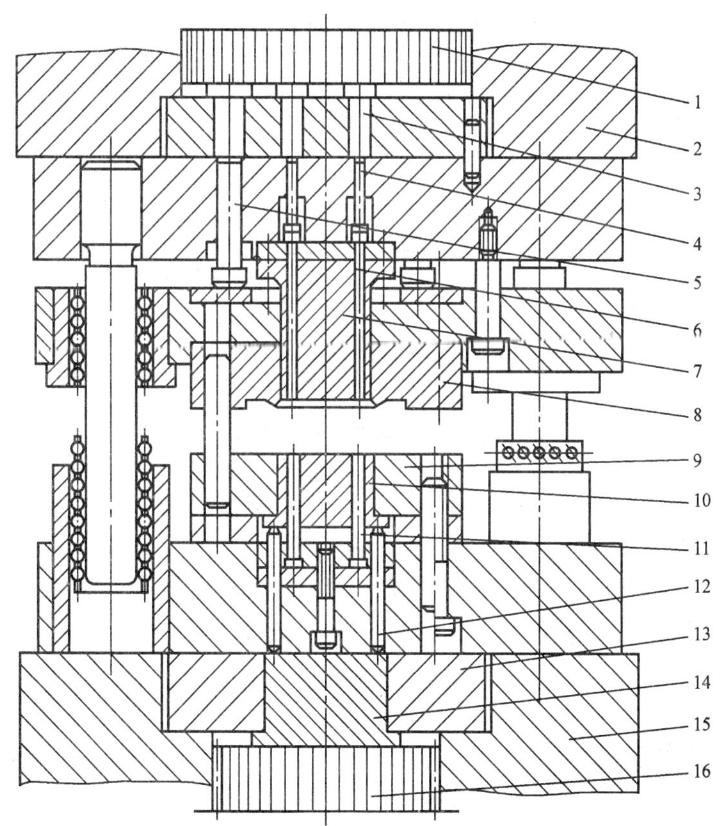

图 3-24 凸模固定式精密冲裁

1—上柱塞 2—上工作台 3 、4、5、12—顶杆 6—推料杆 7—凸凹模 8—齿圈压板 9—落料凹模 10—顶件板 11—冲孔凸模 13—固定圈 14—顶块 15—下模座 16—下柱塞

2. 凸模移动式精密冲裁模

图 3-25 所示为凸模移动式精密冲裁模，也是在专用精密冲裁压力机上的专用模具。落

料凹模 4 及冲孔凸模 3 固定在上模上，齿圈压板 5 固定在下模上。凸凹模 6 可以在模架中上下移动，它是由在精密冲裁压力机下工作台面中的滑块 9 驱动的。精密冲裁时，由上模的下压产生压边力，由上柱塞 2 通过推杆传递给推板产生顶料力，由滑块 9 带动凸凹模 6 向上运动时产生冲裁力。

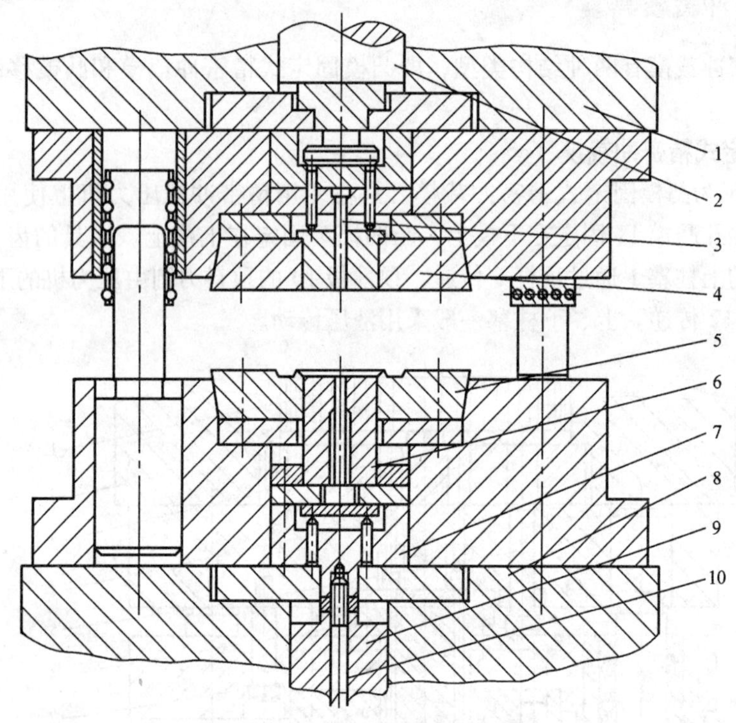

图 3-25　凸模移动式精密冲裁模

1—上工作台　2—上柱塞　3—冲孔凸模　4—落料凹模　5—齿圈压板　6—凸凹模　7—凸模座　8—下工作台　9—滑块　10—拉杆

精密冲裁模对模架有较高的要求，要求模架具有高的导向精度、高强度及高刚性。一般多采用滚珠导向模架，上、下模座的厚度都比一般冲裁模要大得多，大一些的模具还常采用四导柱导向。

3.12　其他冲裁模具

3.12.1　硬质合金冲裁模

硬质合金冲裁模是指以硬质合金作为凸、凹模材料的冲裁模。

由于硬质合金具有硬度高、耐磨性好、抗压强度高、弹性模量大等特点，因此，硬质合金模具寿命比一般合金钢模具寿命高 20 ~ 30 倍。虽然模具成本会比钢模提高 3 ~ 4 倍，但在大量生产中仍然可以取得显著的综合经济效益。

图 3-26 所示为冲制垫圈的硬质合金连续冲裁模。

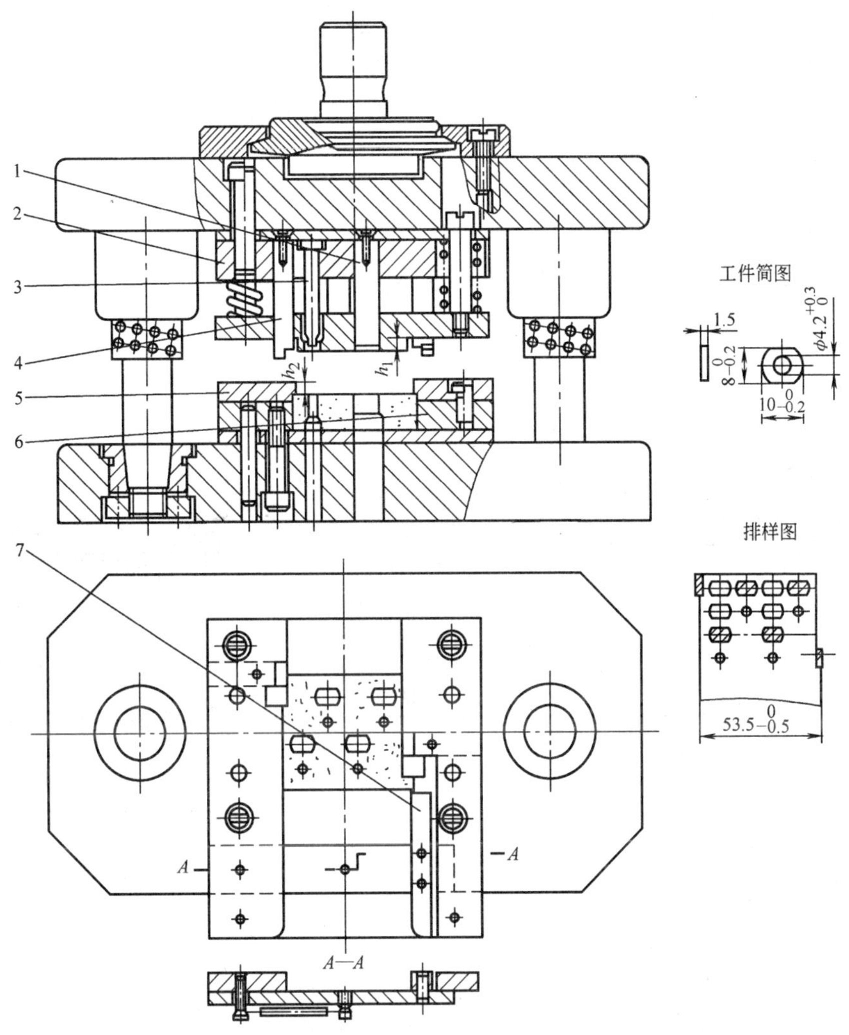

图 3-26　硬质合金连续冲裁模

1—落料凸模　2—凸模固定板　3—冲孔凸模　4—侧刃　5—导料板　6—凹模固定板　7—侧压板

3.12.2　多工位精密级进模

多工位精密级进模是一种精密、高效、寿命长的模具，适于冲压小尺寸、薄料、形状复杂、大批量生产的零件。多工位精密级进模的工位数可高达几十个，其模具能自动送料、自动检测出送料误差等。多工位精密级进模常用于高速冲压，因此，生产率极大提高，并减少了手工送料的误差，减少了冲压设备和工人，具有较高的经济效益。

多工位精密级进模有以下特点：

（1）在一副模具中，可以完成包括冲裁、弯曲、拉深和成形等多种多道冲压工序，从而免去了应用单工序模时的转序和每次冲压的定位过程，提高了劳动生产率和设备利用率。

（2）由于级进模中工序可以分散，不必集中在一个工位上，故不存在复合模的“最小壁厚”问题，可根据需要留出空工位，从而有利于保证模具强度、延长模具寿命。

（3）多工位精密级进模常用于高速压力机，同时采用了自动送料、自动检测、自动出件等自动化装置，操作安全，具有较高的劳动生产率。

（4）级进模结构复杂，镶块较多，模具制造精度要求很高，给模具的制造、调试及维修带来一定的难度。同时，要求模具零件具有互换性，在模具零件磨损或损坏后要求更换迅速、方便、可靠。

（5）多工位精密级进模主要用于中、小型复杂冲压件的大批量生产，对较大的制件可选择多工位传递式冲压模具加工。

图 3-27 所示为冲制集成电路引线框的级进模。

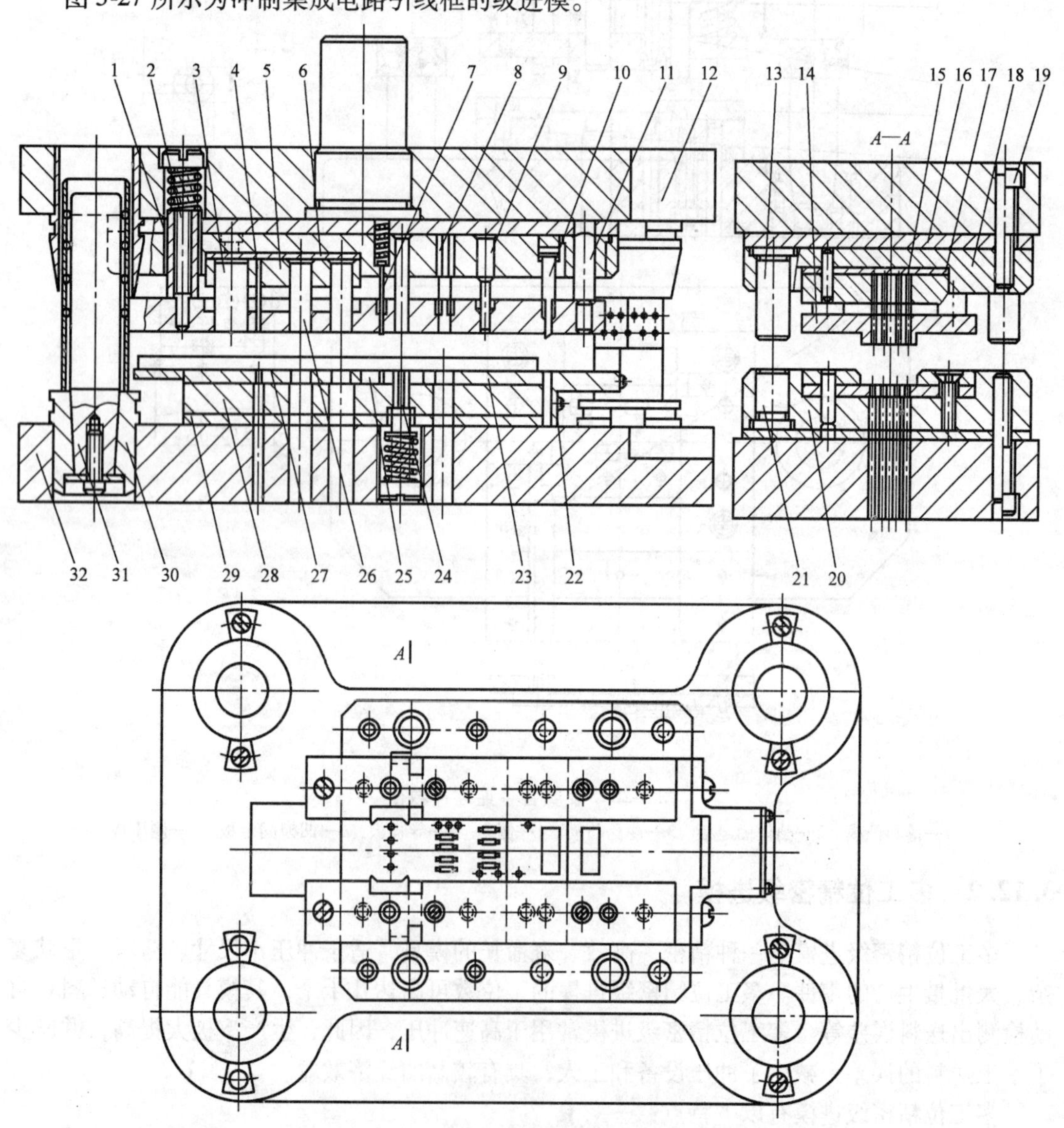

图 3-27　引线框级进模

1—套筒　2—卸料螺钉　3—侧刃凸模　4、15、26—冲孔凸模　5—固定板　6、16、17、29—垫板　7—导正销　8—去废料顶杆　9—压平凸模　10—切断凸模　11—小导柱　12—上模座　13、21—限位柱　14—弹压卸料板　18—固定板　19—螺钉　20—下模框　22—承料板　23、27—凹模板　24—顶块　25—镶块　28—支承板　30—固定环　31—导柱　32—下模座

思考练习题

1. 冲裁时，制件的断面特征是怎样的？影响制件断面质量的因素有哪些？

2. 什么是冲裁间隙？冲裁间隙对制件的尺寸精度和断面质量有何影响？

3. 什么是冲裁件的工艺性？

4. 冲裁模工作部分尺寸计算原则是什么？

5. 图3-28所示零件，材料为45钢，材料厚度为1.5mm，试确定凸、凹模分别加工时的工作部分尺寸，并计算冲压力。

6. 零件如图3-29所示，材料为08F钢，材料厚度为1mm，采用配作加工方法，试确定凸、凹模工作部分尺寸。

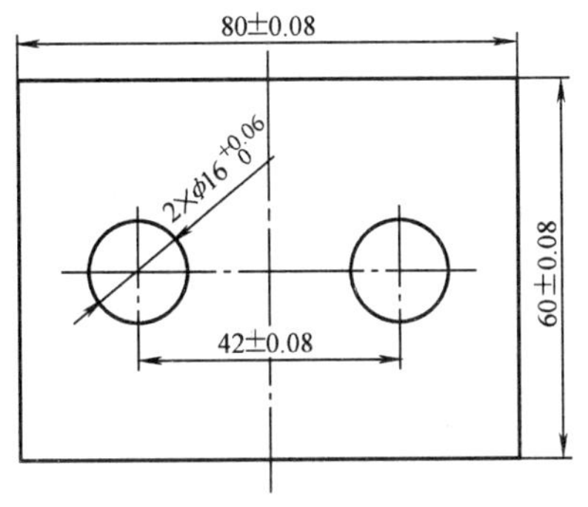

图3-28　题5图

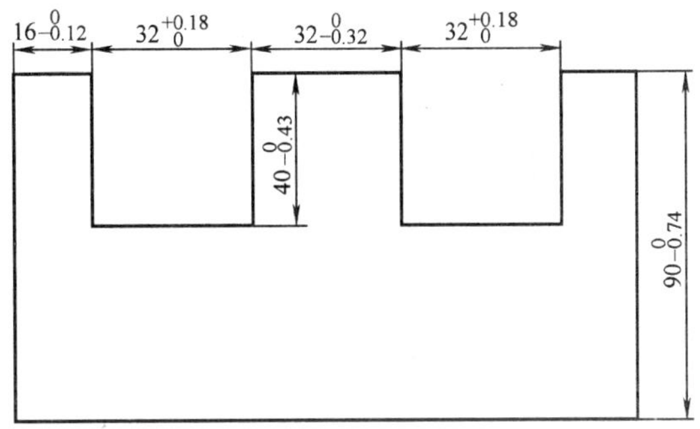

图3-29　题6图

7. 降低冲压力的措施有哪些？

8. 什么是冲裁的排样和搭边？正确确定排样和搭边有什么意义？

9. 什么是精密冲裁？其冲裁机理与普通冲裁有什么区别？

第 4 章　冲裁模设计及主要零部件选用

冲裁包括切断、落料、冲孔、修边、切口等多种工序，但一般说来主要是落料和冲孔工序。本章主要介绍冲裁模的设计过程及设计方法，要求掌握冲裁模设计的一般步骤、冲裁工艺方案的确定、模具压力中心的计算、模具闭合高度与压力机选用，了解模具标准零件分类及标准模架的选用。

4.1　冲裁模设计的一般步骤

冲裁模设计之前应当了解冲裁件的产品零件图及生产纲领、产品工艺文件、冲压设备类型等相关资料，然后按下列步骤设计模具：

（1）分析冲裁件的工艺性。根据冲裁件的产品零件图及生产纲领要求，分析冲裁件成形的结构工艺性，即零件的形状、尺寸、精度要求及材料是否符合冲裁工艺要求。如果发现零件工艺性差，则需要对零件提出修改意见，经产品设计者同意后方可修改。

（2）制定冲裁工艺方案。在分析了零件的工艺性之后，列出几种不同的冲裁工艺方案（包括工序性质、工序数目、工序顺序及组合方式），从产品质量、生产效率、设备占用情况、模具制造的难易程度和模具寿命高低、工艺成本、操作方便和安全程度等方面，进行综合分析、比较，然后确定适合于工厂具体生产条件的最经济合理的工艺方案。

（3）确定毛坯形状、尺寸和下料方式。在最经济的原则下，确定毛坯的形状、尺寸和下料方式，并确定材料的消耗量。

（4）确定冲模类型及结构形式。根据所确定的工艺方案和冲压件的形状特点、精度要求、生产批量、模具制造条件、操作方便及安全的要求，以及利用现有通用机械、自动化装置的可能，选定冲模类型及结构形式，绘制模具结构草图。

（5）进行必要的工艺计算

1）计算毛坯尺寸，以便在最经济的原则下进行排样和合理使用材料。

2）计算冲压力，以便选择压力机。

3）计算模具压力中心，防止模具因受偏心负荷作用影响模具精度和寿命。

4）计算或估算模具各主要零件（凹模、凸模固定板、垫板、凸模）的外形尺寸，以及卸料橡胶或弹簧的自由高度等。

5）确定凸、凹模的间隙，计算凸、凹模工作部分尺寸。

（6）选择压力机。压力机的选择是模具设计的一项重要内容，设计模具时，必须把所选用的压力机的类型、型号、规格确定下来。

（7）绘制模具总图和非标准零件图。根据上述分析、计算及方案论证后，绘制模具总装配图及零件图。

（8）编写设计计算说明书。

4.2 冲裁工艺方案的确定

在冲裁工艺分析和技术经济分析的基础上根据冲裁件的特点确定冲裁工艺方案。内容包括冲裁工序的组合、冲裁顺序的安排。

4.2.1 冲裁工序的组合

一般来说，组合工序冲裁比单工序冲裁生产效率高，获得的制件精度等级高。冲裁工序的组合方式应根据下列因素决定：

(1) 生产批量。一般来说，小批量与试制采用单工序冲裁，中批和大批量生产采用复合冲裁或级进冲裁。

(2) 工件尺寸公差等级。复合冲裁所得到的工件尺寸公差等级高，因为它避免了多次冲压的定位误差，并且在冲裁过程中可以进行压料，工件较平整。级进冲裁所得到的工件尺寸公差等级较复合冲裁低，在级进冲裁中采用导正销结构，可提高冲裁件精度。

(3) 对工件尺寸、形状的适应性。工件的尺寸较小时，考虑到单工序上料不方便，生产率较低，常采用复合冲裁或级进冲裁。对于尺寸中等的工件，由于制造多副单工序模的费用比复合模昂贵，也宜采用复合冲裁。但工件上孔与孔之间或孔与边缘之间的距离过小时，不宜采用复合冲裁和单工序冲裁，宜采用级进冲裁。级进冲裁可以加工形状复杂、宽度很小的异形工件（见图4-1），且可冲裁的材料厚度比复合冲裁时要大，但级进冲裁受压力机台面尺寸与工序数的限制，冲裁工件尺寸不宜太大。

(4) 模具制造、安装调整和成本。对于形状复杂的工件，采用复合冲裁比采用级进冲裁更合适。因模具制造、安装调整较易，成本较低。

(5) 操作方便与安全。复合冲裁出件或清除废料较困难，工作安全性较差。级进冲裁较安全。

综合上述分析，对于一个工件，可以得出多种工艺方案。必须对这些方案进行比较，在满足工件质量与生产率要求的前提下，选取模具制造成本低、寿命长、操作方便又安全的工艺方案。

4.2.2 冲裁顺序的安排

冲裁顺序的安排应根据冲裁工序组合方式的不同来确定。

1. 级进冲裁的顺序安排

(1) 先冲孔或切口，最后落料或切断，将工件与条料分离。首先冲出的孔可用作后续工序的定位。在定位要求较高时，还可预先冲出专供定位用的工艺孔（一般为两个，见图4-1）。

(2) 采用定距侧刃时，定距侧刃切边工序安排与首次冲孔同时进行，以便控制送料进距。采用两个定距侧刃时，可以安排成一前一后，也可并列布置。

2. 单工序冲裁模用于多工序工件时的顺序安排

(1) 先落料使毛坯与条料分离，再冲孔或冲缺口。后续各冲裁工序的定位基准要一致，以避免定位误差和尺寸链换算。

（2）当冲裁大小不同、相距较近的孔时，为减少孔的变形，应先冲大孔，后冲小孔。

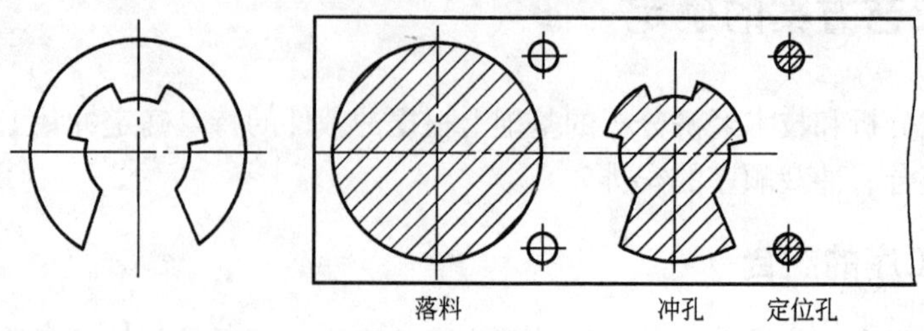

图 4-1　级进冲裁

4.3　模具压力中心的计算

4.3.1　冲模的压力中心

冲裁力的合力中心称为压力中心。对于中小型模具，压力中心应与模柄中心线大体重合；对于大型模具，应使模具压力中心在压力机滑块（或横梁）中心线附近的允许范围内，否则在冲压时会使冲模与压力机滑块歪斜引起凸、凹模间隙不均以及导向零件加速磨损，造成刃口和其他零件的损坏，甚至还会引起压力机导轨磨损，影响压力机精度和寿命。尤其对于采用滚珠导柱导套导向的精密冲裁以及精密冲裁件尺寸较大时，偏心载荷对模架精度和刃口间隙影响更为明显。冲裁力的合力中心可视冲裁力为沿冲裁刃口均布载荷加以确定。对于复杂的冲模零件，可将刃口分成若干段，由各线段的重心位置决定合力的中心位置，或将各个简单图形的合力中心合成为整个图形的压力中心。

形状简单而对称的工件，如圆形、正多边形、矩形，其冲裁时的压力中心与工件的几何中心重合。形状复杂的工件、多凸模冲孔模及连续模的压力中心则用解析法或作图法来确定。

采用解析法计算冲裁模压力中心时可参考表 4-1 中的计算公式进行计算。

表 4-1　冲裁模压力中心

简　图	计算公式	说　明
	$x=\dfrac{l_1x_1+l_2x_2+\cdots+l_nx_n}{l_1+l_2+\cdots+l_n}$ $y=\dfrac{l_1y_1+l_2y_2+\cdots+l_ny_n}{l_1+l_2+\cdots+l_n}$	视冲裁力为均布线载荷，(x_1,y_1) 为刃口段 l_1 的合力中心坐标，其余类推 (x,y) 为压力中心坐标

（续）

简　图	计算公式	说　明
	$x=\dfrac{L_1x_1+L_2x_2+\cdots+L_nx_n}{L_1+L_2+\cdots+L_n}$ $y=\dfrac{L_1y_1+L_2y_2+\cdots+L_ny_n}{L_1+L_2+\cdots+L_n}$	(x_1,y_1)为已知图形的冲裁合力中心坐标，L_1 为相应图形的刃口周边长，其余类推(x,y)为压力中心坐标

4.3.2　压力中心计算实例

1. 单凸模复杂形状冲裁

冲裁复杂形状的工件时，其压力中心位置按下述程序进行计算：

（1）按比例画出凸模工作部分剖面的轮廓图，如图 4-2 所示。

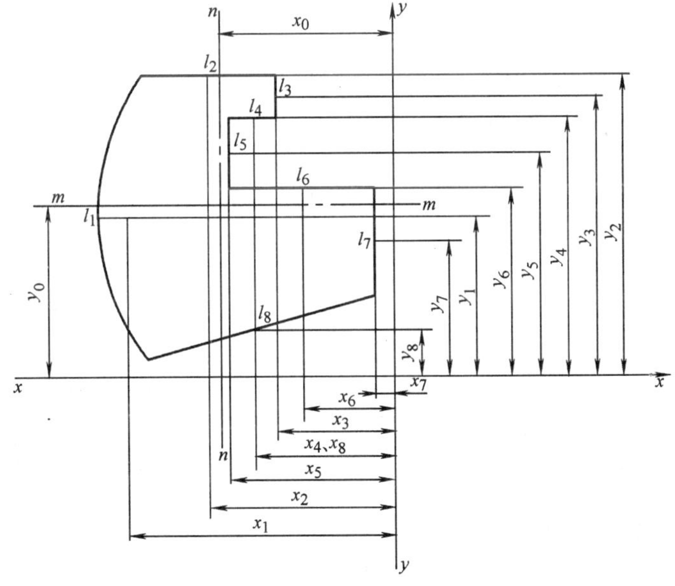

图 4-2　复杂形状单凸模压力中心计算示例

（2）在轮廓内外任意距离处，选定坐标轴 x-x 和 y-y。

（3）将轮廓线分成若干基本线段，计算各基本线段的长度 l_1，l_2，l_3，…，l_8（图中冲裁力与冲裁线长度成正比例，故冲裁线段的长短，即可代表冲裁力的大小）。

（4）计算基本线段的重心位置到 y-y 轴的距离 x_1，x_2，x_3，…，x_8 及到 x-x 轴的距离 y_1，y_2，y_3，y_4，…，y_8。

（5）根据“对同一轴线各分力之和的力矩等于各分力矩之和”的原理，可按下式求出冲模压力中心到 x-x 轴和 y-y 轴的距离：

到 y-y 轴的距离

$$x_0 = \frac{l_1x_1 + l_2x_2 + l_3x_3 + \cdots + l_8x_8}{l_1 + l_2 + l_3 + \cdots + l_8} \quad (4\text{-}1)$$

到 x-x 轴的距离

$$y_0 = \frac{l_1y_1 + l_2y_2 + l_3y_3 + \cdots + l_8y_8}{l_1 + l_2 + l_3 + \cdots + l_8} \quad (4\text{-}2)$$

例 4-1 冲制图 4-3 所示的工件，求其压力中心。

将工件轮廓分为 7 段，坐标轴 x-x 和 y-y 定在 l_3、l_1 线段上各线段的长度为

$$l_1 = 12.5\text{mm} \qquad l_5 = \frac{\pi}{2}R = 3.9\text{mm}$$

$$l_2 = 21.5\text{mm} \qquad l_6 = 4\text{mm}$$

$$l_3 = 28\text{mm} \qquad l_7 = 6\text{mm}$$

$$l_4 = 4\text{mm}$$

$$l_1 + l_2 + l_3 + \cdots l_7 = 79.9\text{mm}$$

直线段的重心在线段的中心点，圆弧 l_5 的重心按下式确定：

$$z = R\frac{\sin\alpha}{\alpha} = R\frac{s}{b}$$

式中，s 为弦长；R 为圆弧半径；b 为弧长；z 为重心到圆心的距离。

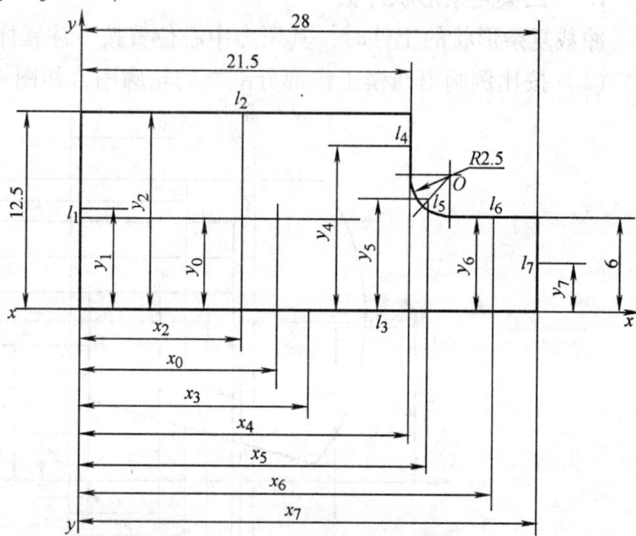

图 4-3 冲裁工件压力中心计算示例

因此处为 $\frac{\pi}{2}$rad（见图 4-4），可知

$$s = \sqrt{2}R$$

$$b = \frac{\pi}{2}R$$

求得 $z = \frac{2\sqrt{2}}{\pi}R = 0.9R$

转化到 x、y 坐标轴方向时

$$OE = OF = z\sin\frac{\pi}{4} = \frac{2R}{\pi} \approx 1.6\text{mm}$$

求出各线段重心为

$x_1 = 0$ $\qquad y_1 = 6.25\text{mm}$

$x_2 = 10.7\text{mm}$ $\qquad y_2 = 12.5\text{mm}$

$x_3 = 14\text{mm}$ $\qquad y_3 = 0$

$x_4 = 21.5\text{mm}$ $\qquad y_4 = 10.5\text{mm}$

$x_5 = 22.4\text{mm}$ $\qquad y_5 = 6.9\text{mm}$

$x_6 = 26\text{mm}$ $\qquad y_6 = 6\text{mm}$

$x_7 = 28\text{mm}$ $\qquad y_7 = 3\text{mm}$

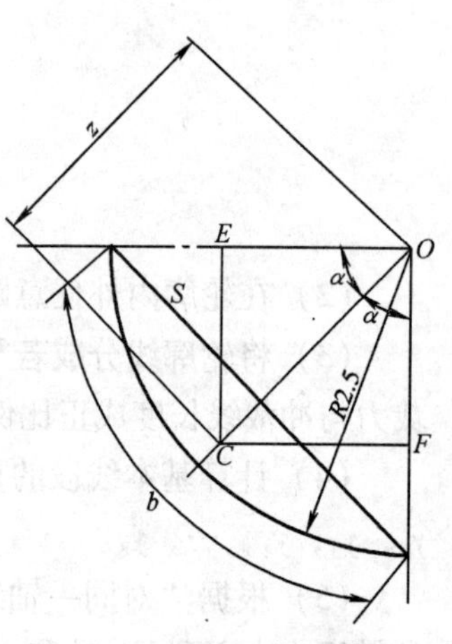

图 4-4 圆弧重心的确定

将上列数值代入式（4-1）~式（4-2）可得工件压力中心坐标为

$$x_0 = \frac{12.5\times0+21.5\times10.7+28\times14+4\times21.5+3.9\times22.4+4\times26+6\times28}{79.9}\text{mm}$$

$$=\frac{1063.4}{79.9}\text{mm}=13.3\text{mm}$$

$$y_0 = \frac{12.5\times6.25+21.5\times12.5+28\times0+4\times10.5+3.9\times6.9+4\times6+6\times3}{79.9}\text{mm}$$

$$=\frac{458}{79.9}\text{mm}=5.7\text{mm}$$

2. 多凸模冲裁

多凸模冲裁的压力中心按下述程序进行计算（见图4-5）：

（1）按比例画出凸模工作部分剖面的轮廓图。

（2）在任意距离处作 x-x 轴和 y-y 轴。

（3）计算各凸模重心到 x-x 轴的距离 y_1，y_2，y_3，y_4 和到 y-y 轴的距离 x_1，x_2，x_3，x_4。

（4）冲模压力中心到坐标轴的距离由下式确定：

到 x-x 轴的距离

$$y_0=\frac{L_1y_1+L_2y_2+L_3y_3+L_4y_4}{L_1+L_2+L_3+L_4} \tag{4-3}$$

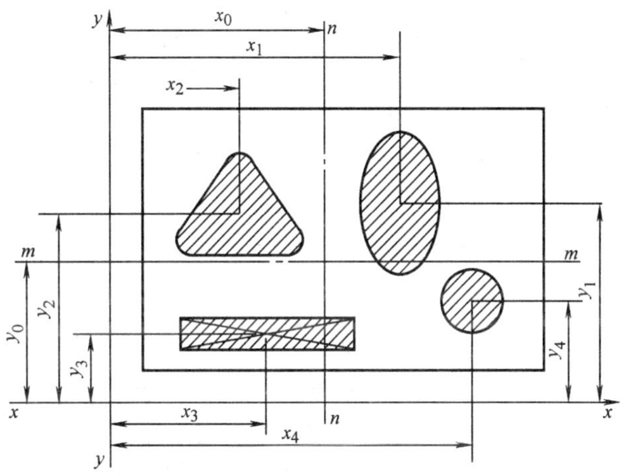

图4-5　多凸模冲裁时的压力中心

到 y-y 轴的距离

$$x_0=\frac{L_1x_1+L_2x_2+L_3x_3+L_4x_4}{L_1+L_2+L_3+L_4} \tag{4-4}$$

式中，L_1，L_2，L_3，L_4 为各凸模工作部分剖面轮廓的周长。

例4-2　图4-6所示的工件是在矩形坯料上同时冲出5个不同形状的孔，并切去1个角，求出冲裁时的压力中心。

1. 计算孔Ⅳ的压力中心

$$x_0=\frac{25\times32.5+10\times20+10\times15+10\times10+35\times27.5+20\times45}{25+10+10+10+35+20}\text{mm}=\frac{3125}{110}\text{mm}=28.4\text{mm}$$

$$y_0=\frac{25\times30+10\times25+10\times20+10\times15+35\times10+20\times20}{110}\text{mm}=\frac{2100}{110}\text{mm}=19\text{mm}$$

将 x_0、y_0 值移算到孔Ⅳ图形里，则得压力中心距 A 边的距离为

$$(28.4-10)\text{mm}=18.4\text{mm}$$

2. 计算出各个凸模的冲裁周边长度

$$L_{\text{I}}=\pi\times20\text{mm}=62.8\text{mm}$$

$$L_{\mathrm{II}} = (2 \times 10 + 2 \times 20)\,\mathrm{mm} = 60\mathrm{mm}$$

$$L_{\mathrm{III}} = 6 \times \frac{17}{2\cos 30^\circ}\mathrm{mm} = 59\mathrm{mm}$$

$$L_{\mathrm{IV}} = (35 + 20 + 25 + 10 + 10 + 10)\,\mathrm{mm} = 110\mathrm{mm}$$

$$L_{\mathrm{V}} = (2 \times 10 + \pi \times 10)\,\mathrm{mm} = 51.4\mathrm{mm}$$

$$L_{\mathrm{VI}} = \frac{10}{\cos 45^\circ}\mathrm{mm} = \frac{10}{0.707}\mathrm{mm} = 14.1\mathrm{mm}$$

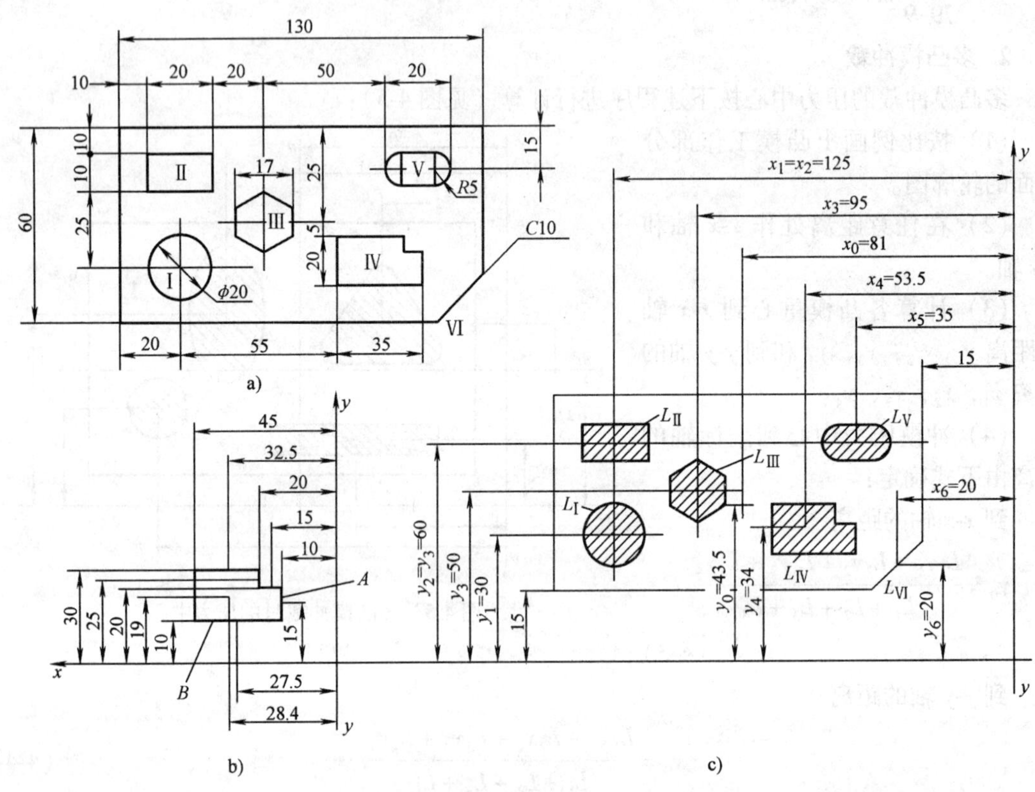

图 4-6 多凸模冲裁时压力中心的确定

3. 对整个工作选定 x、y 坐标轴，如图 c，将各值代入式

$$x_0 = \frac{62.8 \times 125 + 60 \times 125 + 59 \times 95 + 110 \times 53.5 + 51.4 \times 35 + 14.1 \times 20}{62.8 + 60 + 59 + 110 + 51.4 + 14.1} = \frac{28921}{357.3}\mathrm{mm} = 81\mathrm{mm}$$

$$y_0 = \frac{62.8 \times 30 + 60 \times 60 + 59 \times 50 + 110 \times 34 + 51.4 \times 60 + 14.1 \times 20}{357.5}\mathrm{mm} = \frac{15540}{357.3}\mathrm{mm} = 43.5\mathrm{mm}$$

实际上，压力中心在工件中的位置是距左边为(81 - 15) mm = 66mm; 距下边为(43.5 - 15) mm = 28.5mm

4.4 模具闭合高度

模具的闭合高度是指工作行程终了时，模具上模座上表面与下模座下表面之间的距离。压力机的装模高度必须符合模具闭合高度的要求，如图 4-7 所示，即

$$H_{man} - 5 \geqslant H \geqslant H_{min} + 10 \tag{4-5}$$

式中，H_{max}为连杆调节到最短（偏心冲床的行程应调到最小）时，压力机的装模度，即最大装模高度（mm）；H_{min}为连杆调节到最长（偏心冲床的行程应调到最大）时，压力机的装模度，即最小装模高度（mm）；H 为模具的闭合高度（mm）。

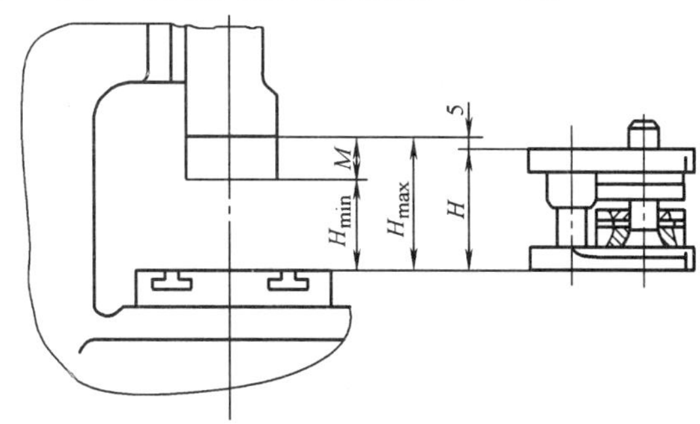

图 4-7　模具装模高度关系示意图

4.5　模具零件分类

1. 模具零件的标准化

模具标准化，就是将模具的典型零件、典型组合及典型结构实行标准系列并组织专业化生产，像普通工具一样在市场上销售，供用户选用。国家标准总局制订了 GB/T 2851—1990 ~ GB/T 2875—1990 冷冲模国家标准。该标准根据模具类型、导向方式、送料方向、凹模形状等不同，规定了十四种典型组合形式。每一种典型组合中，又规定了多种凹模周界尺寸（长 × 宽）以及相配合的凹模厚度、凸模高度、模架类型和尺寸及固定板、卸料板、垫板、导料板等零件的具体尺寸，还规定了选用标准件的种类、规格、数量、位置及有关的尺寸。这样，在进行模具设计时，仅设计直接与冲压件有关的部分，其余都可从标准中选取。模具标准化还可促使模具工业的发展，促进技术交流，简化模具设计，缩短设计周期，为模具的计算机辅助设计奠定了基础。

2. 模具零件的分类

按模具零件的不同作用，可将其分为工艺零件和结构零件两大类。工艺零件是在完成冲压工序时，与材料或制件直接发生接触的零件；结构零件是在模具的制造和使用中起装配、安装、定位作用的零件，以及制造和使用中起导向作用的零件。

（1）工艺零件

1）工作零件：在冲压成形中决定制件结构形状的零件，包括凸模、凹模等。

2）定位零件：在冲压成形过程中，在模具中起定位作用的零件，包括挡料销、导正销、凸凹模固定板、定位钉、定位板、导料板、导向销等。

3）卸料及推件零件：在模具中起卸下或推出制件作用的零件，包括卸料板、顶件器、压料板等。

（2）结构零件

1）导向零件：在冲压过程中对模具合模起导向作用的零件，包括导柱、导筒、导套、导板等。

2）支承固定零件：在模具中起支承固定作用的零件，包括上模座、下模座、模柄、垫板等。

3）紧固及其他零件：在模具中起紧固作用的零件，包括螺钉、销钉、弹簧等。

4.6 模具零件

组成冲模的零件已列入冲模零件国家标准（GB）的有48种（包括模座）。

4.6.1 工作零件

冲裁模的工作零件指在冲裁过程中决定制件形状及尺寸的零件，主要指凸模和凹模。

1. 凸模

（1）凸模的主要形式。凸模主要有圆凸模和非圆凸模两种。

1）圆凸模。凸模的结构形式主要根据制件的形状和尺寸而定的，常见的是圆形凸模。图4-8a所示为采用保护套结构的凸模，适用于冲制孔径与材料厚度相近的小孔。图4-8b所示为适用于直径$d=1\sim15$mm的凸模。为了保证刚度与强度，避免应力集中，将凸模做台阶结构及用圆角过渡。图4-8c所示为适用于直径$d=8\sim30$mm的凸模。图4-8d所示为适用于直径较大的凸模。

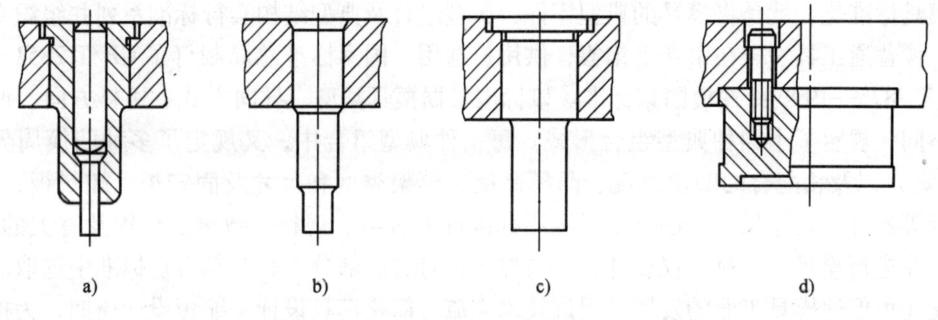

图4-8 圆凸模结构

2）非圆凸模。凸模的结构形式也有非圆形结构形式，对于非圆形凸模，与凸模固定板配合的固定部分可做成圆形或矩形，如图4-9a、b所示。也可以使固定部分与工作部分尺寸一致，如图4-9c所示。

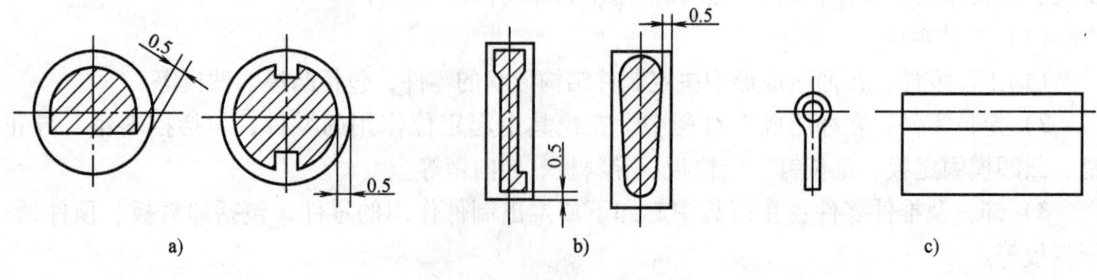

图4-9 非圆凸模结构

（2）凸模的固定方式。凸模采用凸模固定板固定，对于小凸模可采用图4-10所示的方法固定。图4-11所示为快换凸模的结构，适用于经常更换的凸模，或大型冲模中冲小孔的易损凸模。

（3）凸模的长度计算。凸模的长度是按模具结构形式来确定的，一般为凸模固定板厚度、卸料板厚度、导料板厚度之和再加上一定的自由尺寸（包括凸模固定板与与卸料板之间的距离10～20mm、凸模修磨量及凸模进入凹模的深度0.5～1mm）。

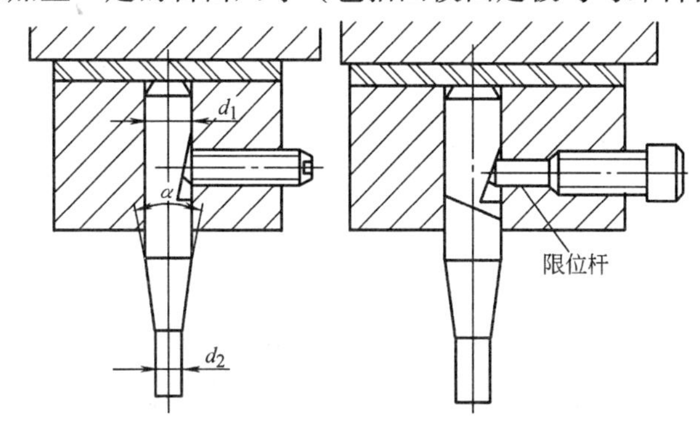

图4-10　小凸模的固定方式

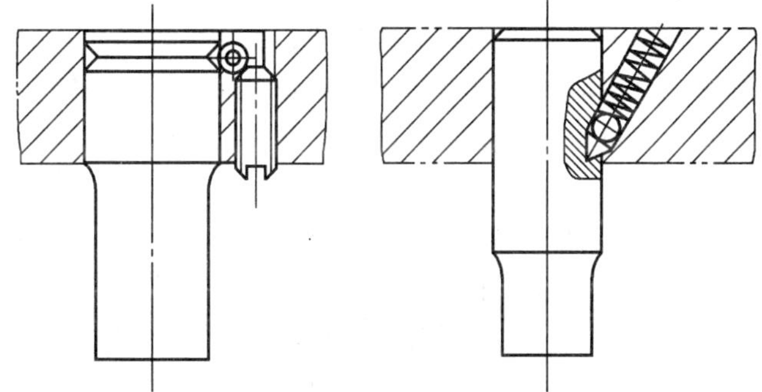
图4-11　快换凸模固定方式

2. 凹模

（1）凹模的刃口形式。常见的凹模刃口形式如图4-12所示。图4-12a所示为锥形刃口凹模，α一般取15′～30′。其优点是冲裁件不会留在凹模内，凹模磨损后的修磨量较小，凹模加工容易；缺点是每次刃磨后凹模尺寸增大，刃口强度较低。这种刃口的凹模适用于形状简单、精度要求不高的冲裁件。图4-12b、c所示为直筒形刃口，其中$h=(5\sim10)$mm，$\alpha=3°\sim5°$。其优点是刃口强度较高，修磨后刃口尺寸不变；缺点是孔口容易积存工件或废料，推件力大且磨损大。这种刃口的凹模适用于形状复杂或精度要求较高工件的冲裁。

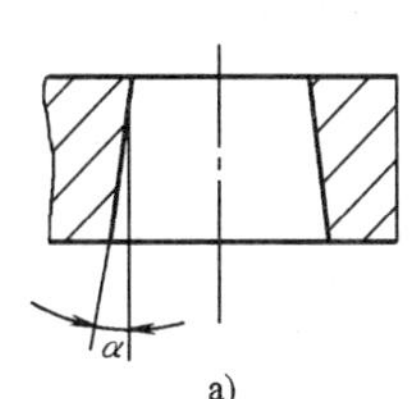

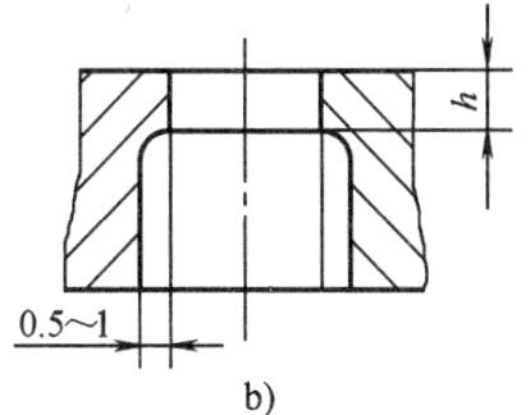

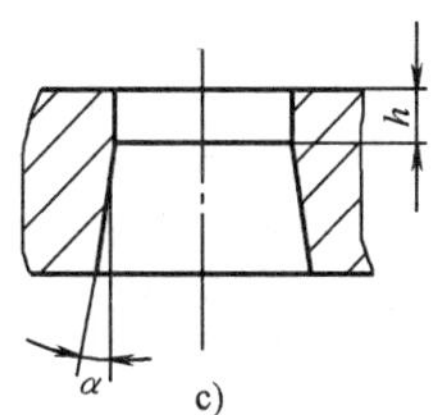

图4-12　凹模刃口形式
a）锥形刃口　b）、c）直筒形刃口

（2）凹模的外形尺寸设计。凹模外形尺寸一般是根据凹模孔口尺寸和材料的厚度决定的。

凹模厚度
$$H=Kb \tag{4-6}$$

凹模壁厚
$$c=(1.5\sim2)H \tag{4-7}$$

式中，H为凹模厚度（mm），其值不应小于15mm；K为修正系数，见表4-2；b为冲裁件的最大外形尺寸（mm）；c为凹模壁厚（mm），$c\geqslant30\sim40$mm。

表 4-2 修正系数 K

材料厚度 t/mm b/mm	1.5	1.0	2.0	3.0	>3.0
<50	0.30	0.35	0.42	0.50	0.60
>50~100	0.20	0.22	0.28	0.35	0.42
>100~200	0.15	0.18	0.20	0.24	0.30
>200	0.10	0.12	0.15	0.18	0.22

4.6.2 定位零件

定位零件的作用为确定冲件在模具中的位置，限定冲压件的送进步距，以保证冲压件的产品质量，使冲压生产顺利进行，按工作方式及作用的不同可以分为挡料销、定位件、导正销、定位侧刃等。

1. 挡料销

挡料销的类型包括固定挡料销、活动挡料销、始用挡料销，其作用是保证条料送进时有准确的送进量。当送进材料与挡料装置的定位面接触时，即停止送进。挡料装置在单工序模具或复合模具中，主要是保证冲件轮廓的完整和适量的搭边；而在连续模具中，挡料装置往往决定了冲件的精度。

（1）固定挡料销。图 4-13 所示为固定挡料销。送进时，需要人工抬起条料送进，并将挡料销套入下一个孔中，向前抵住搭边而定位。图 4-13a 所示为圆柱头式挡料销，其结构简单，使用方便，广泛用于各类冲裁模具。图 4-13b 所示为钩式挡料销，其固定部分的位置可离凹模刃口较远，有利于提高凹模强度。但由于此种挡料销形状不对称，为防止转动需另加定向装置，适用于材料较厚的冲裁件。

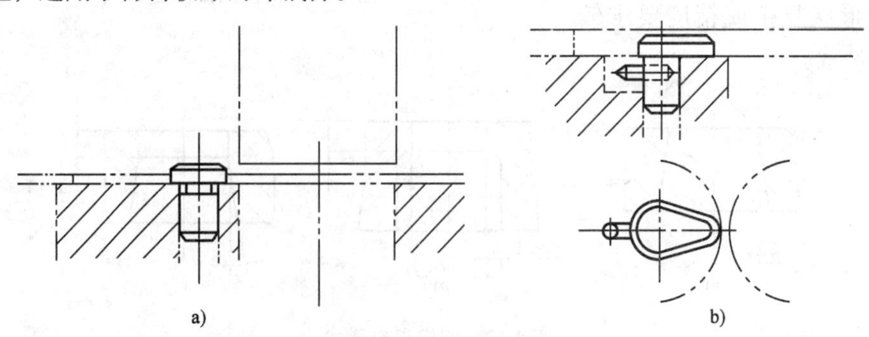

图 4-13 固定挡料销

a）圆柱头式挡料销 b）钩式挡料销

（2）活动挡料销。图 4-14 所示为活动挡料销。当模具闭合后不允许挡料销的顶端高出板料时，宜采用活动挡料销结构。图 4-14a 所示的挡料销利用压缩弹簧上下活动，图 4-14b 所示的挡料销利用扭转弹簧上下活动。活动挡料销经常用于复合模具。

（3）始用挡料销。始用挡料销用于条料送进时的首次定位，如图 4-15 所示。使用时，用手压出挡料销，完成条料首次定位后，挡料销在弹簧的作用下自动退出。

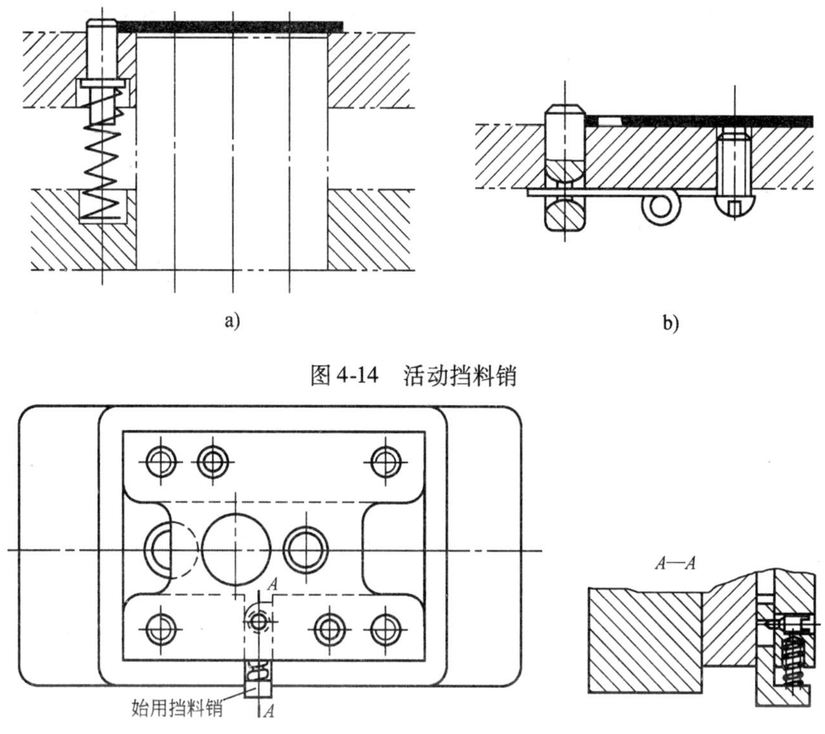

图 4-14　活动挡料销

图 4-15　始用挡料销

2. 定位件

常用的定位件有定位板和定位销。对于单个工序件的定位，定位板和定位销可以采用外廓定位，也可以采用内孔定位。

（1）定位板。图 4-16 所示为采用定位板确定外轮廓位置定位。图 4-16a 所示为利用工序件的两端定位，是异形落料件常用的定位方式；图 4-16b 所示为端部定位，适用于较长工件的定位。

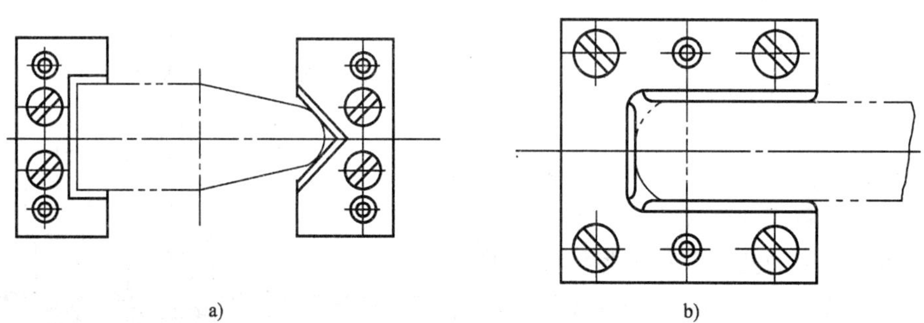

图 4-16　定位板外廓定位

a）两端定位　b）端部定位

图 4-17 所示为采用定位板确定内孔位置定位。图 4-17a 所示为圆形内孔定位，图 4-17b 所示为异形内孔定位。

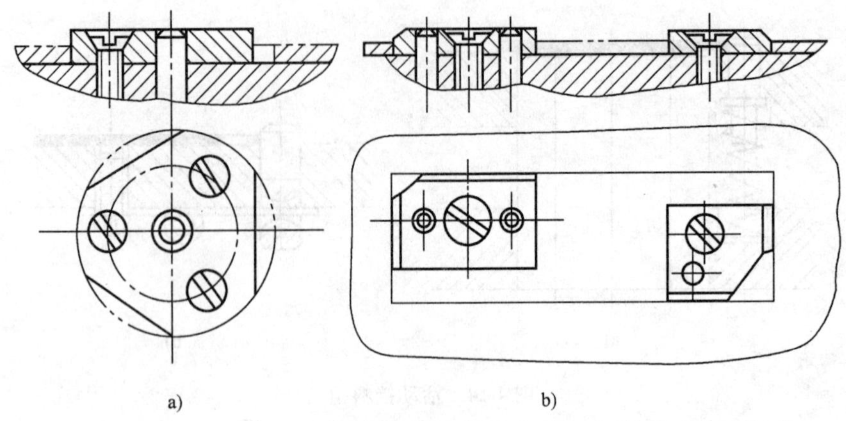

图 4-17　定位板内孔定位
a）圆形内孔定位　b）异形内孔定位

（2）定位销。图 4-18a 所示为采用定位销外廓定位，四个定位销确定了工件在模具中的位置；图 4-18b 所示为采用定位销内孔定位，工件内孔位置由定位销确定，是拉深件切边时常用的结构。

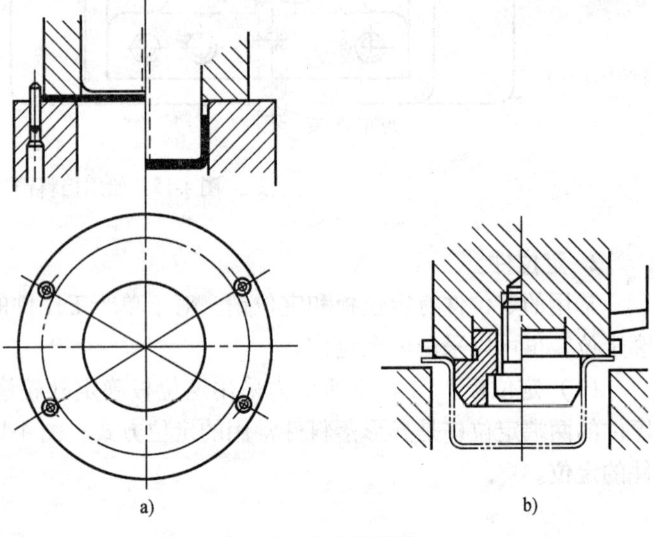

图 4-18　定位销定位
a）定位销外廓定位　b）定位销内孔定位

3. 导正销

当冲裁板材需要在模具内精确定位时，多采用导正装置完成。常用的导正装置为导正销，如图 4-19 所示。为保证连续模具冲裁件内孔与外缘的相对位置精度，将导正销安装于落料凸模的工作端面上。落料前导正销先插入已冲好的孔内，确定内孔与外形的相对位置，从而消除了送料和导向中产生的误差，提高了冲裁件的精度。

导正销导正板料位置的方式有两种：一种是直接导正，即利用冲件孔导正；另一种是间接导正，即被导正的孔是条料上另外设置的工艺孔，孔径范围一般在 $\phi3\sim\phi10$mm 间。常用导正销的结构形式如图 4-20 所示，根据孔的尺寸选用。导正销由导入和定位两部分组成。导入部分一般用圆弧或圆锥过渡，定位部分为圆柱面。考虑到冲孔后孔径的缩小，为使导正销顺利地进入孔中，圆柱直径取间隙配合。

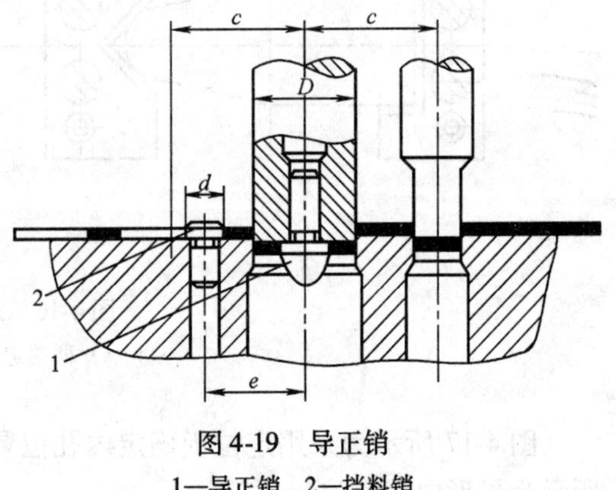

图 4-19　导正销
1—导正销　2—挡料销

图 4-20a 所示的导正销用于导正直径为 $\phi2\sim\phi12$mm 的孔，圆柱面高度 h 一般可取（0.8 ~1.2）t。

图 4-20b 所示的导正销用于导正直径小于 $\phi10$mm 的孔。采用弹簧压紧结构，对送料或坯件定位不正确时，可避免损坏导正销或模具。

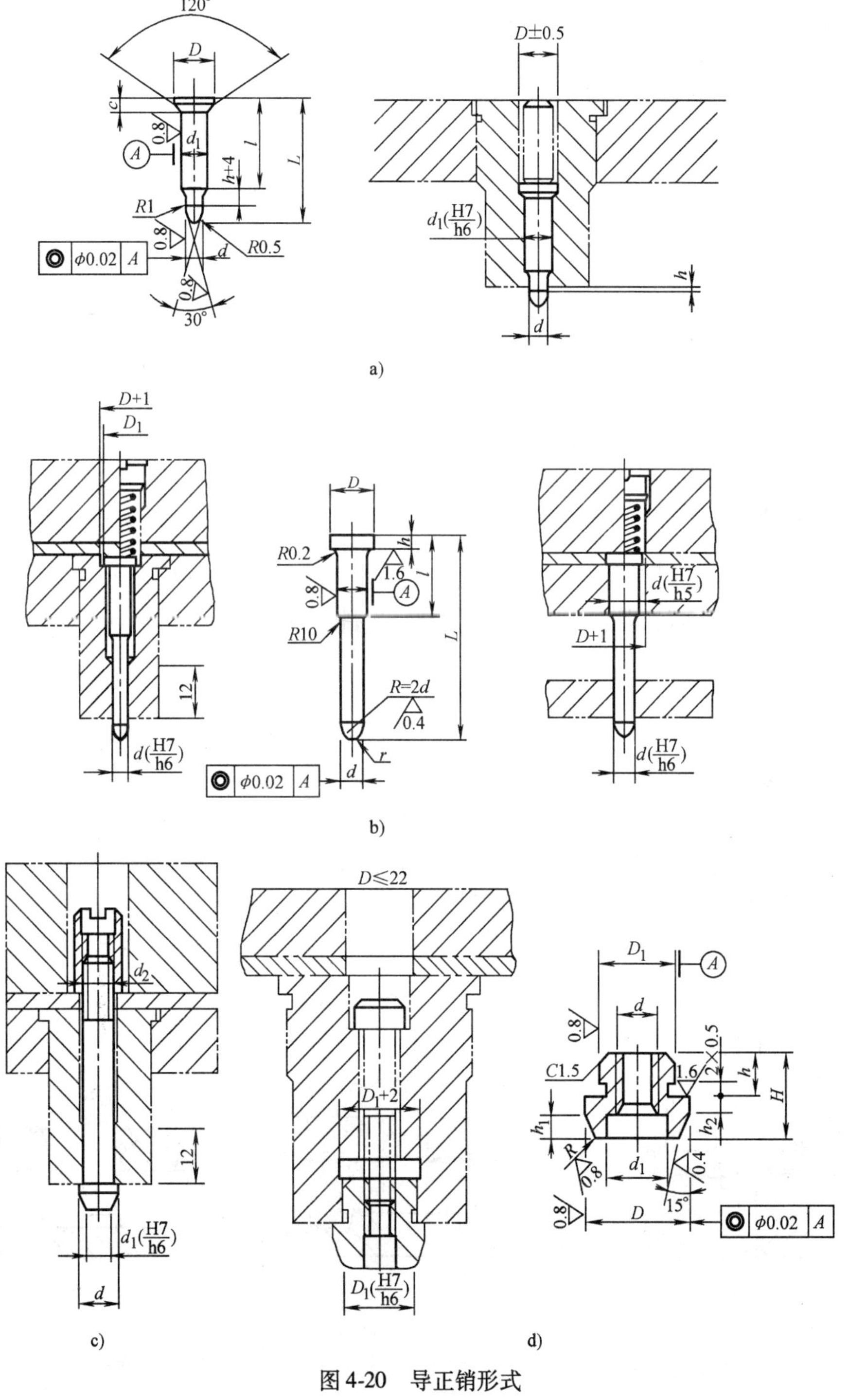

图 4-20　导正销形式

图 4-20c 所示的导正销用于导正直径为 $\phi12 \sim \phi14$mm 的孔。采用带台肩螺母固定结构，拆装方便，模具刃磨后导正销长度可以相应调节。

图 4-20d 所示的导正销用于导正直径为 $\phi12 \sim \phi50$mm 的孔。

4. 定距侧刃

图 4-21 所示为常用的侧刃形式。侧刃是以切去条料侧边上的少量材料来限定送料距离的。在冲模工作的同时，侧刃切去长度等于步距的料边后，条料即可以向前送进一个步距。图 4-21a 所示为长方形侧刃，该种侧刃制造简单，但易磨损，影响送料精度；图 4-21b 所示为成形侧刃，侧刃的形状复杂，材料消耗大，但送料精度高。

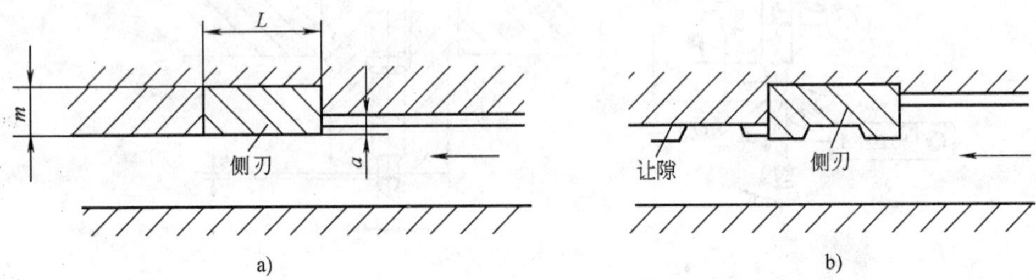

图 4-21 常用侧刃

a）长方形侧刃 b）成形侧刃

4.6.3 卸料装置

冲裁模的卸料装置是对条料、工件、废料进行推、卸、顶出的机构，以便冲压过程正常进行。卸料装置主要通过卸料板实现卸料过程。卸料板可分为弹性卸料板和刚性卸料板两大类。

1. 弹性卸料板

弹性卸料板如图 4-22 所示。其中，图 4-22a 所示为正装式模具的弹性卸料板，图 4-22b 所示为倒装式模具的弹性卸料板，图 4-22c 所示为采用橡胶等弹性元件的卸料板。采用弹性卸料板时有敞开的工作空间，操作方便，生产效率高。弹性卸料板在冲压前对毛坯有预压作用，冲压后也可使冲压件平稳卸料。但由于受弹簧、橡胶等零件的限制，卸料力较小，并且结构复杂，可靠性与安全性不如刚性卸料板，常用于较薄板材的卸料。弹性卸料板与凸模的单边间隙一般取 0.2 ~ 0.5mm。对于中小件卸料，弹性卸料板的厚度取 5 ~ 15mm。

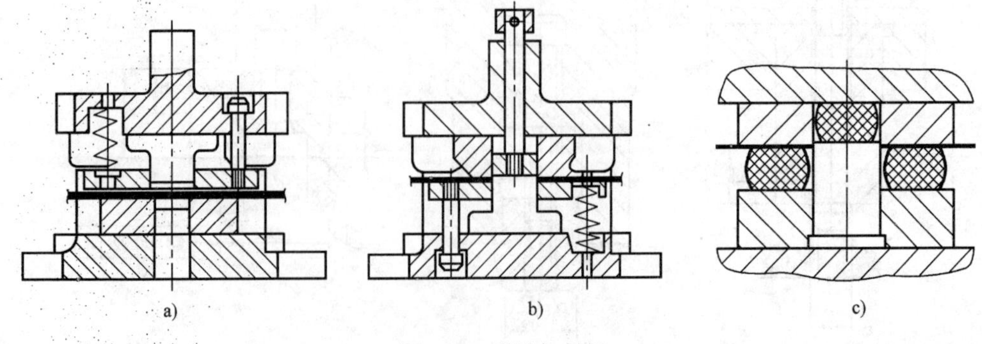

图 4-22 弹性卸料板

a）正装式模具的弹性卸料板 b）倒装式模具的弹性卸料板 c）采用弹性元件的弹性卸料板

2. 刚性卸料板

刚性卸料装置主要依靠卸料板的作用推出工件，由于该装置卸料力大，主要用于材料较硬，厚度较大（厚度大于1.5mm）和精度要求不高的冲裁中。刚性卸料板如图4-23所示。其中，图4-23a所示为固定式刚性卸料板，适用于冲压厚度0.5mm以上的条料；图4-23b所示为悬臂式刚性卸料板，适用于窄而长的冲压件卸料；图4-23c所示为钩形刚性卸料板，适用于在底部冲孔时卸空心工件，还可用于简单的弯曲模和拉深模。

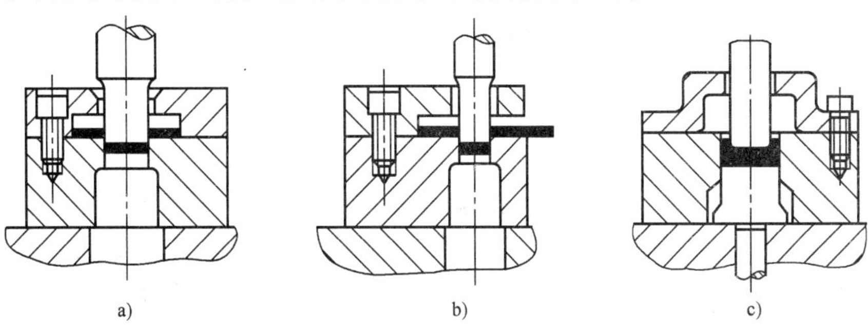

图4-23　刚性卸料板
a）固定式刚性卸料板　b）悬臂式刚性卸料板　c）钩形刚性卸料板

4.6.4　推件装置

将冲压制件或废料从凸模或凹模上推出的装置称为推件装置，推件装置的结构形式常用上模出件，如图4-24所示。一般上模出件装置为刚性机构，也称为推件或打件装置。冲压时，利用压力机滑块内的打料横杠，推打模柄中间的打料杆，完成刚性出件。这种方法的推件力大，出件可靠。

4.6.5　顶件装置

弹性顶件装置一般都装在下模，常用于正装复合模和薄板落料模中，由于对冲裁件有压平作用，所以制件质量好，如图4-25所示。

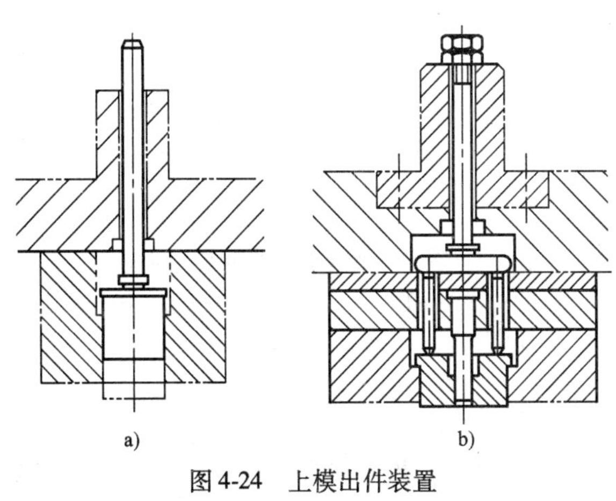

图4-24　上模出件装置

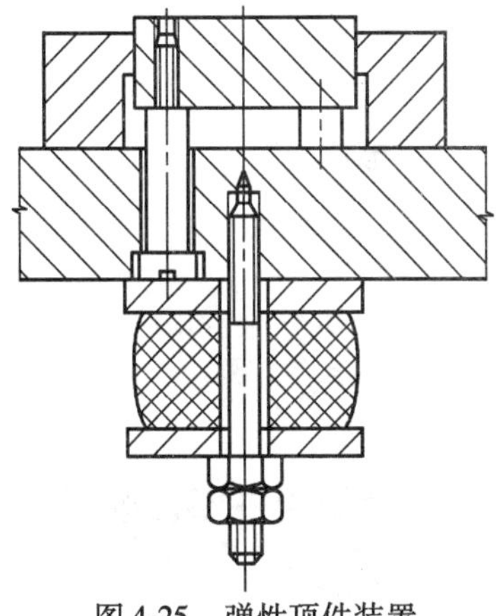

图4-25　弹性顶件装置

4.7 标准模架的选用

4.7.1 对角导柱模架（GB/T 2851—1990）

对角导柱模架在凹模面的对角中心线上，装有前、后导柱，其有效区在毛坯进给方向的导套之间。受力平衡，上模座在导柱上运动平稳。适用于纵向或横向送料，使用面宽，常用于级进模或复合模，其结构如图 4-26 所示。

4.7.2 后侧导柱模架

后侧导柱模架两导柱、导套分别装在上、下模座后侧，凹模面是导套前的有效区域。可用于冲压较宽条料，且可用于冲压边角料。送料及操作方便，可纵向、横向送料。主要适用于一般精度要求的冲模，不宜用于大型模具，因有弯曲力矩，上模座在导柱上运动不平稳。结构如图 4-27 所示。

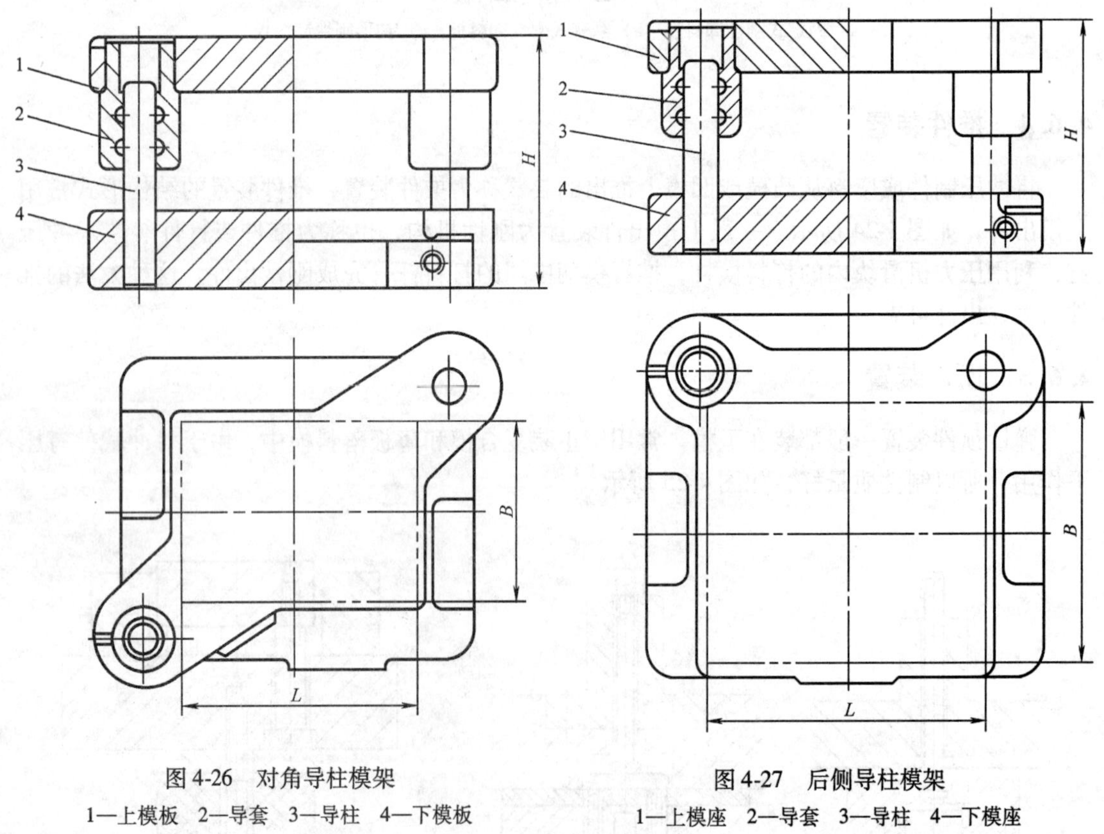

图 4-26 对角导柱模架

1—上模板 2—导套 3—导柱 4—下模板

图 4-27 后侧导柱模架

1—上模座 2—导套 3—导柱 4—下模座

4.7.3 后侧导柱窄形模架

后侧导柱窄形模架主要用于窄长零件和特殊冲压工艺的冲模（$B/L \geqslant 2.5 \sim 3$），结构如图 4-28 所示。

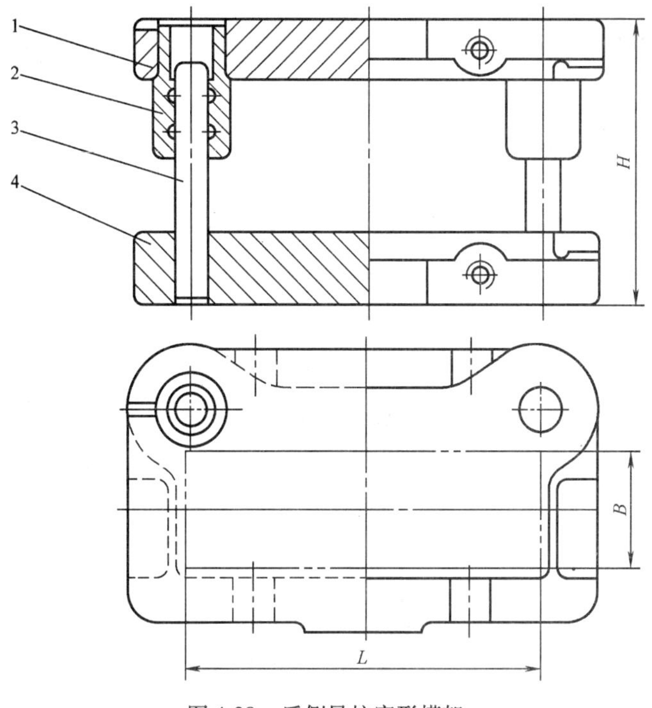

图 4-28　后侧导柱窄形模架

1—上模座　2—导套　3—导柱　4—下模座

4.7.4　中间导柱模架

中间导柱模架凹模面积是导套间的有效区域，仅适用于横向送料，常用于弯曲模或复合模。具有导向精度高、运动平稳的特点。其凹模形状有矩形和圆形两种，结构如图 4-29 所示。

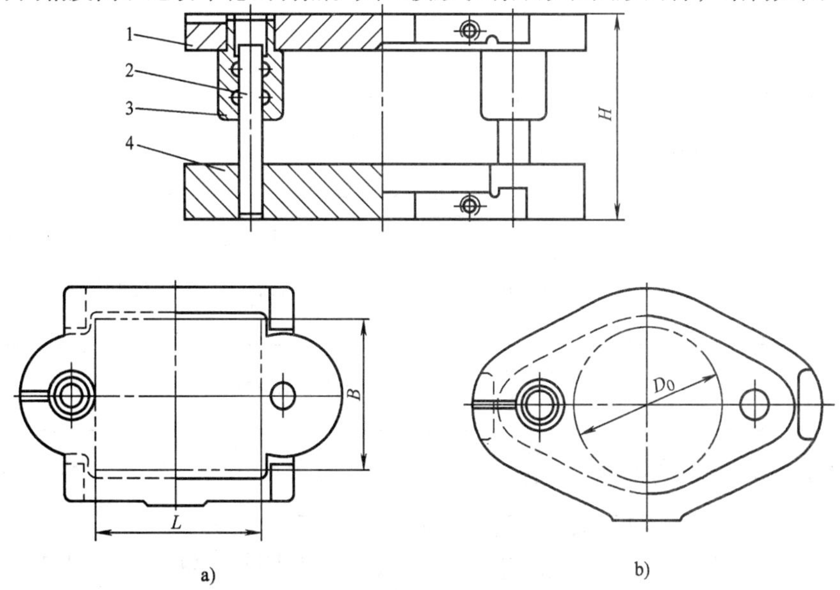

图 4-29　中间导柱模架

a）矩形　b）圆形

1—上模座　2—导柱　3—导套　4—下模座

4.7.5 四导柱模架

此类模架受力平衡，导向精度高。适用于大型制件，精度很高的冲模，以及大批量生产的自动冲压生产线上的冲模。结构如图 4-30 所示。

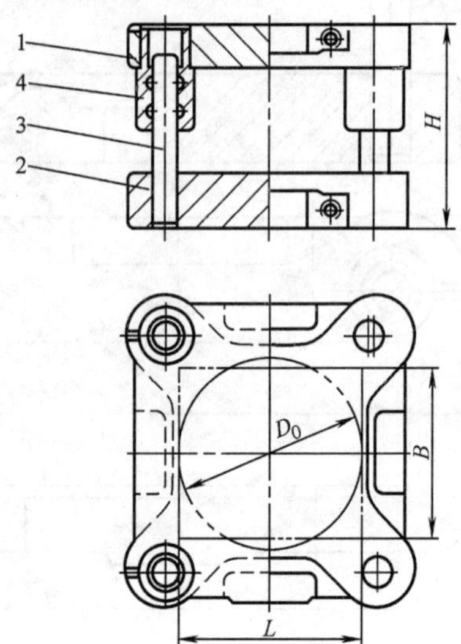

图 4-30 四导柱模架

1—上模座 2—导套 3—导柱 4—下模座

4.8 冲压零件的配合

4.8.1 零件间的配合

冲压模具零件间的配合见表 4-3。

表 4-3 冲压模具零件间的配合

配合零件名称	精度及配合	配合零件名称	精度及配合
模柄(带法兰盘)与上模座	$\frac{H8}{h8}$, $\frac{H9}{h9}$	圆柱销与凸模固定板、上下模座	$\frac{H7}{n6}$
凸模与凸模固定板	$\frac{H7}{m6}$或$\frac{H7}{k6}$	卸料板与凸模或凸凹模	0.1~0.5mm(单边)
凸模(凹模)与上、下模座(镶入式)	$\frac{H7}{h6}$	顶件板与凹模	0.1~0.5mm(单边)
固定挡料销与凹模	$\frac{H7}{m6}$或$\frac{H7}{n6}$	推杆(打杆)与模柄	0.5~1mm(单边)
活动挡料销与卸料板	$\frac{H9}{h8}$, $\frac{H9}{h9}$	推销(顶销)与凸模固定板	0.2~0.5mm(单边)

4.8.2 模架零件的配合

组成模架的零件，必须符合相应的标准要求和技术条件规定。装入模架的每对导柱和导套（包括可卸导柱和导套）的配合间隙值（或过盈量）应符合表4-4 的规定。

表4-4 导柱导套配合间隙(或过盈量) （单位：mm）

配合形式	导柱直径	模架精度等级		配合后的过盈量
		Ⅰ级	Ⅱ级	
		配合后的间隙值		
滑动配合	≤18	≤0.010	≤0.015	—
	>18~30	≤0.011	≤0.017	
	>30~50	≤0.014	≤0.021	
	>50~80	≤0.016	≤0.025	
滚动配合	>18~35	—	—	0.01~0.02

（1） Ⅰ级精度的模架必须符合导套、导柱配合精度为H6/h5 给定的配合间隙值。

（2） Ⅱ级精度的模架必须符合导套、导柱配合精度为H7/h6 给定的配合间隙值。

（3） 滑动导套与模座的配合为H7/r6，导柱与模座的配合为R7/h5 或R8/h6。

思考练习题

1. 冲裁模设计的一般步骤是什么？
2. 冲裁工序的组合方式应根据哪些因素决定？
3. 单工序冲裁模作用多工序零件时应按怎样的顺序安排？
4. 模具闭合高度与压力机选用之间有怎样的联系？
5. 模具标准化的意义是什么？
6. 模具零件如何分类？
7. 已知零件尺寸形状如图4-31 所示，计算零件的压力中心。
8. 模架的种类主要有哪些？分别适用于哪些范围？

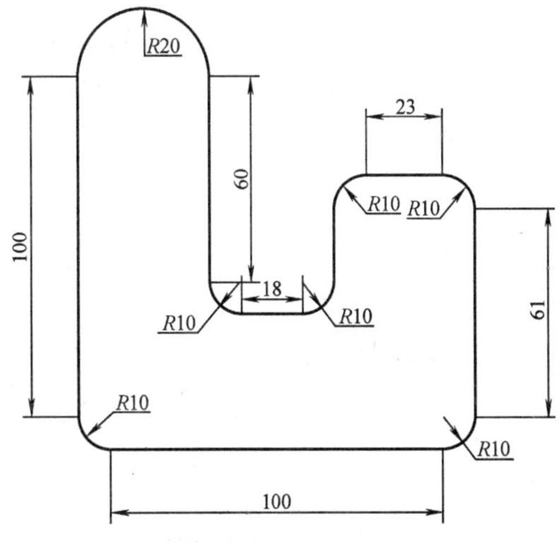

图4-31 题7图

第5章 弯曲工艺及弯曲模具

将板料、型材、管材或棒料等弯成一定的角度和曲率，形成一定形状零件的冲压方法称为弯曲。弯曲时折弯线是直线，折弯线为圆弧或曲线时不是弯曲，是翻边。

弯曲是冲压基本工序之一，在冲压生产中应用很广。弯曲加工的类型很多，按弯曲件的形状可分为V形、L形、U形、Z形、O形等弯曲，如图5-1所示。按弯曲加工所使用的设备可分为压弯、折弯、滚弯、绕弯、旋弯、拉弯等，如图5-2所示。

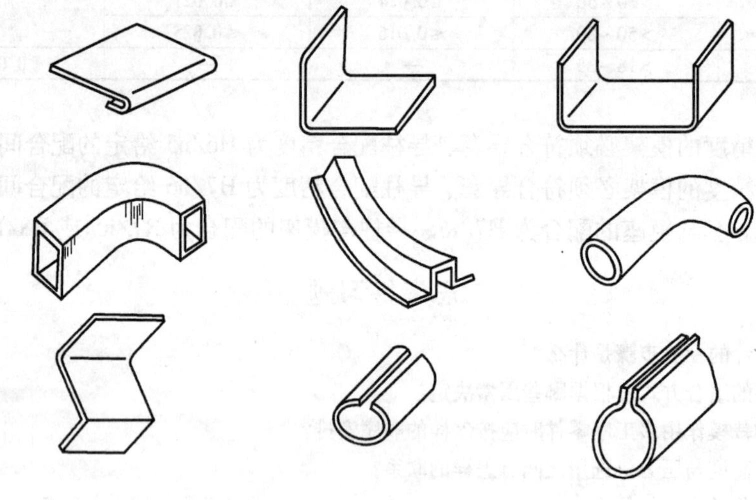

图5-1 各种典型弯曲件

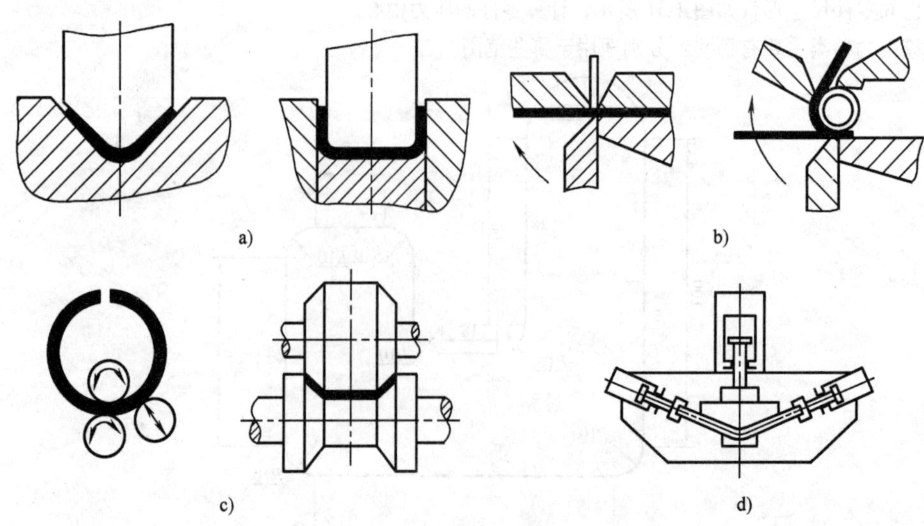

图5-2 弯曲件的弯曲形式

a）压弯 b）折弯 c）滚弯 d）拉弯

本章的学习目的主要是了解压弯变形过程及变形特点，掌握影响弯曲件质量的因素和相关的解决措施；了解弯曲件的工艺性分析、毛坯展开尺寸的计算方法以及弯曲模工作部分参数的确定方法；了解弯曲模的典型结构特点，掌握弯曲模的设计方法。

5.1 弯曲变形过程分析

5.1.1 弯曲变形过程

图 5-3 所示为板料在 V 形模内的校正弯曲过程。V 形件的弯曲，是坯料弯曲中最基本的一种。在开始弯曲时，坯料的弯曲内侧半径大于凸模的圆角半径。随着凸模的下压，坯料的直边与凹模 V 形表面逐渐靠紧，弯曲内侧半径逐渐减小，即

$$r_0 > r_1 > r_2 > r$$

同时，弯曲力臂也逐渐减小，即

$$l_0 > l_1 > l_2 > l_k$$

当凸模、坯料与凹模三者完全压合，坯料的内侧弯曲半径及弯曲力臂达到最小时，弯曲过程结束。

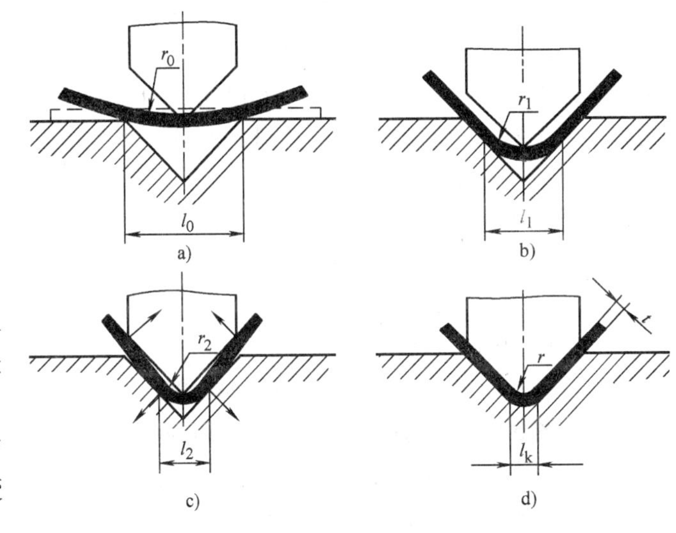

图 5-3 弯曲的过程

由于坯料在弯曲变形过程中内侧半径逐渐减小，因此弯曲变形部分的变形程度逐渐增加。又由于弯曲力臂逐渐减小，弯曲变形过程中坯料与凹模之间有相对滑移现象。

凸模、坯料与凹模三者完全压合后，如果再增加一定的压力，对弯曲件施压，则称为校正弯曲。没有这一过程的弯曲，称为自由弯曲。

5.1.2 弯曲变形特点

研究材料的冲压变形，常采用网格法，如图 5-4 所示。在弯曲前的坯料侧面用机械刻线或照相腐蚀的方法画出网格，观察弯曲变形后位于工件侧壁的坐标网格的变化情况，就可以分析变形时坯料的受力情况。从坯料弯曲变形后的情况可以发现：

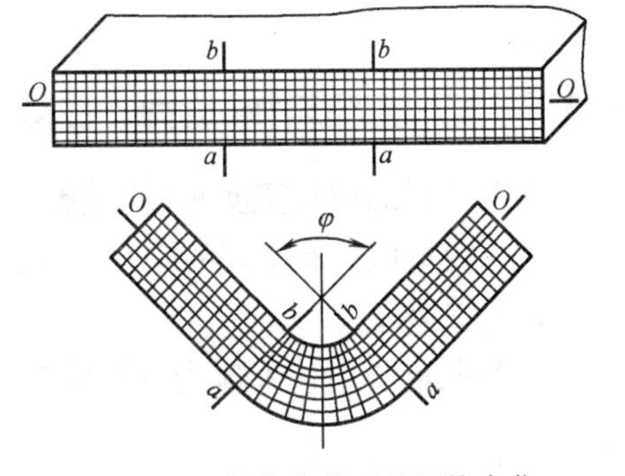

图 5-4 坯料弯曲前后的网格变化

1. 弯曲圆角部分是弯曲变形的主要区域

弯曲变形主要发生在弯曲带中心角 φ 范围内，中心角以外基本上不变形，若弯曲后工件如图 5-5 所示，则反映弯曲变形区的弯曲带中心角为 φ，而弯曲后工件的角度为 α，两者的关系为

$$\varphi = 180° - \alpha$$

2. 弯曲变形区内的中性层

网格内正方形变成了扇形，靠近凹模的外侧长度伸长，靠近凸模的内侧长度缩短，即$\overset{\frown}{bb} > \overline{bb}$，$\overset{\frown}{aa} > \overline{aa}$。由内外表面到坯料中心，其缩短和伸长的程度逐渐变小。在缩短和伸长的两个变形区之间，必然有一层金属，它的长度在变形前后没有变化，这层金属称为中性层。

3. 变形区材料厚度变薄的现象

由于内层长度方向缩短，因此厚度应增加，但由于凸模紧压坯料，厚度方向增加不易。外侧长度伸长，厚度要变薄。因为增厚量小于变薄量，因此材料厚度在弯曲变形区内有变薄现象，使在弹性变形时位于坯料厚度中间的中性层发生内移。弯曲变形程度越大，弯曲区变薄越严重，中性层的内移量越大。值得注意的是，弯曲时的厚度变薄不仅会影响零件的质量，而且在多数情况下会导致弯曲区长度的增加。

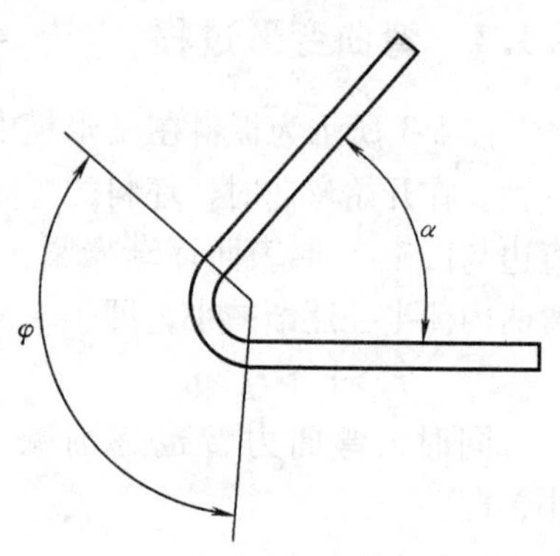

图 5-5　弯曲角与弯曲带中心角

4. 变形区横断面的变形

内层材料受压缩，宽度应增加。外层材料受拉伸，宽度要减小。这种变形情况根据坯料的宽度不同分为两种情况：宽板（坯料宽厚与厚度之比 $b/t>3$）弯曲时，材料在宽度方向的变形会受到相邻金属的限制，横断面几乎不变，基本保持为矩形；而窄板（$b/t \leqslant 3$）弯曲时，宽度方向变形几乎不受约束，断面变成了内宽外窄的扇形。图 5-6 所示为两种情况下的断面变化情况。由于窄板弯曲时变形区断面发生畸变，因此，当弯曲件的侧面尺寸有一定要求或与其他零件配合时，需要增加后续辅助工序。对于一般的坯料弯曲来说，大部分属于宽板弯曲。

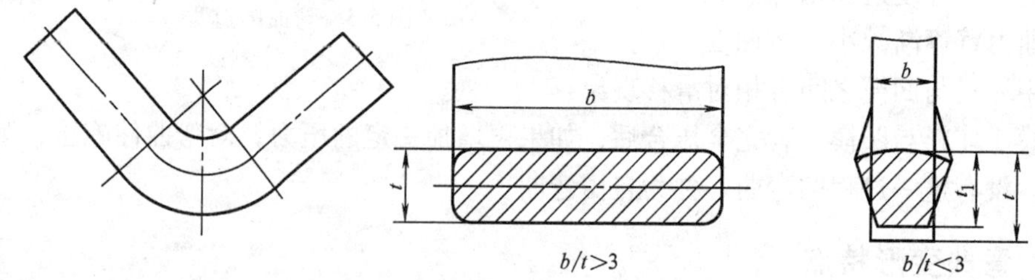

图 5-6　坯料弯曲后的断面变化

5.1.3　弯曲变形时的应力、应变状态

由于坯料的相对宽度 b/t 直接影响坯料弯曲时沿宽度方向的应变和应力，因此，随着b/t的不同，变形区具有不同的应力、应变状态。

1. 应变状态

（1）长度方向：外侧为拉伸应变，内侧为压缩应变，其应变 ε_1 为绝对值最大的主应变。

（2）厚度方向：根据塑性变形体积不变条件可知，沿着坯料的宽度和厚度方向，必然

产生与 ε_1 符号相反的应变。在坯料的外侧，长度方向主应变 ε_1 为拉应变，所以厚度方向的 ε_2 为压应变；在坯料的内侧，长度方向主应变 ε_1 为压应变，所以厚度方向的应变 ε_2 为拉应变。

（3）宽度方向：可分为两种情况。窄板（$b/t \leqslant 3$）弯曲时，材料在宽度方向可以自由变形，故外侧应为与长度方向主应变 ε_1 符号相反的压应变，内侧为拉应变；宽板（$b/t > 3$）弯曲时，沿宽度方向，材料之间的变形相互制约，材料的流动受阻，故外侧和内侧沿宽度方向的应变 ε_3 近似为零。

2. 应力状态

（1）长度方向：外侧受拉应力，内侧受压应力，其应力 σ_1 为绝对值最大的主应力。

（2）厚度方向：弯曲过程中，在凸模作用下，变形区内外层材料在厚度方向相互挤压，产生压应力 σ_2。

（3）宽度方向：分为两种情况。窄板弯曲时，由于材料在宽向的变形不受限制，因此，其内侧和外侧的应力均为零；宽板弯曲时，外侧材料在宽向的收缩受阻，产生拉应力 σ_3，内侧宽向伸长受阻，产生压应力。

材料在弯曲过程中的应力、应变状态见表 5-1 所示。从表图中可以看出，就应力而言，宽板弯曲属于三向应力状态，窄板弯曲则是两向的平面应力状态；对应变而言，窄板弯曲是三向应变状态，宽板弯曲则是两向的平面应变状态。

表 5-1　材料弯曲过程中的应力、应变状态

名　　称	窄板弯曲（$b<3t$）	宽板弯曲（$b>3t$）
图形	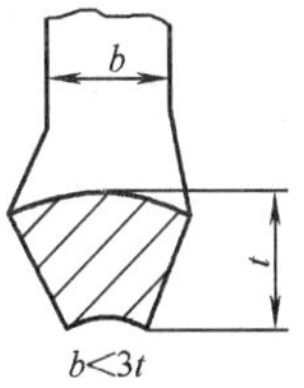 b, t, $b<3t$	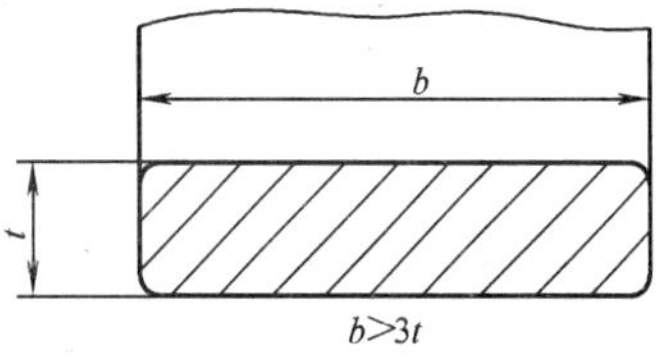 b, t, $b>3t$
内侧应力、应变状态	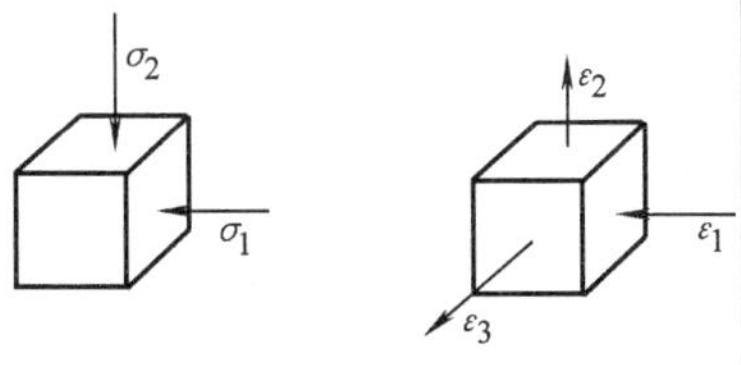 σ_2, σ_1; ε_2, ε_1, ε_3	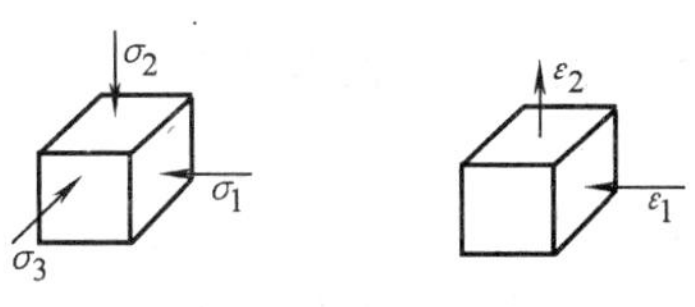 σ_2, σ_1, σ_3; ε_2, ε_1
外侧应力、应变状态	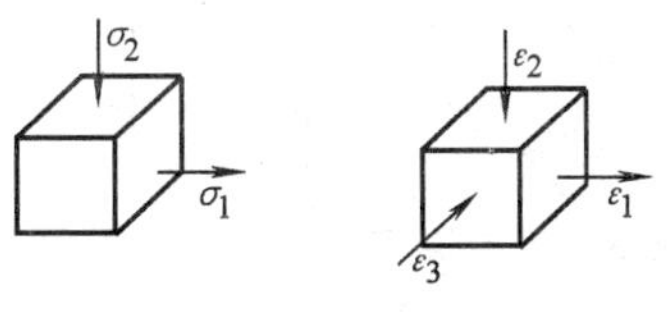 σ_2, σ_1; ε_2, ε_1, ε_3	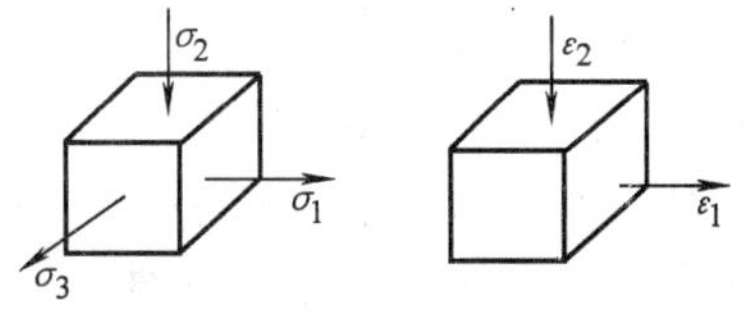 σ_2, σ_1, σ_3; ε_2, ε_1

5.2 弯曲件质量分析

5.2.1 最小相对弯曲半径 r_{min}/t

1. 最小相对弯曲半径 r_{min}/t 的概念

对于一定厚度的材料，弯曲时弯曲半径愈小，板料外表面的变形程度愈大。若弯曲半径过小，则板料的外表面将超过材料的变形极限而出现裂纹或拉裂。在保证弯曲变形区材料外表面不发生破坏的条件下，弯曲件内表面所能形成的最小圆角半径称为最小弯曲半径。在自由弯曲保证坯料最外层纤维不发生破裂的前提下，所能获得的弯曲件内表面最小圆角半径与弯曲材料厚度的比值 r_{min}/t 称为最小相对弯曲半径。

2. 影响最小相对弯曲半径 r_{min}/t 的因素

（1）材料的力学性能。材料的塑性越好，其伸长率 δ 值越大，其最小相对弯曲半径 r_{min}/t 越小。

（2）板料的厚度。弯曲变形区切向应变在板料厚度方向上按线性规律变化，内、外表面处最大，在中性层上为零。当板料的厚度较小时，切向应变变化的梯度大，应变很快由最大值衰减为零。与切向变形最大的外表面相临近的金属，可以起到阻止外表面材料产生局部不稳定塑性变形的作用，所以在这种情况下可能得到较大的变形和较小的最小相对弯曲半径 r_{min}/t。

（3）板料的宽度。弯曲件的相对宽度 b/t 越大，材料沿宽向流动的阻碍越大；相对宽度 b/t 越小，则材料沿宽向流动越容易，可以改善圆角变形区外侧的应力应变状态。因此，相对宽度 b/t 较小的窄板，其最小相对弯曲半径 r_{min}/t 的数值可以较小。

（4）材料的热处理状态。经退火处理的坯料塑性好，r_{min}/t 小些。经冷作硬化的坯料塑性降低，r_{min}/t 应增大。

（5）坯料的边缘及表面状态。下料时坯料边缘的冷作硬化、毛刺以及坯料表面带有划伤等缺陷，在弯曲时易于受到拉伸应力而破裂，使最小许可相对弯曲半径增大。为了防止弯裂，可将坯料上的大毛刺去除，小毛刺放在弯曲圆角的内侧。

（6）弯曲方向。材料经过轧制后得到纤维状组织，使板料呈现各向异性。沿纤维方向的力学性能较好，不易拉裂。因此，当弯曲线与纤维组织方向垂直时，r_{min}/t 数值最小，平行时最大。为了获得较小的弯曲半径，应使弯曲线和纤维方向垂直；在双弯曲时，应使弯曲线与纤维方向成一定的角

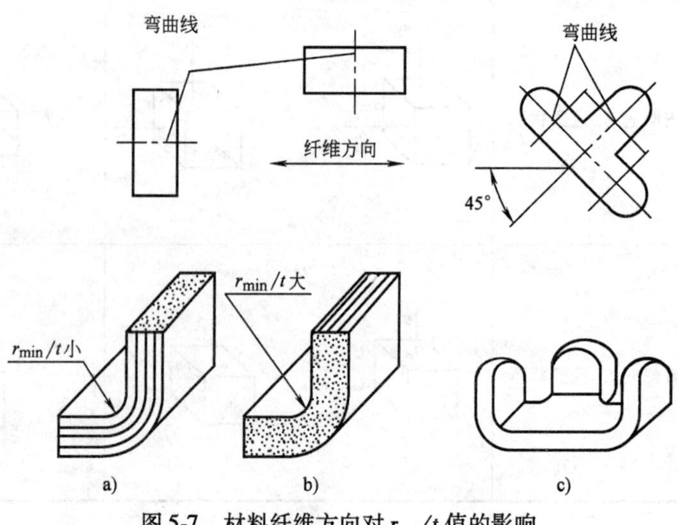

图 5-7 材料纤维方向对 r_{min}/t 值的影响

度，如图5-7所示。

（7）弯曲件角度 α。弯曲件角度 α 越大，最小相对弯曲半径 r_{min}/t 越小。这是因为在弯曲过程中坯料的变形并不是仅局限于圆角变形区。由于材料的相互牵连，其变形影响到圆角附近的直边，实际上扩大了弯曲变形区范围，分散了集中在圆角部分的弯曲应变，对圆角外层纤维濒于拉裂的极限状态有所缓解，使最小相对弯曲半径 r_{min}/t 减小。α 越大，圆角中段变形程度改善得越多，许可的最小相对弯曲半径 r_{min}/t 可以越小。

3. 最小弯曲半径 r_{min} 的确定

虽然有些资料给出了按材料伸长率计算 r_{min} 的公式，但由于影响 r_{min} 的因素很多，r_{min} 值的理论计算公式并不实用。所以，实际生产中主要参考经验数据来确定 r_{min} 值。表5-2给出了一些材料的 r_{min} 数值。对于塑性好的材料，r_{min} 值几乎可为零。

4. 提高弯曲极限变形程度的方法

一般情况下，不宜采用最小弯曲半径。当工件的弯曲半径小于表5-2所列数值时，为提高弯曲极限变形程度，常采取以下措施：

（1）经冷变形硬化的材料，可采用热处理的方法恢复其塑性。对于剪切断面的硬化层，还可以采取先去除然后再进行弯曲的方法。

（2）清除冲裁毛刺。当毛刺较小时，也可以使有毛刺的一面处于弯曲受压的内缘（即有毛刺的一面朝向弯曲凸模），以免应力集中而开裂。

（3）对于低塑性的材料或厚料，可采用加热弯曲。

（4）采取两次弯曲的工艺方法，即第一次弯曲采用较大的弯曲半径，然后退火；第二次再按工件要求的弯曲半径进行弯曲。这样就使变形区域扩大，减小了外层材料的伸长率。

（5）对于较厚材料的弯曲，如结构允许，可以采取先在弯曲内侧开槽后再进行弯曲的工艺。

表5-2　最小相对弯曲半径 r_{min}/t

材　料	正火或退火材料		硬化材料	
	弯曲线方向			
	垂直轧制方向	平行轧制方向	垂直轧制方向	平行轧制方向
08钢、10钢	0.1	0.4	0.4	0.8
15钢、20钢	0.1	0.5	0.5	1.0
25钢、30钢	0.2	0.6	0.6	1.2
35钢、40钢	0.3	0.8	0.8	1.5
45钢、50钢	0.5	1.0	1.0	1.7
65Mn	1.0	2.0	2.0	3.0
1Cr18Ni9	1.0	2.0	3.0	4.0
铝	0.1	0.3	0.5	1.0
硬铝(软)	1.0	1.5	1.5	2.5
硬铝(硬)	2.0	3.0	3.0	4.0
退火纯铜	0.1	0.3	1.0	2.0
软黄铜	0.1	0.3	0.4	0.8

（续）

材　料	正火或退火材料		硬化材料	
	弯曲线方向			
	垂直轧制方向	平行轧制方向	垂直轧制方向	平行轧制方向
半硬黄铜	0.1	0.3	0.5	1.2
磷铜	—	—	1.0	3.0
镁合金	300℃热弯		冷弯	
MB1	2.0	3.0	6.0	8.0
MB8	1.5	2.0	5.0	6.0
钛合金	300～400℃热弯		冷弯	
BT1	1.5	2.0	3.0	4.0
BT5	3.0	4.0	5.0	6.0
钼合金	400～500℃热弯		冷弯	
BM1，BM2 $t \leqslant 2$mm	2.0	3.0	4.0	5.0

注：1. 弯曲线与轧制方向成一定角度时，可取垂直与平行二者的中间值；
2. 冲裁或剪切的毛坯不经退火应作硬化材料选取。

5.2.2　弯裂

（1）弯裂的产生。对于一定厚度的材料，弯曲半径越小，外层材料的伸长率越大。当外缘材料的伸长率达到并超过材料的延伸率后，就会导致弯裂。

（2）防止弯裂的措施。在一般情况下，不宜采用最小弯曲半径。当零件的弯曲半径小于表5-2所列数值时，为提高弯曲极限变形程度，防止弯裂，常采用的措施有退火、加热弯曲、消除冲裁毛刺、两次弯曲（先加大弯曲半径，退火后再按工件要求的小半径弯曲）、校正弯曲以及对较厚材料开槽弯曲（见图5-8）等。

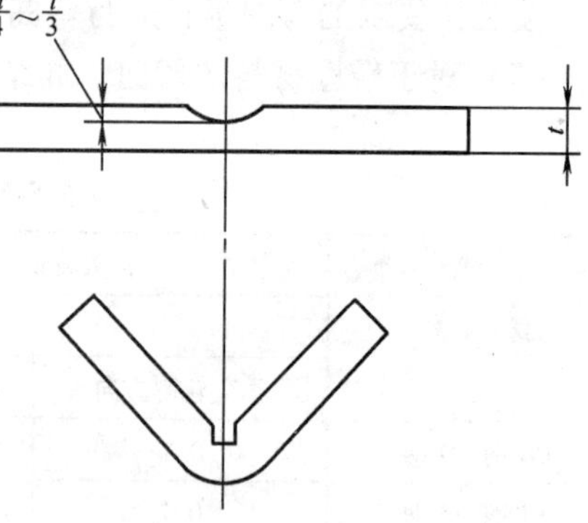

图5-8　开槽后再进行弯曲

5.2.3　弯曲时的回弹

在材料弯曲变形结束，零件不受外力作用时，弹性变形将恢复，使弯曲件的角度、弯曲半径与模具的尺寸形状不一致，这种现象称为回弹，如图5-9所示。

1. 回弹的表现形式

一般情况下，弯曲回弹现象表现在两个方面（见图5-9）：

（1）弯曲半径增大。卸载前坯料的内半径 r（与凸模的半径吻合），在卸载后增加至 r_0。半径的增量 Δr 为

$$\Delta r = r_0 - r$$

（2）弯曲件角度增大。卸载前坯料的弯曲角度为 α（与凸模顶角吻合），卸载后增大到

α_0。角度的增量 $\Delta\alpha$ 为

$$\Delta\alpha = \alpha_0 - \alpha$$

2. 影响回弹的因素

（1）材料的力学性能。材料的屈服点 σ_b 越大，弹性模量 E 越小，弯曲回弹越大。即 σ_s/E的比值越大，材料的回弹值也就越大。图 5-10 所示为退火状态的低碳钢拉伸时的应力应变曲线，当拉伸到 P 点后去除载荷，产生 $\Delta\varepsilon_1$ 的回弹，其值 $\Delta\varepsilon_1 = \sigma_P/\tan\alpha$，$\tan\alpha$ 即为材料的弹性模量 E。从式中可以看出，材料的弹性模量 E 越大，回弹值越小。图中的双点画线为同一材料经冷作硬化后的拉伸曲线，屈服点变大了，当应变均为 $\Delta\varepsilon_1$ 时，材料的回弹 $\Delta\varepsilon_2$ 比退火状态的材料回弹 $\Delta\varepsilon_1$ 大。

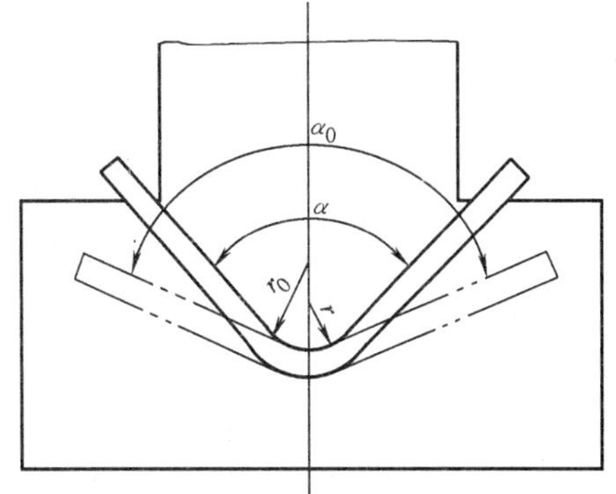

图 5-9　弯曲时的回弹

（2）相对弯曲半径。相对弯曲半径越小，回弹值越小。相对弯曲半径 r/t 减小时，弯曲坯料外侧表面在长度方向上的总变形程度增大，其中塑性变形和弹性变形成分也同时增大。但在总变形中，弹性变形所占的比例则相应地变小。由图 5-11 可知，当总的变形为 ε_P 时，弹性变形所占的比例为 $\Delta\varepsilon_1/\varepsilon_P$；当总的变形程度由 ε_P 增大到 ε_Q 时，弹性变形所占的比例为 $\Delta\varepsilon_2/\varepsilon_Q$。显然，$\Delta\varepsilon_1/\varepsilon_P > \Delta\varepsilon_2/\varepsilon_Q$。即随着总的变形程度的增加，弹性变形在总的变形中所占的比例相反地减小了。所以，相对弯曲半径越小，回弹值越小；相反，若相对弯曲半径过大，由于变形程度太小，使坯料大部分处于弹性变形状态，产生很大的回弹，以至用普通弯曲方法根本无法成形。

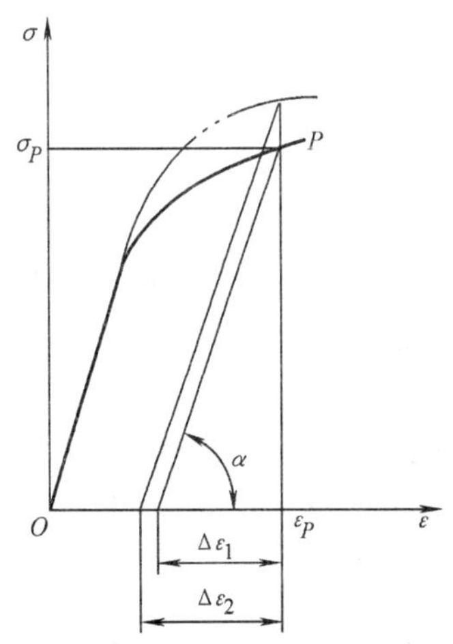

图 5-10　力学性能对回弹值的影响图

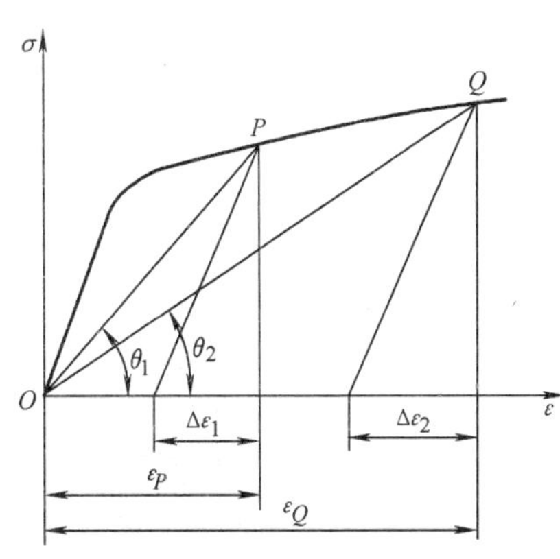

图 5-11　相对弯曲半径对回弹的影响

（3）弯曲件角度 α。弯曲件角度 α 越小，表示弯曲变形区域越大，回弹的积累越大，回弹角度也越大。

（4）弯曲方式。自由弯曲与校正弯曲比较，由于校正弯曲可增加圆角处的塑性变形程度，因而有较小的回弹。

(5) 模具间隙。压制 U 形件时，模具间隙对回弹值有直接影响。间隙大，材料处于松动状态，回弹就大；间隙小材料被挤紧，回弹就小。

(6) 零件形状。零件形状复杂，一次弯曲成形角的数量越多，各部分的回弹相互牵制作用越大，弯曲中拉伸变形的成分越大，回弹就越小。

(7) 非变形区的影响。如图 5-12 所示，对 V 形件的小半径（$r/t<0.2\sim0.3$）进行校正弯曲时，由于非变形区的直边部分有校直作用，所以弯曲后的回弹是直边区回弹与圆角区回弹的复合。由图 5-12 可见，直边区回弹的方向（图中 N 方向）与圆角区回弹的方向（图中 M 方向）相反。当 r/t 很小时，直边的回弹大于圆角的回弹，此时就会出现负回弹，即弯曲件的角度反而小于弯曲凸模的角度。

3. 回弹值的大小

由于影响弯曲回弹的因素很多，而且各因素又相互影响，因此，计算回弹角比较复杂也不准确。一般生产中是按经验数表或按力学公式计算出回弹值作为参考，再在试模时修正。

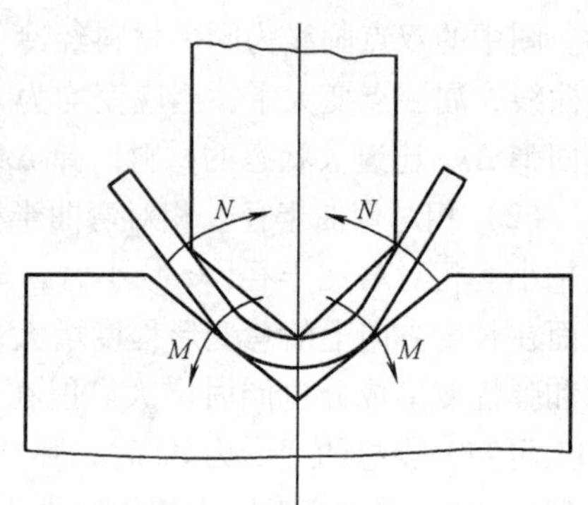

图 5-12 校正弯曲时的回弹

(1) 大变形程度（$r/t<5$）自由弯曲时的回弹。当 $r/t<5$ 时，弯曲半径的回弹值不大，因此，只考虑角度的回弹，其值可查有关手册提供的经验数值。

(2) 小变形程度（$r/t\geqslant10$）自由弯曲时的回弹。当 $r/t\geqslant10$ 时，因相对弯曲半径变大，零件不仅角度有回弹，弯曲半径也有较大的变化。这时，回弹值可按式（5-1）进行计算，然后在生产中再进行修正。

$$r_P=\frac{r}{1+3\frac{\sigma_s r}{Et}}=\frac{1}{\frac{1}{r}+\frac{3\sigma_s}{Et}} \tag{5-1}$$

$$\alpha_P=\alpha-(180°-\alpha)\left(\frac{r}{r_P}-1\right) \tag{5-2}$$

式中，r 为零件的圆角半径（mm）；r_P 为凸模的圆角半径（mm）；α 为弯曲件的角度（°）；α_P 为弯曲凸模角度（°）；t 为坯料的厚度（mm）；E 为弯曲材料的弹性模量（MPa）；σ_S 为弯曲材料的屈服点（MPa）。

应该指出，上述公式的计算值是近似的。根据实际生产经验，修磨凸模时，“放大”弯曲半径比“收小”弯曲半径容易。因此，对于 r/t 值较大的弯曲件，生产中希望压弯后零件的曲率半径略比图样尺寸小些，以便在试模后能比较容易地修正。

4. 控制回弹的措施

由于影响回弹的因素很多，在加工弯曲件时，很难获得形状规则、尺寸准确的零件。因此，必须把弯曲后的回弹量控制在最低限度内。针对弯曲件的形状特点和具体要求，采取下列措施减小回弹，可得到满意的效果：

(1) 在零件结构设计方面采取措施

1) 在弯曲件易产生回弹部位设置加强筋，如图 5-13 所示。回弹变形将受到牵制，既可减小弯曲后的回弹，又能提高零件的刚性。

2）在工件的要求允许时，可以选用弹性模量大、屈服极限较小、力学性能稳定的材料，以减小弯曲后产生的回弹。

3）在满足最小许用弯曲半径的条件下，尽量使 r/t 在 1～2 范围内。

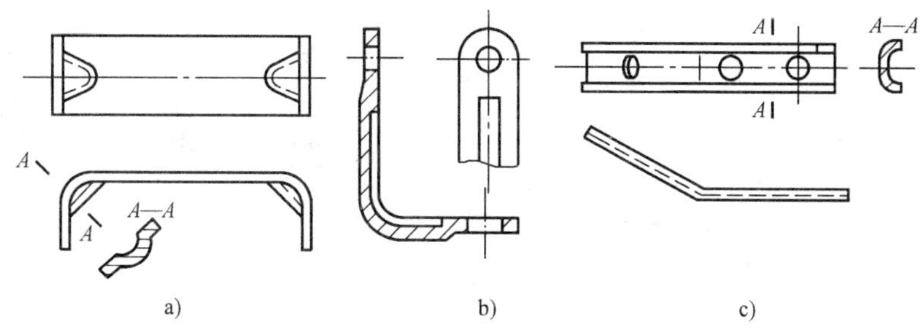

图 5-13　在零件结构上考虑减小回弹

（2）在工艺方面采取措施

1）增加弯曲力，采用校形弯曲，可以减小回弹。

2）对于冷作硬化材料，在弯曲前进行退火，以降低屈服应力，可减小回弹，弯曲后再淬硬。

3）如果条件允许，用拉弯法代替一般弯曲方法。拉弯工艺的特点是在弯曲的同时使坯料承受一定的拉应力，拉应力的数值应使弯曲变形区内各点的合成应力稍大于材料的屈服点 σ_s，使整个断面都处于塑性拉伸变形范围内，内、外区应力、应变方向取得了一致，故可大大减小工件的回弹。这种措施主要用于相对弯曲半径很大的零件的成形。图 5-14 所示为工件在拉弯中沿断面高度的应变分布。图 5-14a 所示为拉伸时的应变；图 5-14b 所示为自由弯曲时的应变；图 5-14c 所示为拉弯时总的合成应变；图 5-14d 所示为卸载时的应变；图 5-14e 所示为最后永久变形。

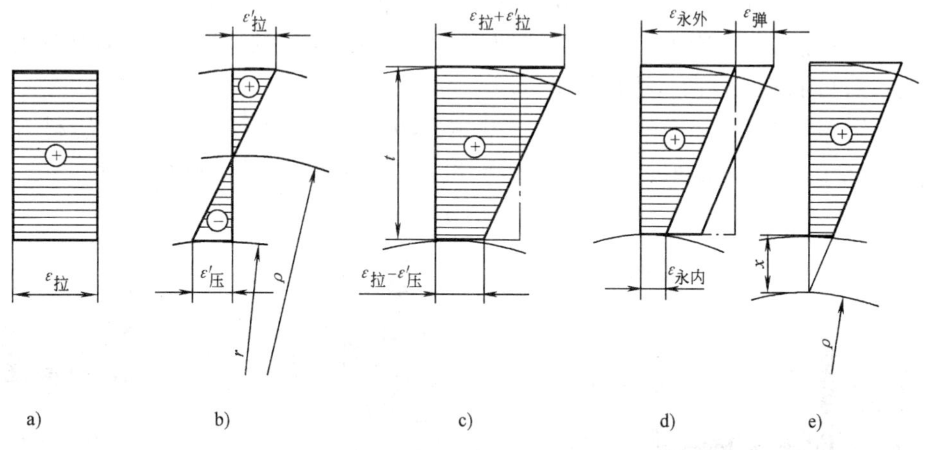

图 5-14　拉弯时断面内切向应变的分布

（3）在模具结构方面采取措施

1）对于常用的塑性材料，如 Q215、Q235、10 钢、20 钢、H62M 等，一般回弹角小于 5°，当材料的厚度偏差较小时，按回弹值修正凸模的角度和半径，并取凸、凹模之间单边间隙等于最小板厚，使零件回弹后满足所要求的角度，如图 5-15 所示。此法称为补偿法，是消除回弹比较简单的方法，在生产中常用。弯曲 V 形件时，将凸模角度减去一个回弹角；弯曲 U 形件时，将凸模两侧作出等于回弹量的斜角（见图 5-15a），或将凹模底部作成弧形（见图 5-15b），利用底部向下回弹的作用，补偿两直边的向外回弹。

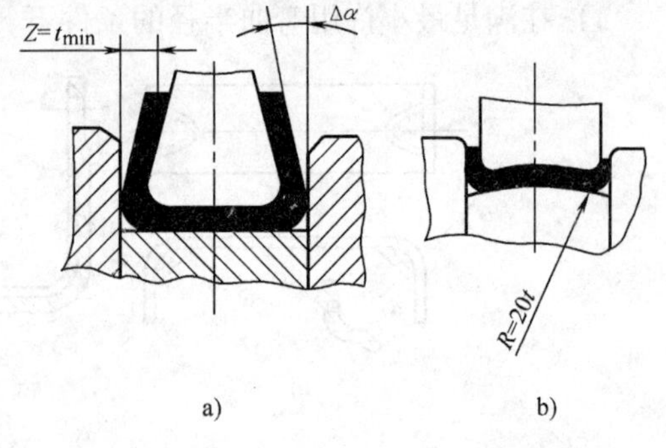

图 5-15　补偿回弹的方法

2）对于板厚 $t>0.8$mm 的软料，当弯曲半径不大时，可将凸模做成如图 5-16 所示的形状，使凸模力集中作用在弯曲变形区，加大变形区的变形程度，改变弯曲变形区外拉内压的应力状态，使其成为三向受压的应力状态，从而减小回弹。

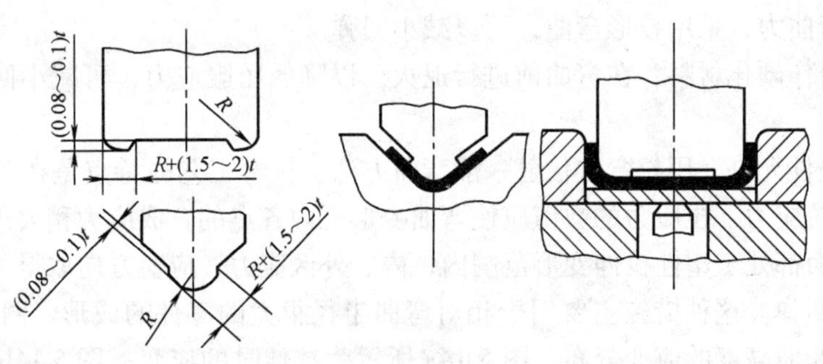

图 5-16　改变凸模形状减小回弹

3）对于 r/t 较大的 U 形件，在不影响使用条件下，可把凸模和反顶板制成图 5-17 所示的圆弧形状，使该部位在卸载后产生内闭回弹，以抵消圆角区的外开回弹。如果圆弧半径 R 调整合适，有可能使工件两直边保持平行。

4）对于一般材料（如 Q235、Q215、10 钢、20 钢、H62M 等），可增加压料力（见图 5-18a）或减小凸、凹模之间的间隙（见图 5-18b），以增加拉应变，减小回弹。

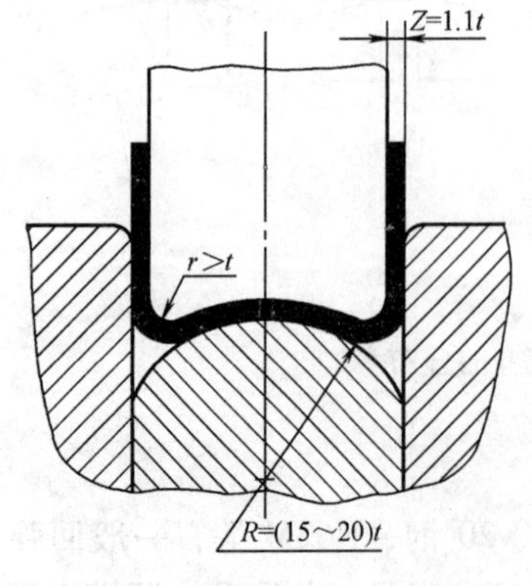

图 5-17　使工作底边成弧形抵消回弹

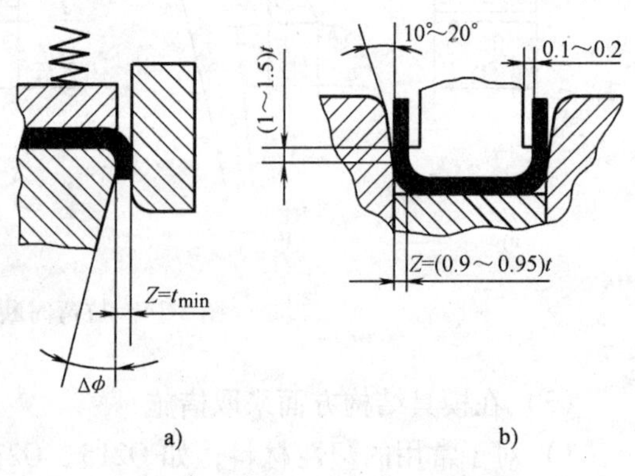

图 5-18　增加拉应变减小回弹

5）在弯曲件的端部加压，可以获得精确的弯边高度，并由于改变了变形区的应力状态，使弯曲变形区从内到外都处于压应力状态从而减小了回弹（见图5-19）。

6）采用橡皮凸模（或凹模），使坯料紧贴凹模（或凸模），以减小非变形区对回弹的影响（见图5-20）。

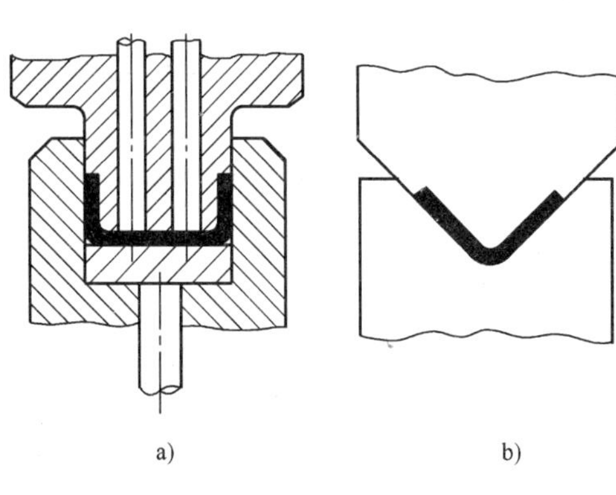

图5-19 端部加压减小回弹

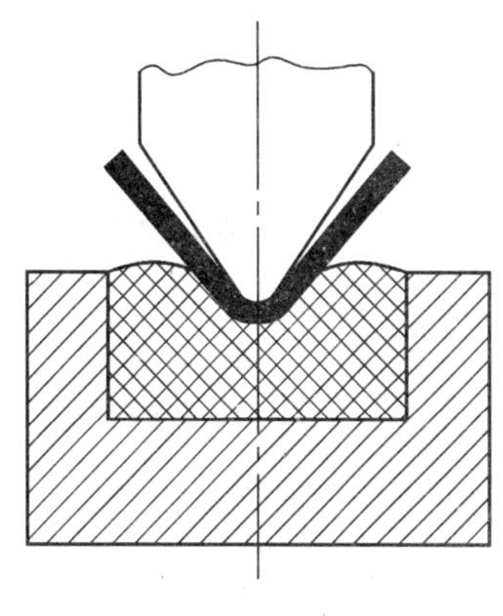

图5-20 橡皮弯曲模

5.2.4 弯曲时的偏移

1. 偏移现象的产生

坯料在弯曲过程中沿凹模圆角滑移时，会受到凹模圆角处摩擦阻力的作用。当坯料各边所受的摩擦阻力不等时，有可能使坯料在弯曲过程中沿零件的长度方向产生移动，使零件两直边的高度不符合图样的要求，这种现象称为偏移。产生偏移的原因很多，图5-21a、b所示为零件坯料形状不对称造成的偏移；图5-21c所示为零件结构不对称造成的偏移；图5-21d、e所示为弯曲模结构不合理造成的偏移。此外，凸模与凹模的圆角不对称、间隙不对称等，也会导致弯曲时产生偏移现象。

2. 克服偏移的措施

（1）采用压料装置，使坯料在压紧的状态下逐渐弯曲成形，从而防止坯料的滑动，得到较平整的工件，如图5-22a、b所示。

（2）利用坯料上的孔或预先冲出的工艺孔，用定位销插入孔内定位后再弯曲，使坯料无法移动，如图5-22c所示。

（3）将形状不对称的弯曲件组合成对称件弯曲，然后再切开，使坯料弯曲时受力均匀，不容易产生偏移，如图5-23所示。

（4）模具制造准确，间隙调整一致。

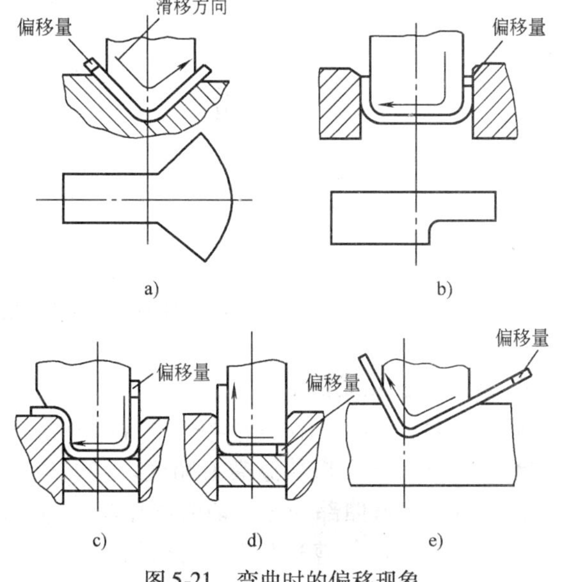

图5-21 弯曲时的偏移现象

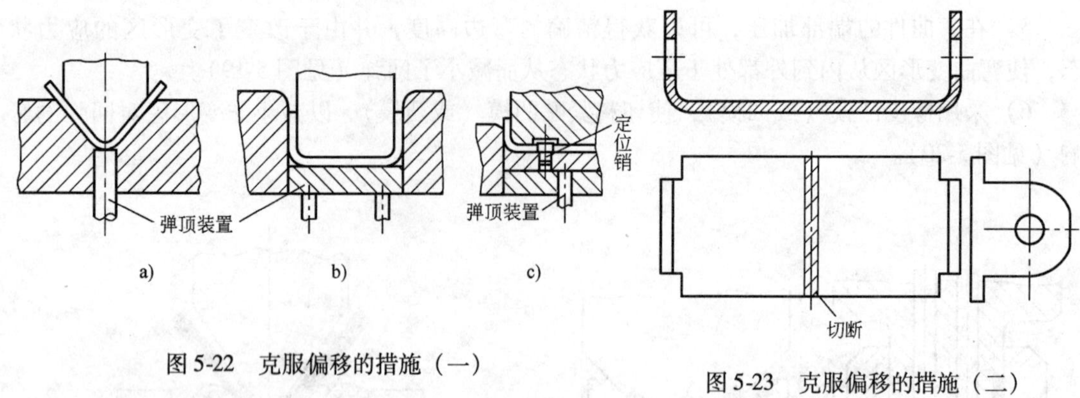

图 5-22　克服偏移的措施（一）

图 5-23　克服偏移的措施（二）

5.3　弯曲件工艺性分析及工序安排

5.3.1　弯曲件的工艺性分析

具有良好工艺性的弯曲件，能简化弯曲工艺过程和提高弯曲件的精度，并有利于模具的设计和制造。弯曲件的工艺性涉及材料、结构工艺性等方面，以下主要介绍结构工艺性。

1. 最小弯曲半径和弯曲件的弯边高度

（1）弯曲半径。弯曲件的弯曲半径不宜小于最小弯曲半径，也不宜过大。因为过大时，受到回弹的影响，弯曲的角度与弯曲半径的精度都不易保证。

（2）弯边高度。弯曲件的弯边高度不宜过小，其值应为 $h > r + 2t$，如图 5-24a 所示。当 h 较小时，弯边在模具上支持的长度过小，不容易形成足够的弯矩，很难得到形状准确的工件。若 $h < r + 2t$ 时，则需先压槽，或增加弯边高度，弯曲后再切掉（见图 5-24b）。如果所弯直边带有斜角，则在斜边高度小于 $r + 2t$ 的区段不可能弯曲到要求的角度，而且此处也容易开裂（见图 5-24c），因此必须改变零件的形状，加大弯边尺寸（见图 5-24d）。

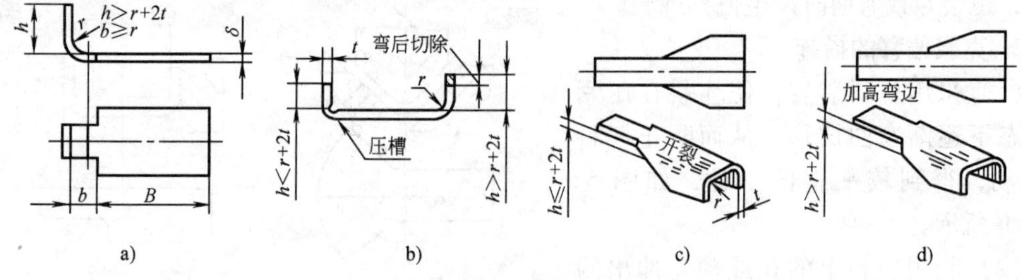

图 5-24　弯曲件的弯边高度

2. 预冲工艺孔或切槽

如图 5-25 所示，对阶梯形坯料进行局部弯曲时（见图 5-25a），在弯曲线与外形轮廓相一致的情况下，会使根部撕裂或畸变，这时应改变弯曲线的位置（见图 5-25b）。必要时，在弯曲部分与不弯曲部分之间切槽或在弯曲前冲出工艺孔（见图 5-25c、d、e），工艺槽深度 A 大于弯曲半径，槽宽 B 大于材料厚度。

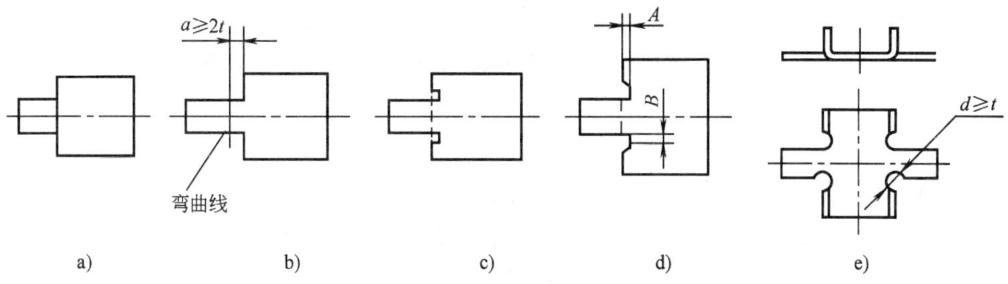

图 5-25　改变弯曲线的位置及预冲工艺槽孔

3. 弯曲件孔边距离

弯曲有孔的工件时，如果孔位于弯曲变形区内，则弯曲时孔要变形，为此，必须使孔处于变形区之外（见图 5-26）。一般情况下，孔边至弯曲半径 r 中心的距离按材料厚度确定，即当 $t<2\text{mm}$ 时，$L\geqslant t$；当 $t\geqslant 2\text{mm}$ 时，$L\geqslant 2t$。

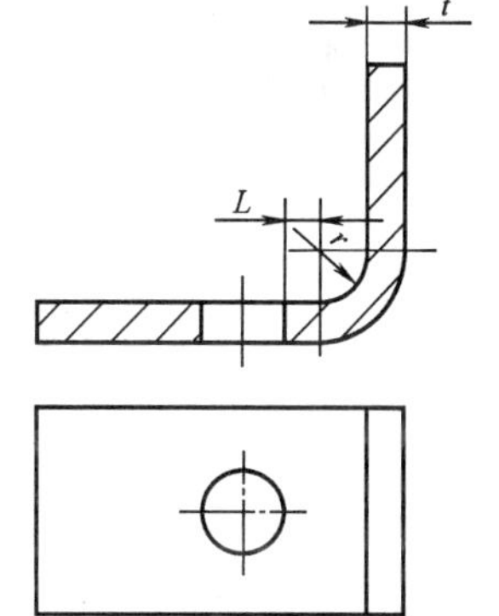

图 5-26　弯曲件孔边距离

如果孔边至弯曲半径 r 中心的距离过小，为防止弯曲时孔变形，可采取冲凸缘形缺口或月牙槽的措施（见图 5-27a、b）；或在弯曲变形区内冲工艺孔，以转移变形区（见图 5-27c）。

4. 弯曲件的几何形状

弯曲件应尽量设计成对称形状，弯曲半径左右一致，以防弯曲变形时坯料受力不均而产生偏移。有些带缺口的弯曲件，如图 5-28a 所示，若将坯料冲出缺口，弯曲变形时会出现叉口，严重时无法成形，这时应在缺口处留连接带，待弯曲成形后再将连接带切除。

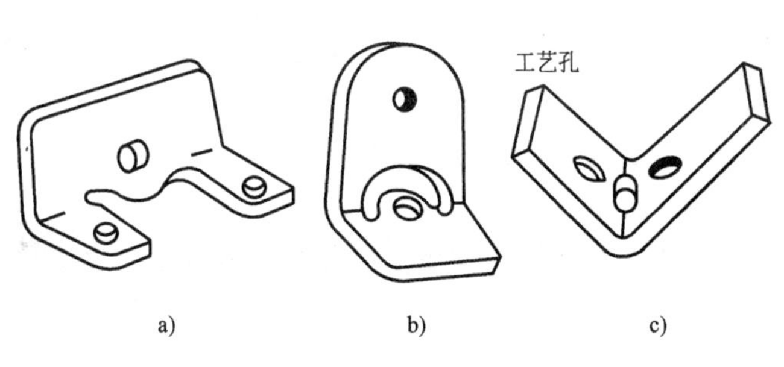

图 5-27　防止弯曲时孔变形的措施

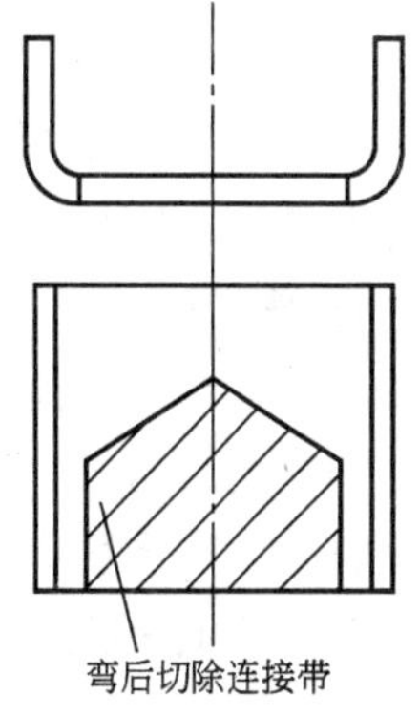

图 5-28　增添连接带的弯曲件

5. 弯曲件的尺寸标注

尺寸标注对弯曲件的工艺有很大的影响。图 5-29 所示为弯曲件孔的位置尺寸的三种标注法。图 5-29a 所示的标注法，孔的位置精度不受坯料展开长度和回弹的影响，将大大简化冲压工艺和模具设计。因此，在不要求弯曲件有一定装配关系时，应尽量从冲压工艺方便的角度来标注尺寸。

采用图 5-29a 所示的尺寸标注方法，工件可以先落料冲孔（复合工序），然后压弯成形，工艺比较简单。图 5-29b、c 所示的尺寸标注方法，冲孔只能在工件压弯成形后进行，这会造成许多不便。

6. 定位工艺孔的设置

对于弯曲形状较复杂或需多次弯曲的工件，为了防止弯曲时毛坯偏移造成工件质量不稳定，甚至出现废品，在结构允许的条件下，可在工件不变形部位设置定位工艺孔，如图 5-30 所示，作为弯曲工件在各次弯曲模上共同的定位基准。

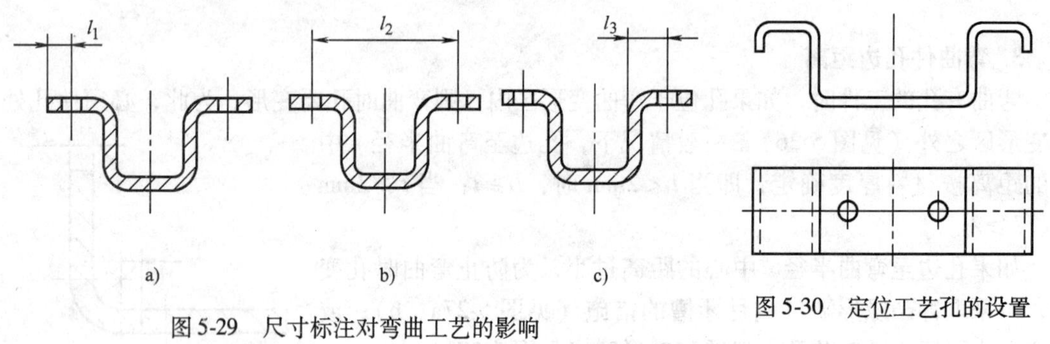

图 5-29　尺寸标注对弯曲工艺的影响

图 5-30　定位工艺孔的设置

5.3.2　弯曲件的工序安排

弯曲件的工序安排应根据零件的形状、尺寸、精度等级、生产批量以及材料的性能等因素综合考虑。弯曲工序安排得合理，可以简化模具结构，提高零件质量和劳动生产率。

1. 弯曲件的工序安排原则

（1）对于形状简单的弯曲件，如 V 形、U 形、Z 形工件等，可以采用一次弯曲成形。对于形状复杂的弯曲件，一般需要采用二次或多次弯曲成形。

（2）对于批量大而尺寸较小的弯曲件，为使工人操作方便、安全，保证弯曲件的准确性和提高生产率，应尽可能采用连续模或复合模。

（3）需多次弯曲时，一般是先弯两端，后弯中间部分，前次弯曲应考虑后次弯曲定位的可靠性，后次弯曲不能影响前次已弯成的形状。

（4）对称弯曲原则。当弯曲件几何形状不对称时，为避免压弯时坯料偏移，应尽量采用成对弯曲，然后再切成两件的工艺。

2. 典型弯曲件的工序安排

图 5-31 ~ 图 5-34 所示分别为一次弯曲、二次弯曲、三次弯曲以及多次弯曲成形工件的例子，可供参考。

图 5-31　一道工序弯曲成形

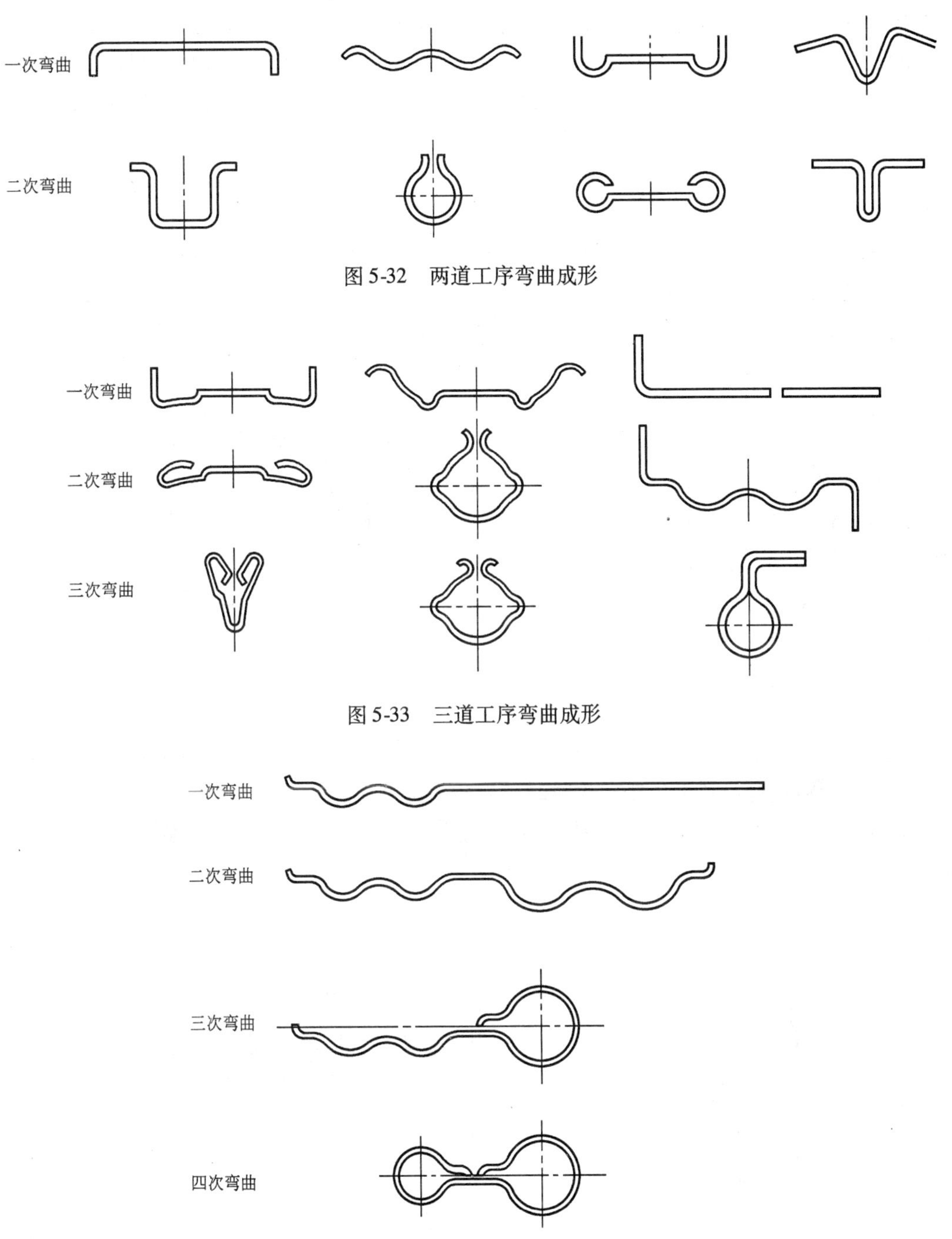

图 5-32　两道工序弯曲成形

图 5-33　三道工序弯曲成形

图 5-34　四道工序弯曲成形

3. 连续模弯曲工序的设计

如图 5-35a 所示的弯曲件可以采取图 5-35b 所示的 2 工位连续工序方案。其优点是模具很简单，缺点是由于单边弯曲对条料产生沿送料方向的较大拉力，需先冲孔后利用冲孔凸模进行限位，这样，凸模不仅因切入板料过深而磨损严重，而且因承受较大侧向力而容易折断。因此，冲孔直径较小时，不能采用这种方案。采用图 5-35c 所示的 5 工位方案，由于同时对称弯曲两件，可克服前一方案的缺点，并提高生产率，但模具较复杂。在图 5-35b、c 所示的连续工序方案中，工件的圆弧外形分别由切断凸模和成形侧刃切出。显然，圆弧半径 R 不宜等于宽度 B 的一半，而这类工件通常是 $R=B/2$。因此，采用上述工艺方案需修改工件的形状，取 $R>B/2$，最好取 $R=B$。

对于图 5-36a 所示的工件，端头圆弧与外形相切，即 $R=B/2$，不宜采用前述连续工艺方案，可考虑采用图 5-36c 所示的先落料后弯曲的连续工艺方案。图 5-36b 为其排样图，共有如下 4 个工位：1 工位冲孔，2 工位落料，3 工位为空工位，4 工位进行弯曲。由于先落料后弯曲，必须采用弹压卸料逆出件的冲裁方案，在落料工位的凹模内设置强力反顶板，在回程时将落料毛坯反顶到条料孔内，由条料带着送至弯曲工位。图 5-35c 为这种模具的部分结构示意图。但是，由于落料毛坯不可能完全被顶回到条料孔内，可能会妨碍送料，冲击凹模型孔，还可能使落料毛坯中途脱离条料，无法进行弯曲工位的加工。为解决这个问题，可在凹模端面对应废料边处设置弹顶销，送料时可将条料适当抬起。

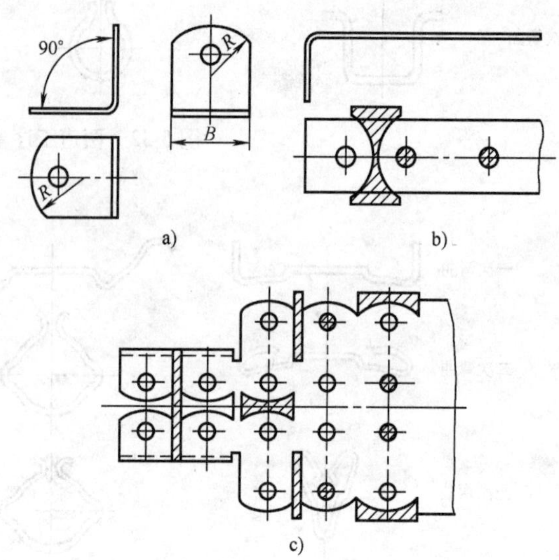

图 5-35　连续模弯曲工序的设计

采用这种连续工序方案，一般要求板料厚度大于 0.5mm。板料太薄容易使落料件中途脱落。

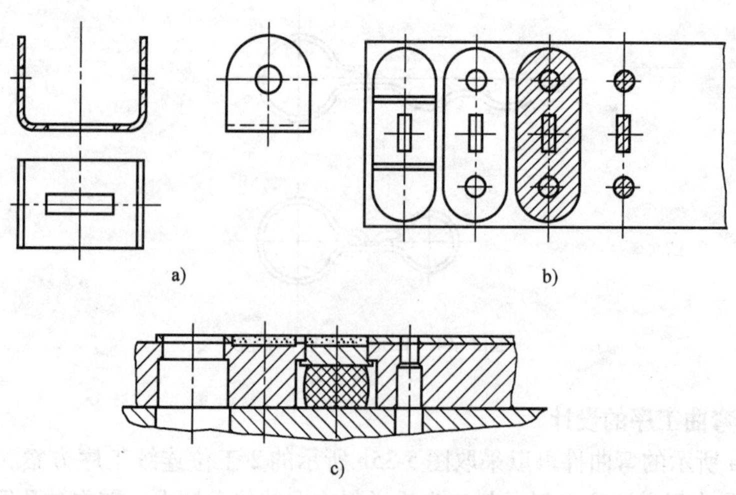

图 5-36　先落料后弯曲工序安排

5.4 弯曲件毛坯展开尺寸

5.4.1 中性层和中性层位置的确定

根据中性层的定义，弯曲件的坯料长度应等于中性层的展开长度。因此，确定中性层位置是计算弯曲件弯曲部分长度的前提。坯料在塑性弯曲时，中性层发生了内移，相对弯曲半径越小，中性层内移量越大。弯曲中性层位置的确定，可以以下两条原则为依据：

(1) 变形区弯曲变形前后体积不变。

(2) 应变中性层弯曲变形前后长度不变。

中性层位置以曲率半径 ρ 表示（见图 5-37），通常用下列经验公式确定

$$\rho = r + xt \tag{5-3}$$

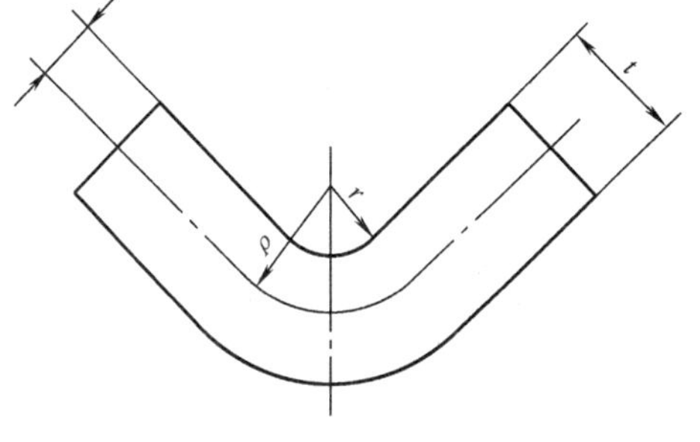

图 5-37 中性层位置

式中，r 为工件的内弯半径；t 为材料厚度；x 为中性层位移系数，见表 5-3。

表 5-3 中性层位移系数 x 值

r/t	0.1	0.2	0.3	0.4	0.5	0.6	0.7	0.8	1	1.2
x	0.21	0.22	0.23	0.24	0.25	0.26	0.28	0.3	0.32	0.33
r/t	1.3	1.5	2	2.5	3	4	5	6	7	≥8
x	0.34	0.36	0.38	0.39	0.4	0.42	0.44	0.46	0.48	0.5

5.4.2 各类弯曲件展开尺寸的计算

1. 有圆角半径的弯曲

一般将 $r > 0.5t$ 的弯曲称为有圆角半径的弯曲。由于变薄不严重，按中性层展开的原理，坯料总长度应等于弯曲件直线部分和圆弧部分长度之和（见图 5-38），即

$$L_z = l_1 + l_2 + \frac{\pi\varphi\rho}{180} = l_1 + l_2 + \frac{\pi\varphi(r + xt)}{180} \tag{5-4}$$

式中，L_z 为坯料展开总长度；φ 为弯曲带中心角（°）。

2. 圆角半径很小($r < 0.5t$) 的弯曲

对于 $r < 0.5t$ 的弯曲件，由于弯曲变形时不仅工件的变形圆角区严重变薄，与其相邻的直边部分也变薄，故应按变形前后体积不变条件确定坯料长度。通常采用表 5-4 所列的公式计算。

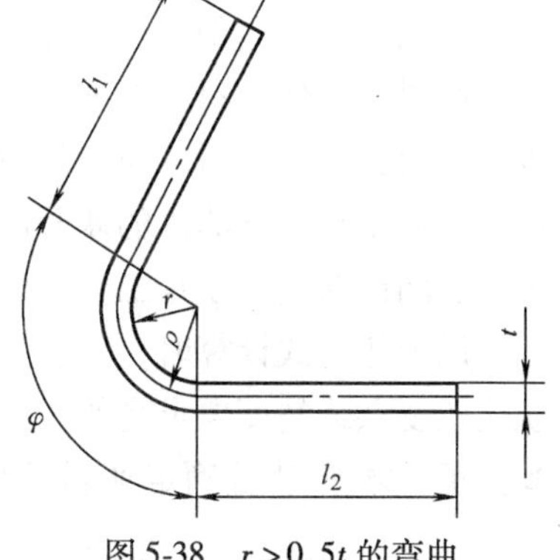

图 5-38 $r > 0.5t$ 的弯曲

表 5-4　$r<0.5t$ 的弯曲件坯料长度计算公式

简　图	计算公式	简　图	计算公式
	$L_z=l_1+l_2+0.4t$		（一次同时弯曲两个角） $L_z=l_1+l_2+l_3+0.6t$
	$L_z=l_1+l_2-0.43t$		（一次同时弯曲四个角） $L_z=l_1+2l_2+2l_3+t$ （分两次弯曲四个角） $L_z=l_1+2l_2+2l_3+1.2t$

3. 铰链式弯曲件

对于 $r=(0.6\sim3.5)t$ 的铰链件，如图 5-39 所示，通常采用推圆的方法成形，在卷圆过程中，坯料增厚，中性层外移，其坯料长度 L_z 可按下式近似计算

$$L_z=l+1.5\pi(r+x_1t)+r=l+5.7r+4.7x_1t \tag{5-5}$$

式中，l 为直线段长度；r 为铰链内半径；x_1 为中性层位移系数，可查表 5-5。

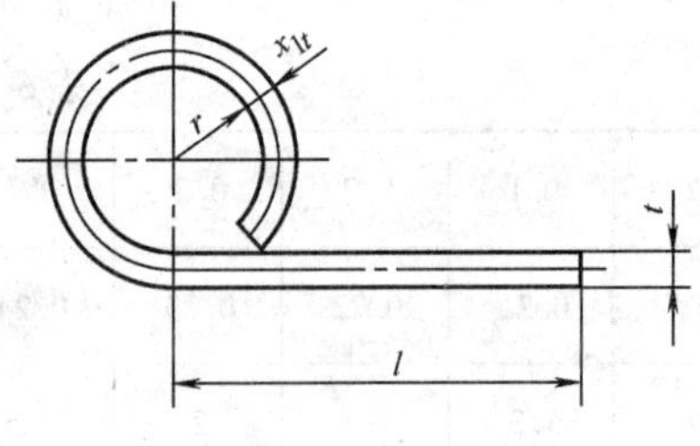

图 5-39　铰链式弯曲件

表 5-5　卷边时中性层位移系数 x_1 值

r/t	>0.5~0.6	>0.5~0.8	>0.8~1	>1~1.2	>1.2~1.5	>1.5~1.8	>1.8~2	>2~2.2	>2.2
x_1	0.76	0.73	0.7	0.67	0.64	0.61	0.58	0.54	0.5

一般的板料弯曲绝大部分属宽板弯曲，根据变形区弯曲变形前后体积不变的条件，板厚减薄的结果必然使板料长度增加。相对弯曲半径 r/t 愈小，板厚变薄量愈大，板料长度增加愈大。因此，对于相对弯曲半径 r/t 较小的弯曲件，必须考虑弯曲后材料的增长。此外，还有许多因素影响了弯曲件的展开尺寸，例如，材料的力学性能、凸模与凹模的间隙、凹模圆角半径、凹模深度、模具工作部分的表面粗糙度等，变形速度、润滑条件等也有一定影响。所以，用上述公式计算时，只能用于形状比较简单，尺寸、精度要求不高的弯曲件。而对于形状比较复杂或精度要求高的弯曲件在利用上述公式初步计算坯料长度后，还需反复试弯，不断修正，才能最后确定坯料的形状及尺寸。故在生产中宜先制造弯曲模，后制造落料模。

5.5　弯曲模具工作部分参数确定

弯曲模工作部分尺寸包括：凸、凹模圆角半径、凹模深度，对 U 形件还有模具间隙及凸、凹模工作尺寸与制造公差等。这些尺寸对保证弯曲件质量有直接关系。

1. 凸模圆角半径

当零件的相对弯曲半径 r/t 较小时，凸模圆角半径 r_P 可等于零件的弯曲半径，但不应小于表 5-2 中所列出的最小弯曲半径。

当 r/t 较大，精度要求较高时则应考虑回弹，将凸模圆角半径 r_P 加以修正。

2. 凹模圆角半径

图 5-40 所示为弯曲凸、凹模的结构尺寸。凹模圆角半径 r_d 不应过小，以免擦伤工件表面，影响冲模的寿命。凹模两边的圆角半径应一致，否则在弯曲时坯料会发生偏移。r_d 值通常根据材料厚度取为

$$\text{当 } t \leqslant 2\text{mm},\ r_d = (3 \sim 6)t$$

$$t = 2 \sim 4\text{mm},\ r_d = (2 \sim 3)t$$

$$t > 4\text{mm},\ r_d = 2t$$

V 形件弯曲凹模的底部可开槽，或取半径为（0.6～0.8）（$r_p + t$）的小圆角形，有利于减小回弹。

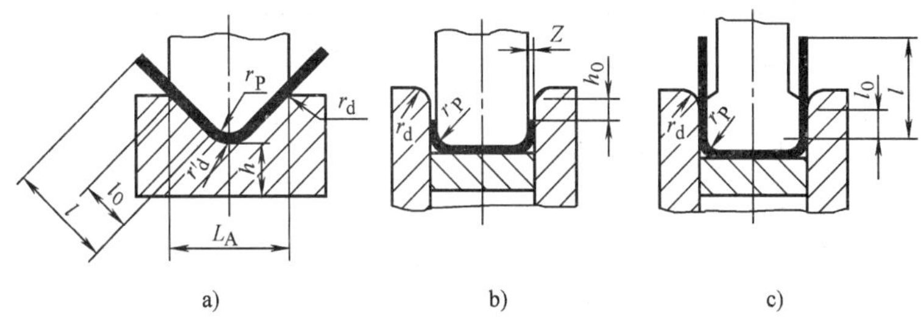

图 5-40　弯曲模结构尺寸

3. 凹模深度

凹模深度将决定板料的进模深度，对于常见的 V 形、U 形弯曲件，弯曲时不需全部直边都进入凹模内。只有当直边长度较小且尺寸精度要求较高时，才采用图 5-40b 所示的模具结构，使直边全部进入凹模内。凹模深度过大，不仅增加模具钢的消耗，而且将增大压力机的工作行程，使最大弯曲力提前出现。中小型弯曲件通常都使用模具在机械压力机上进行加工，最大弯曲力提前出现，对压力机是很不利的。凹模深度过小，则可能造成弯曲件直边不平直，降低其尺寸精度。因此，凹模深度要适当。

（1）V 形件弯曲模：凹模深度 l_0 及底部最小厚度 h 值可查表 5-6。但应保证开口宽度 L_A 不能大于弯曲坯料展开长度的 0.8 倍。

表 5-6　弯曲 V 形件的凹模深度 l_0 和底部最小厚度 h　　（单位：mm）

弯曲件边长 l	材料厚度 t					
	≤2		2~4		>4	
	h	l_0	h	l_0	h	l_0
10~25	20	10~15	22	15		
>25~50	22	15~20	27	25	32	30
>50~75	27	20~25	32	30	37	35
>75~100	32	25~30	37	35	42	40
>100~50	37	30~35	42	40	47	50

（2）U 形件弯曲模：对于弯边高度不大或要求两边平直的 U 形件，凹模深度应大于零件的高度，如图 5-40b 所示，h_0 值见表 5-7；对于弯边高度较大，而平直度要求不高的 U 形件，可采用图 5-40c 所示的凹模形式，凹模深度 l_0 值见表 5-8。

表 5-7　弯曲 U 形件凹模的 h_0 值　　（单位：mm）

材料厚度 t	≤1	1~2	2~3	3~4	4~5	5~6	6~7	7~8	8~10
h_0	3	4	5	6	8	10	15	20	25

表 5-8　弯曲 U 形件的凹模深度 l_0　　（单位：mm）

弯曲件边长 l	材料厚度 t				
	<1	1~2	2~4	4~6	6~10
<50	15	20	25	30	35
50~75	20	25	30	35	40
75~100	25	30	35	40	40
100~150	30	35	40	50	50
150~200	40	45	55	65	65

4. 凸、凹模间隙

V 形件弯曲模的凸、凹模间隙是靠调整压力机的装模高度来控制的，设计时可以不考虑。对于 U 形件弯曲模，则应当选择合适的间隙。间隙过小，会使零件弯边厚度变薄，降低凹模的寿命，增大弯曲力。间隙过大，则回弹大，降低零件的精度。U 形件弯曲模的凸、凹模单边间隙一般可按下式计算

$$Z = t_{max} + ct = t + \Delta + ct \tag{5-6}$$

式中，Z 为弯曲模凸、凹模单边间隙；t 为零件材料厚度（基本尺寸）；Δ 为材料厚度的上偏差；c 为间隙系数，可查表 5-9。

当零件精度要求较高时，其间隙应适当减小，取 $Z = t$。

表 5-9　U 形件弯曲模凸、凹模的间隙系数 c 值

弯曲件高度 H/mm	弯曲件宽度 $B \leqslant 2H$				弯曲件宽度 $B > 2H$				
	材料厚度 t/mm								
	<0.5	0.6～2	2.1～4	4.1～5	<0.5	0.6～2	2.1～4	4.1～7.5	7.6～12
10	0.05	0.05	0.04	—	0.10	0.1	0.08	—	—
20	0.05	0.05	0.04	0.03	0.10	0.10	0.08	0.06	0.06
35	0.07	0.05	0.04	0.03	0.15	0.10	0.08	0.06	0.06
50	0.10	0.07	0.05	0.04	0.20	0.15	0.10	0.06	0.06
70	0.10	0.07	0.05	0.50	0.20	0.15	0.10	0.10	0.08
100	—	0.07	0.05	0.05	—	0.15	0.10	0.10	0.08
150	—	0.10	0.07	0.05	—	0.20	0.15	0.10	0.10
200	—	0.10	0.07	0.07	—	0.20	0.15	0.15	0.10

5. U 形件弯曲凸、凹模横向尺寸及公差

确定 U 形件弯曲凸、凹模横向尺寸及公差的原则是：零件标注外形尺寸时（见图 5-41a），应以凹模为基准件，间隙取在凸模上。零件标注内形尺寸时（见图 5-41b），应以凸模为基准件，间隙取在凹模上。而凸、凹模的尺寸和公差则应根据零件的尺寸、公差，回弹情况以及模具磨损规律而定。

零件标注外形尺寸时，则

$$L_d = (L_{max} - 0.75\Delta)^{+\delta_d}_{0} \tag{5-7}$$

$$L_P = (L_d - 2Z)^{0}_{-\delta_P} \tag{5-8}$$

零件标注内形尺寸时，则

$$L_P = (L_{min} + 0.75\Delta)^{0}_{-\delta_P} \tag{5-9}$$

$$L_d = (L_P + 2Z)^{+\delta_d}_{0} \tag{5-10}$$

式中，L_P、L_d 分别为凸、凹模横向尺寸；L_{max} 为弯曲件横向最大极限尺寸；L_{min} 为弯曲件横向最小极限尺寸；Δ 为弯曲件横向尺寸公差；δ_P、δ_d 分别为凸、凹模的制造公差，可采用 IT7～IT9 级精度，一般可取凸模的精度比凹模精度高一级。

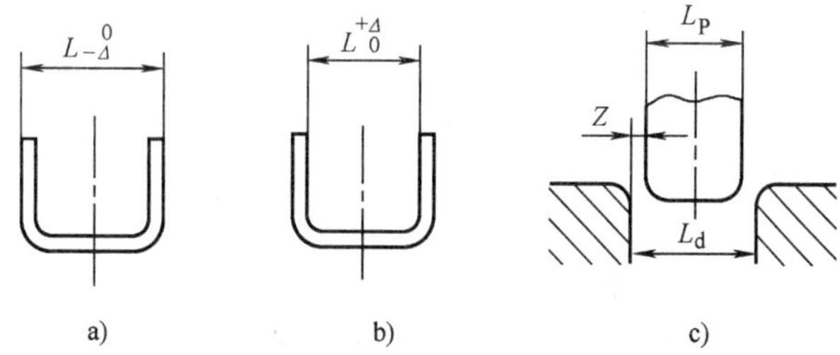

图 5-41　标注内形和外形尺寸的弯曲件及模具尺寸

5.6　弯曲力计算

弯曲力是设计弯曲模和选择压力机的重要依据，特别是在坯料较厚、弯曲线较长、相对弯曲半径较小、材料强度较大，而压力机的公称压力有限的情况下，必须对弯曲力进行计算。我们已知材料弯曲时，开始是弹性弯曲，其后是变形区内外层纤维首先进入塑性状态，并逐步向板的中心扩展进行自由弯曲，最后是凸、凹模与坯料互相接触并冲击零件的校正弯

曲，图5-42所示为各弯曲阶段弯曲力的变化曲线。弹性弯曲阶段的弯曲力较小，可以略去不计，自由弯曲阶段的弯曲力不随行程的变化而变化，校正弯曲力随行程急剧增加。在一般情况下，自由弯曲力和校正弯曲力的计算方法如下：

1. 自由弯曲的弯曲力

V形件弯曲力 $F_{自} = \dfrac{0.6KBt^2\sigma_b}{r+t}$ (5-11)

U形件弯曲力 $F_{自} = \dfrac{0.7KBt^2\sigma_b}{r+t}$ (5-12)

式中，$F_{自}$ 为自由弯曲在冲压行程结束时的弯曲力；B 为弯曲件的宽度；t 为弯曲件材料厚度；r 为弯曲件的内弯曲半径；K 为安全系数，一般取 $K=1.3$。

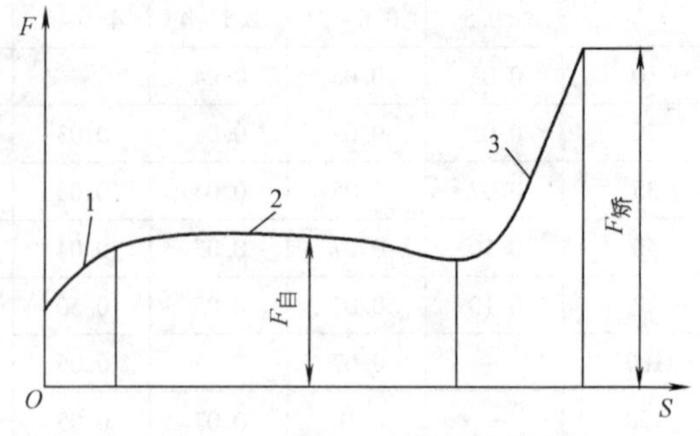

图5-42 弯曲力的变化曲线

1—弹性弯曲阶段 2—自由弯曲阶段 3—校正弯曲阶段

可以看出，自由弯曲时，弯曲力随着材料抗拉强度的增加而增大，且弯曲力和材料的宽度与厚度成正比。增大凸模圆角半径虽然可以降低弯曲力，但是会使弯曲件的回弹加大。

2. 校正弯曲时的弯曲力

校正弯曲是在自由弯曲阶段后，进一步对贴合于凸、凹模表面的弯曲件进行挤压，其弯曲力比自由弯曲力大得多。因两个力并非同时存在，校正弯曲时只需计算校正弯曲力，即

$$F_{校} = Ap \tag{5-13}$$

式中，$F_{校}$ 为校正弯曲力；A 为校正部分的投影面积；P 为单位面积校正力，其值见表5-10。

必须指出，在一般机械压力机上，校模深浅（即压力机闭合高度的调整）和工件厚度的微小变化会极大地改变校正力数值。

表5-10 单位面积校正力 (单位：MPa)

材 料	材料厚度 t/mm		材 料	材料厚度 t/mm	
	~3	3~10		~3	3~10
铝	30~40	50~60	10~20钢	80~100	100~120
黄铜	60~80	80~100	25~35钢	100~120	120~150

3. 顶件力或压料力

若弯曲模设有顶件装置或压料装置，其顶件力 F_D（或压料力 F_Y）可近似取自由弯曲力的30%~80%，即

$$F_D = (0.3 \sim 0.8) F_{自}$$

4. 压力机公称压力的确定

对于有压料的自由弯曲 $F_{压机} \geq F_{自} + F_Y$

对于校正弯曲，由于校正弯曲力比压料力或顶件力大得多，故 F_Y 一般可以忽略，即

$$F_{压机} \geq F_{校}$$

一般情况下，压力机的公称压力应大于或等于冲压总工艺力 $F_{总}$ 的1.3倍，因此，取压力机的压力为

$$F_{压机} \geq 1.3F_{总}$$

5.7 弯曲模的典型结构

弯曲模没有固定的结构形式，结构设计时也没有冲裁模那样的典型组合可供参考。一个简单的四角形弯曲件，采取一次弯成或多次弯成，模具可能设计得很简单，也可能设计得十分复杂。一般地讲，设计简单的单工序弯曲模，要比设计复杂的复合工序弯曲模可靠，调整也方便，但生产率较低，尺寸精度不易保证，还会增加不安全因素。因此，设计弯曲模应依据工件的材料力学性能、尺寸精度及生产批量要求，选择合理的工序方案，确定弯曲模的结构形式。设计复合程度高的弯曲模，一般应经过单工序弯曲模生产验证，确信没有问题后再设计，以免造成时间和材料的浪费。

下面介绍常见弯曲模的基本结构形式，供设计时参考。

1. V形件弯曲模

V形件形状简单，能一次弯曲成形。V形件的弯曲方法通常有沿弯曲件角平分线方向的V形弯曲法和垂直于一边方向上的L形弯曲法。

图5-43a所示为简单的V形件弯曲模，其特点是结构简单、通用性好，但弯曲时坯料容易偏移，影响零件精度。图5-43b、c、d所示分别为带有定位尖、顶杆、V形顶板的模具结构，可以防止坯料滑动，提高工件精度。图5-43e所示的L形弯曲模，由于有顶板及定位销，可以有效防止弯曲时坯料的偏移，得到边长偏差为0.1mm的工件。反侧压块的作用是克服上、下模之间水平方向的错移力，同时也为顶板起导向作用，防止其窜动。

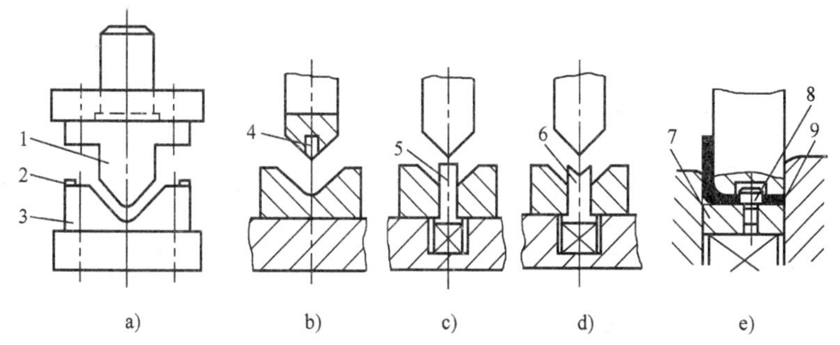

图5-43 V形件弯曲模的一般结构形式

1—凸模 2—定位板 3—凹模 4—定位尖 5—顶杆 6—V形顶板 7—顶板 8—定位销 9—反侧压块

2. U形件弯曲模

根据弯曲件的要求，常用的U形件弯曲模有图5-44所示的几种结构形式。图5-44a所示模具结构最为简单，用于底部不要求平整的弯曲件。图5-44b所示模具用于底部要求平整的弯曲件。图5-44c、d所示模具用于对外侧尺寸或内侧尺寸要求较高的弯曲件，其凸模或凹模为活动结构，可随材料厚度自动调整凸模或凹模宽度尺寸。图5-44e所示为U形精弯模，两侧的凹模活动镶块用转轴分别与顶板铰接。弯曲前顶杆将顶板顶出凹模面，同时顶板与凹模活动镶块成一平面，镶块上有定位销供工序定位之用。弯曲时工序件与凹模活动镶块一起运动，这样就保证了两侧孔的同轴度。图5-44f所示为弯曲件两侧壁厚变薄的弯曲模。

图 5-45 所示为弯曲角小于 90°的 U 形弯曲模。压弯时凸模首先将坯料弯成 U 形，当凸模继续下压时，两侧的转动凹模使坯料最后压弯成弯曲角小于 90°的 U 形件。凸模上升，弹簧使转动凹模复位，U 形件则由垂直于图面方向从凸模上卸下。

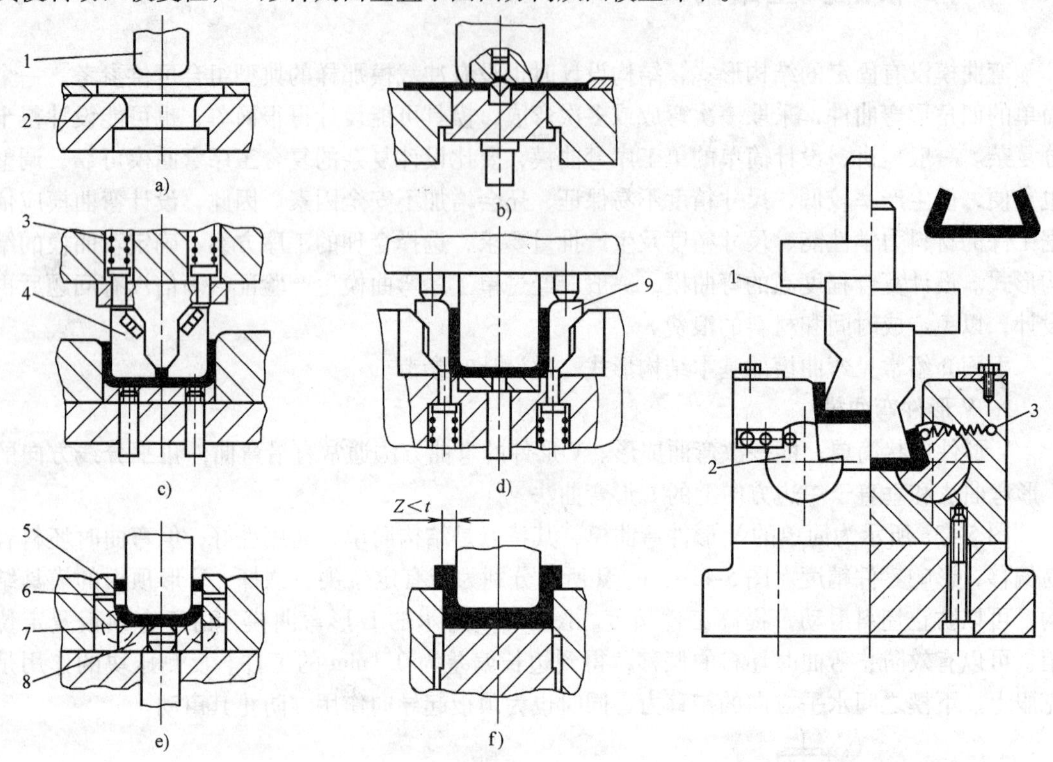

图 5-44 U 形件弯曲模
1—凸模 2—凹模 3—弹簧 4—凸模活动镶块
5、9—凹模活动镶块 6—定位销
7—转轴 8—顶板

图 5-45 弯曲角小于 90°的 U 形弯曲模
1—凸模 2—转动凹模 3—弹簧

3. ┐_┌ 形件弯曲模

┐_┌ 形弯曲可以一次弯曲成形，也可以两次弯曲成形。

图 5-46 所示为一次成形弯曲模。由图 5-46a 可以看出，在弯曲过程中由于凸模肩部妨碍了坯料的转动，外角弯曲线位置不固定，由 *B* 点到 *C* 点，坯料通过凹模圆角的摩擦力增大，使弯曲件侧壁容易擦伤和变薄，同时，弯曲件两肩部与底面不易平行（见图 5-46c）。特别是当材料厚、弯曲件直壁高、圆角半径小时，这一现象更为严重。

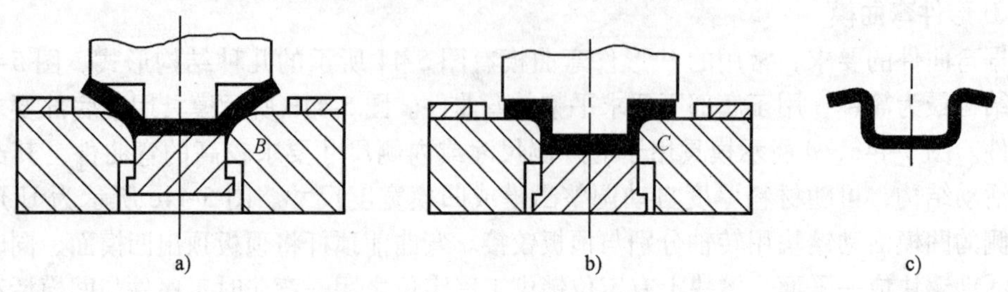

图 5-46 ┐_┌ 形件一次成形弯曲模

为了保证弯曲过程中仅在零件确定的弯曲位置上进行弯曲，提高弯曲件质量，可用图5-47、图5-48、图5-49所示的弯曲模。

图5-47所示为两次成形弯曲模，先弯外角后弯内角，采用两副模具弯曲。为了保证弯内角时（见图5-47b）凹模有足够的强度，弯曲件高度H应大于（12～15）t。

图5-48所示为两次弯曲复合的┐⊔┌形弯曲模。凸、凹模下行，先使坯料通过凹模压弯成U形，凸、凹模继续下行与活动凸模作用，最后压弯成┐⊔┌形。这种结构需要凹模下腔空间较大，以方便零件侧边的转动。

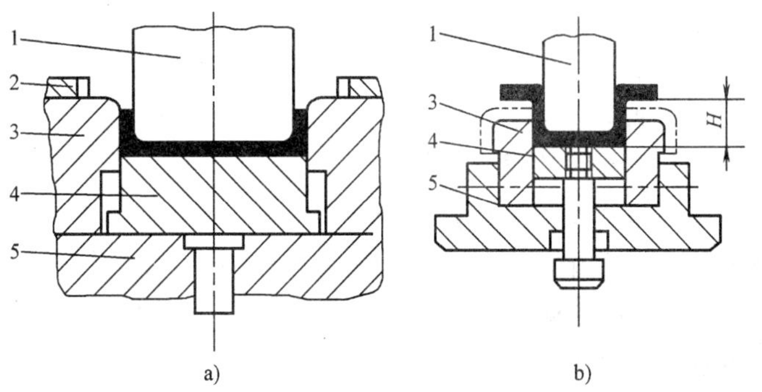

图5-47　┐⊔┌形件两次成形弯曲模
a）首次弯曲　b）二次弯曲
1—凸模　2—定位板　3—凹模　4—顶板　5—下模座

图5-49所示为两次弯曲复合的另一种结构形式。坯料放在凹模1面上靠两侧挡板定位，凹模下行，利用活动凸模2的弹压力先将坯料弯成U形。凹模继续下行，当推板5与凹模底面接触时，便强迫凸模向下运行，在铰接于凸模侧面的一对摆块3的作用下最后压弯成┐⊔┌形。此结构的缺点是模具复杂。

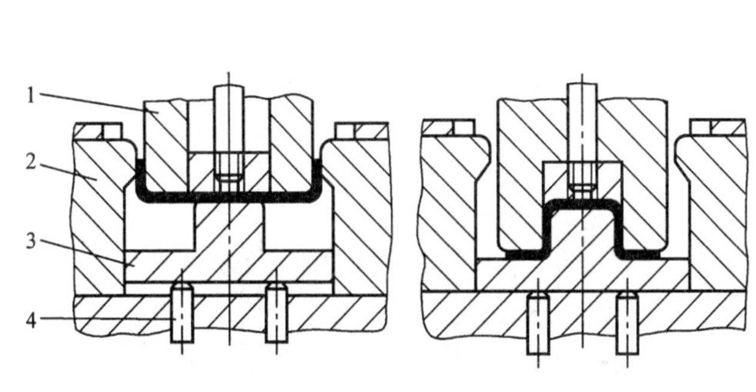

图5-48　两次弯曲复合的┐⊔┌形件弯曲模
1—凸凹模　2—凹模　3—活动凸模　4—顶杆

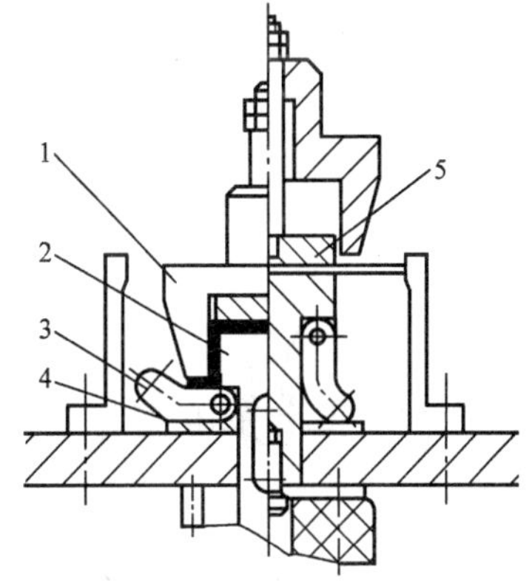

图5-49　带摆块的┐⊔┌形件弯曲模
1—凹模　2—活动凸模　3—摆块
4—垫块　5—推板

4. Z形件弯曲模

Z形件一次弯曲即可成形。图5-50a所示Z形件弯曲模结构简单，无压料装置，压弯时坯料易滑动，只适用于精度要求不高的工件。

图5-50b、c所示为有顶板1和定位销2的Z形件弯曲模，能有效防止坯料的偏移。反侧压块3的作用是克服上、下模之间水平方向的错移力，同时也为顶板导向。

图5-50c所示的Z形件弯曲模，在冲压前活动凸模10在橡皮8的作用下与凸模4端面齐平。冲压时活动凸模与顶板1将坯料夹紧，由于橡皮弹力较大，推动顶板下移使坏料左端

弯曲。当顶板1接触下模座11后，橡皮8被压缩，则凸模4相对活动凸模10下移将坯料右端弯曲成形。当压块7与上模座6相碰时，整个工件得到校正。

5. 圆形件弯曲模

圆形件尺寸大小不同，其弯曲方法也不同，一般按直径分为小圆和大圆两种。

(1) 直径 $d \leqslant 5\mathrm{mm}$ 的小圆形件。弯小圆的方法是先弯成U形，再将U形弯成圆形。用两副简单模弯圆的方法见图5-51。由于工件小，分两次弯曲操作不方便，故可将两道工序合并。

图5-52所示的一次压弯模，适用于软材料和中小直径圆形件的弯曲。

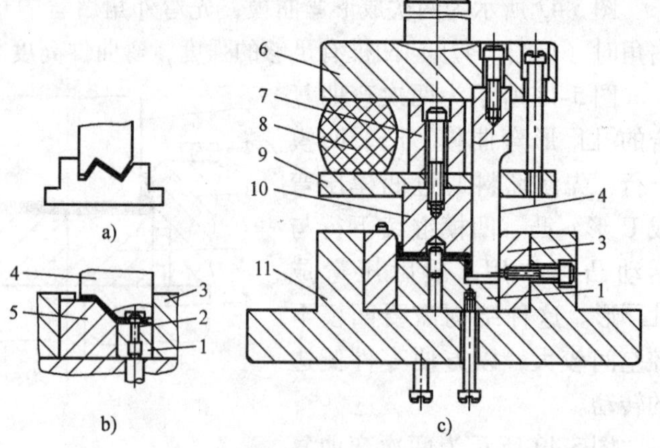

图5-50　Z形件弯曲模

1—顶板　2—定位销　3—反侧压块　4—凸模　5—凹模　6—上模座　7—压块　8—橡皮　9—凸模托板　10—活动凸模　11—下模座

坯料以凹模固定板1上的定位槽定位。当上模下行时，芯轴凸模5与下凹模2首先将坯料弯成U形。上模继续下行时，芯轴凸模5带动压料板3压缩弹簧，由上凹模4将零件最后弯曲成形。上模回程后，工件留在芯轴凸模上，拔出芯轴凸模，工件自动落下。该结构中，上模弹簧的压力必须大于首先将坯料压成U形时的压力，才能弯曲成圆形。

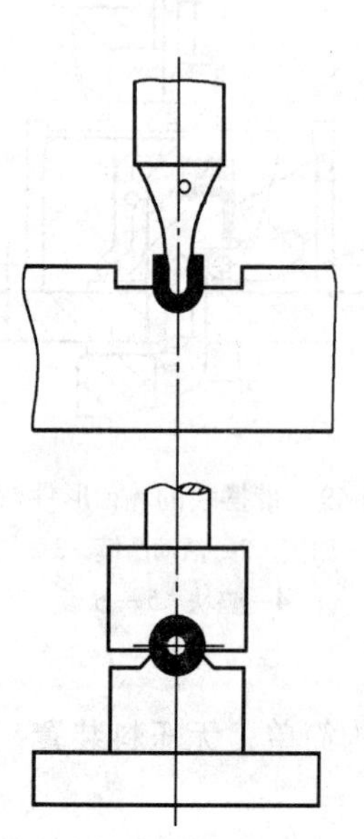

图5-51　小圆两次弯曲模

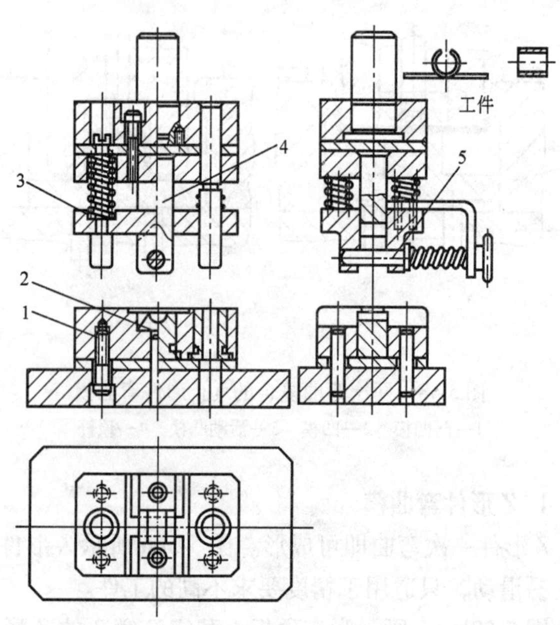

图5-52　小圆一次压弯模

1—凹模固定板　2—下凹模　3—压料板　4—上凹模　5—心轴凸模

（2）直径 $d \leqslant 20$mm 大圆形件。图 5-53 所示为用三道工序弯曲大圆的方法，这种方法生产率低，适合于材料厚度较大的工件。

图 5-54 所示为用两道工序弯曲大圆的方法，先预弯成三个 120°的波浪形，然后再用第二副模具弯成圆形，工件顺凸模轴线方向取下。

图 5-55 所示为带摆动凹模的一次弯曲成形模，凸模下行先将坯料压成 U 形，凸模继续下行，摆动凹模将 U 形弯成圆形。工件可顺凸模轴线方向推开支撑取下。

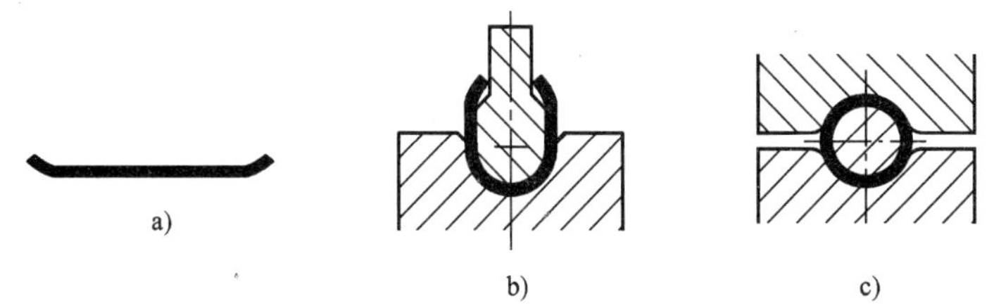

图 5-53　大圆三次弯曲模

a）首次弯曲　b）二次弯曲　c）三次弯曲

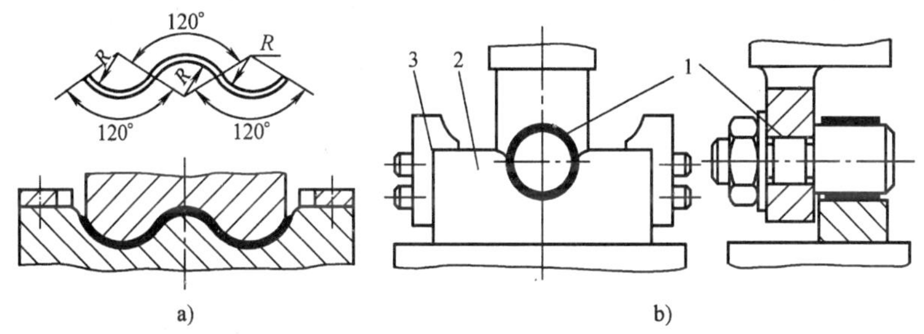

图 5-54　大圆两次弯曲模

a）首次弯曲　b）二次弯曲

1—凸模　2—凹模　3—定位板

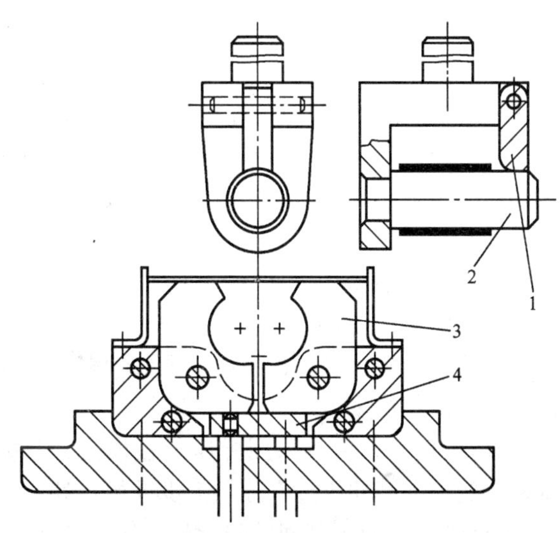

图 5-55　大圆一次弯曲成形

1—支撑　2—凸模　3—摆动凹模　4—顶板

6. 铰链件弯曲模

图5-56 所示为常见的铰链件形式及弯曲工序的安排。预弯模如图5-57a 所示。卷圆的原理通常为推圆法。图5-57b 所示为立式卷圆模，结构简单。图5-57c 所示为卧式卷圆模，有压料装置，不仅操作方便，工件质量也好。

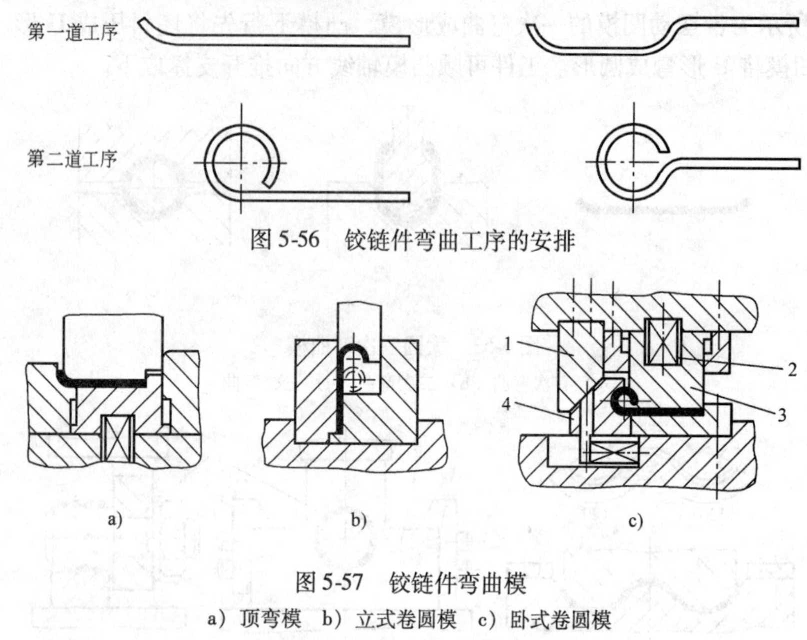

图5-56　铰链件弯曲工序的安排

图5-57　铰链件弯曲模

a）顶弯模　b）立式卷圆模　c）卧式卷圆模

1—斜楔　2—弹簧　3—凸模　4—凹模

5.8　连续弯曲模具的典型结构

一些小型弯曲件，如果采用单工序弯曲模加工，很不方便，也很不安全。如果采用连续模，将全部冲裁和弯曲工序安排在同一副模具上完成，就可以避免上述问题。这也是现代冲压模具的发展趋势。

图5-58 所示为同时进行冲孔、切断和弯曲的连续模。条料以导料板导向并从刚性卸料板下面送至挡块右侧定位。上模下行时，凸、凹模将条料切断并随即将所切断的坯料压弯成形。与此同时，冲孔凸模在条料上冲出孔。上模回程时卸料板卸下条料，顶件销则在弹簧的作用下推出工件，获得侧壁带孔的U形弯曲件。

当弯曲件外形较复杂时，一般不能采用上图5-58 所示的切断后直接弯曲的方法，需在弯曲工位之前安排切槽、冲缺口等工位，切出弯曲件直边的外形，但不将弯曲毛坯与主体材料切断分离，待弯曲后再进行切断分离。这种连续模工位数较多，结构也较复杂。如能适当简化弯曲件外形，弯曲模就可能简单得多。

图5-59 所示为冲裁弯曲连续模。此模具采用弹压导板模架，凸模由弹压导板5 导向，导向准确。板料采用单侧载体送进，其冲压过程分六工步进行：第一步双侧刃定距，第二步冲出 $\phi2.5$mm 孔、2mm×15mm 的槽以及工件间的隔离槽，第三步为空位，第四步弯曲，第五步空位，第六步切断。弯曲凹模采用镶拼结构，保证冲孔凹模在磨损刃磨后可通过磨削弯曲凹模底面来调整两者间相对高度，从而抵消两者磨损不同造成的影响。

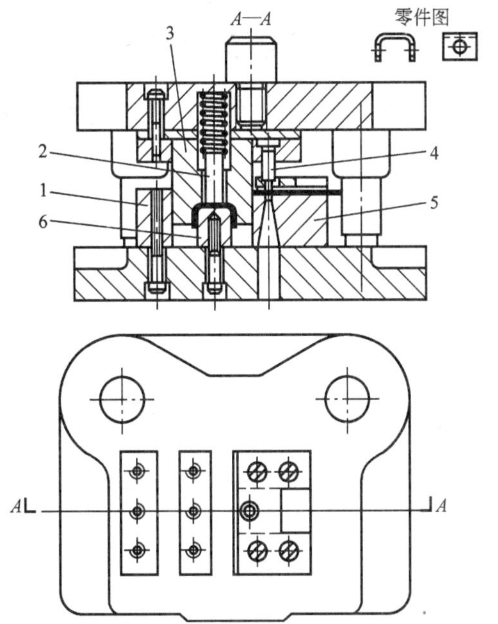

图 5-58　冲孔、切断、弯曲连续模

1—挡块　2—顶件销　3—凸凹模　4—冲孔凸模　5—冲孔凹模　6—弯曲凸模

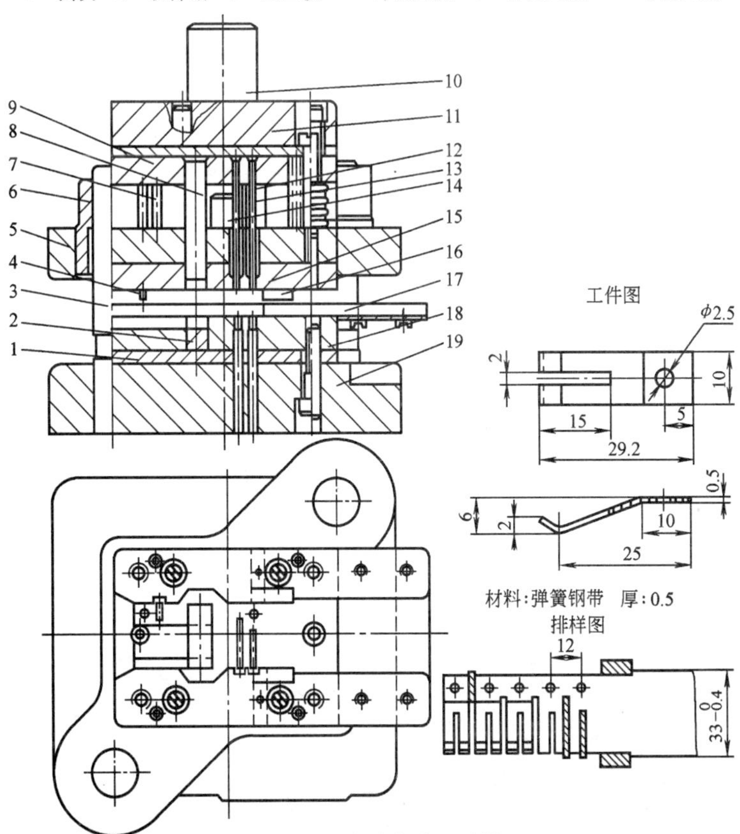

图 5-59　冲裁弯曲连续模

1—垫板　2—凹模镶块　3—导柱　4—导正销　5—弹压导板　6—导套　7—切断凸模　8—弯曲凸模　9—凸模固定板　10—模柄　11—上模座　12—冲分离凸模　13—冲槽凸模　14—限位柱　15—导板镶块　16—侧刃　17—导料板　18—凹模　19—下模座

思考练习题

1. 弯曲时的变形程度用什么来表示？为什么可用它来表示？弯曲时的极限变形程度受哪些因素的影响？

2. 为什么说弯曲中的回弹是一个不容忽视的问题？试述减小弯曲件回弹的常用措施。

3. 弯曲过程中坯料可能产生偏移的原因有哪些？如何减小和克服？

4. 什么是中性层？如何确定中性层的位置？试计算下图5-60所示弯曲件的坯料长度。

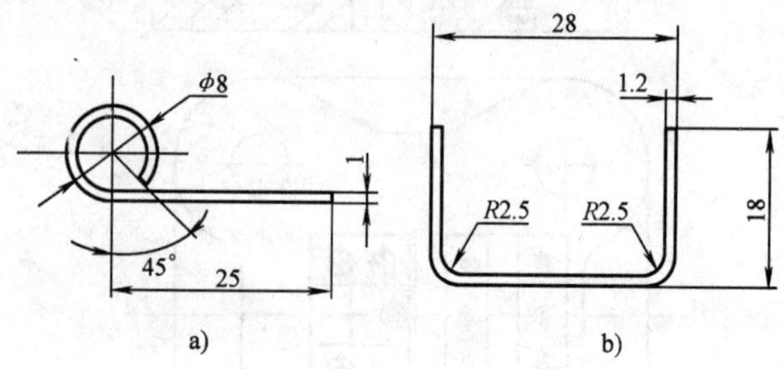

图5-60　题4图

5. 简述弯曲件工艺分析方法和工序安排的原则。

6. 简述弯曲模具工作部分参数确定的方法。

第 6 章　拉深工艺及拉深模具

拉深是利用拉深模具将冲裁好的平板毛坯压制成各种开口的空心件，或将已制成的开口空心件加工成其他形状空心件的一种加工方法。拉深也称为拉延。图 6-1 所示即为将平板毛坯拉成开口空心件的拉深。其变形过程是：随着凸模的不断下行，留在凹模端面上的毛坯外径不断缩小，圆形毛坯逐渐被拉进凸、凹模间的间隙中形成直壁，而处于凸模下面的材料则成为拉深件的底，当板料全部进入凸、凹模间的间隙时拉深过程结束，平板毛坯就变成具有一定直径和高度的开口空心件。与冲裁相比，拉深凸、凹模的工作部分不应有锋利的刃口，而应具有一定的圆角，凸、凹模间的单边间隙稍大于材料厚度。图 6-2 所示为有压边圈的首次拉深模结构图，平板坯料放入定位板 6 内，当上模下行时，首先由压边圈 5 和凹模 7 将平板坯料压住，随后凸模 10 将坯料逐渐拉入凹模孔内形成直壁圆筒。为了便于成形和卸料，在凸模 10 上开设有通气孔。

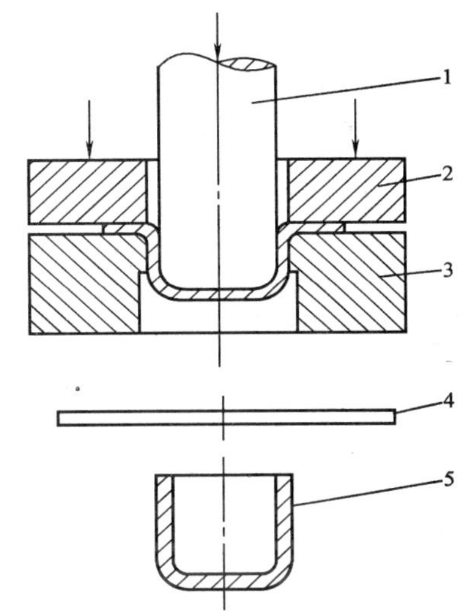

图 6-1　圆筒件的拉深
1—凸模　2—压边圈　3—凹模
4—坯料　5—拉深件

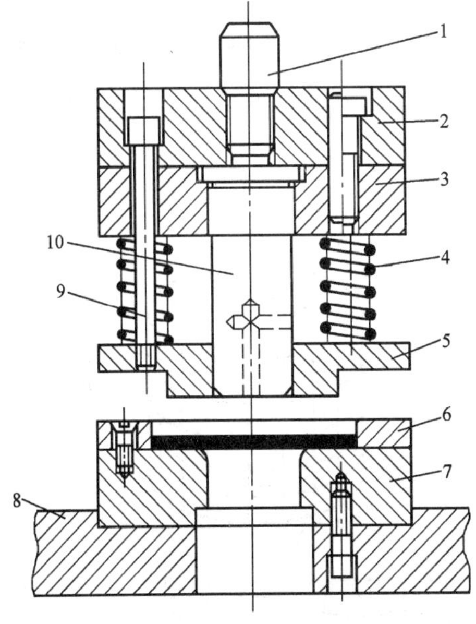

图 6-2　拉深模结构图
1—模柄　2—上模座　3—凸模固定板　4—弹簧
5—压边圈　6—定位板　7—凹模　8—下模座
9—卸料螺钉　10—凸模

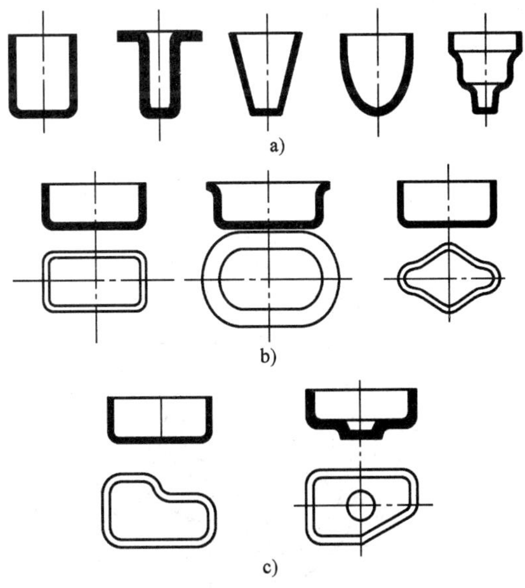

图 6-3　拉深件示意图
a）轴对称旋转体零件　b）轴对称盒形件
c）不对称复杂件

用拉深工艺可以制得筒形、阶梯形、球形、锥形、抛物线形等旋转体零件，也可制成方盒形等非旋转体零件。若将拉深与其他成形工艺（如胀形、翻边等）复合，则可加工出形状非常复杂的零件，如汽车车门等，如图 6-3 所示。因此，拉深的应用非常广泛，是冷冲压的基本工序之一。

本章的学习目的是了解拉深变形规律及拉深件质量影响因素，掌握拉深工艺计算方法，认识拉深模典型结构及特点。

6.1 拉深变形过程分析

6.1.1 拉深变形的过程及特点

如图 6-4 所示，如果不用模具，则只要去掉阴影部分，再将剩余部分沿直径 d 的圆周弯折起来，并加以焊接就可以得到直径为 d，高度 $h=(D-d)/2$，周边带有焊缝、口部呈波浪形的开口筒形件。这说明，圆形平板毛坯在成为筒形件的过程中必须去除多余材料。但圆形平板毛坯在拉深成形过程中并没有去除多余材料，因此只能认为多余的材料在模具的作用下产生了流动。为了了解材料产生了怎样的流动，可以做坐标网格试验。即拉深前在毛坯上画一些由等距离的同心圆和等角度的辐射线组成的网格（见图 6-5），然后进行拉深，通过比较拉深前后网格的变化了解材料的流动情况。试验结果显示，拉深后筒底部的网格变化不明显，而侧壁上的网格变化很大，拉深前等距离的同心圆拉深后变成了与筒底平行的不等距离的水平圆周线，愈到口部圆周线的间距愈大，即拉深前等角度的辐射线拉深后变成了等距离、相互平行且垂直于底部的平行线，即

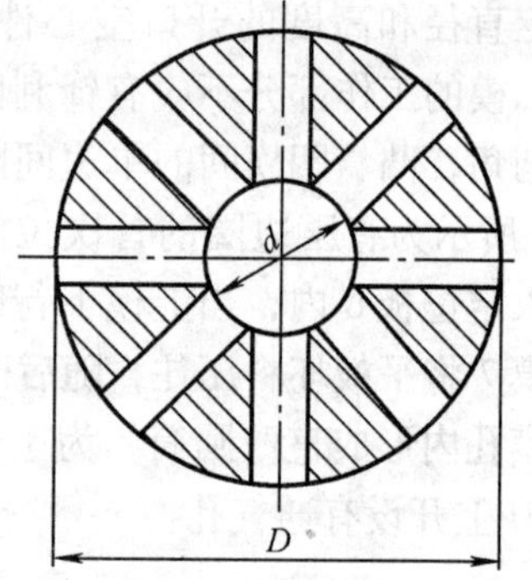

图 6-4 拉深时的材料转移

$$b_1=b_2=b_3=\cdots=b_0$$

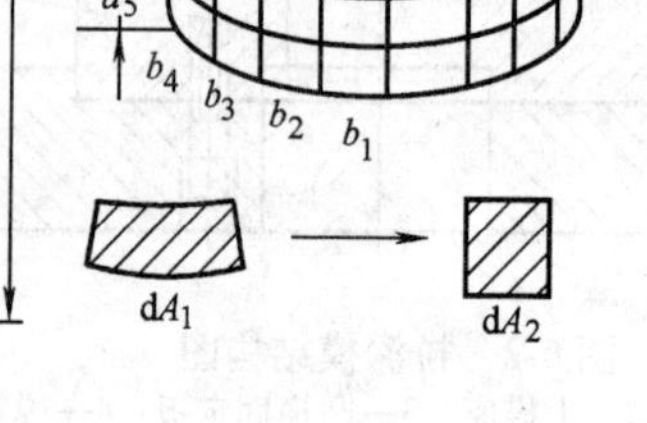

图 6-5 拉深网格的变化

原来的扇形网格 dA_1，拉深后在工件的侧壁变成了等宽度的矩形 dA_2，离底部越远矩形的高度越大。此时，测量工件的高度，发现筒壁高度大于环行部分的半径差 $(D-d)/2$ 。这说明材料沿高度方向产生了塑性流动。

现在分析这些金属是怎样往高度方向流动，或者说拉深前的扇形网格是怎样变成矩形的。这可从变形区任选一个扇形格子来分析，如图 6-6 所示。从图中可看出，扇形的宽度大于矩形的宽度，而高度却小于矩形的高度，因此扇形格拉深后要变成矩形格，必须宽度减小而长度增加。很明显扇形格只要切向受压产生压缩变形，径向受拉产生伸长变形就能产生这种情况。而在实际的变形过程中，由于有多余材料存在（图 6-6 中的三角形部分），拉深时材料间的相互挤压产生了切向压应力 σ_3（图 6-6），凸模提供的拉深力产生了径向拉应力 σ_1。故（$D-d$）的圆环部分在径向拉应力和切向压应力的作用下径向伸长、切向缩短，扇形格子就变成了矩形格子，多余金属流到工件口部，使高度增加。

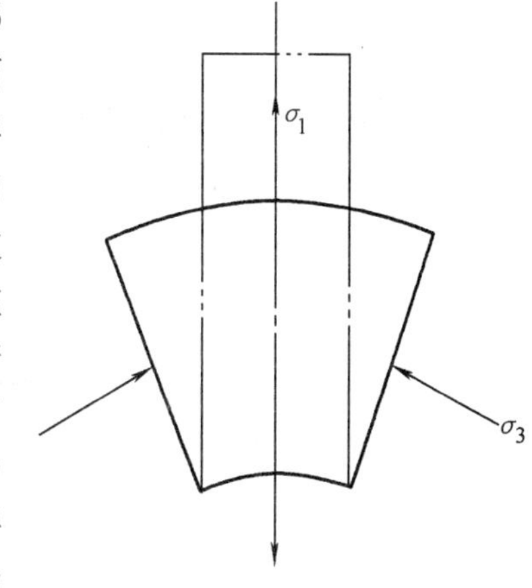

图 6-6　拉深时扇形单元的受力与变形情况

综上所述，拉深变形过程可描述为：处于凸缘底部的材料在拉深过程中变化很小，变形主要集中在处于凹模平面上的（$D-d$）圆环形部分。该处金属在切向压应力和径向拉应力的共同作用下沿切向被压缩，且愈到口部压缩的愈多，沿径向伸长，且愈到口部伸长得愈多。该部分是拉深的主要变形区。

6.1.2　拉深过程中变形毛坯各部分的应力和应变状态

拉深过程中，材料的变形程度由底部向口部逐渐增大，因此，毛坯各部分的硬化程度不一，应力与应变状态各不相同。随着拉深的不断进行，留在凹模表面的材料不断被拉进凸、凹模的间隙而变为筒壁，因而即使是变形区同一位置的材料，其应力和应变状态也在时刻发生变化。

现以带压边圈的直壁圆筒形件的首次拉深为例，说明拉深过程中的某一时刻（见图 6-7）毛坯的变形和受力情况。假设 σ_1、ε_1 为毛坯的径向应力与应变；σ_2、ε_2 为毛坯的厚向应力与应变；σ_3、ε_3 为毛坯的切向应力与应变。

根据圆筒件各部位的受力和变形性质的不同，将整个毛坯分为如下 5 个部分：

1. 平面凸缘部分——主要变形区

这是拉深变形的主要变形区，也是扇形格子变成矩形格子的区域。此处材料被拉深凸模拉进凸、凹模间隙而形成筒壁。这一区域主要承受切向压应力 σ_3 和径向拉应力 σ_1，厚度方向承受由压边力引起的压应力 σ_2 的作用，是二压一拉的三向应力状态。

由网格实验知：切向压缩与径向伸长的变形均由凸缘的内边向外边逐渐增大，因此，σ_1 和 σ_3 的值也是变化的。

单元体的应变状态也可由网格试验得出：切向产生压缩变形 ε_3，径向产生伸长变形 ε_1，厚向的变形 ε_2 取决于 σ_1 和 σ_3 的比值。当 σ_1 的绝对值最大时，则 ε_2 为压应变，当 σ_3 的绝对值最大时，ε_2 为拉应变。因此，该区域的应变也是三向的。

由图 6-8 可知，在凸缘的最外缘需要压缩的材料最多，因此此处的 σ_3 应是绝对值最大的主应力，凸缘外缘的 ε_2 应是伸长变形。如果此时 σ_3 值过大，则此处材料因受压过大失稳而起皱，导致拉深不能正常进行。

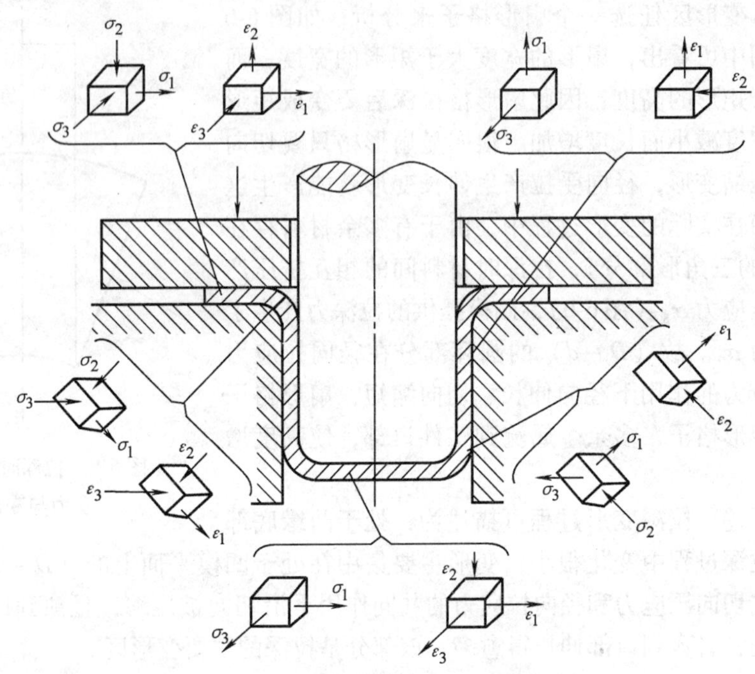

图 6-7　拉深中毛坯的应力、应变情况

2. 凹模圆角部分——过渡区

这是凸缘和筒壁部分的过渡区，材料的变形比较复杂，除有与凸缘部分相同的特点，即径向受拉应力 σ_1 和切向受压应力 σ_3 作用外，厚度方向上还要受凹模圆角的压力和弯曲作用产生的压应力 σ_2 的作用。此区域的变形状态也是三向的：ε_1 是绝对值最大的主变形，ε_2 和 ε_3 是压变形，此处材料厚度减薄。

3. 筒壁部分——传力区

这是由凸缘部分的材料转化而成并已经过了塑性变形的部分，它将凸模的作用力传给凸缘，因此是传力区。拉深过程中直径受凸模的阻碍不再发生变化，即切向应变 ε_3 为零。如果间隙合适，厚度方向上将不受力的作用，即 σ_2 为零。σ_1 是凸模产生的拉应力，由于材料在切向受凸模的限制不能自由收缩，σ_3 也是拉应力。因此，变形与应力均为平面状态。其中，ε_1 为伸长应变，ε_2 为压缩应变。

4. 凸模圆角部分——过渡区

这部分是筒壁和圆筒底部的过渡区，材料承受筒壁较大的拉应力 σ_1、凸模圆角的压力和弯曲作用产生的压应力 σ_2 和切向拉应力 σ_3。在这个区间的筒壁与筒底转角处稍上的地方，拉深开始时材料处于凸、凹模间，需要转移的材料较少，受变形的程度小，冷作硬化程度低，加之该处材料变薄，使传力的截面积变小，所以，此处往往成为整个拉深件强度最薄弱的地方，是拉深过程中的“危险断面”。

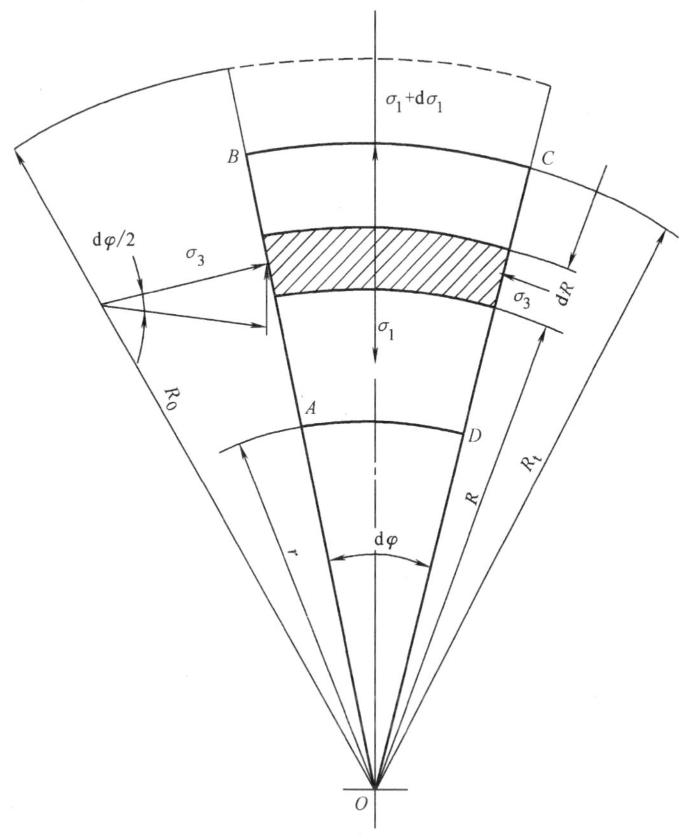

图 6-8　第一道拉深某瞬间毛坯凸缘部分单元体的受力状态
（带压边而不考虑摩擦的影响）

5. 圆筒底部——小变形区

这部分材料处于凸模下面，直接接收凸模施加的力并由它将力传给圆筒壁部，因此该区域也是传力区。该处材料在拉深开始就被拉入凹模内，并始终保持平面形状。它受两向拉应力 σ_1 和 σ_3 作用，相当于周边受均匀拉力的圆板。此区域的变形是三向的，ε_1 和 ε_3 为拉伸应变，ε_2 为压缩应变。由于凸模圆角处的摩擦制约了底部材料的向外流动，故圆筒底部变形不大，只有1%～3%，一般可忽略不计。

6.2　拉深件质量分析

拉深过程中出现的质量问题主要是凸缘变形区的起皱和筒壁传力区的拉裂。凸缘区起皱是由于切向压应力引起板料失去稳定而产生弯曲；传力区的拉裂是由于拉应力超过抗拉强度引起板料断裂。同时，拉深变形区板料有所增厚，而传力区板料有所变薄。这些现象是拉深工艺顺利进行的主要障碍。为此，必须了解起皱和拉裂的原因，在拉深工艺和拉深模设计等方面采取适当的措施，保证拉深工艺顺利进行，提高拉深件质量。

由上面的分析可知，拉深时毛坯各部分的应力、应变状态不同，而且随着拉深过程的进行应力、应变状态在不断地变化，这使得在拉深变形过程中产生了一些特有的现象。

6.2.1 起皱

拉深时凸缘变形区的每个小扇形块在切向均受到 σ_3 压应力的作用。当 σ_3 过大，扇形块又较薄，σ_3 超过此时扇形块所能承受的临界压应力时，扇形块就会失稳弯曲而拱起。当沿着圆周的每个小扇形块都拱起时，在凸缘变形区沿切向就会形成高低不平的皱褶，这种现象称为起皱，如图 6-9 所示。起皱在拉深薄料时更容易发生，而且首先在凸缘的外缘开始，因为此处的 σ_3 值最大。

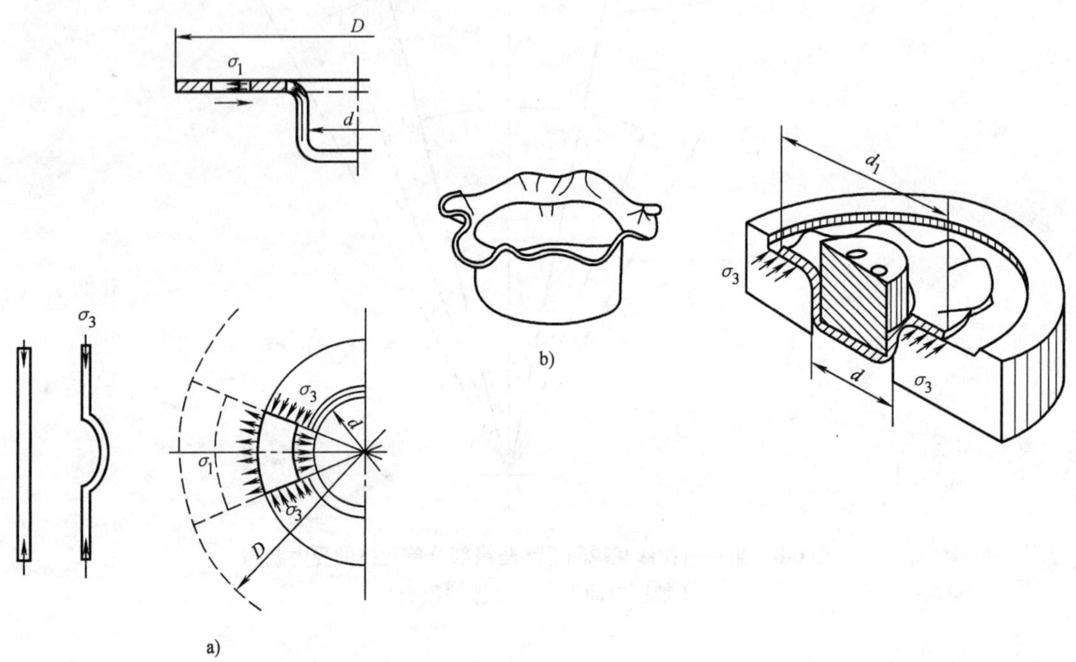

图 6-9　毛坯凸缘的起皱情况

变形区一旦起皱，对拉深的正常进行是非常不利的。因为毛坯起皱后，拱起的皱褶很难通过凸、凹模间隙被拉入凹模，如果强行拉入，则拉应力迅速增大，容易使毛坯受过大的拉力而导致断裂报废。即使模具间隙较大，或者起皱不严重，拱起的皱褶能勉强被拉进凹模内形成筒壁，皱折也会留在工件的侧壁上，影响工件的表面质量。同时，起皱后的材料在通过模具间隙时与模具间的压力增加，导致与模具间的摩擦加剧，磨损严重，使得模具的寿命大为降低。因此，应尽量避免起皱。拉深是否失稳，与拉深件受的压力大小和拉深中凸缘的几何尺寸有关。主要决定于下列因素：

（1）凸缘部分材料的相对厚度 $t/(d_1-d)$（t 为材料厚度，d_1 为凸缘外径，d 为工件直径）。凸缘相对厚度越大，说明 t 较大而（d_1-d）较小，即变形区较小、较厚，因此抗失稳能力强，稳定性好，不易起皱。反之，材料抗纵向弯曲能力弱，容易起皱。

（2）切向压应力 σ_3 的大小。拉深时 σ_3 的值决定于变形程度，变形程度越大，需要转移的剩余材料越多，加工硬化现象越严重，则 σ_3 越大，就越容易起皱。

（3）材料的力学性能。板料的屈强比 σ_s/σ_b 小，则屈服极限小，变形区内的切向压应力也相对减小，因此板料不容易起皱。当板厚向异性系数 r 大于 1 时，说明板料在宽度方向上的变形易于厚度方向，材料易于沿平面流动，因此不容易起皱。

（4）凹模工作部分的几何形状。与普通的平端面凹模相比，锥形凹模允许用相对厚度较小的毛坯而不致起皱。生产中可用下述公式概略估算拉深件是否会起皱。

平端面凹模拉深时，毛坯首次拉深不起皱的条件是

$$\frac{t}{D} \geqslant (0.09-0.17)\left(1-\frac{d}{D}\right)$$

用锥形凹模首次拉深时，材料不起皱的条件是

$$\frac{t}{D} \geqslant 0.03\left(1-\frac{d}{D}\right)$$

式中，D，d 为毛坯的直径和工件的直径（mm）；t 为板料的厚度（mm）。

如果不能满足上述条件，就要起皱。在这种情况下，必须采取措施防止起皱发生。最简单的方法（也是实际生产中最常用的方法）是采用压边圈。加压边圈后，材料被强迫在压边圈和凹模平面间的间隙中流动，稳定性得到增加，也就不容易发生起皱。

前面曾指出，拉深中是否起皱与压应力 σ_3 的大小和凸缘的相对厚度 $t/(d_1-d)$ 有关。σ_3 在凸缘外边缘最大，所以凸缘外边缘是首先起皱的地方。在拉深过程中凸缘何时会起皱决定于 σ_3 和凸缘相对厚度两个因素：一方面，凸缘外边缘的切向压应力 $|\sigma_3|_{max}$ 在拉深过程中不断增加，这会增加失稳起皱的趋势；另一方面，随着拉深的进行，凸缘变形区不断缩小，凸缘的相对厚度逐渐增大，这又提高了材料抵抗失稳起皱的能力。两个作用相反的因素在拉深中相互消长，凸缘失稳起皱最强烈的时刻出现在 $R_f=(0.7\sim0.9)R_0$ 时（R_0 为坯料半径，R_f 为缘外半径）。

6.2.2 拉裂

拉深时，坯料内各部分的受力关系如图 6-10a 所示。筒壁所受的拉应力除了与径向拉应力有关之外，还与由于压料力引起的摩擦阻力、坯料在凹模圆角表面滑动所产生的摩擦阻力和弯曲变形所形成的阻力有关。

筒壁会不会被拉裂主要取决于两个方面因素：一方面是筒壁传力区中的拉应力；另一方面是筒壁传力区的抗拉强度。当筒壁拉应力超过筒壁材料的抗拉强度时，拉深件就会在底部圆角与筒壁相切处——“危险断面”产生破裂，如图 6-10b 所示。

要防止筒壁拉裂，一方面要改善材料的力学性能，提高筒壁抗拉强度；另一方面是正确制订拉深工艺，设计模具，合理确定拉深变形程度、凹模圆角半径，改善润滑条件等，以降低筒壁传力区中的拉应力。

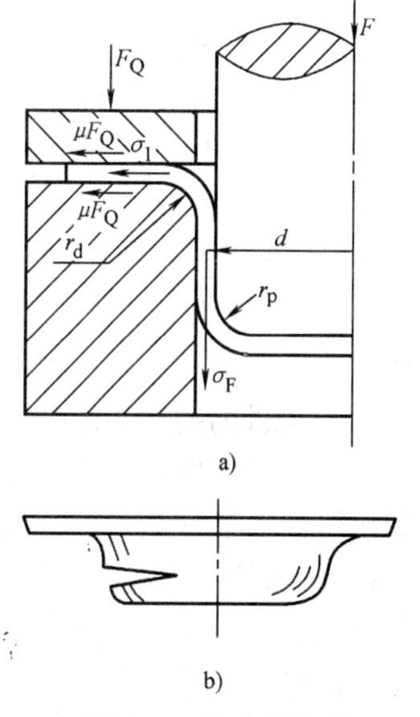

图 6-10 筒壁的拉裂

6.2.3 硬化

拉深是一个塑性变形过程，材料变形后必然发生加工

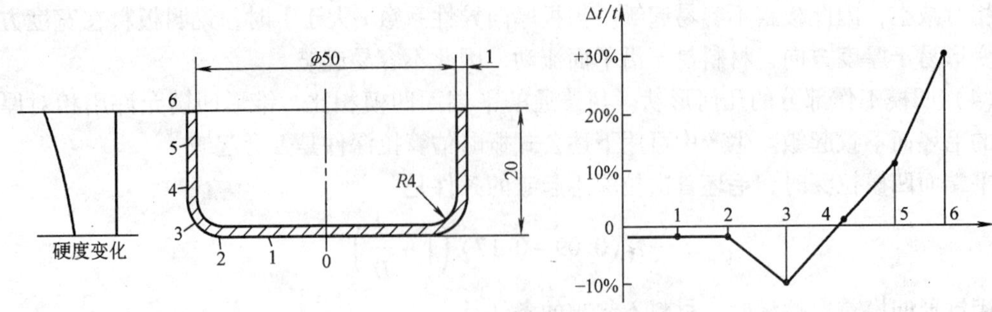

图 6-11　拉深件厚度和硬度的分布

硬化，硬度和强度增加，塑性下降。但由于拉深时变形不均匀，从底部到筒口部塑性变形由小逐渐加大，因而拉深后材料的性能也是不均匀的，拉深件的硬度由工件底部向口部逐渐增加（见图 6-11）。这恰好与工艺要求相反，从工艺角度看工件底部硬化要大，而口部硬化要小。

加工硬化的好处是使工件的强度和刚度高于毛坯材料，但塑性降低又使材料进一步拉深时变形困难。在工艺设计时，特别是多次拉深时，应正确选择各次的变形量，并考虑半成品件是否需要退火处理以恢复其塑性。对一些硬化能力强的金属（不锈钢、耐热钢等）更应注意。

综上所述，在拉深中经常遇到的问题是破裂和起皱。但一般情况下，起皱不是主要难题，因为只要采用压边圈等措施即可解决。主要的问题是掌握了拉深工艺的这些特点后，在制订工艺、设计模具时要考虑如何在保证最大的变形程度下避免毛坯破裂，使拉深能顺利进行。同时，还要使厚度变化和冷作硬化程度在工件质量标准的允许范围之内。

6.3　拉深件工艺性分析

拉深件工艺性的好坏，直接影响到该工件能否用拉深方法生产出来，影响零件的质量、成本和生产周期等。一个工艺性好的拉深件，不仅能满足产品的使用要求，同时也能够用最简单、最经济和最快的方法生产出来。

1. 拉深件的公差等级

一般情况下，拉深件的尺寸精度应在 IT13 级以下，不宜高于 IT11 级。

拉深件壁厚公差要求一般应符合拉深工艺壁厚变化规律。据统计，不变薄拉深，壁的最大增厚量约为 $(0.2\sim0.3)t$；最大变薄量约为 $(0.10\sim0.18)t$（t 为板料厚度）。

2. 拉深件的结构工艺性

（1）对拉深件外形尺寸的要求。设计拉深件时应尽量减少其高度，使其尽可能用一次或两次拉深工序来完成。对于各种形状的拉深件，一次拉深可制成的条件为：

1）圆筒件一次拉成的高度见表 6-1。

2）盒形件一次制成的条件为：当盒形件角部的圆角半径 $r=(0.05\sim0.20)B$（B 为盒形件的短边宽度）时，拉深件高度 $h<(0.3\sim0.8)B$。

3）凸缘件一次制成的条件为：工件的圆筒形部分直径与毛坯的比值 $d/D\geqslant0.4$。

表 6-1　圆筒件一次拉深的极限高度

材料名称	铝	硬铝	黄铜	软铜
相对拉深高度 h/d	0.73～0.75	0.60～0.65	0.75～0.80	0.68～0.72

（2）对拉深件形状的要求

1）设计拉深件时，应明确注明必须保证的是外形还是内形，不能同时标注内外形尺寸。

2）尽量避免设计非常复杂的和非对称的拉深件。对半敞开的或非对称的空心件，应能组合成对进行拉深，然后将其切成两个或多个零件（见图 6-12）。

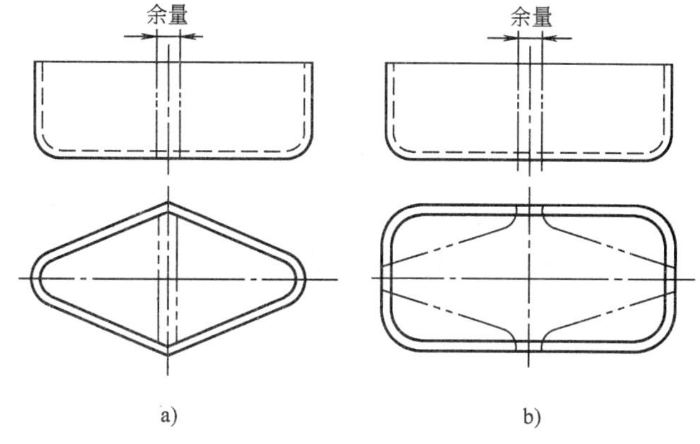

图 6-12　组合成对进行拉深

3）拉深外形复杂的空心件时，要考虑工序间毛坯定位的工艺基准。

4）在凸缘面上有下凹的拉深件（见图 6-13），如下凹的轴线与拉深方向一致，可以拉出。若下凹的轴线与拉深方向垂直，则只能在最后校正时压出。

（3）对拉深件的圆角半径的要求。为了使拉深顺利进行，拉深件的底与壁、凸缘与壁、盒形件的四壁间的圆角半径（见图 6-14）应满足 $r_b>t$，$r_d>2t$，$r>3t$。否则，应增加整形工序。

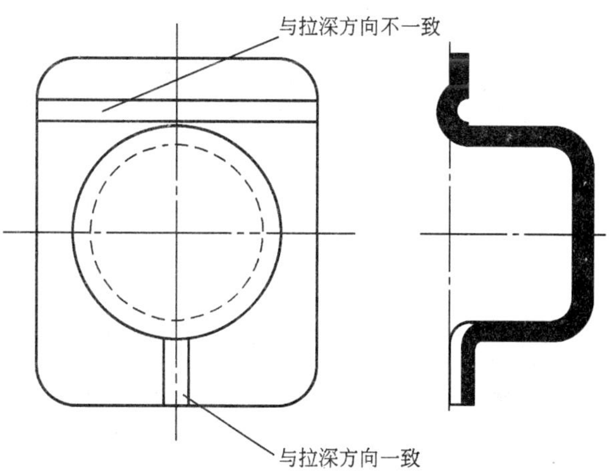

图 6-13　凸缘面上带下凹的拉深件

3. 拉深件的材料

用于拉深的材料一般要求具有较好的塑性、低的屈强比、大的板厚方向性系数和小的板平面方向性。

4. 拉深工艺的辅助工序

拉深中的辅助工序很多，大致可以分为以下几种：①拉深工序前的辅助工序，如材料的软化热处理、清洗、润滑等；②拉深工序间的辅助工序，如软化热处理、涂漆、润滑等；③拉深后的辅助工序，如消除应力退火、清洗、去除毛刺、表面处理、检验等。下面对主要的辅助工序作简单介绍。

（1）润滑。拉深过程中毛坯与模具表面接触时相互之间产生很大的压力，使毛坯与模具表面产生摩擦力。在凸缘部分和凹模入口处的有害摩擦不仅会降低拉深的许用变形程度，而且会导致零件表面擦伤，降低模具寿命。这种情况在拉深不锈钢、高温合金等粘性大的材料时更加严重。为此，在凹模圆角、平面、压边圈表面及与这些部位相接触的毛坯表面，应

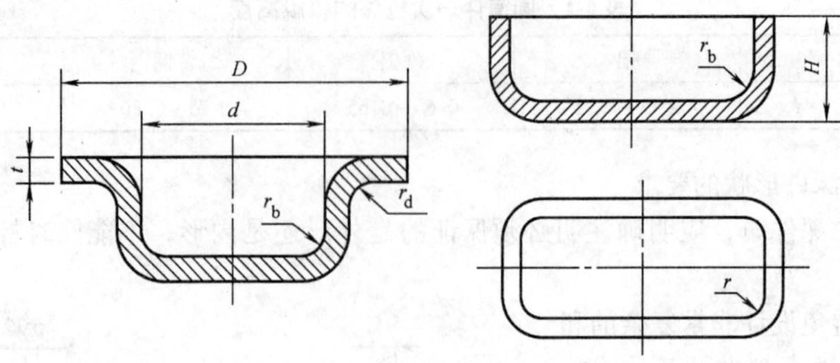

图 6-14 拉深件的圆角半径

每隔一定周期均匀抹涂一层润滑油，并保持润滑部位干净。而在凸模表面或与凸模接触的毛坯表面则切忌涂润滑剂。拉深低碳钢时常用的润滑剂如表 6-2 所示。当拉深应力较大，接近材料的 σ_b 时，应采用含大量粉状填料的润滑剂，否则拉深中润滑剂易被挤掉，润滑效果不好。

表 6-2 拉深低碳钢用润滑剂

简称	润滑剂成分	质量分数（%）	附注	简称	润滑剂成分	质量分数（%）	附注
5号	锭子油 鱼肝油 石墨 油酸 硫磺 钾肥皂 水	43 8 15 8 5 6 15	用这种润滑剂可收到最好的效果，硫磺应以粉末状加进去	10号	锭子油 硫化蓖麻油 鱼肝油 白垩粉 油酸 苛性钠 水	33 1.5 1.2 45 5.6 0.7 13	润滑剂很容易去掉，用于单位压边力大的拉深
6号	锭子油 黄油 滑石粉 硫磺 酒精	40 40 11 8 1	磺磺应以粉末状加进去	2号	锭子油 黄油 鱼肝油 白垩粉 油酸 水	12 25 12 20.5 5.5 25	这种润滑剂比以上几咱略差
9号	锭子油 黄油 石墨 硫磺 酒精 水	20 40 20 7 1 12	将硫磺溶于温度约为160℃的锭子油内。其缺点是保存时间太久会分层	8号	钾肥皂 水	20 80	将肥皂溶在温度为60～70℃水里。用于球形及抛物线形工件的拉深
					乳化液 白垩粉 焙烧苏打 水	37 45 1.3 16.7	可溶解的润滑剂。加3%的硫化蓖麻油后，可改善润滑效果

当拉深应力不大时，可采用不带填料的油质润滑剂。

拉深圆锥形、球形工件时可用乳化液，以增加摩擦力，减少毛坯的起皱，同时起冷却作用，并减少模具的磨损。在变薄拉深时，润滑剂不仅是为了减少摩擦，同时又起冷却模具的作用，因此，不能采用干摩擦。在拉深钢质工件时，往往在毛坯表面进行表面处理（如镀铜或磷化处理），使毛坯表面形成一层隔离层，它能贮存润滑剂，并在拉深过程中具有“自润”性能。拉深不锈钢、高温合金等粘模严重、强化剧烈的材料时，一般也需要对毛坯表面进行“隔离层”处理。常用的方法是在金属表面喷涂氯化乙烯漆（G01—4），在拉深时再另涂机油。

（2）热处理。在拉深过程中，除铅和锡外，所有金属都要产生加工硬化现象，使金属强度指标增加，塑性指标降低。同时，由于塑性变形不均匀，拉深后材料内部还存在残余应力。在多道拉深时，为了恢复冷加工后材料的塑性，应在工序中间安排退火，以软化金属组织。拉深工序后还要安排去应力退火。一般拉深工序间常采用低温退火，其退火温度如表6-3 所示，如低温退火后的效果不够理想，也可采用高温退火。拉深完后则采用低温退火。

表 6-3 低温退火温度

材　　料	加热温度/℃	附　　注
08 钢，10 钢，15 钢，20 钢	600 ~ 650	空气中冷却
纯铜 T1，T2	400 ~ 600	空气中冷却
黄铜 H62，H68	500 ~ 540	空气中冷却
镁合金 MB1，MB8	260 ~ 350	保温 60min
工业纯钛	650 ~ 700	空气中冷却
钛合金 TA5	550 ~ 600	空气中冷却
铝 5A02，3A21	220 ~ 250	保温 40 ~ 45min

对普通硬化金属，如 08 钢、10 钢、15 钢、黄铜和退火铝等，只要拉深工艺制定合理，模具设计合理，就可能免于中间退火。对于高硬化的金属，如不锈钢、耐热钢等，一般在一、二次拉深工序后即需进行中间退火。各种材料不需中间退火就能完成的拉深工序次数为：低碳钢 3 ~ 4 次，铝 4 ~ 5 次，黄铜 2 ~ 4 次，镁合金、钛合金 1 次，如表 6-4 所示。

表 6-4 不需热处理所能完成的拉深次数

材　料	次　数	材　料	次　数	材　料	次　数
08 钢、10 钢、15 钢	3 ~ 4	黄铜 H68	2 ~ 4	镁合金	1
铝	4 ~ 5	不锈钢	1 ~ 2	钛合金	1

（3）酸洗。退火后工件表面必然有氧化皮和其他污物，在继续加工时会增加模具的磨损，因此必需进行酸洗，否则拉深不能正常进行。有时酸洗也在拉深前的毛坯准备工作中进行。酸洗前工件应用苏打水去油，酸洗后用冷水冲洗，再以温度为 60 ~ 80℃ 的弱碱溶液中和酸性，并用热水洗涤。不能让酸液残留在工件表面上。关于酸洗溶液的配方和工艺可查阅相关设计手册。

退火、酸洗是延长生产周期和增加生产成本、产生环境污染的工序，应尽可能避免。

6.4 拉深工艺计算

圆筒形件是最典型的拉深件，掌握了它的工艺计算方法后，其他零件的工艺计算可以借鉴其计算方法。下面介绍如何计算毛坯尺寸、拉深次数、半成品尺寸等。

6.4.1 拉深件毛坯尺寸的确定

计算拉深件毛坯尺寸的理论依据是：

1. 体积不变原理

拉深前和拉深后材料的体积不变。对于不变薄拉深，因假设变形中材料厚度不变，则拉深前毛坯的表面积与拉深后工件的表面积认为近似相等。

2. 相似原理

毛坯的形状一般与工件截面形状相似。如工件的横断面是圆形的、椭圆形的，则拉深前毛坯的形状基本上也是圆形的和椭圆形的，并且毛坯的周边必须制成光滑曲线，无急剧的转折。

图6-15所示的零件毛坯即为圆形。这样，当工件的质量、体积或面积已知时，其毛坯的尺寸就可以求得。具体的方法有等重量法、等体积法、等面积法、分析图解法和作图法等。生产上用得最多的是等面积法，具体求解步骤如下：

（1）确定修边余量。由于材料的各向异性以及拉深时金属流动条件的差异，拉深后工件口部不平，通常拉深后需切边，因此，计算毛坯尺寸时应在工件高度方向上（无凸缘件）或凸缘上增加修边余量Δ。修边余量Δ的值可根据零件的相对高度查表6-5、表6-6。

表6-5 无凸缘拉深件的修边余量Δ （单位：mm）

工件高度 h	工件的相对高度 h/d				附 图
	>0.5～0.8	>0.8～1.6	>1.6～2.5	>2.5～4	
≤10	1.0	1.2	1.5	2	
>10～20	1.2	1.6	2	2.5	
>20～50	2	2.5	3.3	4	
>50～100	3	3.8	5	6	
>100～150	4	5	6.5	8	
>150～200	5	6.3	8	10	
>200～250	6	7.5	9	11	
>250	7	8.5	10	12	

注：1. 对于高拉深件，必须规定中间修边工序。

2. 对于材料厚度小于0.5mm的薄材料作多次拉深时，应按表值增加30%。

表6-6 有凸缘拉深件的修边余量Δ （单位：mm）

凸缘直径 d_f	凸缘的相对直径 d_f/d				附 图
	1.5以下	>1.5～2	>2～2.5	>2.5～3	
≤25	1.6	1.4	1.2	1.0	
>25～50	2.5	2.0	1.8	1.6	
>50～100	3.5	3.0	2.5	2.2	
>100～150	4.3	3.6	3.0	2.5	
>150～200	5.0	4.2	3.5	2.7	
>200～250	5.5	4.6	3.8	2.8	
>250	6	5	4	3	

注：1. 对于高拉深件，必须规定中间修边工序。

2. 对于材料厚度小于0.5mm的薄材料作多次拉深时，应按表值增加30%。

（2）计算工件表面积。为了便于计算，把零件分解成若干个简单几何体，分别求出其表面积后再相加。图 6-15 所示的工件可看成由圆筒直壁部分 A_1，圆弧旋转而成的球台部分 A_2 以及底部圆形平板 A_3 三部分组成。

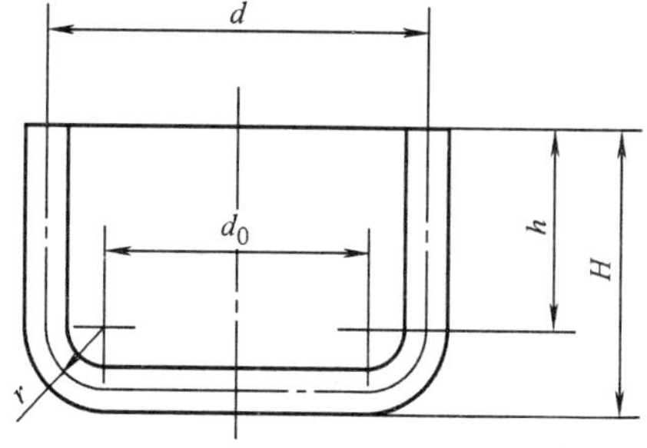

图 6-15　圆筒零件毛坯的计算

圆筒直壁部分的表面积为

$$A_1 = \pi d(h+\delta) \tag{6-1}$$

式中，d 为圆筒部分的中径。

圆角球台部分的表面积为

$$A_2 = \frac{\pi}{4}(2\pi r d_0 + 8r^2) \tag{6-2}$$

式中，d_0 为底部平板部分的直径；r 为工件中线在圆角处的圆角半径。

底部表面积为

$$A_3 = \frac{\pi}{4}d_0^2 \tag{6-3}$$

工件的总面积为 A_1、A_2 和 A_3 之和，即

$$A = \pi d(h+\delta) + \frac{\pi}{4}(2\pi r d_0 + 8r^2) + \frac{\pi}{4}d_0^2 \tag{6-4}$$

（3）求出毛坯尺寸。设毛坯的直径为 D，根据毛坯表面积等于工件表面积的原则有

$$\frac{\pi}{4}D^2 = \pi d(h+\delta) + \frac{\pi}{4}(2\pi r d_0 + 8r^2) + \frac{\pi}{4}d_0^2$$

所以

$$D = \sqrt{d_0^2 + 4d(h+\delta) + 2\pi r d_0 + 8r^2} \tag{6-5}$$

注意：对于上式，若毛坯的厚度 $t < 1\text{mm}$，且以外径和外高或内部尺寸来计算时，毛坯尺寸的误差不大。若毛坯的厚度 $t \geqslant 1\text{mm}$，则各个尺寸应以工件厚度的中线尺寸代入进行计算。

常用旋转体拉深件坯料直径的计算公式见表 6-7，其他复杂形状工件的毛坯尺寸计算可查有关资料。

表 6-7　常用旋转体拉深件坯料直径的计算公式

序号	零件形状	坯料直径 D
1	d_2, l, d_1	$D = \sqrt{d_1^2 + 2l(d_1 + d_2)}$
2	d_2, r, d_1	$D = \sqrt{d_1^2 + 2r(\pi d_1 + 4r)}$

（续）

序号	零件形状	坯料直径 D
3	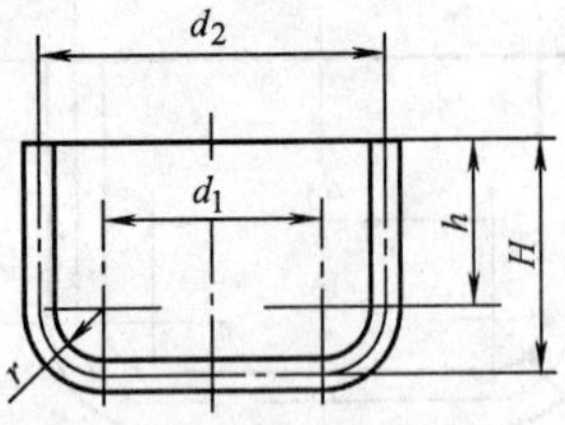	$D=\sqrt{d_1^2+4d_2h+6.28rd_1+8r^2}$ 或 $D=\sqrt{d_2^2+2d_2H-1.72rd_2-0.56r^2}$
4	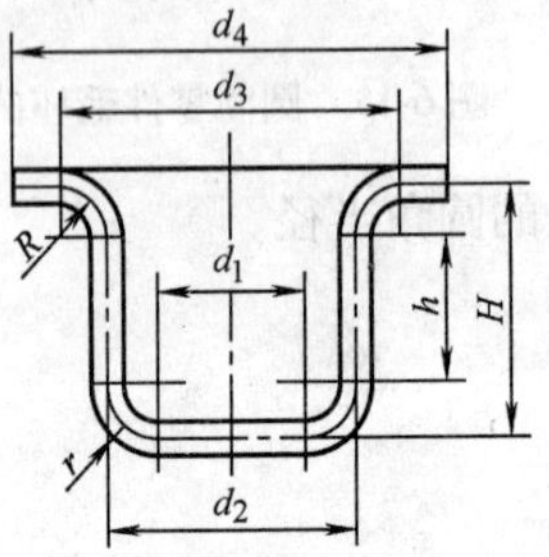	当 $r\neq R$ 时 $D=\sqrt{d_1^2+6.28rd_1+8r^2+4d_2h+6.28Rd_2+4.56R^2+d_4^2-d_3^2}$ 当 $r=R$ 时 $D=\sqrt{d_4^2+4d_2H-3.44rd_2}$
5	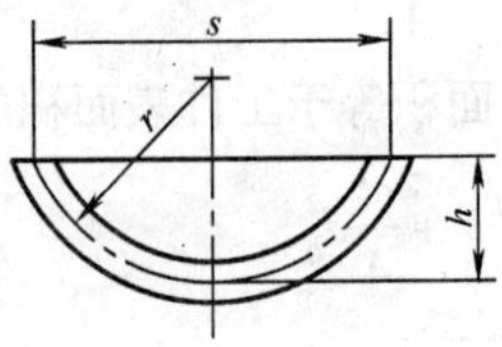	$D=\sqrt{8rh}$ 或 $D=\sqrt{s^2+4h^2}$
6	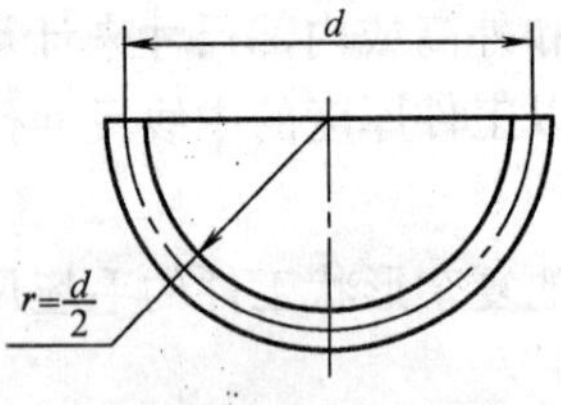	$D=\sqrt{2d^2}=1.414d$
7	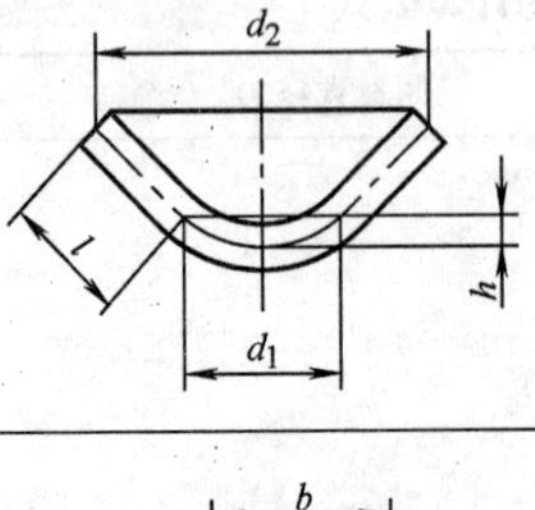	$D=\sqrt{d_1^2+4h^2+2l(d_1+d_2)}$
8	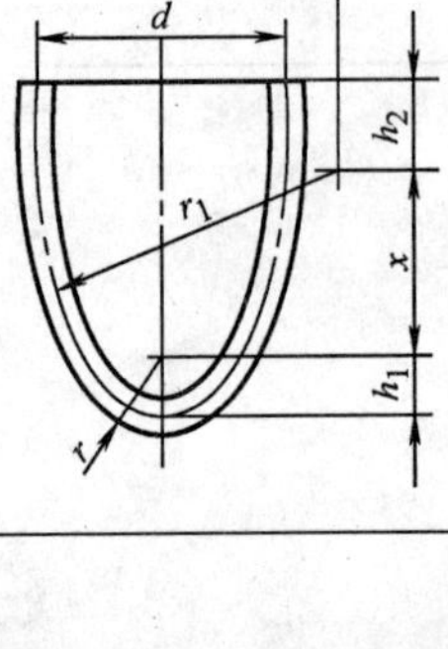	$D=\sqrt{8r_1\left[x-b\left(\arcsin\frac{x}{r_1}\right)\right]+4d_2h_2+8rh_1}$

（续）

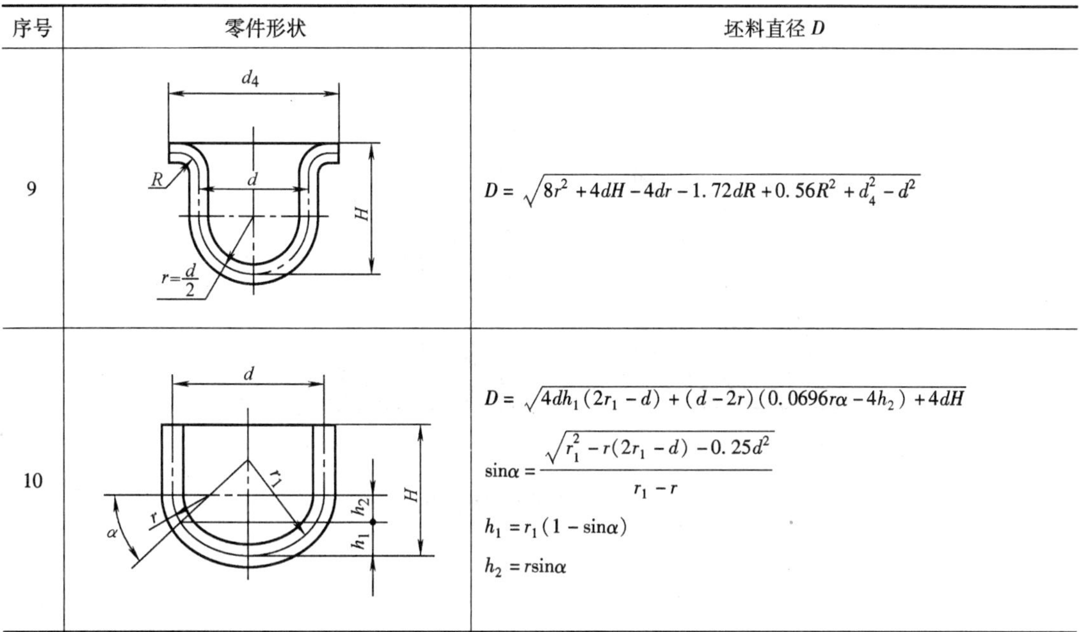

序号	零件形状	坯料直径 D
9		$D=\sqrt{8r^2+4dH-4dr-1.72dR+0.56R^2+d_4^2-d^2}$
10		$D=\sqrt{4dh_1(2r_1-d)+(d-2r)(0.0696r\alpha-4h_2)+4dH}$ $\sin\alpha=\dfrac{\sqrt{r_1^2-r(2r_1-d)-0.25d^2}}{r_1-r}$ $h_1=r_1(1-\sin\alpha)$ $h_2=r\sin\alpha$

注：1. 尺寸按工件材料厚度中性层尺寸计算。

2. 对厚度小于1mm 的拉深件，可不按工件材料厚度中性层尺寸计算，而根据工件外壁尺寸计算。

3. 对于部分未考虑工件圆角半径的计算公式，在计算有圆角半径的工件时计算结果要偏大，故在此情形下，可不考虑或少考虑修边余量。

6.4.2 拉深系数及其影响因素

1. 拉深系数的概念和意义

拉深系数是指拉深后圆筒形件的直径与拉深前毛坯（或半成品）的直径之比。图 6-16 所示为用直径为 D 的毛坯拉成直径为 d_n、高度为 h_n 的工件的工艺顺序。第一次拉成 d_1 和 h_1 的尺寸，第二次半成品尺寸为 d_2 和 h_2，依此类推，最后一次即得工件的尺寸 d_n 和 h_n。其各次的拉深系数为

$$
\begin{aligned}
m_1 &= \frac{d_1}{D} \\
m_2 &= \frac{d_2}{d_1} \\
&\vdots \\
m_{n-1} &= \frac{d_{n-1}}{d_{n-2}} \\
m_n &= \frac{d_n}{d_{n-1}}
\end{aligned}
\tag{6-6}
$$

工件的直径 d_n 与毛坯直径 D 之比称为总拉深系数，即工件所需要的拉深系数。

$$
m_{\text{总}}=\frac{d_n}{D}=\frac{d_1}{D}\frac{d_2}{d_1}\cdots\frac{d_{n-1}}{d_{n-2}}\frac{d_n}{d_{n-1}}=m_1m_2\cdots m_{n-1}m_n \tag{6-7}
$$

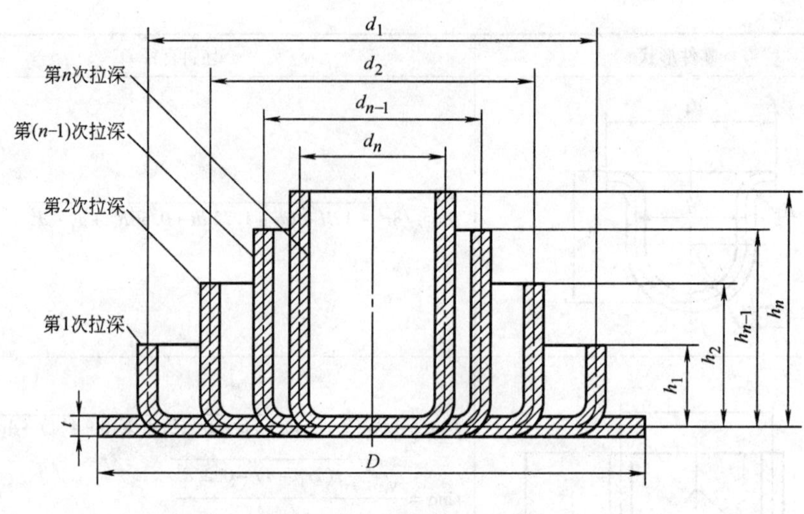

图 6-16　拉深工序示意图

拉深系数的倒数称为拉深程度或拉深比，其值为

$$K_n = \frac{1}{m_n} = \frac{d_{n-1}}{d_n} \tag{6-8}$$

拉深系数是一个重要的工艺参数，它是拉深工艺计算的基础。知道了拉深系数就知道工件总的变形量和每道工序的变形量，工件需拉深的次数及各次半成品的尺寸也就可以求出。

在实际生产中，采用的拉深系数值合理与否关系到拉深工艺的成败。假如采用的拉深系数过大，则拉深变形程度小，材料的塑性潜力未被充分利用，每次毛坯只能产生很小的变形，拉深次数就要增加，冲模套数增多，成本增加。

但是，如拉深系数取得过小，则拉深变形程度过大，工件局部严重变薄甚至材料被拉裂，得不到合格的工件。因此，拉深时采用的拉深系数既不能太大，也不能太小，应使材料的塑性被充分利用的同时又不致被拉裂。生产上为了减少拉深次数，一般希望采用小的拉深系数。根据上面的分析，拉深系数的减小有一个限度，这个限度称之为极限拉深系数。极限拉深系数就是使拉深件不破裂的最小拉深系数。

2. 影响极限拉深系数的因素

在不同的条件下极限拉深系数是不同的，影响极限拉深系数的因素有以下诸方面：

(1) 材料方面

1) 材料的力学性能。屈强比 σ_s/σ_b 越小对拉深越有利。σ_s 小表示变形区抗力小，材料容易变形。而 σ_b 大则说明危险断面处强度高而不易破裂，因此，σ_s/σ_b 小的材料拉深系数可取小些。材料的塑性差即伸长率 ε 值小时，因塑性变形能力差，拉深系数要取大些。材料的厚向异性系数 r 和硬化指数 n 大时易于拉深，可以采用较小的拉深系数。这是由于 r 大时，板平面方向比厚度方向变形容易，即板厚方向变形较小，不易起皱，传力区不易拉破。n 大表示加工硬化程度大，则抗局部缩颈失稳能力强，变形均匀，因此板料的总体成形极限提高。

2) 材料的相对厚度。材料的相对厚度大时，凸缘抵抗失稳起皱的能力增强，因而所需压边力减小（甚至不需要），这就减小了因压边力而引起的摩擦阻力，从而使总的变形抗力减少，故极限拉深系数可减小。

3）材料的表面质量。材料表面光滑，拉深时摩擦力小而容易流动，所以极限拉深系数可减小。

（2）模具方面

1）模具间隙。模具间隙小时，材料进入间隙后的挤压力增大，摩擦力增加，拉深力大，故极限拉深系数应增大。

2）凹模圆角半径。凹模圆角半径过小，则材料沿圆角部分流动时的阻力增加，引起拉深力加大，故极限拉深系数应取较大值。

3）凸模圆角半径。凸模圆角半径过小时，毛坯在此处的弯曲变形程度增加，危险断面强度过多地被削弱，故极限拉深系数应取大值。

4）模具表面质量。模具表面光滑，表面粗糙度值小，则摩擦力小，极限拉深系数减小。

5）凹模形状。图 6-17 所示的锥形凹模，因其支撑材料变形区的面是锥形而不是平面，防皱效果好，可以减少材料流过凹模圆角时的摩擦阻力和弯曲变形力，因而极限拉深系数可取小些。

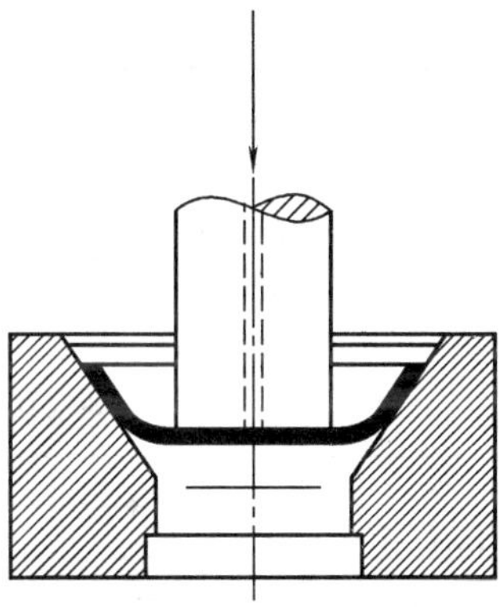

图 6-17　锥形凹模

（3）拉深条件

1）是否采用压边圈。拉深时若不用压边圈，变形区起皱的倾向增加，每次拉深时变形不能太大，故极限拉深系数应增大。

2）拉深次数。第一次拉深时材料还没硬化，塑性好，极限拉深系数可小些。以后拉深时，因材料已经硬化，塑性愈来愈低，变形越来越困难，故一道工序比一道工序的拉深系数增大。

3）润滑情况。润滑好则摩擦小，极限拉深系数可小些。但凸模不必润滑，否则会减弱凸模表面摩擦对危险断面处的有益作用（ 盒形件例外 ）。

4）工件形状。工件的形状不同，则变形时应力与应变状态不同，极限变形量也就不同，因而极限拉深系数不同。

在这些影响拉深系数的因素中，对于一定的材料和工件来说，相对厚度是主要因素，其次是凹模圆角半径 。在生产中则应注意润滑，以减少摩擦力。

总结上述影响极限拉深系数的因素可知：凡是能增加筒壁传力区危险断面的强度，降低筒壁传力区拉应力的因素，均会使极限拉深系数减小。反之，将使极限拉深系数增加。

3. 极限拉深系数的确定

理论上，如不考虑摩擦损失以及材料在凸、凹模圆角处的弯曲变形和材料的硬化，根据拉深时材料的拉应力不应超过危险断面强度的原则，可求出第一次理想极限拉深系数，其值大约为 0.4，即在理想情况下毛坯直径不能大于工件直径的两倍，否则就拉破。当然，这个拉深系数在实际生产中通常是不能用的，但可用来衡量实际拉深工艺的优劣程度。

生产上采用的极限拉深系数是考虑了各种具体条件后用试验方法求出的。通常 $m_1 = 0.46 \sim 0.60$，以后各次的拉深系数在 $0.70 \sim 0.86$ 之间。无凸缘圆筒形工件有压边圈和无压边圈时的拉深系数可分别查表6-8和表6-9。实际生产中采用的拉深系数一般均大于表中所列数字，因采用过小的接近于极限值的拉深系数会使工件在凸模圆角部位过分变薄，在以后的拉深工序中变薄严重的缺陷会转移到工件侧壁上去，使工件质量降低，所以，当工件质量要求较高时应采用稍大于极限值的拉深系数。

表6-8 无凸缘筒形件带压边圈时的极限拉深系数

极限拉深系数	毛坯相对厚度 t/D（%）					
	0.08~0.15	0.15~0.3	0.3~0.6	0.6~1.0	1.0~1.5	1.5~2.0
m_1	0.60~0.63	0.58~0.60	0.55~0.58	0.53~0.55	0.50~0.53	0.48~0.50
m_2	0.80~0.82	0.79~0.80	0.78~0.79	0.76~0.78	0.75~0.76	0.73~0.75
m_3	0.82~0.84	0.81~0.82	0.80~0.81	0.79~0.80	0.78~0.79	0.76~0.78
m_4	0.85~0.86	0.83~0.85	0.82~0.83	0.81~0.82	0.80~0.81	0.78~0.80
m_5	0.87~0.88	0.86~0.87	0.85~0.86	0.84~0.85	0.82~0.83	0.80~0.82

注：1. 表中数据适用于08钢、10钢和15Mn等及黄铜H62。对拉深性能较差的材料20钢、25钢、Q235钢、硬铝等极限拉深系数应比表中数值大1.5%~2.0%。而对塑性较好的05钢，08钢，10钢及软铝等应比表中数值小1.5%~2.0%。

2. 表中数据适用于未经中间退火的拉深。若采用中间退火工序，表中数值应小2%~3%。

3. 表中较小值适用于大的凹模圆角半径 $r_d=(8\sim15)t$，较大值适用于小的圆角半径 $r_d=(4\sim8)t$。

表6-9 无凸缘筒形件不带压边圈时的极限拉深系数

极限拉深系数	毛坯相对厚度 t/D（%）				
	1.5	2.0	2.5	3.0	>3
m_1	0.65	0.60	0.55	0.53	0.50
m_2	0.80	0.75	0.75	0.75	0.70
m_3	0.84	0.80	0.80	0.80	0.75
m_4	0.87	0.84	0.84	0.84	0.78
m_5	0.90	0.87	0.87	0.87	0.82
m_6	—	0.90	0.90	0.90	0.85

注：1. 此表适用于08钢，10钢及15Mn等材料。

2. 表中数据适用于未经中间退火的拉深。若采用中间退火，表中数值应小2%~3%。

3. 表中较小值适用于大的凹模圆角半径 $r_d=(8\sim15)t$，较大值适用于小的圆角半径 $r_d=(4\sim8)t$

4. 后续各次拉深的特点

后续各次拉深所用的毛坯与首次拉深时不同，不是平板而是筒形件。因此，与首次拉深相比，有许多不同之处：

（1）首次拉深时，平板毛坯的厚度和力学性能都是均匀的，而后续各次拉深时筒形毛坯的壁厚及力学性能都不均匀。

（2）首次拉深时，凸缘变形区是逐渐缩小的，而后续各次拉深时，其变形区保持不变，只是在拉深终了以后才逐渐缩小。

（3）首次拉深时，拉深力的变化是变形抗力增加与变形区减小两个相反的因素互相消长的过程，因而在开始阶段较快的达到最大的拉深力，然后逐渐减小到零。而后续各次拉深变形区保持不变，但材料的硬化及厚度增加都是沿筒的高度方向进行的，所以拉深力在整个拉深过程中一直都在增加，直到拉深的最后阶段才由最大值下降至零（见图6-18）。

（4）后续各次拉深时的危险断面与首次拉深时一样，都是在凸模的圆角处，但首次拉深的最大拉深力发生在初始阶段，所以破裂也发生在初始阶段，而后续各次拉深的最大拉深力发生在拉深的终了阶段，所以破裂往往发生在结尾阶段。

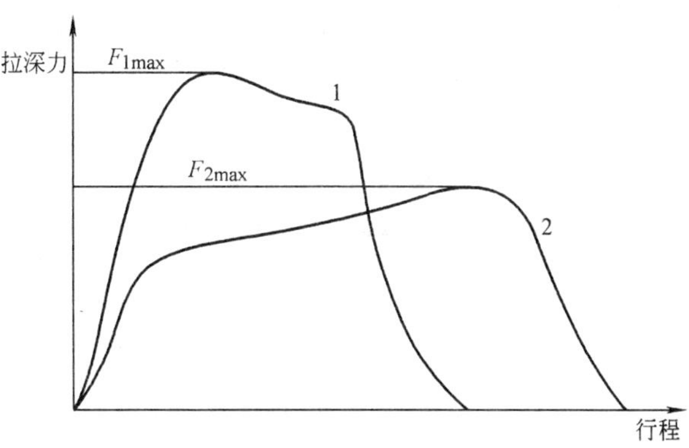

图 6-18　首次拉深与二次拉深的拉深力

1—首次拉深　2—二次拉深

（5）后续各次拉深变形区的外缘有筒壁的刚性支持，所以稳定性较首次拉深为好。只是在拉深的最后阶段，筒壁边缘进入变形区以后，变形区的外缘失去了刚性支持，这时才易起皱。

（6）后续各次拉深时由于材料已冷作硬化，加上变形复杂（毛坯的筒壁必须经过两次弯曲才被凸模拉入凹模内），所以它的极限拉深系数要比首次拉深大得多，而且通常后一次都大于前一次。

6.4.3　无凸缘件的拉深次数和工序尺寸的确定

1. 拉深次数的确定

（1）判断能否一次拉出。判断工件能否一次拉出，仅需比较实际所需的总拉深系数 $m_{总}$ 和第一次允许的极限拉深系数 m_1 的大小即可。若 $m_{总} > m_1$，说明拉深该工件的实际变形程度比第一次允许的极限变形程度要小，所以工件可以一次拉成。若 $m_{总} < m_1$，则需要多次拉深才能够成形工件。对于图 6-19 所示的工件，由毛坯的相对厚度

$$\frac{t}{D} = \frac{2}{283} \times 100\% = 0.7\%$$

从表 6-8 中查出各次的拉深系数：$m_1 = 0.54$，$m_2 = 0.77$，$m_3 = 0.80$，$m_4 = 0.82$。则零件的总拉深系数 $m_{总} = \dfrac{d}{D} = \dfrac{88}{283} = 0.31$。即 $m_{总} = 0.31 < m_1 = 0.54$，故该工件需经多次拉深才能够达到所需尺寸。

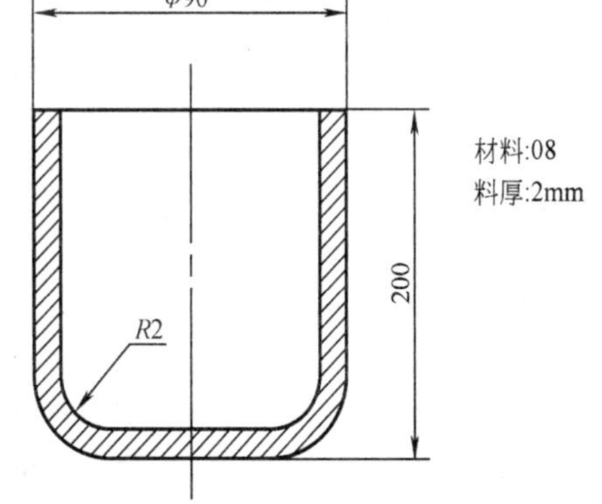

图 6-19　拉深工件图

（2）计算拉深次数。计算拉深次数 n 的方法有多种，生产上经常用推算法辅以查表法进行计算。即把毛坯直径或中间工序毛坯尺寸依次乘以查出的极限拉深系数 m_1，m_2，…，m_n 得各次半成品的直径。直到计算出的直径 d_n 小于或等于工件直径 d 为止，则直径 d_n 的下角标 n 即表示拉深次数。

例如，由

$$d_1 = m_1 D = 0.54 \times 283\text{mm} = 153\text{mm}$$
$$d_2 = m_2 d_1 = 0.77 \times 153\text{mm} = 117.8\text{mm}$$

$$d_3 = m_3 d_2 = 0.80 \times 117.8\text{mm} = 94.2\text{mm}$$

$$d_4 = m_4 d_3 = 0.82 \times 94.2\text{mm} = 77.2\text{mm}$$

可知该零件要拉深四次才行。计算结果是否正确可用表6-10 校核一下。工件的相对高度 $h/d = 207/88 = 2.36$，相对厚度为0.7，从表中可知拉深次数在 3～4 之间，和推算法得出的结果相符，这样零件的拉深次数就确定为4 次。

表 6-10 无凸缘筒形件拉深的相对高度 h/d 与拉深次数的关系（材料08F、10F）

拉深次数	毛坯相对厚度 t/D（%）					
	0.08～0.15	0.15～0.3	0.3～0.6	0.6～1.0	1.0～1.5	1.5～2.0
1	0.38～0.64	0.45～0.52	0.5～0.62	0.57～0.71	0.65～0.84	0.77～0.94
2	0.7～0.9	0.83～0.96	0.94～1.13	1.1～1.36	1.32～1.60	1.54～1.88
3	1.1～1.3	1.3～1.6	1.5～1.9	1.8～2.3	2.2～2.8	2.7～3.5
4	1.5～2.0	2.0～2.4	2.4～2.9	2.9～3.6	3.5～4.3	4.3～5.6
5	2.0～2.7	2.7～3.3	3.3～4.1	4.1～5.2	5.1～6.6	6.6～8.9

注：大的 h/d 适用于首次拉深工序的大凹模圆角 $r_d \approx (8\sim15)t$。小的 h/d 适用于首次拉深工序的小凹模圆角 $r_d \approx (4\sim8)t$。

2. 半成品尺寸的确定

半成品尺寸包括半成品直径 d_n、筒底圆角半径 r_n 和筒壁高度 h_n。

（1）半成品直径 d_n。拉深次数确定后，再根据计算直径 d_n 应等于工件直径 d 的原则，对各次拉深系数进行调整，使实际采用的拉深系数大于推算拉深次数时所用的极限拉深系数。

设实际采用的拉深系数为 m_1'，m_2'，m_3'，…，m_n'应使各次拉深系数依次增加，即

$$m_1' < m_2' < m_3' < \cdots < m_n'$$

且 $m_1 - m_1' \approx m_2 - m_2' \approx m_3 - m_3' \approx \cdots \approx m_n - m_n'$。据此，图 6-19 所示工件实际所需拉深系数应调整为

$m_1 = 0.57$，$m_2 = 0.79$，$m_3 = 0.82$，$m_n = 0.85$

调整好拉深系数后，重新计算各次拉深的圆筒直径即得半成品直径。图 6-19 所示工件的各次半成品尺寸为

$$d_1 = 160\text{mm},\ m_1' = 160/283 = 0.57$$

$$d_2 = 126\text{mm},\ m_2' = 126/160 = 0.79$$

$$d_3 = 104\text{mm},\ m_3' = 104/126 = 0.82$$

$$d_4 = 88\text{mm},\ m_4' = 88/104 = 0.85$$

（2）半成品高度的确定。各次拉深直径确定后，再计算各次拉深后工件的高度。计算高度前，应先定出各次半成品底部的圆角半径，现取 $r_1 = 12\text{mm}$，$r_2 = 8\text{mm}$，$r_3 = 5\text{mm}$（见 6.5 节）。各次半成品的高度可由求毛坯直径公式推出，即

$$h_1 = \frac{D^2 - d_{10}^2 - 2\pi r_1 d_{10} - 8r_1^2}{4d_1}$$

$$h_2 = \frac{D^2 - d_{20}^2 - 2\pi r_2 d_{20} - 8r_2^2}{4d_2}$$

$$h_3 = \frac{D^2 - d_{30}^2 - 2\pi r_3 d_{30} - 8r_3^2}{4d_3}$$

式中，d_1，d_2，d_3 为各次拉深的直径（中线值）；r_1，r_2，r_3 为各次半成品底部的圆角半径（中线值）；d_{10}，d_{20}，d_{30}为各次半成品底部平板部分的直径；h_1，h_2，h_3 为各次半成品底部圆角半径圆心以上的筒壁高度；D 为毛坯直径。

将图 6-20 所示工件的以上各项具体数值代入上述公式，即可求出各次半成品的高度为

$$h_1 = \frac{283^2 - 136^2 - 2\pi \times 8 \times 136 - 8 \times 12^2}{4 \times 160}\text{mm} = 78\text{mm}$$

$$h_2 = \frac{283^2 - 110^2 - 2\pi \times 8 \times 110 - 8 \times 8^2}{4 \times 126}\text{mm} = 123\text{mm}$$

$$h_3 = \frac{283^2 - 94^2 - 2\pi \times 5 \times 94 - 8 \times 5^2}{4 \times 104}\text{mm} = 164\text{mm}$$

各次半成品的总高度为

$$H_1 = h_1 + r_1 + \frac{t}{2} = (78 + 12 + 1)\text{mm} = 91\text{mm}$$

$$H_2 = h_2 + r_2 + \frac{t}{2} = (123 + 8 + 1)\text{mm} = 132\text{mm}$$

$$H_3 = h_3 + r_3 + \frac{t}{2} = (164 + 5 + 1)\text{mm} = 170\text{mm}$$

拉深后得到的各次半成品如图 6-20 所示。

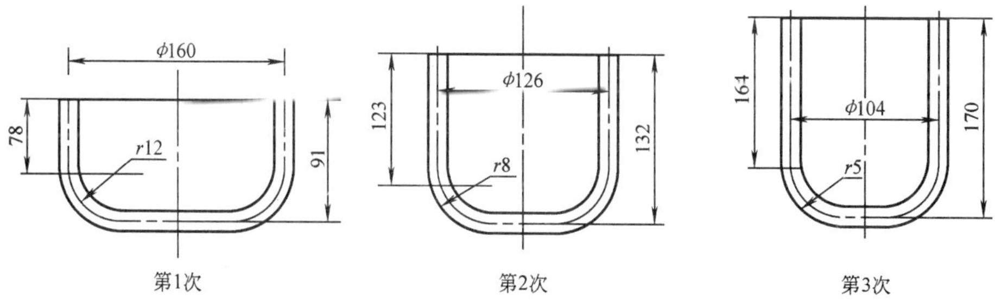

图 6-20　工件各次拉深的半成品尺寸

6.4.4　有凸缘圆筒形工件的拉深方法及工艺计算

有凸缘筒形件的拉深变形原理与一般圆筒形件是相同的，但由于带有凸缘（见图 6-21），其拉深方法及计算方法与一般圆筒形件有一定的差别。

1. 有凸缘筒形零件的拉深特点

有凸缘拉深件可以看成是一般圆筒形件在拉深未结束时的半成品，即只将毛坯外径拉深到等于法兰边（即凸缘）直径 d_f 时拉深过程就结束，因此，其变形区的应力状态和变形特点应与圆筒形件相同。图 6-22 所示为圆筒件拉深过程

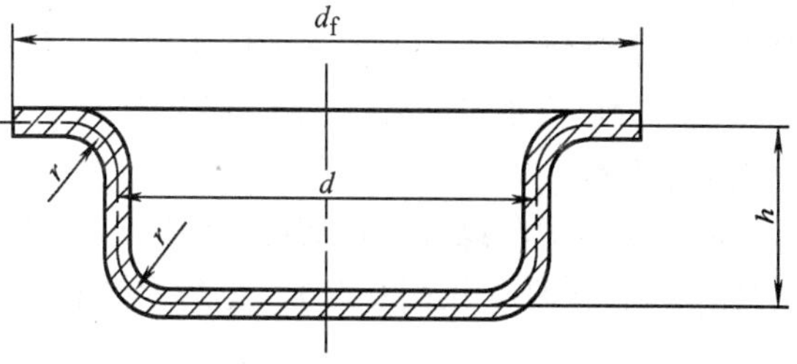

图 6-21　凸缘件毛坯的计算

中不同时刻毛坯的形状和尺寸，以及该瞬时在拉深力—行程关系曲线上的位置。凸缘件的拉深相当于图中的 A、B、C 和 D 的状态。

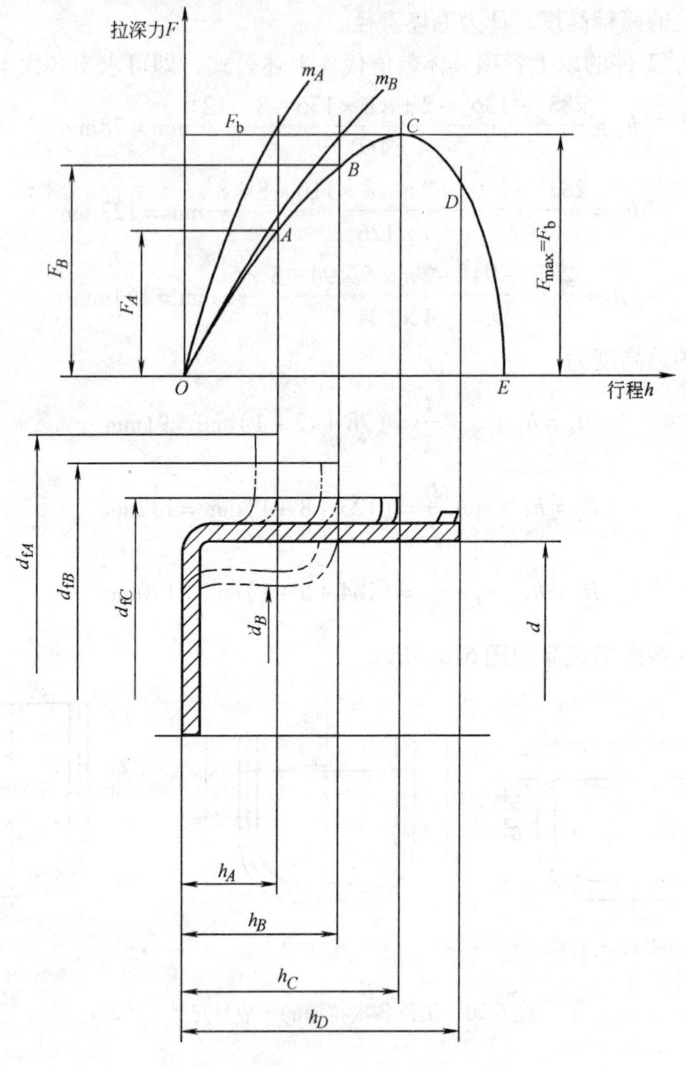

图 6-22　有凸缘圆筒形件的拉深过程

根据凸缘的相对直径 d_f/d 值的不同，凸缘筒形件可分为窄凸缘筒形件（$d_f/d=1.1\sim1.4$）和宽凸缘筒形件（$d_f/d>1.4$）。窄凸缘件拉深时的工艺计算完全按一般圆筒形零件的计算方法，若 h/d 大于一次拉深的许用值时，只在倒数第二道工序才拉出凸缘或者拉成锥形凸缘，最后校正成水平凸缘，如图 6-23 所示。若 h/d 较小，则第一次可拉成锥形凸缘，后校正成水平凸缘。

下面着重对宽凸缘件的拉深进行分析，主要介绍其与直壁圆筒形件的不同点。

当 $r_p=r_d=r$ 时（见图 6-21），宽凸缘件毛坯直径的计算公式为

$$D=\sqrt{d_f^2+4dh-3.44dr} \tag{6-9}$$

根据拉深系数的定义，宽凸缘件总的拉深系数仍可表示为

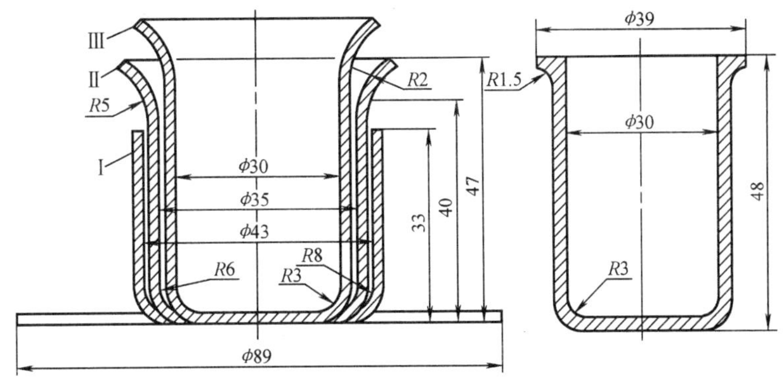

图 6-23　小凸缘件拉深

$$m=\frac{d}{D}=\frac{1}{\sqrt{(d_f/d)^2+4h/d-3.44r/d}} \tag{6-10}$$

式中，D 为毛坯直径（mm）；d_f 为凸缘直径（mm）；d 为筒部直径（中径）（mm）；r 为底部和凸缘部的圆角半径（当材料厚度大于 1mm 时，r 值按中线尺寸计算）。

由上式可知，凸缘件的拉深系数决定于三个尺寸因素：相对凸缘直径 d_f/d、相对拉深高度 h/d 和相对圆角半径 r/d。其中，d_f/d 的影响最大，r/d 的影响最小。

对于两个圆筒形工件，只要它们的总拉深系数相同，就表示它们的变形程度相同。这个原则对于宽凸缘件是否仍然成立可从图 6-22 来分析。该图表示用直径为 D 的毛坯拉深直径为 d、高为 h 的圆筒形工件的变形过程，F_b 表示危险断面的强度。设图中的 A、B 两种状态即为所求的宽凸缘零件，两者的高度及凸缘直径不同，但筒部的直径相同，即两者的拉深系数完全相同（$m=d/D$）。很明显，B 状态时的变形程度比 A 状态时的要大。因拉深 A 状态时，毛坯外边的切向收缩变形为 $(D-d_{fA})/D$，B 时是 $(D-d_{fB})/D$，而 $d_{fB}<d_{fA}$，所以拉深 B 时有较多的材料被拉入凹模，即 B 状态时的变形程度大于 A 状态。这说明对于宽凸缘件，不能就拉深系数的大小来判断变形程度的大小。

由于宽凸缘拉深时材料并没有被全部拉入凹模，因此，同无凸缘圆形件相比这种拉深的特点是：

（1）宽凸缘件的拉深变形程度不能用拉深系数来衡量。

（2）宽凸缘件的首次极限拉深系数比圆筒件要小。这点可利用图 6-22 来分析。拉深到 B 瞬时的凸缘件拉深结束时变形力为 F_B。从图中看出，该力比危险断面处的承载能力 F_b 要小，说明材料的塑性未被充分利用，还允许产生更大的塑性变形，因而第一次可采用小于 d 的直径进行拉深，如采用 d_B 拉深，因 $d_B<d$，这时的极限拉深系数为 $m_B=d_B/D$，小于拉深圆筒件的拉深系数。

（3）宽凸缘件的首次极限拉深系数值与工件的相对凸缘直径 d_f/d 有关。

由式（6-10）可知，d_f/d 越大，则极限拉深系数越小。这点也可从图 6-22 来分析。当用相同直径的毛坯来拉深 d_f/d 大的工件时（如图中的 A 点），在拉深结束时其变形力 F_A 比 B 点还要小，与危险断面处的承载能力相差更多，故可采用比 m_B 还小的拉深系数 m_A 来拉深，即拉深的直径比 B 点的 d_B 还小。

由此可看出，宽凸缘件的首次极限拉深系数不能仅根据 d_f/d 的大小来选用，还应考虑毛坯的相对厚度，如表 6-11 所示。

表 6-11　凸缘件的第一次拉深系数（适用于 08 钢、10 钢）

凸缘相对直径 d_f/d	毛坯相对厚度 t/D（%）				
	>0.06～0.2	>0.2～0.5	>0.5～1	>1～1.5	>1.5
≤1.1	0.59	0.57	0.55	0.53	0.50
>1.1～1.3	0.55	0.54	0.53	0.51	0.49
>1.3～1.5	0.52	0.51	0.50	0.49	0.47
>1.5～1.8	0.48	0.48	0.47	0.46	0.45
>1.8～2.0	0.45	0.45	0.44	0.43	0.42
>2.0～2.2	0.42	0.42	0.42	0.41	0.40
>2.2～2.5	0.38	0.38	0.38	0.38	0.37
>2.5～2.8	0.35	0.35	0.34	0.34	0.33
>2.8～3.0	0.33	0.33	0.32	0.32	0.31

由表 6-11 可见，当 $d_f/d<1.1$ 时，有凸缘筒形件的极限拉深系数与无凸缘圆筒形件的基本相同。随着 d_f/d 的增加，拉深系数减小，到 $d_f/d=3$ 时，拉深系数为 0.33，但这并不意味着拉深变形程度很大。因为此时 $d_f/d=3$，即 $d_f=3d$，而根据拉深系数又可得出 $D=d/0.33=3d$，二者相比较即可得出 $d_f=D$，说明凸缘直径与毛坯直径相同，毛坯外径不收缩，零件的筒部是靠局部变形而成形，此时已不再是拉深变形了，变形的性质已经发生变化。

当凸缘件总的拉深系数一定，即毛坯直径 D 一定，工件直径一定时，用同一直径的毛坯能够拉出多个具有不同 d_f/d 和 h/d 的工件，但这些零件的 d_f/d 和 h/d 值之间要受总拉深系数的制约，其相互间的关系是一定的。d_f/d 大则 h/d 小，d_f/d 小则 h/d 大。因此，也常用 h/d 来表示第一次拉深时的极限变形程度，如图 6-22 所示。如果工件的 d_f/d 和 h/d 都大，则毛坯的变形区就宽，拉深难度就大，一次不能拉出工件，只有进行多次拉深才行。

2. 宽凸缘圆筒形工件的工艺计算要点

（1）毛坯尺寸的计算。毛坯尺寸的计算仍按等面积原理进行，参考无凸缘筒形工件毛坯的计算方法计算，毛坯直径的计算公式见式（6-9），其中 d_f 要考虑修边余量 Δ，其值可查表 6-6。

（2）判别工件能否一次拉成。这只需分别比较工件的总拉深系数与第一次拉深的极限拉深系数以及工件的相对高度 h/d 与极限拉深相对高度即可。当 $m_{总}>m_1$，$h/d<h_1/d_1$ 时，可一次拉成，否则应进行多次拉深。

凸缘件多次拉深成形的原则如下：按表 6-11 的极限拉深系数或表 6-12 的极限拉深高度，第一次就把毛坯拉到凸缘直径等于工件所要求的直径 d_f（包括修边量）的中间过渡形状，并在以后的各次拉深中保持 d_f 不变，仅使已拉成的中间毛坯直筒部分参加变形，直至拉成所需工件为止。

凸缘件在多次拉深成形过程中特别需要注意的是：d_f 一经形成，在后续的拉深中就不能变动。因为后续拉深时，d_f 的微量缩小也会使中间圆筒部分的拉应力过大而使危险断面破裂。为此，必须正确计算拉深高度，严格控制凸模进入凹模的深度。除此之外，在设计模具时，通常在第一次拉深时使拉入凹模的表面积多于实际所需的面积3%～5%（有时可增加到10%），即筒形部的深度比实际的要大些。这部分多拉进的材料从第二次开始以后的拉深中逐步分次返回到凸缘上来。这样做既可以防止筒部被拉破，也能补偿计算上的误差和板材在拉深中的厚度变化，还能方便试模时的调整。返回到凸缘的材料会使筒口处的凸缘变厚或形成微小的波纹，但能保持 d_f 不变，不影响工件的质量，而且可通过校正工序得到校正。

表6-12　凸缘件第一次拉深的最大相对高度 *h/d*（适用于08钢、10钢）

拉深系数 m	毛坯的相对厚度 t/D（%）				
	2.0～0.5	1.5～1.0	1.0～0.6	0.6～0.3	0.3～0.15
m_1	0.73	0.75	0.76	0.78	0.80
m_2	0.75	0.78	0.79	0.80	0.82
m_3	0.78	0.80	0.82	0.83	0.84
m_4	0.80	0.82	0.84	0.85	0.86

注：较大值适用于零件圆角半径较大的情况，即 r_d、r_p 为（10～20）t。较小值适用于零件圆角半径较小的情况，即 r_d、r_p 为（4～8）t。

（3）拉深次数和半成品尺寸的计算。凸缘件进行多道工序拉深时，第一道工序拉深后得到的半成品尺寸，在保证凸缘直径满足要求的前提下，其筒部直径 d_1 应尽可能小，以减少拉深次数，同时又能尽量多地将板料拉入凹模。

宽凸缘件的拉深次数仍可用推算法求出。具体的做法：先假定 d_f/d 的值，由相对料厚从表6-11中查出第一次拉深系数 m_1，据此求出 d_1，进而求出 h_1，并根据表6-12的最大相对高度验算 m_1 的正确性。若验算合格，则以后各次的半成品直径可以按一般圆筒件多次拉深的方法，根据表6-13中的拉深系数值进行计算，即第 n 次拉深后的直径为

$$d_n = m_n d_{n-1} \tag{6-11}$$

式中，d_n 为第 n 次拉深系数，可由表6-13查得；d_{n-1} 为第（$n-1$）次拉深的筒部直径（mm）。

当计算到 $d_n = d$ 时，总的拉深次数 n 就确定了。若验算不合格，则重复上述步骤。

表6-13　凸缘件后续各次的拉深系数（适用于08钢、10钢）

拉深系数 m	毛坯的相对厚度 t/D（%）				
	2.0～0.5	1.5～1.0	1.0～0.6	0.6～0.3	0.3～0.15
m_1	0.73	0.75	0.76	0.78	0.80
m_2	0.75	0.78	0.79	0.80	0.82
m_3	0.78	0.80	0.82	0.83	0.84
m_4	0.80	0.82	0.84	0.85	0.86

各次拉深后的筒部高度可按下式计算：

$$h_n = \frac{0.25}{d_n}(D_n^2 - d_f^2) + 0.43(r_{pn} + r_{dn}) + \frac{0.14}{d_n}(r_{pn}^2 - r_{dn}^2) \tag{6-12}$$

式中，D_n 为考虑每次多拉入筒部的材料量后求得的假想毛坯直径；d_f 为工件凸缘直径（包括修边量）；d_n 为第 n 次拉深后的工件直径；r_{pn} 为第 n 次拉深后侧壁与底部的圆角半径；r_{dn} 为 n 次拉深后凸缘与筒部的圆角半径。

3. 宽凸缘工件的拉深方法

宽凸缘件的拉深方法有两种：一种是中小型（d_f≤200mm）料薄的工件，通常靠减小筒形直径，增加高度来达到尺寸要求，即圆角半径 r_p 及 r_d 在首次拉深时就与 d_f 一起成形到工件的尺寸，在后续的拉深过程中基本保持不变，如图 6-24a 所示。这种方法拉深时不易起皱，但制成的工件表面质量较差，容易在直壁部分和凸缘上残留中间工序形成的圆角部分弯曲和厚度局部变化的痕迹，所以最后应增加一道压力较大的整形工序。

另一种方法如图 6-24b 所示。常用在 d_f >200mm 的大型拉深件中。工件的高度在第一次拉深时就基本形成，在以后的整个拉深过程中基本保持不变，通过减小圆角半径 r_p 及 r_d，逐渐缩小筒形部分的直径来成形工件，此法对厚料更为合适。用本法制成的零件表面光滑平整，厚度均匀，不存在中间工序中圆角部分的弯曲与局部变薄的痕迹。但在第一次拉深时，因圆角半径较大，容易发生起皱，当零件底部圆角半径较小，或者对凸缘有不平度要求时，也需要在最后增加一道整形工序。实际生产中往往将上述两种方法综合起来应用。

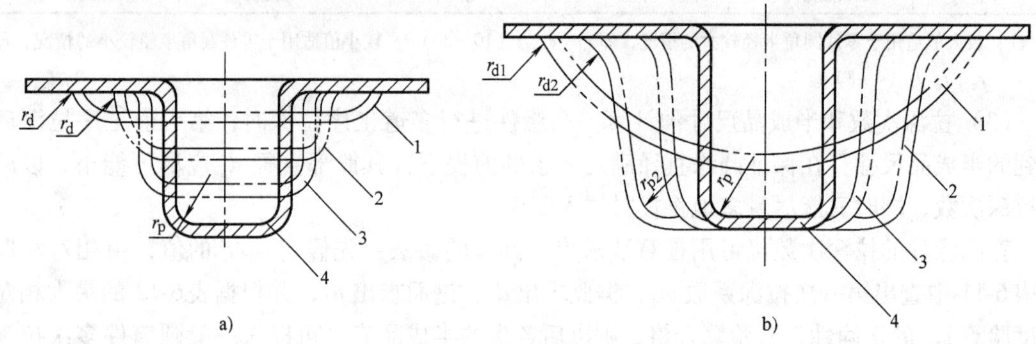

图 6-24　宽凸缘件的拉深方法

6.4.5　阶梯圆筒形件的拉深

阶梯圆筒形件（见图 6-25）从形状来说相当于若干个直壁圆筒形件的组合，因此它的拉深同直壁圆筒形件的拉深基本相似，每一个阶梯的拉深即相当于相应的圆筒形件的拉深。但由于其形状相对复杂，因此，拉深工艺的设计与直壁圆筒形件有较大的差别，主要表现为拉深次数和拉深方法不同。

1. 拉深次数的确定

判断阶梯形件能否一次拉成，主要根据零件的总高度与其最小阶梯筒部的直径之比，是否小于相应圆筒形件第一次拉深所允许的相对高度，即

$$\frac{h_1+h_2+h_3+\cdots+h_n}{d_n}\leqslant\frac{h}{d_n} \tag{6-13}$$

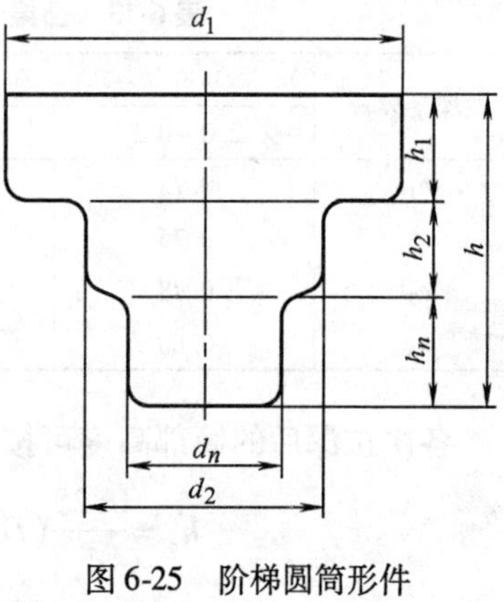

图 6-25　阶梯圆筒形件

式中，$h_1+h_2+h_3+\cdots+h_n$ 为各个阶梯的高度（mm）；

d_n 为最小阶梯筒部的直径（mm）；h 为直径为 d_n 的圆筒形件第一次拉深时可能得到的最大高度（mm）；h/d_n 为第一次拉深允许的相对高度，可由表 6-12 查出。

若上述条件不能满足，则该阶梯件需多次拉深。

2. 拉深方法的确定

常用的阶梯形件的拉深方法有如下几种：

（1）若任意两个相邻阶梯的直径比 d_n/d_{n-1} 都大于或等于相应的圆筒形件的极限拉深系数（表 6-8），则先从大的阶梯开始拉深，每次拉深一个阶梯，逐一拉深到最小的阶梯，如图 6-26 所示。阶梯数也就是拉深次数。

（2）相邻两阶梯直径 d_n/d_{n-1} 之比小于相应的圆筒形件的极限拉深系数，则按带凸缘圆筒形件的拉深进行，先拉小直径 d_n，再拉大直径 d_{n-1}，即由小阶梯拉深到大阶梯，如图 6-27 所示。图中 d_2/d_1 小于相应的圆筒形件的极限拉深系数，故先拉深 d_2，再用工序Ⅴ拉深 d_1。

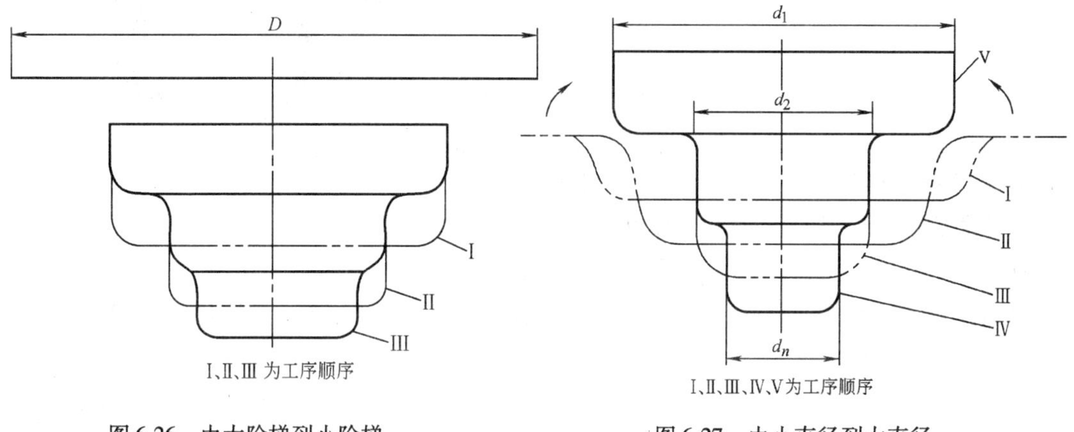

图 6-26　由大阶梯到小阶梯

图 6-27　由小直径到大直径

（3）若最小阶梯直径 d_n 过小，即 d_n/d_{n-1} 过小，h_n 又不大时，最小阶梯可用胀形法得到。

（4）若阶梯形件较浅，且每个阶梯的高度不大，但相邻阶梯直径相差较大不能一次拉成形时，可先拉成球形或带有大圆角的筒形，最后通过整形得到所需工件，如图 6-28 所示。

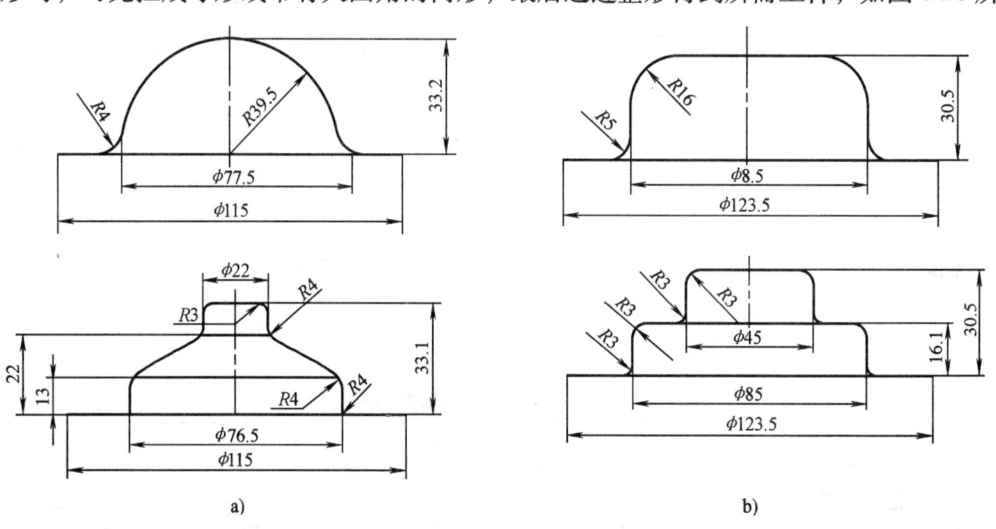

图 6-28　浅阶梯形件的拉深方法

a）球面形状　b）大圆角形状

6.5 拉深模工作部分结构参数确定

拉深模工作部分的尺寸指的是凹模圆角半径 r_d、凸模圆角半径 r_p、凸模与凹模的间隙 c、凸模直径 D_p、凹模直径 D_d 等，如图6-29所示。

1. 凹模圆角半径 r_d

拉深时，材料在经过凹模圆角时不仅因为发生弯曲变形需要克服弯曲阻力，还要克服因相对流动引起的摩擦阻力，所以凹模圆角的大小对拉深工作的影响非常大。

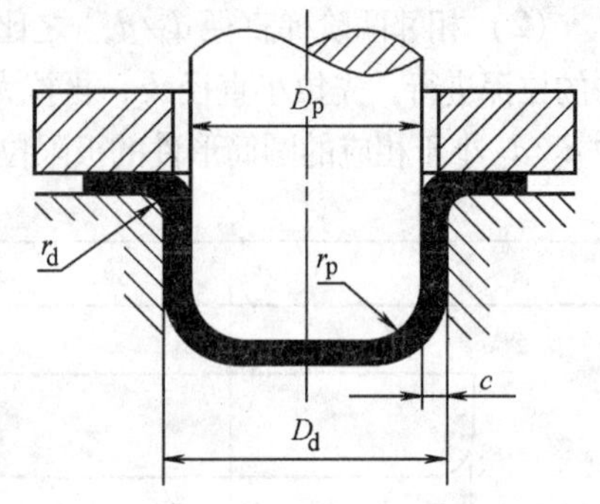

图6-29 拉深模工作部分的尺寸

（1）拉深力的大小。r_d 较小时，材料流过凹模时产生较大的弯曲变形，需承受较大的弯曲变形阻力，此时凹模圆角对板料施加的厚向压力加大，引起摩擦力增加。当弯曲后的材料被拉入凸、凹模间隙进行校直时，又会使反向弯曲的校直力增加，从而使筒壁内总的变形抗力增大，拉深力增加，变薄严重，甚至在危险断面处拉破。在这种情况下，材料变形受限制，必须采用较大的拉深系数。

（2）拉深件的质量。当 r_d 过小时，坯料在滑过凹模圆角时容易被刮伤，使工件表面受损。而当 r_d 太大时，拉深初期毛坯没有与模具表面接触的宽度加大（图6-30），由于这部分材料不受压边力的作用，因而容易起皱。在拉深后期毛坯外边缘也会因过早脱离压边圈的作用而起皱，使拉深件质量不好，在侧壁下部和口部形成皱褶。尤其当毛坯的相对厚度小时，这个现象更严重。在这种情况下，也不宜采用大的变形。

（3）拉深模的寿命。r_d 较小时，材料对凹模的压力增加，摩擦力增大，磨损加剧，使模具的寿命降低。所以，r_d 的值既不能太大也不能太小。在生产上一般应尽量避免采用过小的凹模圆角半径，在保证工件质量的前提下尽量取大值，以满足模具寿命的要求。通常可按经验公式计算：

$$r_d = 0.8\sqrt{(D-d)t} \tag{6-14}$$

式中，D 为毛坯直径或上道工序拉深件直径（mm）；d 为本道工序拉深后的直径（mm）。

首次拉深的 r_d 可按表6-14选取。

后续各次拉深时 r_d 应逐步减小，其值可按关系式 $r_{dn}=(0.6\sim0.8)\,r_{d(n-1)}$ 确定，但应大于或等于 $2t$。若其值小于 $2t$，一般很难拉出，只能靠拉深后整形得到所需工件。

表6-14 首次拉深的凹模圆角半径 r_d

	t/mm				
	2.0～1.5	1.5～1.0	1.0～0.6	0.6～0.3	0.3～0.1
无凸缘拉深	(4～7) t	(5～8) t	(6～9) t	(7～10) t	(8～13) t
有凸缘拉深	(6～10) t	(8～13) t	(10～16) t	(12～18) t	(15～22) t

注：表中数据当材料性能好，且润滑好时可适当减小。

2. 凸模圆角半径 r_p

凸模圆角半径对拉深工序的影响没有凹模圆角半径大，但其值也必须合适。r_p 太小，拉深初期毛坯在 r_p 处弯曲变形大，危险断面受拉力增大，工件易产生局部变薄或拉裂，且局部变薄和弯曲变形的痕迹在后续拉深时将会遗留在工件的侧壁上，影响工件质量。而且多工序拉深时，由于后续工序的压边圈圆角半径应等于前道工序的凸模圆角半径，所以当 r_p 过小时，在以后的拉深工序中毛坯沿压边圈滑动的阻力会增大，这对拉深过程是不利的。因而，凸模圆角半径不能太小。若凸模圆角半径 r_p 过大，会使 r_p 处材料在拉深初期不与凸模表面接触，易产生底部变薄和内皱，如图 6-30 所示。

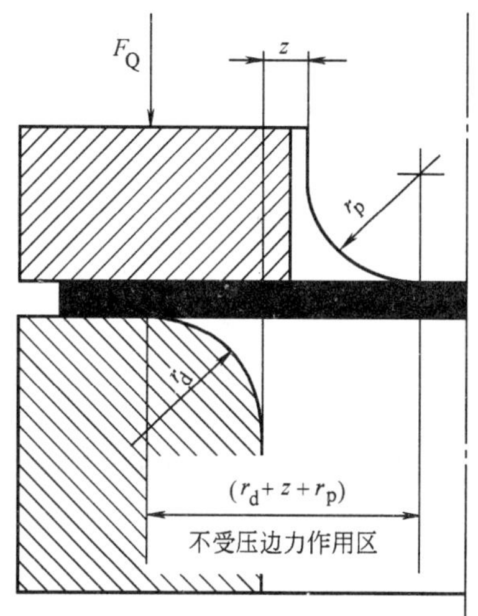

图 6-30　拉深初期毛坯与凸模、凹模的位置关系

一般首次拉深时凸模的圆角半径为

$$r_p = (0.7 \sim 1.0)\ r_d$$

以后各次 r_p 可取为各次拉深中直径减小量的一半，即

$$r_{p(n-1)} = \frac{d_{n-1} - d_n - 2t}{2} \tag{6-15}$$

式中，$r_{p(n-1)}$ 为本道工序拉深的凸模圆角半径；d_{n-1} 为本道工序拉深直径；d_n 为下道工序拉深的工件直径。

最后一次拉深时 r_{pn} 应等于工件的内圆角半径，即

$$r_{pn} = r_{工件}$$

但 r_{pn} 不得小于材料厚度。如必须获得较小的圆角半径时，最后一次拉深时仍取 $r_{pn} > r_{工件}$，拉深结束后再增加一道整形工序，以得到 $r_{工件}$。

3. 凸模和凹模的间隙 c

拉深模间隙是指单面间隙。间隙的大小对拉深力、拉深件的质量、拉深模的寿命都有影响。若 c 值太小，凸缘区变厚的材料通过间隙时，校直与变形的阻力增加，与模具表面间的摩擦、磨损严重，使拉深力增加，工件变薄严重，甚至拉破，模具寿命降低。相对来说，间隙小时得到的工件侧壁平直而光滑，质量较好，精度较高。

间隙过大时，对毛坯的校直和挤压作用减小，拉深力降低，模具的寿命提高，但工件的质量变差，冲出的工件侧壁不直。

因此，拉深模的间隙值应当合适，确定 c 时要考虑压边状况、拉深次数和工件精度等。其原则是：既要考虑板料本身的公差，又要考虑板料的增厚现象，间隙一般都比毛坯厚度略大一些。采用压边拉深时，c 值可按下式计算

$$c = t_{max} + Kt \tag{6-16}$$

式中，K 为考虑材料变厚，为减少摩擦而增大间隙的系数，可查表 6-15；t 为材料的名义厚度，t_{max} 为材料的最大厚度，$t_{max} = t + \delta$，其中 δ 为材料的上偏差。

不用压边圈拉深时，考虑到起皱的可能性取间隙值为

$$c = (1 \sim 1.1)t_{max}$$

式中，较小的数值用于末次拉深或精密拉深件，较大的值用于中间拉深或精度要求不高的拉深件。

在用压边圈拉深时，间隙数值也可以按表 6-16 取值。

表 6-15　增大间隙的系数 K

拉深工序		材料厚度/mm		
		0.5~2	2~4	4~6
1	第一次	0.2/0.1	0.1/0.08	0.1/0.06
2	第一次 第二次	0.3 0.1	0.25 0.1	0.2 0.1
3	第一次 第二次 第三次	0.5 0.3 0.1/0.08	0.4 0.25 0.1/0.06	0.35 0.2 0.1/0.05
4	第一、二、三次	0.5	0.4	0.35
	第四次	0.1/0	0.1/0	0.1/0
5	第一、二、三次 第四次 第五次	0.5 0.3 0.1/0.8	0.4 0.25 0.1/0.06	0.35 0.2 0.1/0.05

注：表中数值适用于一般精度（自由公差）工件的拉深。其中，相对较小的数值适用于精密零件（IT10~IT12 级）的拉深。

表 6-16　有压边时的单向间隙 c

总拉深次数	拉深工序	单边间隙	总拉深次数	拉深工序	单边间隙
1	第一次拉深	（1~1.1）t	4	第一、二次拉深	1.2t
2	第一次拉深	1.1t		第三次拉深	1.1t
	第二次拉深	（1~1.05）t		第四次拉深	（1~1.05）t
3	第一次拉深 第二次拉深 第三次拉深	1.2t 1.1t （1~1.05）t	5	第一、二、三次拉深 第四次拉深 第五次拉深	1.2t 1.1t （1~1.05）t

注：1. t 为材料厚度，取材料允许偏差的中间值。

2. 当拉深精密工件时，最末一次拉深间隙取 $c=t$。

对精度要求高的工件，为了使拉深后回弹小，表面光洁，常采用负间隙拉深，其间隙值为 $c=$（0.9~0.95）t，c 处于材料的名义厚度和最小厚度之间。采用较小间隙时拉深力比一般情况要增大20%，故这时拉深系数应加大。当拉深相对高度 $h/d<0.15$ 的工件时，为了克服回弹应采用负间隙。

4. 凸模、凹模的尺寸及公差

工件的尺寸精度由末次拉深的凸、凹模的尺寸及公差决定，因此除最后一道工序拉深模的尺寸公差需要考虑外，对首道及中间各道工序的模具尺寸公差和半成品尺寸公差没有必要作严格限制，模具的尺寸只需等于毛坯的过渡尺寸即可。如以凹模为基准时，凹模尺寸为：$D_{d}=D^{+0}_{\delta_{d}}$

凸模尺寸为

$$D_{p}=(D-2c)^{\ 0}_{-\delta_{p}}$$

式中，D_{d}、D_{p} 分别为凹模、凸模的尺寸；D 为拉深件外径尺寸；δ_{d}、δ_{p} 分别为凹、凸模制造公差；c 为拉深模间隙。

对于最后一道拉深工序，拉深凹模及凸模的尺寸和公差应按工件的要求来确定。

当工件的外形尺寸及公差有要求时（见图 6-31a），以凹模为基准。先确定凹模尺寸，

因凹模尺寸在拉深中随磨损的增加而逐渐变大，故凹模尺寸开始时应取小些。其值为

$$D_d = (D - 0.75\Delta)^{+\delta_d}_{0} \tag{6-17}$$

凸模尺寸为

$$D_p = (D - 0.75\Delta - 2c)^{0}_{-\delta_p} \tag{6-18}$$

当工件的内形尺寸及公差有要求时（见图6-31b），以凸模为基准，先定凸模尺寸。考虑到凸模基本不磨损，以及工件的回弹情况，凸模的开始尺寸不要取得过大。其值为

$$D_p = (d + 0.4\Delta)^{0}_{-\delta_p} \tag{6-19}$$

凹模尺寸为

$$D_d = (d + 0.4\Delta + 2c)^{+\delta_d}_{0} \tag{6-20}$$

式中，Δ 为拉深件的公差。

凸、凹模的制造公差 δ_p 和 δ_d 可根据工件的公差来选定。工件公差为 IT13 级以上时，δ_p 和 δ_d 可按 IT6 ~ IT8 级取，工件公差在 IT14 级以下时，δ_p 和 δ_d 按 IT10 级取。

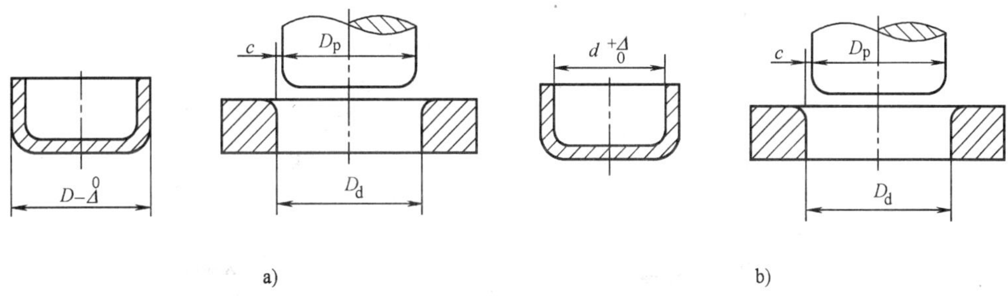

图6-31　拉深工件尺寸与模具尺寸

a）外形有要求时　b）内形有要求时

5. 凸、凹模的结构形式

拉深凸模与凹模的结构形式取决于工件的形状、尺寸以及拉深方法、拉深次数等工艺要求，不同的结构形式对拉深的变形情况、变形程度及产品的质量均有不同的影响。

当毛坯的相对厚度较大，不易起皱，不需用压边圈压边时，应采用锥形凹模（见图6-32）。这种模具在拉深的初期就使毛坯呈曲面形状，因而较平端面拉深凹模具有更大的抗失稳能力，故可以采用更小的拉深系数进行拉深。

当毛坯的相对厚度较小，必须采用压边圈进行多次拉深时，应该采用图6-32所示的模具结构。图6-32a所示的凸、凹模具有圆角结构，用于拉深直径 $d \leqslant 100$mm 的拉深件。图6-32b中凸、凹模具有斜角结构，用于拉深直径 $d \leqslant 100$mm 的拉深件。

这种有斜角的凸模和凹模，除具有改善金属的流动性，减少变形抗力，材料不易变薄等一般锥形凹模的特点外，还可减轻毛坯反复弯曲变形的程度，提高零件侧壁的质量，使毛坯在下次工序中容易定位。不论采用哪种结构，均需注意前后两道工序的冲模在形状和尺寸上的协调，使前道工序得到的半成品形状有利于后道工序的成形。比如压边圈的形状和尺寸应与前道工序凸模的相应部分相同，拉深凹模的锥面角度也要与前道工序凸模的斜角一致，前道工序凸模的锥顶径 d_1 应比后续工序凸模的直径 d_2 小，以避免毛坯在 A 部可能产生不必要的反复弯曲，使工件筒壁的质量变差等（见图6-33）。

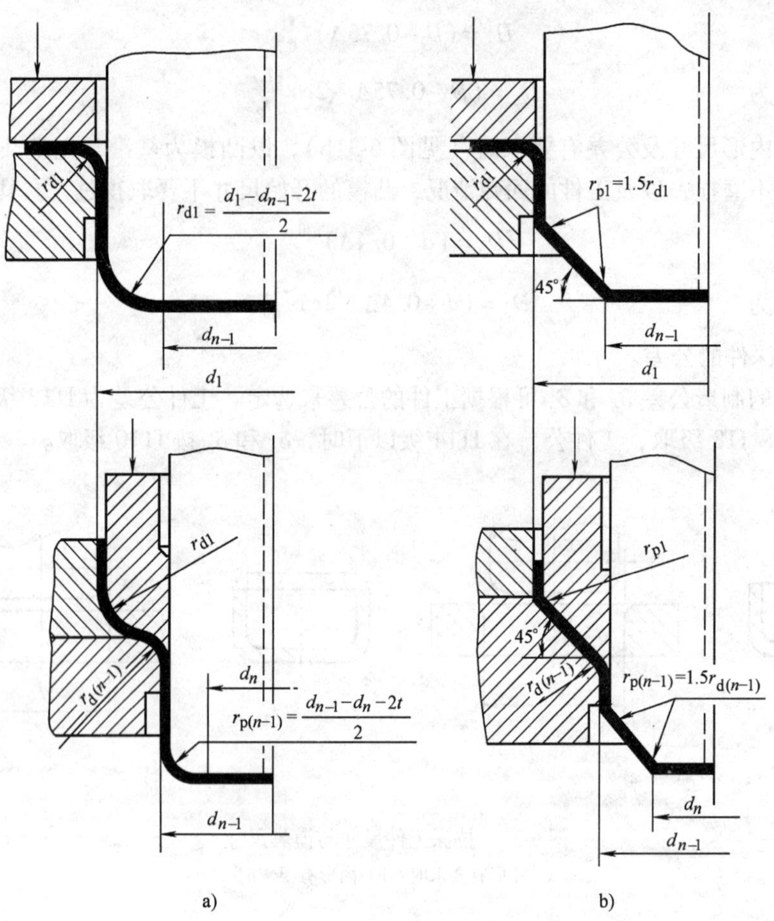

图 6-32　拉深模工作部分的结构

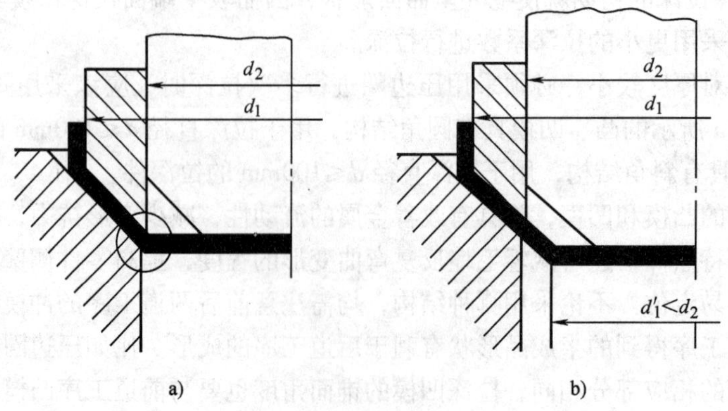

图 6-33　斜角尺寸的确定

为了使最后一道工序拉深后工件的底部平整，对于圆角结构的冲模，将其最后一道工序的拉深凸模圆角半径的圆心与倒数第二道工序的拉深凸模圆角半径的圆心位于同一条中心线上。对于斜角的冲模结构，则将倒数第二道工序（$n-1$道）凸模底部的斜线与最后一道工序的凸模圆角半径相切，如图6-34所示。

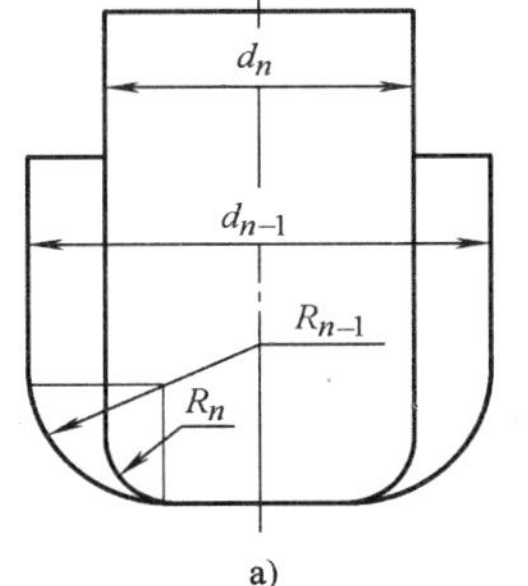

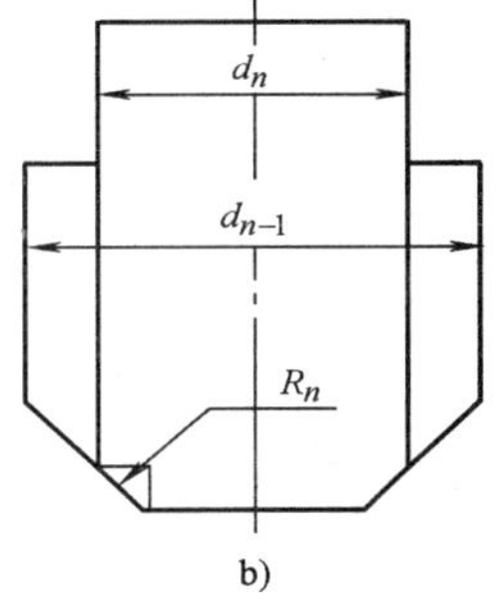

图6-34　最后工序拉深中毛坯底部尺寸的变化

凸模与凹模的锥角 α 对拉深有一定的影响。α 大对拉深变形有利，但 α 过大时相对厚度小的材料可能要引起皱纹，因而 α 的大小需根据材料的厚度确定。一般当材料厚度为0.5～1.0mm，$\alpha=30°\sim40°$；当材料厚度为1.0～2.0mm时，$\alpha=40°\sim50°$。

为了便于取出工件，拉深凸模应钻通气孔，其尺寸可查表6-17。

表6-17　通气孔尺寸

凸模直径/mm	～50	>50～100	>100～200	>200
出气孔直径 d/mm	5	6.5	8	9.5

6.6　拉深力计算

6.6.1　压边力计算

解决拉深工作中的起皱问题的主要方法是采用防皱压边圈。至于是否需要采用压边圈，可按表6-18的条件决定。

表6-18　采用或不采用压边圈的条件

拉深方法	第一次拉深		后续各次拉深	
	t/D（%）	m_1	t/D（%）	m_2
用压边圈	<1.5	<0.6	<1.0	<0.8
可用可不用	1.5～2.0	0.6	1.0～1.5	0.8
不用压边圈	>2.0	>0.6	>1.5	>0.8

压边力是为了防止毛坯起皱，保证拉深过程顺利进行而施加的力，它的大小对拉深影响很大。压边力的数值应适当，太小时防皱效果不好，太大时则会增加危险断面处的拉应力，引起拉裂破坏或严重变薄超差（见图6-35、图6-36）。在生产中，压边力都有一定的调节范围（见图6-36），其范围在最大压边力 F_{Qmax} 和最小压边力 F_{Qmin} 之间。当拉深系数小至接近极限拉深系数时，这个变动范围就小，压边力的变动对拉深的影响就显著。通常是使压边力 F_Q 稍大于防皱作用所需的最低值，并按下列公式进行计算。

总压边力
$$F_Q=Aq \tag{6-21}$$

式中，A 为在开始拉深瞬间不考虑凹模圆角时的压边面积（mm^2）。

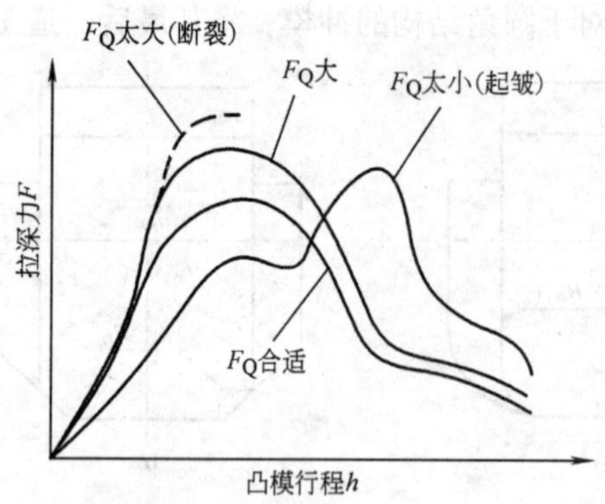

图 6-35　拉深力与压边力的关系

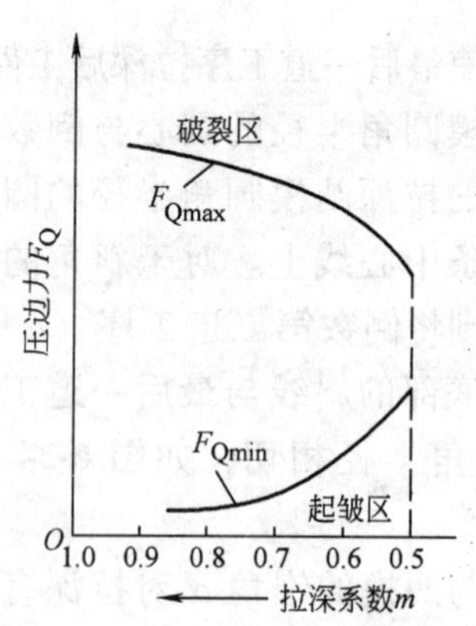

图 6-36　压边力对拉深的影响

筒形件第一次拉深时　　$F_Q = \pi/4[D^2 - (d_1 + 2r_d)^2]q$　　(6-22)

筒形件后续各道拉深时　　$F_{Qn} = \pi/4[d_{n-1}^2 - (d_n + 2r_d)^2]q$　　(6-23)

式中，q 为单位压边力（MPa），可按表 6-19 选用；d_1，…，d_n 为第一次及以后各次工件的外径（mm）；r_d 为凹模洞口的圆角半径（mm）。

表 6-19　单位压边力 q　　（单位：MPa）

材料名称		单位压边力 q	材料名称	单位压边力 q
铝		0.8～1.2	镀锡钢板	2.5～3.0
纯铜、硬铝（已退火）		1.2～1.8	高合金钢 不锈钢	3.0～4.5
黄铜		1.5～2.0		
软钢	$t<0.5$mm	2.5～3.0	高温合金	2.8～3.5
	$t>0.5$mm	2.0～2.5		

在生产中，一次拉深时的压边力 F_Q 也可按拉深力的 1/4 选取，即

$$F_Q = 0.25F_1 \tag{6-24}$$

拉深中凸缘起皱的规律与 σ_{1max} 的变化规律相似，如图 6-37 所示。起皱趋势最严重的时刻是毛坯外缘缩小到 $0.85R_0$ 时。理论上合理的压边力应随起皱趋势的变化而变化。当起皱严重时压边力应变大，起皱不严重时压边力就应随之减少。但要实现这种变化是很困难的。

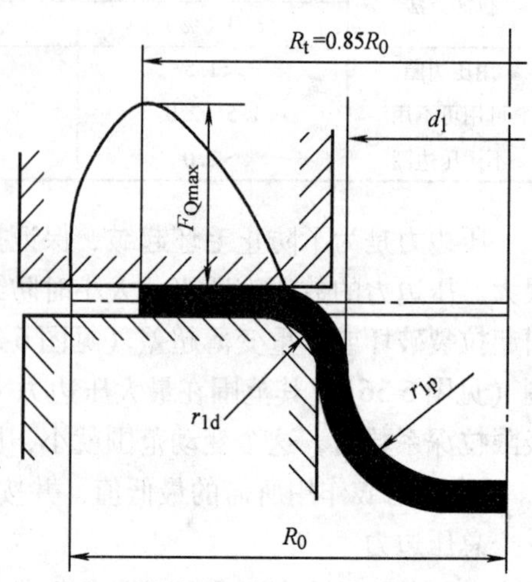

图 6-37　首次拉深压边力 F_Q 的变化

目前，生产实际中常用的压边装置有以下两大类：

1. 弹性压边装置

这种装置多用于普通压力机。通常有三种：橡皮压边装置（见图 6-38a）、弹簧压边装置（见图 6-38b）、气垫式压边装置（见图 6-38c）。这三种压边装置压边力的变化曲线如图 6-38d 所示。另外，氮气弹簧技术也逐渐在模具中被应用。

随着拉深深度的增加，需要压边的凸缘部分不断减少，故需要的压边力也就逐渐减小。从图 6-38d 可以看出橡皮及弹簧压边装置的压边力恰好与需要的相反，随拉深深度的增加而增加。因此，橡皮及弹簧结构通常只用于浅拉深。

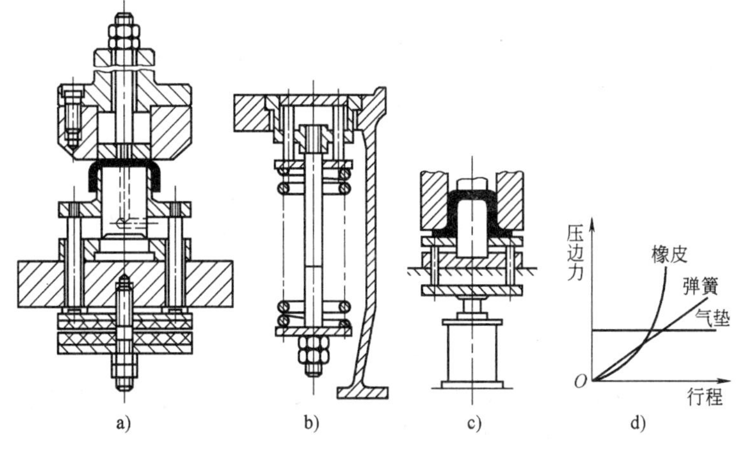

图 6-38　弹性压边装置

气垫式压边装置的压边效果较好，但也不是十分理想。它结构复杂，制造、使用及维修都比较困难。弹簧与橡皮压边装置虽有缺点，但结构简单，用于单动的中小型压力机还是很方便的。根据生产经验，只要正确地选择弹簧规格及橡皮的牌号和尺寸，就能尽量减少它们的不利方面，充分发挥它们的作用。

当拉深行程较大时，应选择总压缩最大、压边力随压缩量缓慢增加的弹簧。橡皮应选用软橡皮（冲裁卸料是用硬橡皮）。橡皮的压边力随压缩量增加很快，因此橡皮的总厚度应选大些，以保证相对压缩量不致过大。建议所选取的橡皮总厚度不小于拉深行程的 5 倍。

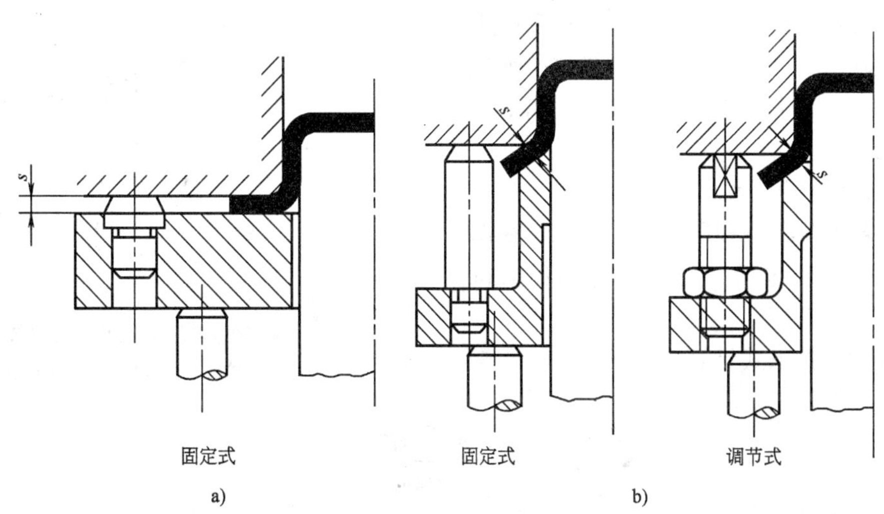

图 6-39　有限位装置的压边装置

a）第一次拉深　b）后续拉深

在拉深宽凸缘件时，为了克服弹簧和橡皮的缺点，可采用图 6-39 所示的限位装置（定位销、柱销或螺栓），使压边圈和凹模间始终保持一定的距离 s。拉深钢件时，$s=1.2t$；拉深铝合金件时，$s=1.1t$；拉深带凸缘工件时，$s=t+(0.05\sim1)\text{mm}$。

2. 刚性压边装置

这种装置的特点是压边力不随行程变化，拉深效果较好，且模具结构简单。这种结构用于双动压力机，凸模装在压力机的内滑块上，压边装置装在外滑块上。

6.6.2 拉深力计算

从理论上计算拉深力在前面已推导过，但它使用不便，生产中常用经验公式计算拉深力。圆筒形工件采用压边拉深时可用下式计算拉深力：

第一次拉深 $$F_1=\pi d_1 t\sigma_b k_1 \tag{6-25}$$

第二次拉深以后 $$F_n=\pi d_n t\sigma_b k_n \tag{6-26}$$

式中，σ_b 为材料的抗拉强度；k_1，k_2 为系数，可查表 6-20。

表 6-20 修正系数 k_1，λ_1，k_2，λ_2

拉深系数 m_1	0.55	0.57	0.60	0.62	0.65	0.77	0.70	0.72	0.75	0.75	0.80	—	—	—
修正系数 k_1	1.00	0.93	0.86	0.79	0.72	0.66	0.60	0.55	0.50	0.45	0.40	—	—	—
系数 λ_1	0.80	—	0.77	—	0.74	—	0.70	—	0.67	—	0.64	—	—	—
拉深系数 m_2	—	—	—	—	—	—	0.70	0.72	0.75	0.77	0.80	0.85	0.90	0.95
修正系数 k_2	—	—	—	—	—	—	1.00	0.95	0.90	0.85	0.80	0.70	0.60	0.50
系数 λ_2	—	—	—	—	—	—	0.80	—	0.80	—	0.75	—	0.70	—

6.6.3 拉深功计算

当拉深行程较大，特别是进行落料、拉深复合模时，不能简单地将落料力与拉深力叠加起来选择压力机，因为压力机的公称压力是指在接近下止点时的压力机压力。所以，应该注意压力机的压力曲线。否则很可能由于过早地出现最大冲压力而使压力机超载损坏（见图 6-40）。一般可按下式作概略计算：

浅拉深时 $\sum F\leqslant(0.7\sim0.8)F_0$

深拉深时 $\sum F\leqslant(0.5\sim0.6)F_0$

式中，$\sum F$ 为拉深力和压边力的总和，在用复合冲压时，还包括其他力；F_0 为压力机的公称压力。

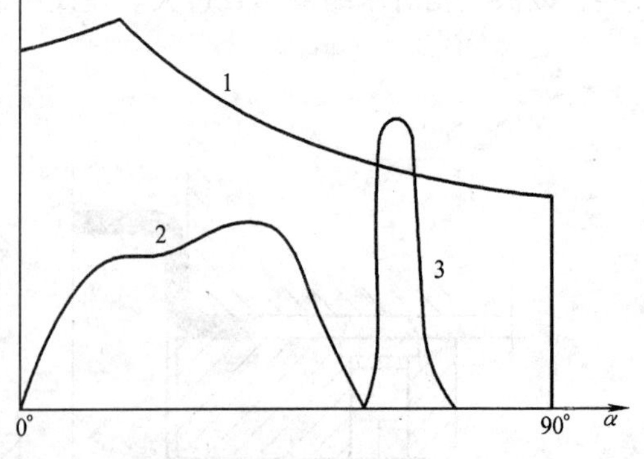

图 6-40 拉深力与压力机的压力曲线

1—压力机的压力曲线 2—拉深力 3—落料力

拉深功可按下式计算：

第一次拉深

$$A_1=\frac{\lambda_1 F_{1\max} h_1}{1000} \tag{6-27}$$

后续各次拉深

$$A_n=\frac{\lambda_2 F_{n\max} h_n}{1000} \tag{6-28}$$

式中，$F_{1\max}$，$F_{n\max}$为第一次和以后各次拉深的最大拉深力（N）；λ_1，λ_2为平均变形力与最大变形力的比值，见表6-20；h_1，h_n为第一次和以后各次的拉深高度（mm）。

拉深所需压力机的电动机功率为

$$P=\frac{A\xi n}{60\times75\times\eta_1\eta_2\times1.36\times10} \tag{6-29}$$

式中，P为电动机功率（kW）；A为拉深功（N·m）；ξ为不均衡系数，取$\xi=1.2\sim1.4$；η_1，η_2为压力机效率、电动机效率，取$\eta_1=0.6\sim0.8$，$\eta_2=0.9\sim0.95$；n为压力机每分钟的行程次数。

若所选压力机的电动机功率小于计算值，则应另选功率较大的压力机。

6.7 拉深模典型结构

拉深模结构相对较简单。根据拉深模使用的压力机类型不同，拉深模可分为单动压力机用拉深模和双动压力机用拉深模；根据拉深顺序可分为首次拉深模和以后各次拉深模；根据工序组合可分为单工序拉深模、复合工序拉深模和连续工序拉深模；根据压料情况可分为有压边装置拉深模和无压边装置拉深模。

6.7.1 首次拉深模

1. 无压边装置的简单拉深模

这种模具结构简单，上模往往是整体的，如图6-41所示。当拉深凸模3直径过小时，还应加上模座，以增加上模部分与压力机滑块的接触面积，下模部分有定位板1、下模座2与拉深凹模4。为使工件在拉深后不致于紧贴在凸模上难以取下，拉深凸模3上应有直径3mm以上的小通气孔。拉深后，冲压件靠凹模下部的脱料颈刮下。这种模具适用于拉深材料厚度较大（$t>2$mm）及深度较小的零件。

2. 有压边装置的拉深模

（1）弹性压边装置。如图6-41所示为压边圈装在上模部分的正装拉深模。由于弹性元件装在上模，因此凸模要比较长，适宜于拉深深度不大的工件。

图6-42所示为压边圈装在下模部分的倒装拉深模。由于弹性元件装在下模座下压力机工作台面的孔中，因此空间较大，允许弹性元件有较大的压缩行程，可以拉深深度较大一些的拉深件。这副模具采用了锥形压边圈6。在拉深时，锥形压边圈先将毛坯压成锥形，使毛坯的外径产生一定量的收缩，然后再将其拉成筒形件。采用这种结构，有利于拉深变形，可以降低极限拉深系数。

（2）刚性压边装置。刚性压边装置用于双动压力机上，其动作原理如图6-43所示。曲轴1旋转时，首先通过凸轮2带动外滑块3使压边圈6将毛坯压在凹模7上，随后由内滑块4带动凸模5对毛坯进行拉深。在拉深过程中，外滑块保持不动。刚性压边圈的压边作用，并不是靠直接调整压边力来保证的。考虑到毛坯凸缘变形区在拉深过程中板厚有增大现象，所以调整模具时，压边圈与凹模间的间隙c应略大于板厚t。用刚性圈压边，压边力不随行程变化，拉深效果较好，且模具结构简单。图6-44所示即为带刚性压边装置的拉深模。

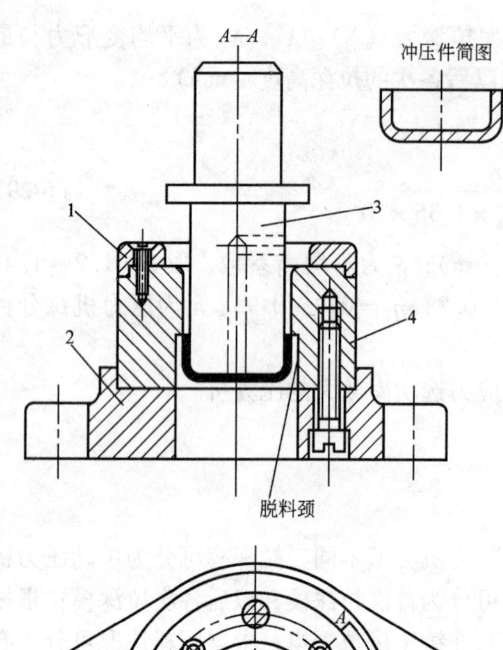

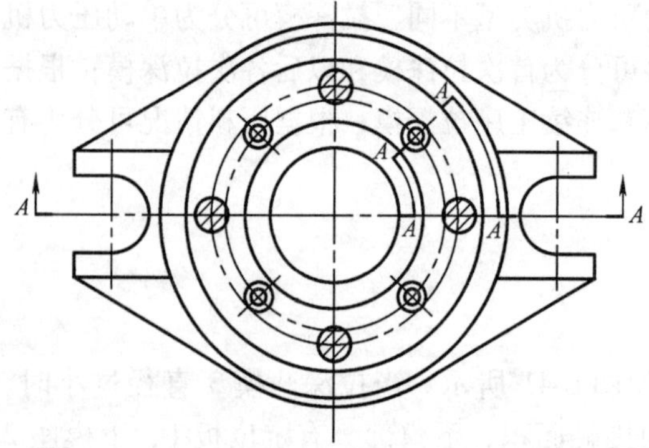

图 6-41 无压边装置的首次拉深模
1—定位板 2—下模座 3—拉深凸模 4—拉深凹模

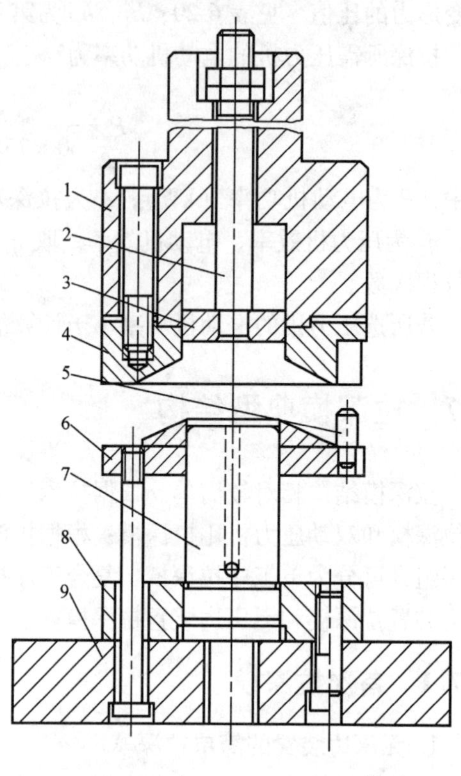

图 6-42 带锥形压边圈的倒装拉深模
1—上模座 2—推杆 3—推件板 4—锥形凹模 5—限位柱 6—锥形压边圈 7—拉深凸模 8—固定板 9—下模座

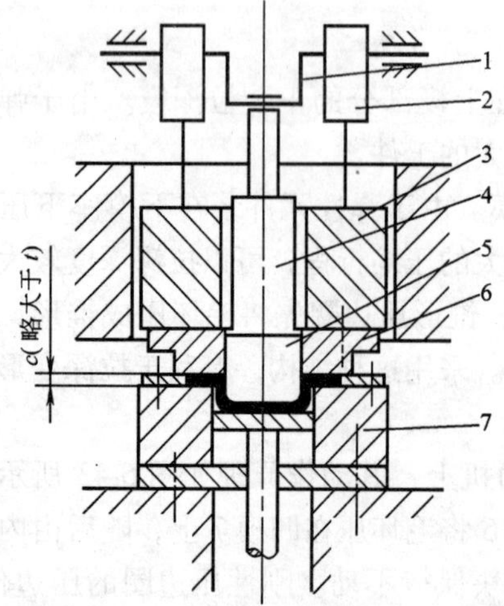

图 6-43 双动压力机用拉深模刚性压边装置动作原理
1—曲轴 2—凸轮 3—外滑块 4—内滑块 5—凸模 6—压边圈 7—凹模

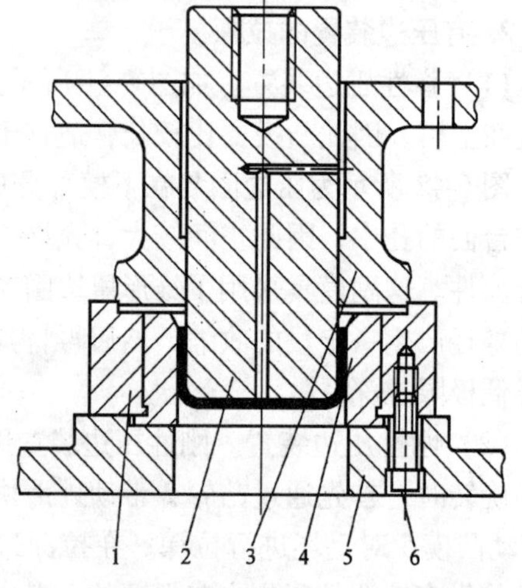

图 6-44 带刚性压边装置的拉深模
1—固定板 2—拉深凸模 3—刚性压边圈 4—拉深凹模 5—下模板 6—螺钉

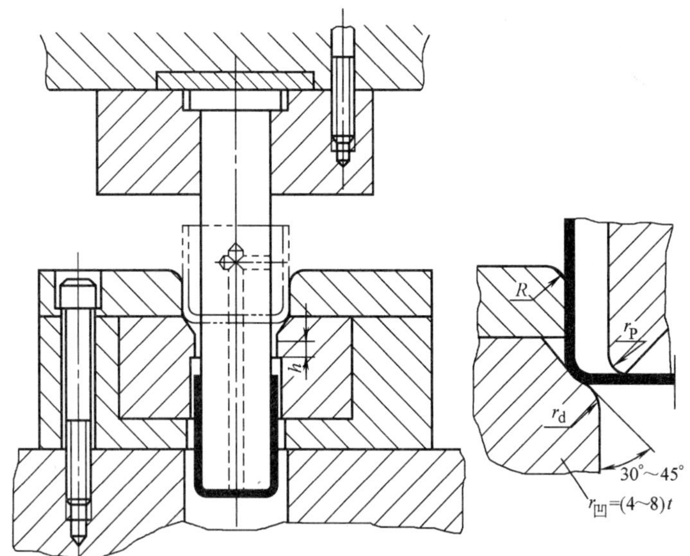

图 6-45　无压边装置的以后各次拉深模

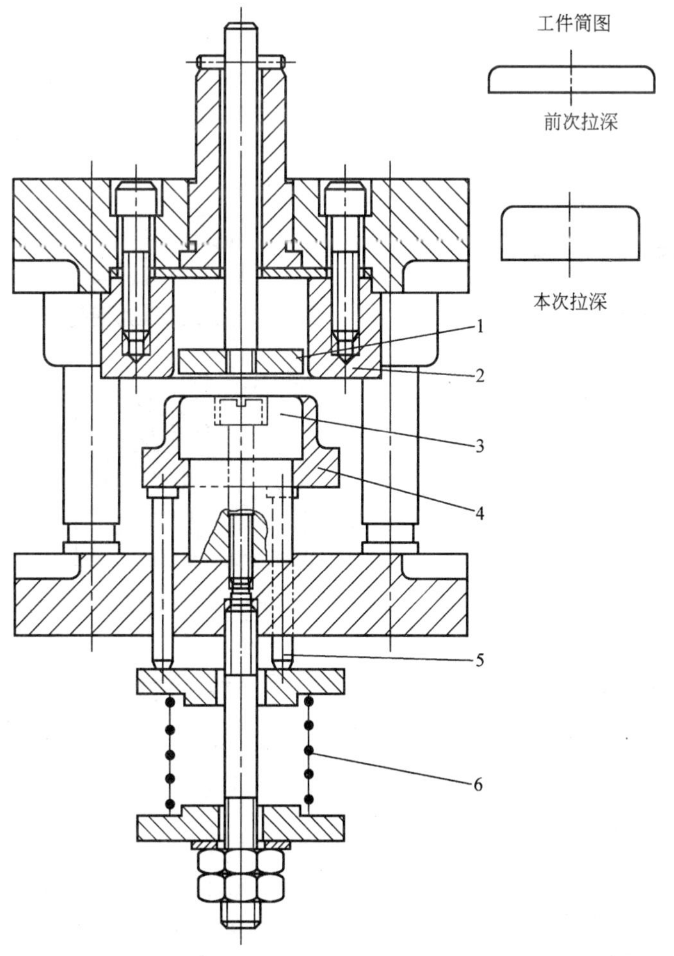

图 6-46　有压边装置的以后各次拉深模

1—推件板　2—拉深凹模　3—拉深凸模　4—压边圈　5—顶杆　6—弹簧

6.7.2 以后各次拉深模

在以后各次拉深中，因毛坯已不是平板形状，而是已经成形的半成品，所以应充分考虑毛坯在模具上的定位。

图6-45所示为无压边装置的以后各次拉深模，仅用于直径变化量不大的拉深。

图6-46所示为有压边装置的以后各次拉深摸，是最常见的结构形式。拉深前，毛坯套在压边圈4上，压边圈的形状必须与上一次拉出的半成品相适应。拉深后，压边圈将冲压件从拉深凸模3上托出，推件板1将冲压件从拉伸凹模中推出。

6.7.3 落料拉深复合模

图6-47所示为典型的正装落料拉深复合模。上模部分装有凸凹模3（落料凸模、拉深凹模），下模部分装有落料凹模7与拉深凸模8。为保证冲压时先落料再拉深，拉深凸模8低于落料凹模7一个材料厚度以上。件2为弹性压边圈，弹顶器安装在下模座上。

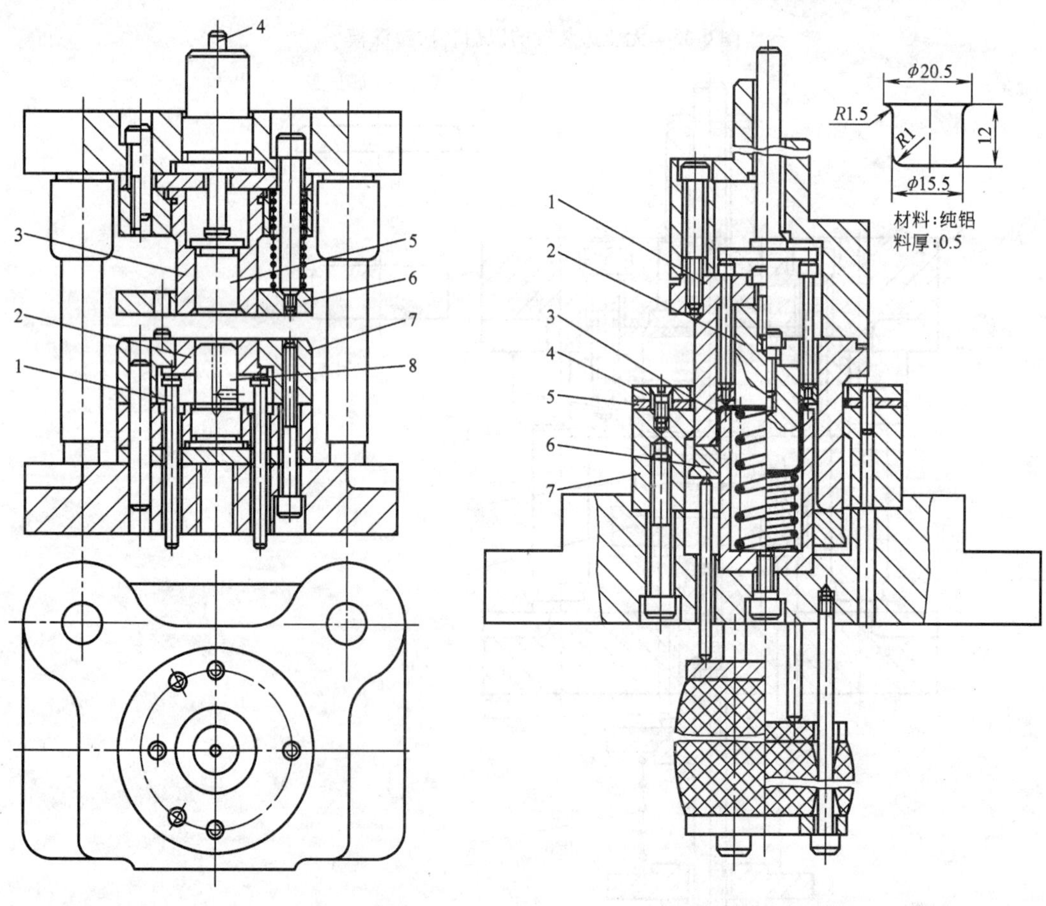

图6-47 落料拉深复合模

1—顶杆 2—压边圈 3—凸凹模 4—推杆 5—推件板 6—卸料板 7—落料凹模 8—拉深凸模

图6-48 落料、正、反拉深模

1—凸凹模 2—反拉深凸模 3—拉深凸凹模 4—卸料板 5—导料板 6—压边圈 7—落料凹模

图 6-48 所示为落料、正、反拉深模。由于在一副模具中进行正、反拉深，因此一次能拉出高度较大的工件，提高了生产率。件 1 为凸凹模（落料凸模、第一次拉深凹模），件 2 为第二次拉深（反拉深）凸模，件 3 为拉深凸凹模（第一次拉深凸模、反拉深凹模），件 7 为落料凹模。第一次拉深时，有压边圈 6 的弹性压边作用，反拉深时无压边作用。上模采用刚性推件，下模直接用弹簧顶件，由固定卸料板 4 完成卸料，模具结构十分紧凑。

图 6-49 所示为后次拉深、冲孔、切边复合模。为了有利于本次拉深变形，减小本次拉深时的弯曲阻力，在本次拉深前的毛坯底部角上已拉出有 45°的斜角。本次拉深模的压边圈与毛坯的内形完全吻合。模具在开起状态时，压边圈 1 与拉深凸模 8 在同一水平位置。冲压前，将毛坯套在压边圈上，随着上模的下行，先进行再次拉深。为了防止压边圈将毛坯压得过紧，该模具采用了带限位螺栓的结构，使压边圈与拉深凹模之间保持一定距离。到行程快终了时，其上部对冲压件底部完成压凹与冲孔，而其下部也同时完成了切边。切边的工作原理如图 6-50 所示。在拉深凸模下面固定有带锋利刃口的切边凸模，而拉深凹模则同时起切边凹模的作用。拉深间隙与切边时的冲裁间隙的尺寸关系如图 6-50 所示。图 6-50a 为带锥形口的拉深凹模，图 6-50b 为带圆角的拉深凹模。由于切边凹模没有锋利的刃口，所以切下的废料拖有较大的毛刺，断面质量较差，也将这种切边方法称为挤边。用这种方法对筒形件切边，由于其结构简单，使用方便，并可采用复合模的结构与拉深同时进行，所以使用十分广泛。对筒形件进行切边还可以采用垂直于筒形件轴线方向的水平切边，但其模具结构较为复杂。

为了便于制造与修磨，拉深凸模、切边凸模、冲孔凸模和拉深切边凹模均采用镶拼结构。

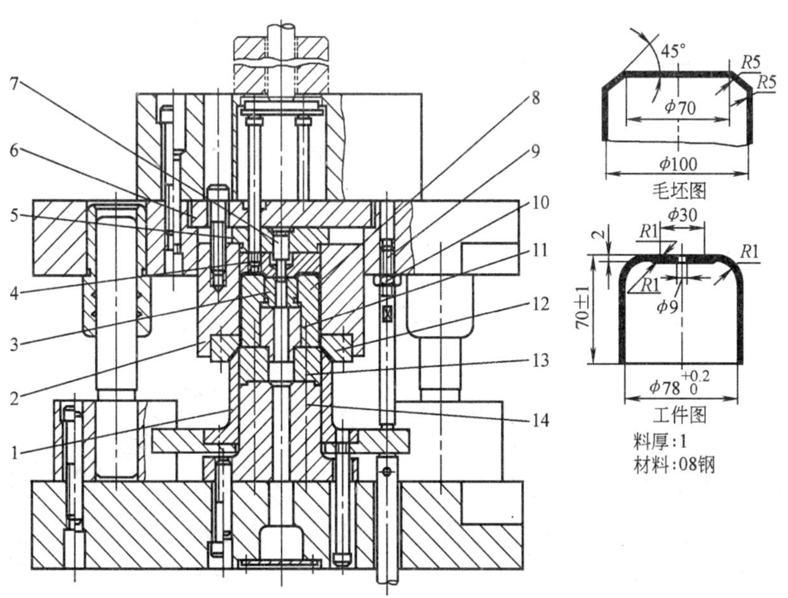

图 6-49　再次拉深、冲孔、切边复合模

1—压边圈　2—凹模固定板　3—冲孔凹模　4—推件板　5—凸模固定板　6—垫板　7—冲孔凸模　8—拉深凸模　9—限位螺栓　10—螺母　11—垫柱　12—拉深切边凹模　13—切边凸模　14—固定块

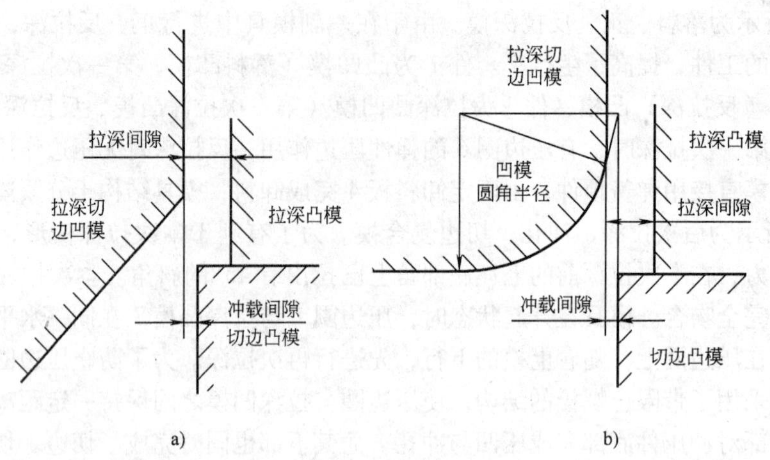

图 6-50　筒形件的切边原理

6.8　其他形状零件的拉深特点及模具设计

6.8.1　非直壁旋转体零件拉深成形的特点

1. 曲面形状零件的拉深特点

曲面形状（如球面、锥面及抛物面）零件的拉深，其变形区的位置、受力情况、变形特点等都与圆筒形件不同，所以在拉深中出现的各种问题和解决方法亦与圆筒形件不同。对于这类零件不能简单地用拉深系数衡量成形的难易程度，也不能用它作为模具设计和工艺过程设计的依据。

在拉深圆筒形件时，毛坯的变形区仅仅局限于压边圈下的环形部分。而拉深球面零件时，为使平面形状的毛坯变成球面形状，不仅要求毛坯的环形部分产生与圆筒形件拉深时相同的变形，而且还要求毛坯的中间部分也应成为变形区，由平面变成曲面。因此在拉深球面零件时（见图 6-51），毛坯的凸缘部分与中间部分都是变形区，而且在很多情况下中间部分反而是主要变形区。拉深球面零件时，毛坯凸缘部分的应力状态和变形特点与圆筒形件相同，而中间部分的受力情况和变形情况却比较复杂。在凸模力的作用下，位于凸模顶点附近的金属处于双向受拉的应力状态。随着其与顶点距离的加大切向应力 σ_3 减小，而超过一定界限以后变为压应力。在凸模与毛坯的接触区内，由于材料完全贴

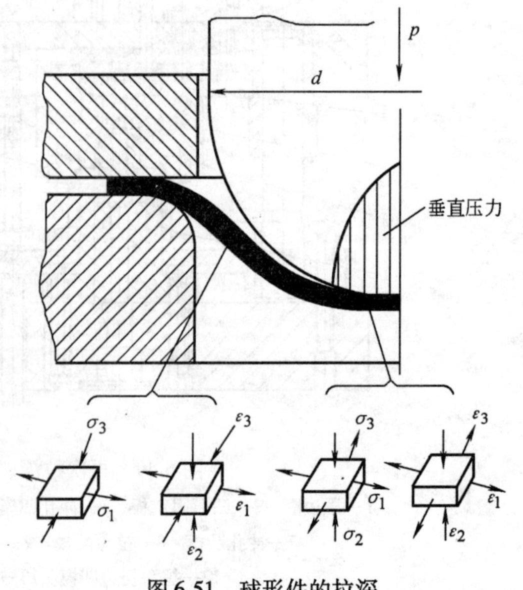

图 6-51　球形件的拉深

模，这部分材料两向受拉一向受压，与胀形相似。在开始阶段，由于单位压力大，其径向和切向拉应力往往会使材料达到屈服条件而导致接触部分的材料严重变薄。但随着接触区域的扩大和拉深力的减少，其变薄量由球形件顶端往外逐渐减小。其中存在这样一环材料，其变薄量与同凸模接触前由于切向压缩变形而增厚的量相等，此环以外的材料增厚。拉深球形类零件时，需要转移的材料不仅处在压边圈下面的环形区，而且还包括在凹模口内中间部分的材料。在凸模与材料接触区以外的中间部分，其应力状态与凸缘部分是一样的。因此，这类零件的起皱不仅可能在凸缘部分产生，也可能在中间部分产生，由于中间部分不与凸模接触，板料较薄时这种起皱现象更为严重。

锥形零件的拉深与球面零件一样。除具有凸模接触面积小、压力集中、容易引起局部变薄及自由面积大、压边圈作用相对减弱、容易起皱等特点外，还由于零件口部与底部直径差别大，回弹特别严重，因此锥形零件的拉深比球面零件更为困难。

抛物面零件，是母线为抛物线或其他曲线的旋转体空心件。其拉深时和球面以及锥形零件一样，材料处于悬空状态，极易发生起皱。抛物面零件拉深时和球面零件又有所不同。半球面零件的拉深系数为一常数，只需采取一定的工艺措施防止起皱。而抛物面零件等曲面零件，由于母线形状复杂，拉深时变形区的位置、受力情况、变形特点等都随零件形状、尺寸的不同而变化。

由此可见，其他旋转体零件拉深时，毛坯环形部分和中间部分的外缘具有拉深变形的特点，切向应力为压应力；而毛坯最中间的部分却具有胀形变形的特点，材料厚度变薄，其切向应力为拉应力。这两者之间的分界线即为应力分界圆。所以，可以说球面零件、锥形零件和抛物面零件等其他旋转体零件的拉深是拉深和胀形两种变形方式的复合，其应力、应变既有拉伸类、又有压缩类变形的特征。

这类零件的拉深是比较困难的。为了解决该类零件拉深的起皱问题，在生产中常采用增加压边圈下摩擦力的办法，例如加大凸缘尺寸、增加压边圈下的摩擦系数和增大压边力、采用拉深筋以及采用反拉深的方法等，藉以增加径向拉应力和减小切向压应力。

2. 球面零件的拉深方法

球面零件可分为半球形件（见图6-52a）和非半球形件（见图6-52b，c，d）两大类。不论哪一种类型，均不能用拉深系数来衡量拉深成形的难易程度。对于半球形件，根据拉深系数的定义可求出其拉深系数为 $m=0.707$，是一个与拉深直径无关的常数。因此这里使用相对料厚 t/D（t 为板料厚度，D 为毛坯直径）来确定拉深的难易程度和拉深方法。

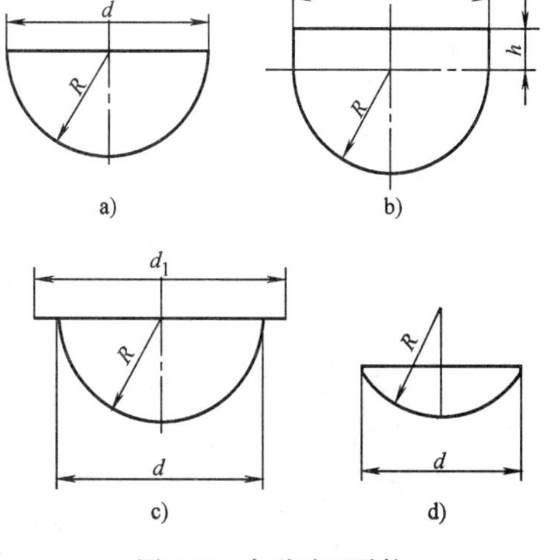

图6-52　各种球面零件

当 $t/D>3\%$ 时，采用不带压边圈的有底凹模一次拉成；当 $t/D=0.5\%\sim3\%$ 时，采用带压边圈的拉深模拉深；当 $t/D<0.5\%$ 时，采用有拉深筋的凹模或反拉深凹模。

对于带有高度为（0.1～0.2）d 的圆筒直边或带有宽度为（0.1～0.15）d 的凸缘的非半球面零件（见图6-52b，图6-52c），虽然拉深系数有所降低，但对零件的拉深却有一定的好处。当对半球面零件的表面质量和尺寸精度要求较高时，可先拉成带圆筒直边和带凸缘的非半球面零件，然后在拉深后将直边和凸缘切除。

高度小于球面半径的零件（浅球面零件）（见图6-52d），其拉深工艺按几何形状可分为两类：当毛坯半径 R 较小时，毛坯不易起皱，但成形时毛坯易窜动，而且可能产生一定的回弹，常采用带底拉深模；当毛坯半径 R 较大时，起皱将成为必须解决的问题，常采用强力压边装置或用带拉深筋的模具，拉成有一定宽度凸缘的浅球面零件。这时的变形含有拉深和胀形两种成分。因此零件回弹小，尺寸精度和表面质量均得到提高。当然，加工余料在成形后应予切除。

3. 抛物面零件的拉深方法

抛物面零件拉深时的受力及变形特点与球形件一样，但由于曲面部分的高度 h 与口部直径 d 之比大于球形件，故拉深更加困难。

抛物面零件常见的拉深方法有下面几种：

（1）浅抛物面形件（$h/d<0.5\sim0.60$）：因其高径比接近球形，因此拉深方法同球形件。

（2）深抛物面形件（$h/d>0.5\sim0.60$）：其拉深难度有所提高。这时为了使毛坯中间部分紧密贴模而又不起皱，通常需采用具有拉深筋的模具以增加径向拉应力。如汽车灯罩（见图6-53）就是采用有两道拉深筋的模具拉深成形的。

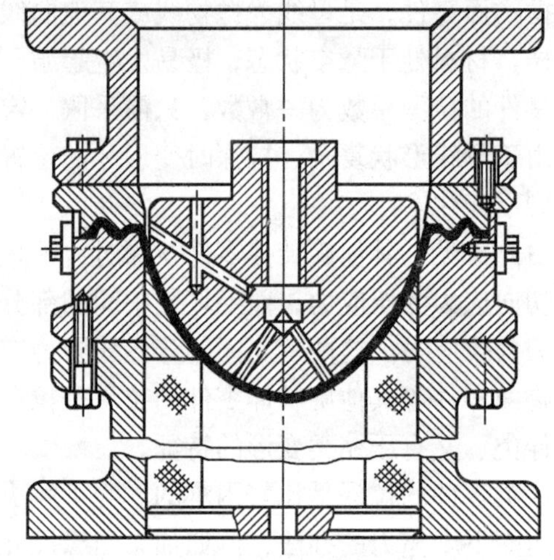

图6-53　较深的抛物面零件（灯罩）拉深模

但这一措施往往受到毛坯顶部承载能力的限制，所以需采用多工序逐渐成形，特别是当零件比较深而顶部的圆角半径又较小时，更应如此。多工序逐渐成形的主要要点是采用正拉深或反拉深的办法，在逐步增加高度的同时减小顶部的圆角半径。为了保证零件的尺寸精度和表面质量，在最后一道工序里应保证一定的胀形成分，使最后一道工序所用中间毛坯的表面积稍小于成品零件的表面积。

对形状复杂的抛物面零件，广泛采用液压成形方法。

4. 锥形零件的拉深方法

锥形件的拉深次数及拉深方法取决于锥形件的几何参数，即相对高度 h/d（锥形部分大端直径）、锥角和相对料厚 t/D，如图6-54所示。一般地，当相对高度较大，锥角较大，而相对料厚较小时，变形困难，需进行多次拉深。

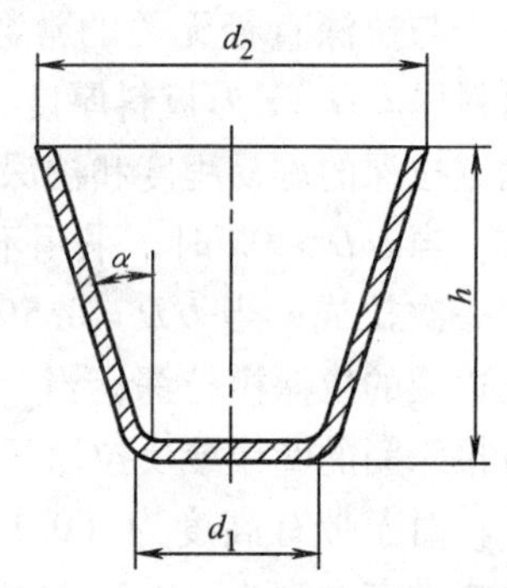

图6-54　锥形件

根据上述参数值的不同，拉深锥形件的方法有如下几种：

（1）对于浅锥形件（$h/d_2<0.25\sim0.30$，$\alpha=50°\sim80°$），可一次拉成，但精度不高，因回弹较严重。可采用带拉深筋的凹模或压边圈，或采用软模进行拉深。

（2）对于中锥形件（$h/d_2=0.30\sim0.70$，$\alpha=15°\sim45°$），拉深方法取决于相对料厚。

当 $t/D>0.025$ 时，可不采用压边圈一次拉成。为保证工件的精度，最好在拉深终了时增加一道整形工序。

当 $t/D=0.015\sim0.02$ 时，也可一次拉成，但需采用压边圈、拉深筋、增加工艺凸缘等措施提高径向拉应力，防止起皱。

当 $t/D<0.015$ 时，因料较薄而容易起皱，需采用压边圈经多次拉深成形。

（3）对于高锥形件（$h/d_2>0.70\sim0.80$，$\alpha\leqslant10°\sim30°$），因大、小直径相差很小，变形程度更大，很容易产生变薄严重而拉裂和起皱。这时常需采用特殊的拉深工艺，通常有下列方法：

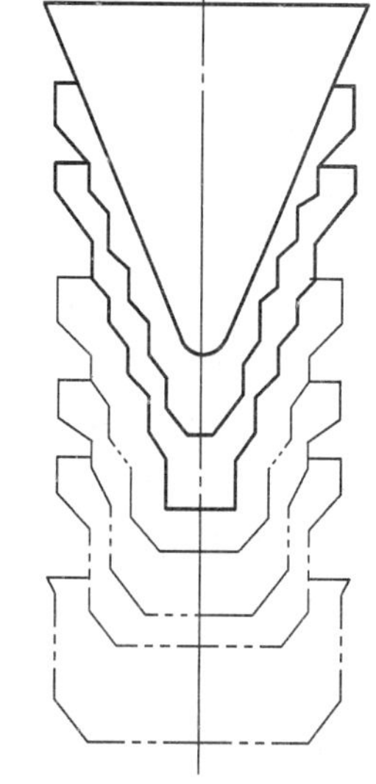

图 6-55　阶梯拉深成形法

1）阶梯拉深成形法（见图 6-55）。这种方法是将毛坯分数道工序逐步拉成阶梯形。阶梯与成品内形相切，最后在成形模内整形成锥形件。

2）锥面逐步成形法（见图 6-56）。这种方法先将毛坯拉成圆筒形，使其表面积等于或大于成品圆锥表面积，而直径等于圆锥大端直径，以后各道工序逐步拉出圆锥面，使其高度逐渐增加，最后形成所需的圆锥形。若先拉成圆弧曲面形，然后过渡到锥形将更好些。

3）锥面一次成形法（见图 6-57）。这种方法先拉出相应的圆筒形，然后锥面从底部开始成形，在各道工序中锥面逐渐增大，直至到最后锥面一次成形。

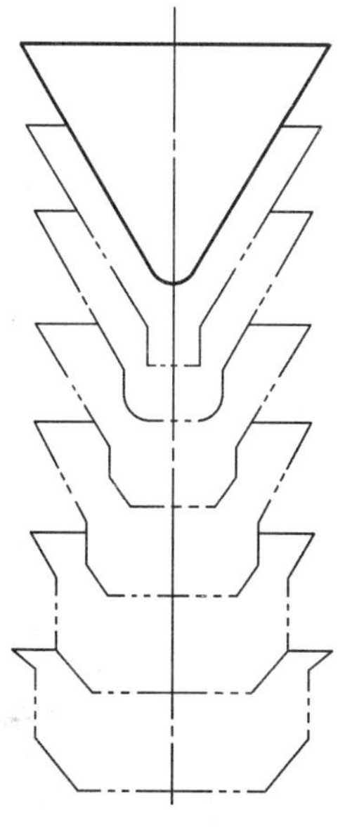

图 6-56　锥面逐步成形法

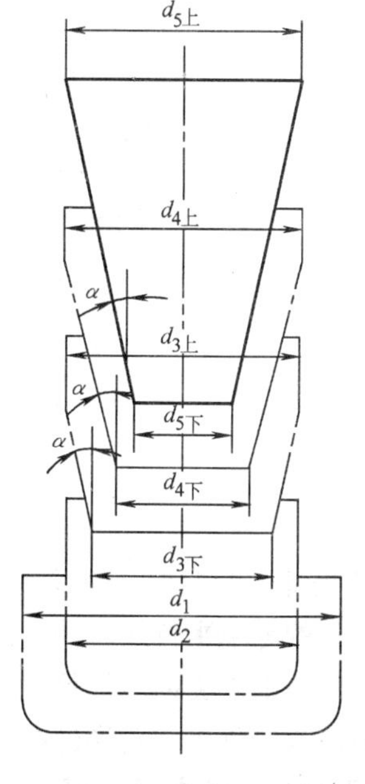

图 6-57　锥面一次成形法

6.8.2 盒形件的拉深

1. 盒形件的拉深变形特点

从几何形状特点看，矩形盒状零件可划分成 2 个长度为（$A-2r$）和 2 个长度为（$B-2r$）的直边加上 4 个半径为 r 的 1/4 圆筒部分（见图 6-58）。若将圆角部分和直边部分分开考虑，则圆角部分的变形相当于直径为 $2r$、高为 H 的圆筒件的拉深，直边部分的变形相当于弯曲。但实际上圆角部分和直边部分是联系在一起的整体，因此，盒形件的拉深又不完全等同于简单的弯曲和拉深，有其特有的变形特点，这可通过网格试验进行验证。

拉深前，在毛坯的直边部分画出相互垂直的等距平行线网格，在毛坯的圆角部分，画出等角度的径向放射线与等距离的同心圆弧组成的网格。变形前直边处的横向尺寸是等距的，即 $\Delta l_1=\Delta l_2=\Delta l_3$，纵向尺寸也是等距的，拉深后零件表面的网格发生了明显的变化（见图 6-58 所示）。这些变化主要表现在：

（1）直边部位的变形。直边部位的横向尺寸 Δl_1，Δl_2，Δl_3 变形后成为 $\Delta L_1'$，$\Delta L_2'$，$\Delta L_3'$ 间距逐渐缩小，愈向直边中间部位缩小愈少，即 $\Delta L_3'<\Delta L_2'<\Delta L_1'<\Delta L_1$ 纵向尺寸 Δh_1，Δh_2，Δh_3 变形后成为 $\Delta h_1'$，$\Delta h_2'$，$\Delta h_3'$，间距逐渐增大，愈靠近盒形件口部增大愈多，即 $\Delta h_3'>\Delta h_2'>\Delta h_1'>\Delta h_1$。可见，此处的变形不同于纯粹的弯曲。

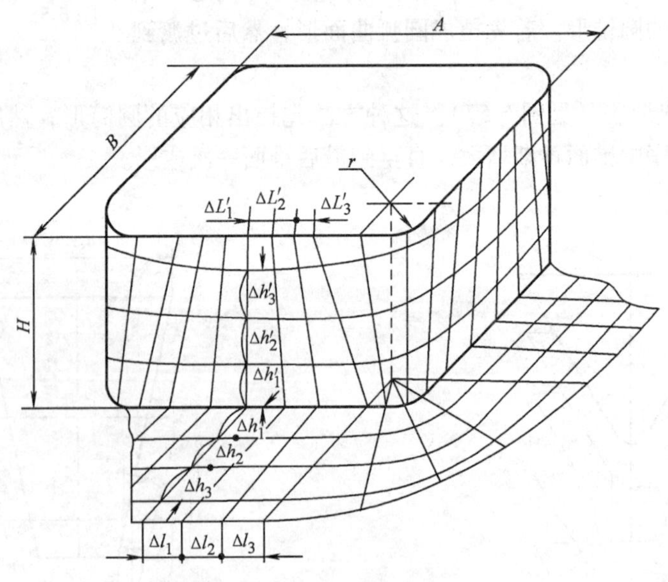

图 6-58 盒形件的拉深变形特点

（2）圆角部位的变形。拉深后径向放射线变成上部距离宽、下部距离窄的斜线，而并非与底面垂直的等距平行线。同心圆弧的间距不再相等，而是变大，越向口部越大，且同心圆弧不位于同一水平面内。可见该处的变形不同于纯粹的拉深。

根据网格的变化可知盒形件拉深有以下变形特点：

1）盒形件拉深的变形性质与圆筒件一样，也是径向伸长，切向缩短。沿径向愈往口部伸长愈多，沿切向圆角部分变形大，直边部分变形小，圆角部分的材料向直边流动。即盒形件的变形是不均匀的。

2）变形的不均匀导致应力分布不均匀（见图 6-59）。在圆角部的中点 σ_1 和 σ_3 最大，向两边逐渐减小，到直边的中点处 σ_1 和 σ_3 最小。故盒形件拉深时破坏首先发生在圆角处。又因圆角部材料在拉深时允许向直边流动，所以盒形件与相应的圆筒件比较，危险断面处受力小，拉深时可采用小的拉深系数也不容易起皱。

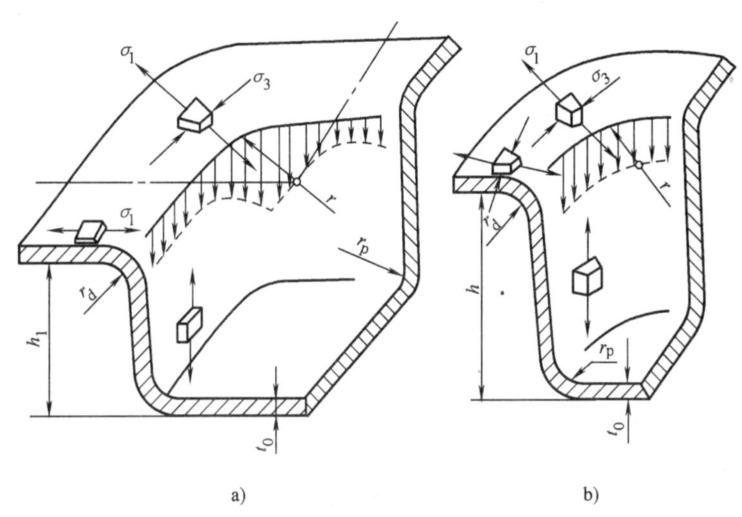

图 6-59 拉深时的应力分布对比

a）盒形件 b）圆筒件

3）盒形件拉深时，由于直边部分和圆角部分实际上是联系在一起的整体，因此两部分的变形相互影响，结果是：直边部分除了产生弯曲变形外，还产生了径向伸长，切向压缩的拉深变形。两部分相互影响的程度随盒形件形状的不同而不同，也就是说随相对圆角半径 r/B 和相对高度 H/B 的不同而不同。r/B 愈小，圆角部分的材料向直边部分流得愈多，直边部分对圆角部分的影响愈大，使得圆角部分的变形与相应圆筒件的差别就大。当 $r/B=0.5$ 时，直边不复存在，盒形件成为圆筒件，盒形件的变形与圆筒件一样。

当相对高度 H/B 大时，圆角部分对直边部分的影响就大，直边部分的变形与简单弯曲的差别就大。因此，盒形件毛坯的形状和尺寸必然与 r/B 和 H/B 的值有关。对于不同的 r/B 和 H/B，盒形件毛坯的计算方法和工序计算方法也就不同。

2. 盒形件拉深毛坯的形状与尺寸的确定

毛坯形状和尺寸的确定应根据零件的 r/B 和 H/B 的值来进行，因为这两个因素决定了圆角和直边在拉深时的影响程度。计算的原则仍然是保证毛坯的面积等于加上修边量后的工件面积，并尽可能要满足口部平齐的要求。一次拉深成形的低盒形件与多次拉深成形的高盒形件，计算毛坯的方法是不同的。下面主要介绍这两类零件毛坯的确定方法。

（1）一次拉深成形的低盒形件（$H\leqslant 0.3B$，B 为盒形件的短边长度）毛坯的计算。低盒形件是指一次可拉深成形，或虽两次拉深，但第二次仅用来整形的工件。这种工件拉深时仅有微量材料从角部转移到直边，即圆角与直边间的相互影响很小，因此可以认为直边部分只是简单的弯曲变形，毛坯按弯曲变形展开计算。圆角部分只发生拉深变形，按圆筒形拉深展开，再用光滑曲线进行修正即得毛坯，如图6-60所示。计算步骤如下：

1）按弯曲计算直边部分的展开长度l_0

$$l_0 = H + 0.57r_p$$

$$H = H_0 + \Delta H \tag{6-30}$$

式中，H_0为工件高度；ΔH为盒形件修边余量（见表6-21）。

2）把圆角部分看成是直径为$d=2r$，高为H的圆筒件，则展开的毛坯半径为

$$R = \sqrt{r^2 + 2rH - 0.86r_p(r + 0.16r_p)} \tag{6-31}$$

当$r = r_p$时，则$R = \sqrt{2rH}$

3）通过作图用光滑曲线连接直边和圆角部分，即得毛坯的形状和尺寸。具体作图步骤如下：

①按上述公式求出直边部分毛坯的展开长度l_0和圆角部位的展开长度R；

②按1∶1比例画出盒形件平面图，并过r圆心画水平线ab，再以r圆心为圆心，以r为半径画弧，交ab于a点；

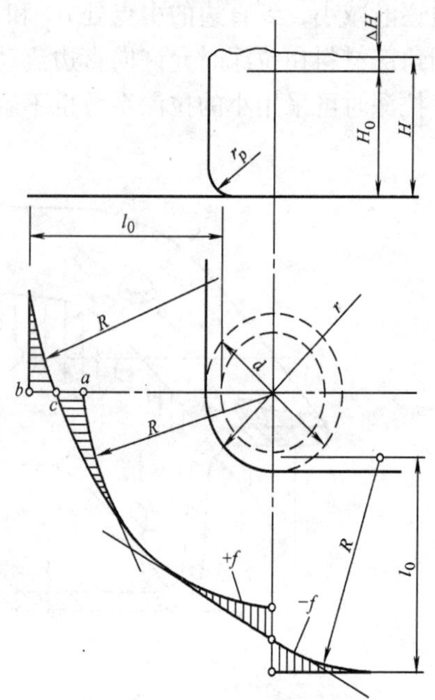

图6-60　低盒形件毛坯的作图法

③画直边展开线交ab于b点，展开线距离r_p圆心迹线的长度为l_0；

表6-21　盒形件修边余量ΔH

所需拉深系数	1	2	3	4
修边余量ΔH	(0.03～0.05) H	(0.04～0.06) H	(0.05～0.08) H	(0.06～0.1) H

④过线段ab的中点c作圆弧R的切线，再以为半径作圆弧与直边及切线相切。使阴影部分面积$-f$与$+f$基本相等。这样修正后即得毛坯的外形。

（2）高盒形件（$H \geqslant 0.5B$）毛坯的计算。毛坯尺寸仍根据工件表面积与毛坯表面积相等的原则计算。当零件为方盒形且高度比较大，需要多道工序拉深时，可采用圆形毛坯（见图6-61），其直径为

$$D = 1.13\sqrt{B^2 + 4B(H - 0.43r_p) - 1.72(H + 0.5r) - 0.4r_p(0.11r_p - 0.18r)} \tag{6-32}$$

对高度和圆角半径都比较大的盒形件（$H/B \geqslant 0.7 \sim 0.8$），拉深时圆角部分有大量材料向直边流动，直边部分拉深变形也大，这时毛坯的形状可做成长圆形或椭圆形，如图6-62所示。将尺寸为$A \times B$的盒形件，看作由两个宽度为B的半方形盒和中间为（$A-B$）的直边部分连接而成，这样，毛坯的形状就是由两个半圆弧和中间两平行边所组成的长圆形，长圆形毛坯的圆弧半径为

$$R_b = D/2$$

式中，D 是宽为 B 的方形件的毛坯直径，按式（6-32）计算。毛坯半圆弧的圆心距短边的距离为 $B/2$，则长圆形毛坯的长度为

$$L=2R_b+(A-B)=D+(A-B) \tag{6-33}$$

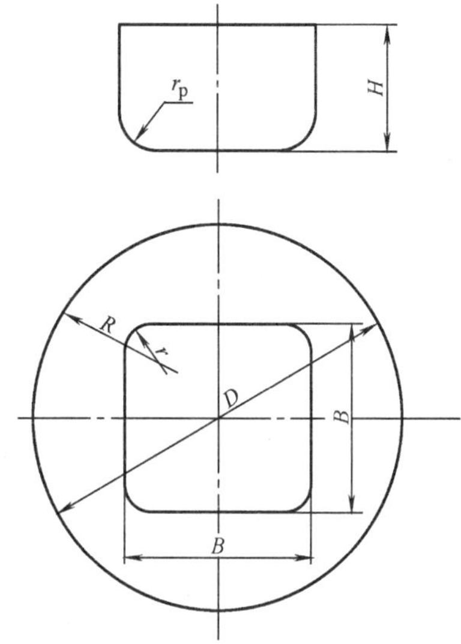

图 6-61　方盒件毛坯的形状与尺寸

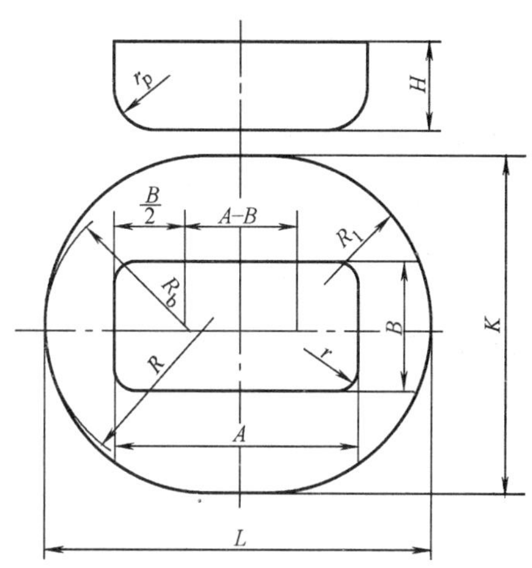

图 6-62　高盒形件的毛坯形状与尺寸

长圆形毛坯的宽度为

$$K=\frac{D(B-2r)+[B+2(H-0.43r_p)](A-B)}{A-2r} \tag{6-34}$$

然后用 $R=K/2$ 过毛坯长度两端作弧，既与 R_b 弧相切，又与两长边的展开直线相切，则毛坯的外形即为一长圆形。

如 $K\approx L$，则毛坯做成圆形，半径为 $R=0.5K$。

（3）盒形件拉深的变形程度。由于盒形件初次拉深时圆角部分的受力和变形比直边大，起皱和拉破易在圆角部发生，故盒形件初次拉深时的极限变形量由圆角部传力的强度确定。

拉深时圆角部分的变形程度仍用拉深系数表示，为

$$m=d/D \tag{6-35}$$

式中，d 为与圆角部相应的圆筒体直径；D 为与圆角部相应的圆筒体展开毛坯直径。

当 $r=r_p$ 时，与圆角部相应的圆筒体毛坯直径为

$$D=2\sqrt{2rH} \tag{6-36}$$

则

$$m=\frac{d}{D}=\frac{2r}{2\sqrt{2rH}}=1\Big/\sqrt{\frac{2H}{r}} \tag{6-37}$$

式中，r 为工件底部和角部的圆角半径；H 为工件的高。

由上式可知初次拉深的变形程度可用盒形件相对高度 H/r 来表示，这在使用中比较方便。H/r 愈大，表示变形程度愈大。用平板毛坯一次能拉出的最大相对高度值见表 6-22。若

零件的 H/r 小于表 6-22 中的值，则可一次拉成，否则必须采用多道工序拉深。

表 6-22　盒形件初次拉深的最大相对高度

相对角部圆角半径 r/B	0.4	0.3	0.2	0.1	0.05
相对高度 H/r	2~3	2.8~4	4~6	8~12	10~15

（4）高盒形件多工序拉深方法及工序件尺寸的确定。高盒形件必须采用多工序拉深才能最后成形。

1）高方盒件的多次拉深。图 6-63 所示为多工序拉深盒形件各中间工序的半成品形状和尺寸的确定方法。采用直径为 D_0 的圆形板料，中间工序都拉成圆形，最后一道工序拉成要求的正方形形状和尺寸。工序计算由倒数第二道（即 $n-1$ 道）开始往前推算，直到由毛坯能一次拉成相应的半成品为止。

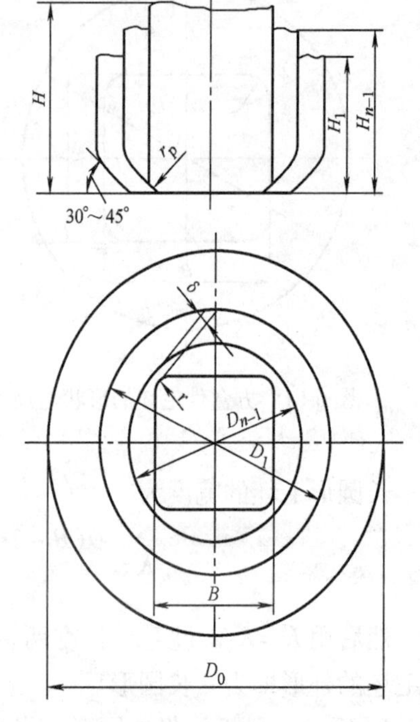

图 6-63　方盒件拉深的半成品形状与尺寸

使过渡形状变形区内各处的变形相等，是确定各工序半成品形状和尺寸的出发点。整个工件所需拉深次数在计算后也就自然得出。倒数第二道（$n-1$ 道）工序半成品直径的计算是工艺设计的关键。对于多次拉成的盒形件，由于毛坯要经过多次的拉深变形，角部有大量的材料要转移到直边上去，即使是最后一道变形沿周边也是不均匀的，因此角部的变形较大。为使拉深能正常进行，需控制圆角部位的边角距 δ 的大小。由图 6-63 的几何关系可知，$(n-1)$ 道工序半成品的直径为

$$D_{n-1}=1.41B-0.82r+2\delta \qquad (6\text{-}38)$$

式中，D_{n-1} 为 $n-1$ 次拉深工序后半成品的直径；B 为方形盒件的宽度（按内表面计算）；r 为方形盒件角部的内圆角半径；δ 为方盒形件角部的壁间距离，为 $n-1$ 道工序半成品内表面到盒形件在圆角处内表面的距离。一般取 $\delta=(0.2\sim0.25)\,r$。

δ 值对拉深时毛坯变形程度的大小，以及变形分布的均匀程度有直接影响。工件的 r/B 大则 δ 小；拉深次数多时 δ 也小。过大的 δ 值可能使拉深件被拉裂。

$n-1$ 道工序工件直径确定后，其他各工序的直径可按圆筒件的计算方法确定。相当于用直径 D 的毛坯拉成直径为 D_{n-1}、高为 H_{n-1} 的圆筒形工件。

2）高矩形盒形件的多次拉深。这种拉深可采用图 6-64 所示的中间毛坯形状与尺寸。可把矩形盒的两个边视为 4 个方形盒的边长，在保证同一角部壁间距离 δ 时，可采用由 4 段圆弧构成的椭圆形筒，作为最后一道工序拉深前的半成品毛坯（是 $n-1$ 道拉深所得的半成品）。其长轴与短轴处的曲率半径分别用 $R_{a(n-1)}$ 及 $R_{b(n-1)}$ 表示，计算公式为

$$\begin{aligned}R_{a(n-1)}&=0.707A-0.41r+\delta\\R_{b(n-1)}&=0.707B-0.41r+\delta\end{aligned} \qquad (6\text{-}39)$$

式中，A，B 为矩形盒的长度与宽度。

椭圆长、短半轴 a_{n-1} 和 b_{n-1} 分别为

$$a_{n-1}=R_{b(n-1)}+(A-B)/2$$
$$b_{n-1}=R_{a(n-1)}-(A-B)/2 \tag{6-40}$$

由于 $n-1$ 道拉深得到的半成品形状是椭圆形筒，所以高矩形盒多工序拉深工艺的计算又可归结为高椭圆形筒的多次拉深成形问题。

圆弧 $R_{a(n-1)}$ 及 $R_{b(n-1)}$ 的圆心可按图 6-64 所示的关系确定。得出 $n-1$ 道工序后的毛坯过渡形状和尺寸后，应该用前面讲过的矩形件第一次拉深的计算方法，检查是否可以用平板毛坯一次冲压成 $n-1$ 道工序的过渡形状和尺寸。如果不可以，便要进行 $n-2$ 道工序的计算。$n-2$ 道拉深工序把椭圆形毛坯冲压成椭圆形半成品。这时应保证

$$\frac{R_{a(n-1)}}{R_{a(n-1)}+a}=\frac{R_{b(n-1)}}{R_{b(n-1)}+b}=0.75\sim0.85$$

式中，a 和 b 分别是椭圆形过渡毛坯之间在长轴和短轴上的壁间距离，如图 6-64 所示。

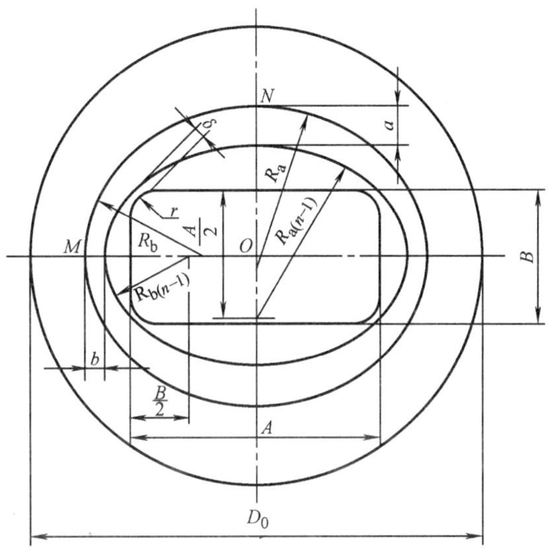

图 6-64　高矩形盒形件多工序拉深的半成品的形状与尺寸

得到椭圆形半成品之间的壁间距离 a 和 b 之后，可以在对称轴线上找到两交点 M 和 N，然后选定半径 R_a 和 R_b，使其圆弧通过 N 和 M，并且又能圆滑相接 R_a 和 R_b 的圆心都比 $R_{a(n-1)}$ 和 $R_{b(n-1)}$ 的圆心更靠近矩形件的中心点 O。得出 $n-2$ 道拉深工序的半成品形状和尺寸后，应重新检查是否可能由平板毛坯直接冲压成功。如果还不能，则应该继续进行前一道工序的计算，其方法与前述方法相同。

由于矩形件拉深时沿毛坯周边的变形十分复杂，当前还不可能用数学方法进行精确计算，前述的各中间拉深工序的半成品形状和尺寸的计算方法是近似的。假若在试模调整时发现圆角部分出现材料堆聚，应当适当减小圆角部分的壁间距离。

6.8.3　覆盖件的拉深

覆盖件主要指覆盖汽车发动机和底盘、构成驾驶室和车身的零件，如轿车的挡泥板、顶盖、车门外板、发动机盖等。由于覆盖件的结构尺寸一般较大，所以也称为大型覆盖件。除汽车外，拖拉机、摩托车等也有覆盖件。和一般冲压件相比，覆盖件具有材料薄、形状复杂、多为空间曲面且曲面间有较高的连接要求、结构尺寸较大、表面质量要求高、刚性好等特点。所以，覆盖件在冲压工艺制定、冲模设计及模具制造上有其独特的特点。

1. 覆盖件的成形特点

覆盖件的一般拉深过程如图 6-65 所示，包括：坯料放入，坯料因其自重作用有一定程度的向下弯曲；通过压边装置压边，同时压制拉深筋；凸模下降，板料与凸模接触，随着接

触区域的扩大，板料逐步与凸模贴合；凸模继续下移，材料不断被拉入模具型腔，并成形侧壁；凸、凹模合模，材料被压成模具型腔形状；继续加压使工件定型，凸模到达下止点；卸载。

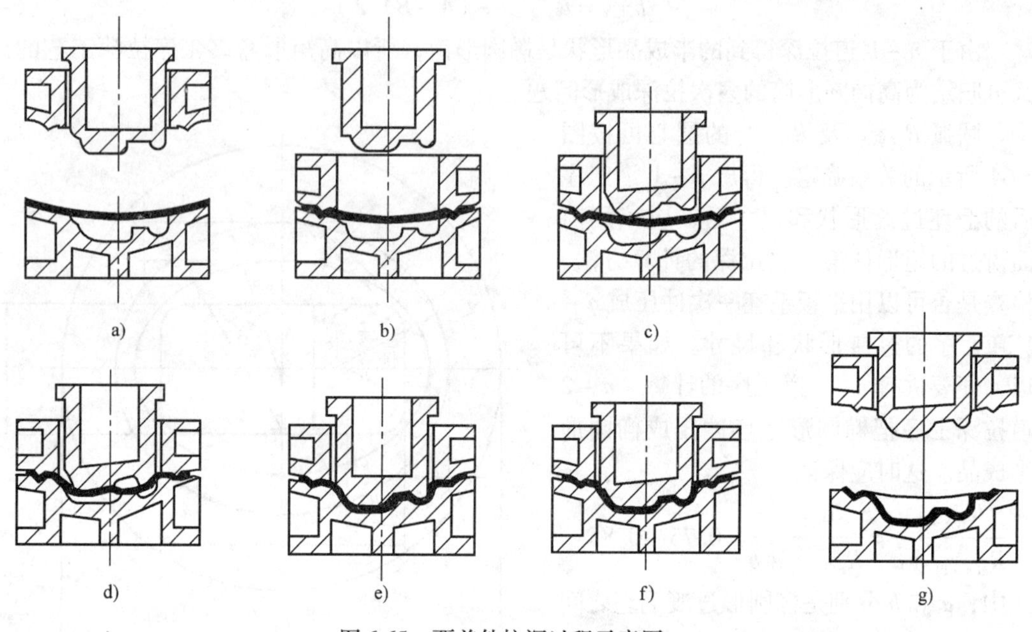

图 6-65 覆盖件拉深过程示意图

a）坯料放入 b）压边 c）板料与凸模接触 d）材料拉入 e）压形 f）下止点 g）卸载

由于覆盖件有形状复杂、表面质量要求高等特点，与普通冲压加工相比有如下成形特点：

（1）成形工序多。覆盖件的冲压工序一般要 4~6 道，多的有近 10 道。要获得一个合格的覆盖件，通常要经过下料、拉深、修边（或有冲孔）、翻边（或有冲孔）、冲孔等工序才能完成。拉深、修边和翻边是最基本的三道工序，其中拉深工序是比较关键的一道工序。

（2）覆盖件拉深往往不是单纯的拉深，而是拉深、胀形、弯曲等的复合成形。不论形状如何复杂，常采用一次拉深成形。

（3）由于覆盖件多为非轴对称、非回转体的复杂曲面形状工件，拉深时变形不均匀，主要成形障碍是起皱和拉裂。为此，常采用加工艺补充面和拉深筋等控制变形的措施。

（4）对大型覆盖件拉深，需要较大和较稳定的压边力。所以，广泛采用双动压力机。

（5）为易于拉深成形，材料多采用如 08 钢等冲压性能好的钢板，且要求钢板表面质量好、尺寸精度高。

（6）制定覆盖件的拉深工艺和设计模具时，要以覆盖件图样和主模型为依据。覆盖件图样是在主图板的基础上绘制的，在覆盖件图样上只能标注一些主要尺寸，以满足与相邻覆盖件的装配尺寸要求和外形协调一致，尺寸一般以覆盖件的内表面为基准来标注。主模型是根据定型后的主图板、主样板及覆盖件图样为依据制作的尺寸比例为 1∶1 的汽车外形的模型。它是模具、焊装夹具和检验夹具制造的标准，常用木材和玻璃钢制作。主模型是覆盖件图样的必要补充，只有主模型才能真正表示覆盖件的信息。上述是传统设计方法，由于

CAD/CAM 技术的推广应用，主模型正在被计算机虚拟实体模型所代替。传统的由油泥模型到主模型的汽车设计过程，正在被概念设计、参数化设计等现代设计方法所取代，因而从根本上改变了设计制造过程，大大提高了设计与制造周期，提高了制造精度。

2. 拉深模的典型结构

覆盖件拉深设备有单动压力机和双动压力机，形状复杂的覆盖件必须采用双动压力机拉深。根据设备不同，覆盖件拉深模也可分为单动压力机上覆盖件拉深模和双动压力机上覆盖件拉深模。图 6-66、图 6-67 所示分别为单动压力机上和双动压力机上覆盖件拉深模的典型结构示意图。

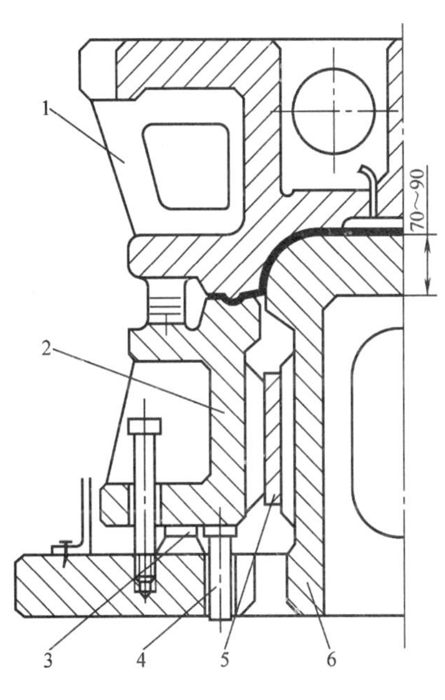

图 6-66　单动压力机上覆盖件拉深模

1—凹模　2—压边圈　3—调整垫　4—气顶杆　5—导板　6—凸模

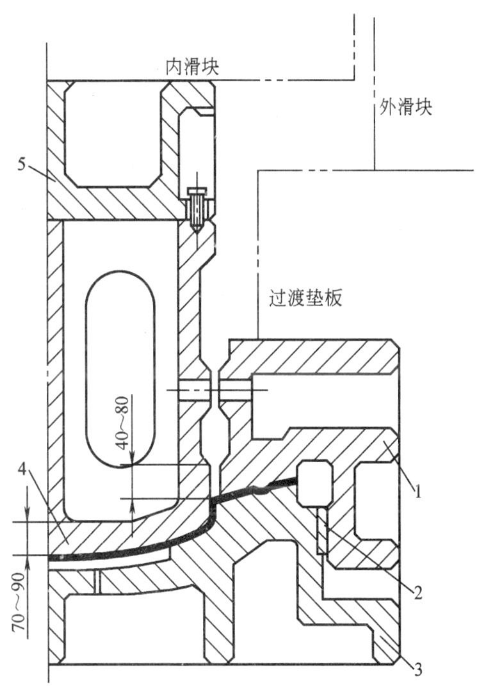

图 6-67　双动压力机上覆盖件拉深模

1—压边圈　2—导板　3—凹模　4—凸模　5—固定座

单动压力机上覆盖件拉深模的凸模 6 安装在下工作台面上，凹模 1 固定在压力机的滑块上，为倒装结构。压边圈 2 由气顶杆 4 和调整垫 3 所支承，气垫压紧力只能整体调整，压紧力在拉深过程中基本不变，压紧力较小。

双动压力机上覆盖件拉深模的凸模 4 固定在与内滑块相连接的固定座 5 上，凹模 3 安装在工作台面上，为正装结构。压边圈 1 安装在外滑块上，可通过调节螺母调节外滑块四角的高度使外滑块成倾斜状来调节拉深模压料面上各部位的压紧力，压紧力大。

覆盖件拉深模的凸模和压料圈之间、凹模和压边圈之间设有导向结构，如图 6-66 的导板 5 和图 6-67 的导板 2。导向结构可采用各种形式的导板或导块，由于一般拉深模对精度要求不太高，可不用导柱，但如在拉深的同时还要进行冲孔等工作，则最好导块与导柱并用。

思考练习题

1. 为什么用二次、三次或多次拉深成形？

2. 圆筒件直径为 d，高为 h，若忽略底部圆角半径 r 不计，设拉深系数 $m=0.5$ 时，允许的零件最大相对高度（h/d）为多少？

3. 拉深工序中的起皱、拉裂是如何产生的，如何防止？

4. 拉深时通过危险断面传递的拉深力 F 由哪几部分组成？怎样才能使 F 最小？

5. 拉深件坯料尺寸的计算遵循什么原则？

6. 图 6-68a 所示为电工器材上用的罩，材料 08F，材料厚度为 1mm；图 6-68b 所示为手推车轴碗，材料为 10 钢，材料厚度为 3mm，试计算拉深模工作部分尺寸。

7. 确定图 6-69 所示零件的拉深次数，计算各工序件尺寸。零件材料为 08 钢，材料厚度为 1mm。

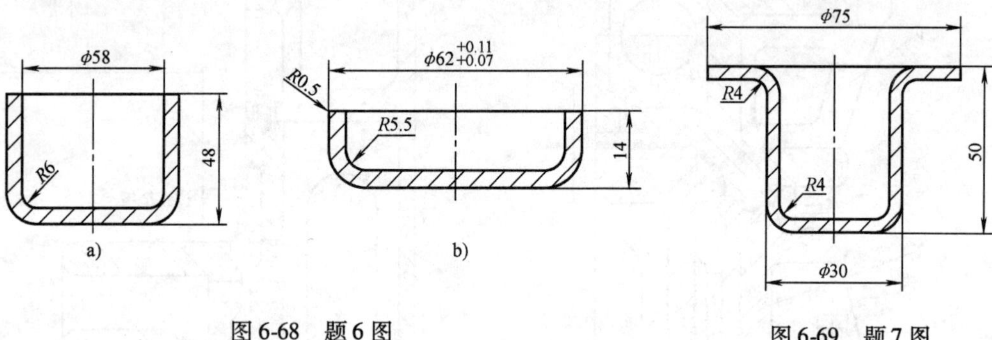

图 6-68　题 6 图

图 6-69　题 7 图

第7章　其他冲压方法及模具设计

冲压生产中，除冲裁、弯曲、拉深等工序外，还有胀形、翻边、缩口、校形、旋压、挤压等冲压方法；另外，由于对冲压件的质量要求以及生产批量的不同，加之新材料、新工艺的发展，实际生产时，在保证冲压件质量的前提下，常会改变传统的冷冲压工艺而采用新的经济型冲压方法。目前，广泛应用的主要有：锌基合金模、聚氨酯橡胶模和通用冲模及组合冲模等。

本章的学习目的是了解胀形、翻边、缩口等成形工艺的特点，掌握各种成形模具的结构及设计方法，认识经济型模具的特点。

7.1　胀形

利用模具强迫板料厚度减薄和表面积增大，得到所需几何形状和尺寸的制件的冲压加工方法称为胀形。胀形工艺与前面的拉深工艺不同，材料不向变形区外转移，也没有材料从外部进入变形区内，是靠毛坯的局部变薄来实现变形区表面积增大。

从工件的形状来分，胀形分为平板毛坯的局部胀形（起伏）和空心毛坯的胀形。从胀形模具来分，有刚模胀形和借助液体、气体和橡胶成形压力的软模胀形。

1. 胀形成形的特点及成形极限

图7-1所示为平板毛坯胀形原理图，毛坯在带有筋的压边圈内压紧，变形区限制在筋以内的毛坯上，在凸模力作用下，与球形面接触部的板料处于两向受拉的应力状态，沿切向和径向产生拉伸变形，使板料厚度减薄、表面积增大，得到与凸模球形面形状一致的凸包。由于胀形时板料处于双向拉压力状态，板料不会产生压缩失稳，主要应防止拉伸破裂。

胀形成形极限是以制件是否发生破裂来判别，由于胀形方法不同，成形极限的表示方法也不同。纯胀形时常用胀形深度表示成形极限；管形毛坯胀形时常用胀形系数表示成形极限。虽然胀形成形极限表示方法不同，但由于胀形区变形性质相同，且破裂只与变形应变状态有关，所以影响因素类似。

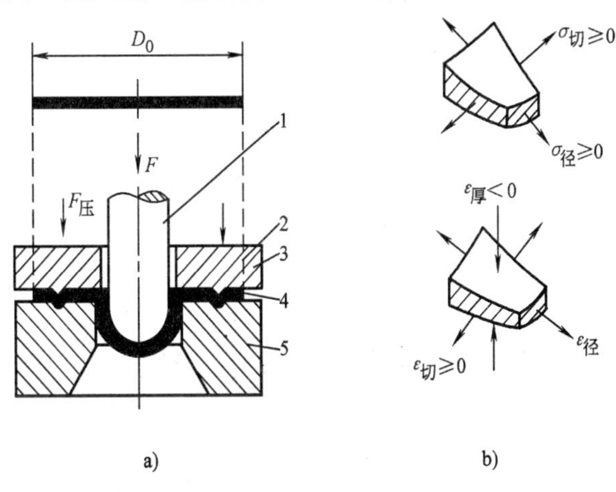

图7-1　平板毛坯胀形成形原理图

a）胀形示意图　b）胀形的应力与应变状态

1—凸模　2—拉深筋　3—压边圈　4—毛坯　5—凹模

影响胀形成形极限的因素主要是材料的伸长率和材料的硬化指数。一般认为，材料的伸长率大，即材料的塑性好，破裂前允许的变形程度大，其成形极限也大，对胀形有利。材料的硬化指数大，变形后材料硬化能力强，扩展变形区，使应变分布趋于均匀，提高材料的局部应变能力，故成形极限大，对胀形有利。

一般来讲，胀形破裂总是发生在材料厚度变薄最大的部位。变形区的应变分布对胀形破裂有很大影响。当用球头凸模或平底凸模胀形时，前者的应变分布比较均匀，各点应变量较大。能获得较大的胀形高度，其成形极限较大。

润滑条件和材料厚度对胀形的成形极限也有影响，一般认为，良好的润滑使凸模与毛坯间摩擦力减小，变形不过分集中，应变分布均匀，使胀形高度增加；材料厚度增大，胀形成形极限有所增加，但材料厚度与工件尺寸比值较小时，影响不太显著。

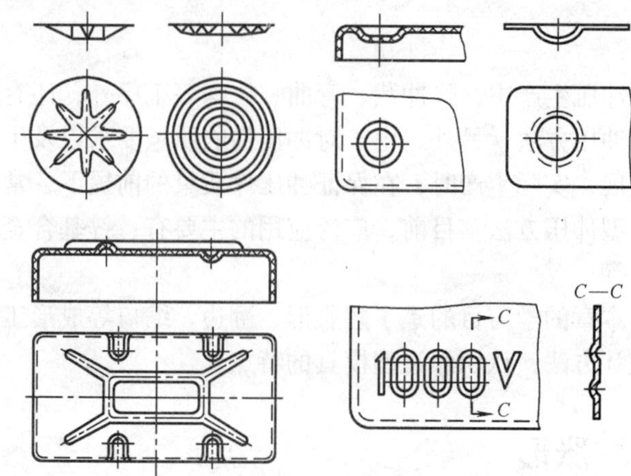

图 7-2　起伏成形工件

2. 胀形工艺

（1）平板毛坯的局部胀形（起伏）。平板毛坯在模具作用下，发生局部凸起的冲压方法称为起伏成形（见图 7-2）。常见的起伏成形有压加强筋和局部凹槽、凸包等。

常见的加强筋形式和尺寸见表 7-1。

表 7-1　加 强 筋

名　称	图　例	R	h	D或B	r	α(°)
球形筋		$(3\sim4)t$	$(2\sim3)t$	$(7\sim10)t$	$(1\sim2)t$	—
梯形筋		—	$(1.5\sim2)t$	$\geqslant 3h$	$(0.5\sim1.5)t$	15 ~ 30

加强筋起伏成形的极限变形程度主要受材料的塑性、冲头的几何形状和润滑等因素影响。能够一次成形加强筋的条件为

$$\varepsilon_{极} = \frac{l - l_0}{l_0} < (0.7 \sim 0.75)\delta_{单} \tag{7-1}$$

式中，$\varepsilon_{极}$ 为起伏成形的极限变形程度；$\delta_{单}$ 为材料单向拉伸时的伸长率；l_0、l 是变形前后长度；系数视胀形时断面形状而定，球形筋取大值，梯形筋取小值。

如果计算结果符合上述条件，则可一次成形。否则，应先压制成半球形过渡形状，然后

再压出工件所需形状，如图 7-3 所示。

冲制加强筋的变形力 F 按下式计算

$$F = kLt\sigma_b \tag{7-2}$$

式中，F 为变形力(N)；k 是系数，取 0.7 ~ 1，加强筋形状窄而深时取较大值，宽而浅时取较小值；t 是材料厚度(mm)；L 是加强筋周长(mm)；σ_b 是材料抗拉强度(MPa)。

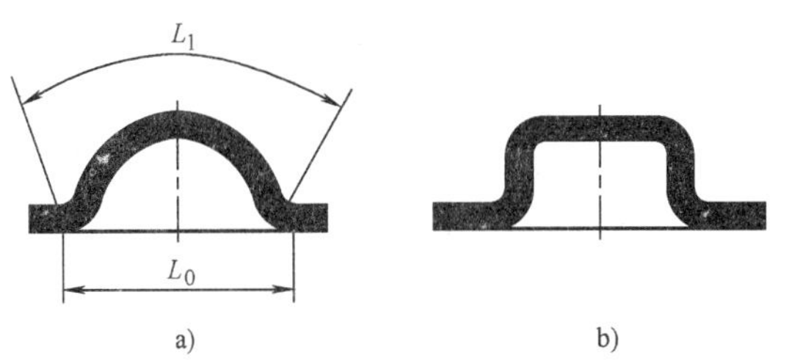

图 7-3 两次成形加强筋

a）预成形 b）最后成形

若在曲柄压力机上用薄料（t < 1.5mm）对小制件（面积小于 2000mm^2）压筋或压筋兼校正工序时，变形力按下式计算

$$F = KAt^2 \tag{7-3}$$

式中，K 是系数，钢件取 200 ~ 300N/mm^4，铜件和铝件取 150 ~ 200N/mm^4；A 是成形面积(mm^2)；t 是材料厚度(mm)。

压凸包时，毛坯直径与凸模直径的比值应大于 4，此时凸缘部位不会向里收缩，属于胀形性质的起伏成形，否则便成为拉深。

冲压凸包的高度受材料塑性限制，不能太大，表 7-2 列出了平板毛坯压凸包时的许用成形高度。凸包成形高度还与凸模形状及润滑有关，球形凸模较平底凸模成形高度大，润滑条件较好时成形高度较大。

表 7-2 平板毛坯局部压凸包时的许用成形高度

材料	许用凸包成形高度 h_{max}/mm
低碳钢	≤ (0.15 ~ 0.2) d
铝	≤ (0.1 ~ 0.15) d
黄铜	≤ (0.15 ~ 0.22) d

（2）圆柱形空心毛坯胀形。将圆柱形空心毛坯向外扩张成曲面空心制件的冲压加工方法叫做圆柱形空心毛坯胀形（见图 7-4）。用这种方法可以制造高压气瓶、波纹管、自行车三通接头以及火箭发动机上的一些异形空心件。

圆柱空心毛坯胀形的方法有刚体冲模胀形法和软模胀形法。

图 7-5 所示为刚体分瓣凸模胀形模结构示意图。由于刚体分瓣凸模胀形模具结构复杂，胀形变形不均匀，不易胀出形状复杂的制件，很难得到精度较高的制件，所以生产中常用软模进行胀形。

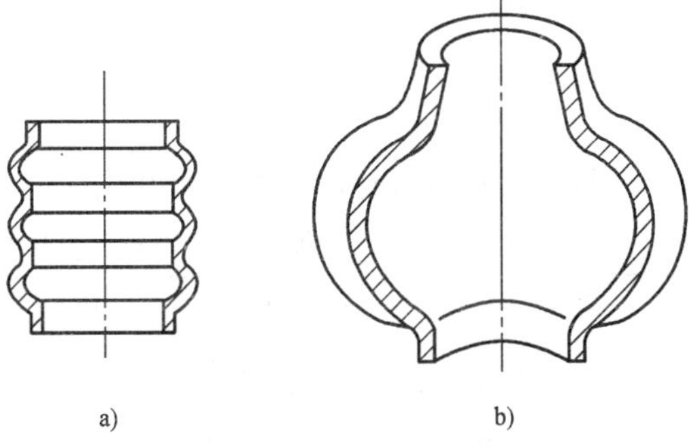

图 7-4 圆柱形空心毛坯胀形

a）波纹管 b）凸肚件

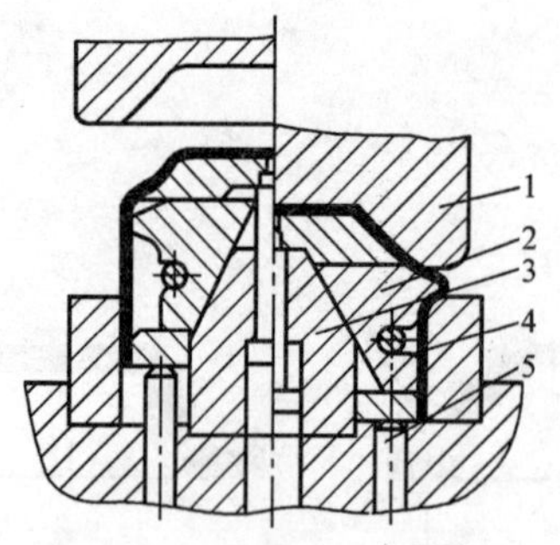

图 7-5　刚体分瓣凸模胀形
1—凹模　2—分瓣凸模　3—模芯
4—工件　5—气垫顶杆

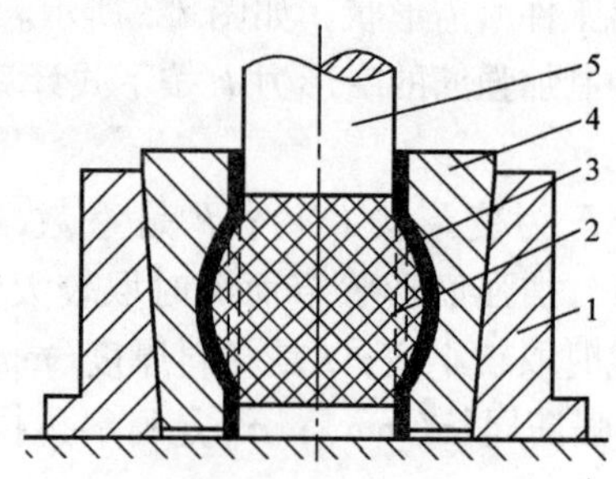

图 7-6　橡胶凸模胀形
1—外框　2—橡胶　3—工件
4—凹模　5—凸模

图 7-6 所示为橡胶凸模胀形示意图。图 7-7 所示为液压胀形示意图。胀形时，毛坯放在凹模内，利用介质传送的压力，使其毛坯直径胀大，最后贴靠凹模成形。软模胀形的优点是传力均匀、工艺过程简便、生产成本低、制件质量好。

软模胀形使用的介质有橡胶、PVC 塑料、石腊、高压液体和压缩空气等。

胀形的变形程度用胀形系数表示

$$K = \frac{d_{\max}}{d_0} \tag{7-4}$$

式中，d_0 是毛坯原始直径（mm）；$d_{\max}$是胀形后制件的最大直径（mm），如图 7-8 所示。

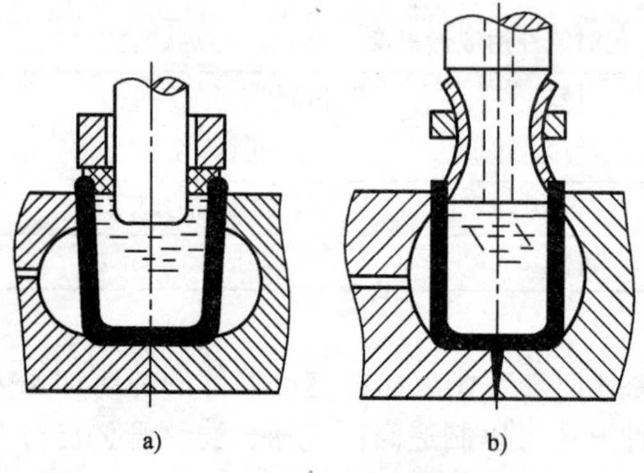

图 7-7　液体凸模胀形
a）圆通形件胀形　b）管形件胀形

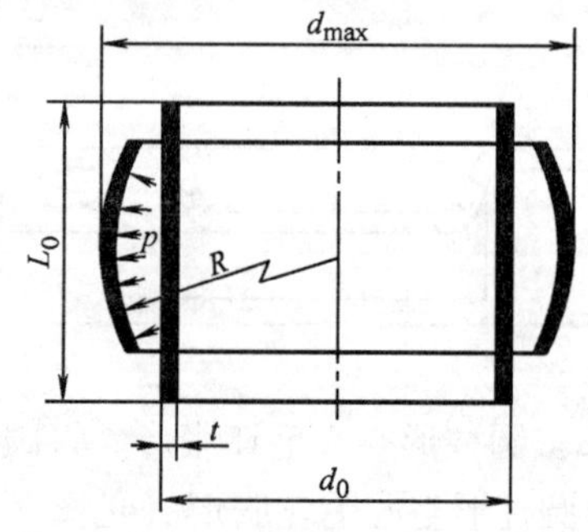

图 7-8　圆柱形空心毛坯胀形

表 7-3 是一些材料的极限胀形因素和切向许用伸长率。

表 7-3　极限胀形因素和切向许用伸长率

材料	厚度/mm	极限胀形系数 K_P	切向许用伸长率 $\delta_{\theta P}$（%）
铝合金 3A21	0.5	1.25	25
纯铝　1070A，1060	1.0	1.28	28
纯铝　1050A，1035	1.5	1.32	32
纯铝　1200，8A06	2.0	1.32	32

（续）

材料	厚度/mm	极限胀形系数 K_P	切向许用伸长率 $\delta_{\theta P}$（%）
黄铜　H62	0.5～1.0	1.35	35
H68	1.5～2.0	1.40	40
08F	0.5	1.20	20
低碳钢　10，20	1.0	1.24	24
不锈钢	0.5	1.26	26
1Cr18Ni9Ti	1.0	1.28	28

胀形时，为了增加毛坯在圆周方向的变形程度，减少材料的变薄，因此毛坯两端一般不固定，使其自由收缩，因此毛坯长度 L_0（见图 7-8）可按下式近似计算

$$L_0 = L[1 + (0.3 \sim 0.4)\delta] + \Delta h \tag{7-5}$$

式中，L 为制件母线长度（mm）；δ 为制件切向最大伸长率$\left(\delta = \dfrac{\pi d_{max} - \pi d_0}{\pi d_0}\right)$；$\Delta h$ 为修边余量，约取 5～8mm。

软模胀形圆柱形空心件时，所需的单位压力 p 分下面两种情况计算：

两端不固定，允许毛坯轴向自由收缩时

$$p = \frac{2t}{d_{max}}\sigma_b \tag{7-6}$$

两端固定，毛坯不能收缩时

$$p = 2\sigma_b\left(\frac{t}{d_{max}} + \frac{t}{2R}\right) \tag{7-7}$$

式中符号意义见图 7-8。

7.2　翻边

利用模具把板料上的孔边缘或外边缘翻成竖立直边的冲压加工方法称为翻边。

翻边按其工艺特点可分为内孔翻边、外缘翻边和变薄翻边等。按变形的性质可分为伸长类翻边、压缩类翻边以及属于体积成形的变薄翻边。伸长类翻边的特点是：变形区材料受拉应力，切向伸长，厚度减薄，易发生破裂。压缩类翻边的特点是：变形区材料切向受压缩应力，产生压缩变形，厚度增厚，易起皱。

7.2.1　内孔翻边

1. 内孔翻边的变形特点和变形程度

图 7-9 所示为内孔翻边时变形区的应力状态。翻边前毛坯孔径为 d_0，翻边变形区是内径为 d_0、外径为 D 的环形部分。当冲头下行时，d_0 不断扩大，并向侧边转移，最后使平面环形变成竖立直边。变形区的毛坯受切向拉应力 σ_θ 和径向拉应力 σ_ρ 的作用，其中切向拉应力 σ_θ 是最大主应力，而径向拉应力 σ_ρ 值较小，它是由毛坯与模具的摩擦而产生的。在整个变形区内，应力、应变的大小是变化的。孔的边缘处于单向切向拉应力状态，且其值最大，该处的应变在变形区内也最大。这样，就使边缘的厚度在翻边过程中不断变薄，翻边后竖边的

边缘部位变薄严重，使该处在翻边过程中成为危险部位，当变形超过许用变形程度时，此处就会开裂。

变形程度用翻边前孔径 d_0 与翻边后的平均直径 D 的比值 m 表示。

$$m = \frac{d_0}{D} \tag{7-8}$$

式中，m 是翻边系数。

m 值越小，变形程度越大。圆孔翻边时孔边濒临破坏的翻边系数，称为极限翻边系数。

极限翻边系数的大小，主要取决于材料的塑性、翻边前孔的表面质量与硬化程度、材料的相对厚度 t/d_0、凸模工作部分的形状等因素。表7-4为各种材料的一次翻边系数。

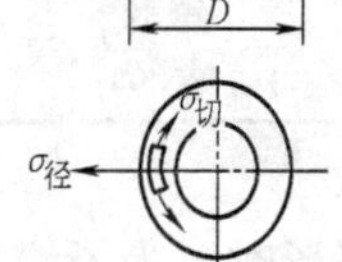

图7-9　内孔翻边时变形区的应力状态

表7-4　各种材料的一次翻边系数

经退火的毛坯材料	翻边系数		经退火的毛坯材料	翻边系数	
	m_0	m_{min}		m_0	m_{min}
镀锌钢板	0.70	0.65	钛合金　TA1（冷态）	0.64~0.68	0.55
低碳钢　t=0.25~2.0mm	0.72	0.68	TA1（加热300~400℃）	0.40~0.50	
t=3.0~6.0mm	0.78	0.75	TA5（冷态）	0.85~0.90	0.75
黄铜H62　t=0.5~6.0mm	0.68	0.62	TA5（加热500~600℃）	0.70~0.65	0.55
铝　t=0.5~5.0mm	0.70	0.64	不锈钢、高温合金	0.69~0.65	0.61~0.57
硬铝合金	0.89	0.80			

2. 翻边的工艺计算

在翻边工艺计算中，有两方面的计算内容：一是要根据翻边工件的尺寸，计算毛坯预冲孔 d_0 的尺寸；二是要根据允许的极限翻边系数，校核一次翻边可能达到的翻边高度 h（竖立直边高度）。

圆孔的翻边预冲孔直径 d_0 可以近似地按弯曲展开计算。由图7-10a可知：

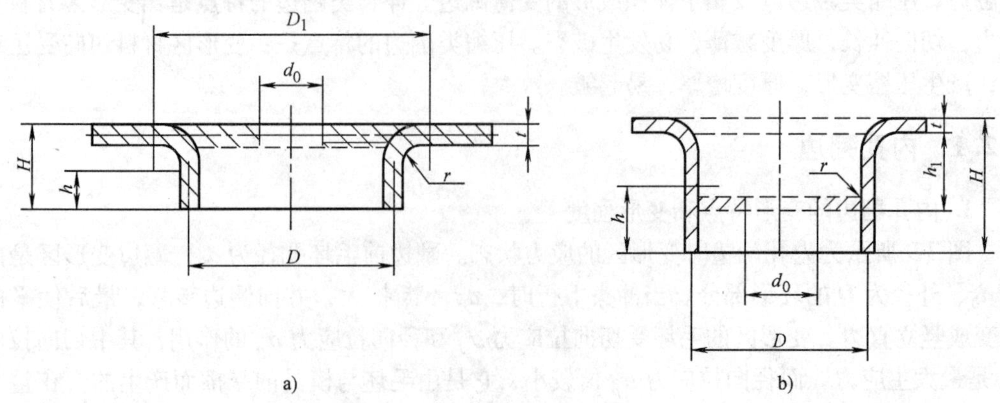

图7-10　内孔翻边尺寸的计算

a）平板毛坯翻边　b）在拉深件底部翻边

$$\frac{D_1 - d_0}{2} = \frac{\pi}{2}\left(r + \frac{t}{2}\right) + h \tag{7-9}$$

因为

$$D_1 = D + 2r + t$$

$$h = H - r - t$$

代入式（7-9），化简后可得翻边高度的表达式，见式（7-10）、式（7-11）。

$$H = \frac{D - d_0}{2} + 0.43r + 0.72t \tag{7-10}$$

或

$$H = \frac{D}{2}\left(1 - \frac{d_0}{D}\right) + 0.43r + 0.72t \tag{7-11}$$

式中，d_0/D 是翻边系数。

如将极限翻边系数 m_{min} 代入式（7-11），可得一次翻边的极限高度为

$$H_{max} = \frac{D}{2}(1 - m_{min}) + 0.43r + 0.72t \tag{7-12}$$

当工件的高度 $H > H_{max}$ 时，就难于一次翻边成形。可以采用加热翻边、多次翻边（以后各次的翻边，其 m 应增大 15%～20%）或拉深后冲底孔再翻边的方法。

但是，翻边的高度也不能过小（一般 $H > 1.5r$）。如果 H 过小，则翻边后回弹严重，直径和高度尺寸误差大。在工艺上，一般采用加热翻边或增加翻边高度然后切除的方法。

在拉深件的底部冲孔翻边的工艺计算过程是：先计算允许的翻边高度 h，然后按零件的要求高度 H 及 h 确定拉深高度 h_1 及预冲孔直径 d_0。

翻边高度可由图 7-10b 中的关系求出

$$h = \frac{D - d_0}{2} - \left(r + \frac{t}{2}\right) + \frac{\pi}{2}\left(r + \frac{t}{2}\right)$$

$$= \frac{D}{2}\left(1 - \frac{d_0}{D}\right) + 0.57\left(r + \frac{t}{2}\right) \tag{7-13}$$

将 $d_0/D = m$ 代入式（7-13），则得出允许的翻边高度为

$$h = \frac{D}{2}(1 - m) + 0.57\left(r + \frac{t}{2}\right) \tag{7-14}$$

预冲孔直径 d_0 为

$$d_0 = mD \text{ 或 } d_0 = D + 1.14\left(r + \frac{t}{2}\right) - 2h \tag{7-15}$$

拉深高度为

$$h_1 = H - h + r \tag{7-16}$$

如图 7-11 所示，非圆孔翻边的变形性质比较复杂，它包括有圆孔翻边、弯曲、拉深等变形性质。对于非圆孔翻边的预冲孔，可以分别按圆孔翻边、弯曲、拉深展开，然后用作图法把各展开线光滑连接即可。

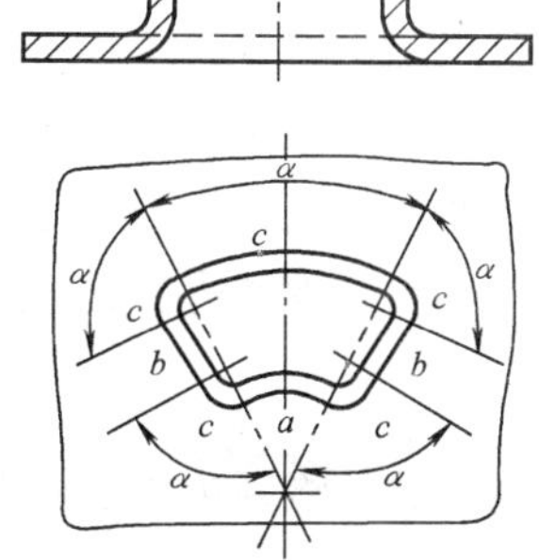

图 7-11　非圆孔翻边
a—缩类翻边　b—弯曲　c—伸长类翻边

在图 7-11 中，属于圆孔翻边性质的有 c，属于弯曲部分的有 b，属于拉深部分的有 a。在非圆孔翻边中，沿翻边线的应力与应变分布是不均匀的。在翻边高度相同的情况下，伸长类变形区域曲率半径较小的部位，切向拉应力

和切向伸长变形较大；而曲率半径较大的部位，切向拉应力和切向伸长变形都较小。直线部位仅在凹模圆角处发生弯曲变形。由于曲线部分和直线部分是一整体，曲线部分的翻边变形在一定程度上可扩展到直边部分，而使曲线部分切向伸长变形得到一定程度的减轻。因此，非圆孔翻边较圆孔翻边的极限翻边系数要小一些。

翻边力 F 一般不大，计算公式为

$$F = 1.1\pi(D - d_0)t\sigma_s \tag{7-17}$$

式中，F 为翻边力（N）；D 是翻边后的孔径（mm）；d_0 是翻边预冲孔直径（mm）；t 是材料厚度（mm）；σ_s 是材料屈服极限（MPa）。

7.2.2 变薄翻边

翻边时竖边材料变薄，是由拉应力作用材料的自然变薄。当工件很高时，也可采用减小凸、凹模间隙，强迫材料变薄的方法，提高工件的竖边高度，以提高生产率和节省材料，这种翻边成形方法称为变薄翻边。

变薄翻边属于体积成形。变薄时凸、凹模间采用小间隙，凸模下方材料的变形与圆孔翻边相似，但变形区翻边成竖边时，将会在凸模与凹模作用下产生挤压变形，使材料厚度显著减薄，从而提高翻边高度。变薄翻边的变形程度用变薄系数 K 表示

$$K = \frac{t_i}{t_{i-1}} \tag{7-18}$$

式中，t_i 是变薄翻边后零件竖边的厚度（mm）；t_{i-1} 是变薄翻边前竖边材料的厚度（mm）。

一次变薄翻边的变薄系数可取 0.4～0.5，甚至更小。变薄后竖边的高度按体积不变原则进行计算。变薄翻边力比普通翻边力大得多，力的大小与变形量成正比。

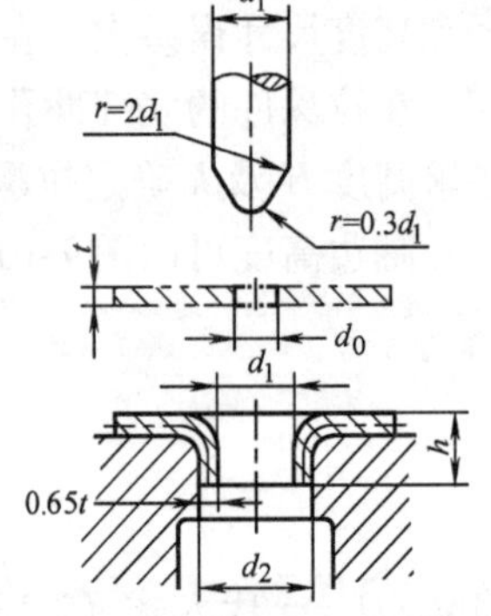

图 7-12　变薄翻边

变薄翻边通常用在平板毛坯或半成品的制件上冲制小螺孔（多为 M5 以下）。为保证使用强度，对于低碳钢或黄铜工件的螺孔深度不小于直径的 1/2，而铝件的螺孔深度不小于直径的 2/3。为了保证螺孔深度，又不增加工件厚度，生产中常采用变薄翻边工艺加工小螺孔，如图 7-12 所示。有关设计尺寸见冲压设计资料。

7.2.3 外缘翻边

外缘翻边可分为外凸和内凹两种。图 7-13a 所示为外凸的外缘翻边，其变形情况类似于浅拉深，变形区主要为切向压应力，变形过程中，材料易起皱。图 7-13b 为内凹的外缘翻边，其变形特点近似于内孔翻边，变形区主要是切向伸长变形，易于边缘开裂。

外凸的外缘翻边变形程度 $\varepsilon_{凸}$ 为

$$\varepsilon_{凸} = \frac{b}{R + b} \tag{7-19}$$

内凹的外缘翻边的变形程度 $\varepsilon_{凹}$ 为

$$\varepsilon_{凹} = \frac{b}{R - b} \tag{7-20}$$

式中，R 为翻边线的曲率半径；b 为毛坯上需翻边的宽度。

7.2.4 翻边模设计

翻边模的结构与一般拉深模相似，如图 7-14 所示，所不同的是翻边凸模圆角半径一般较大，甚至做成球形或抛物面形，以利于变形。

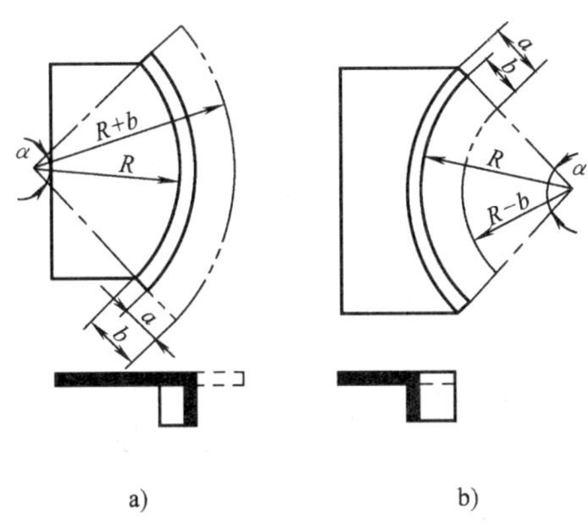

图 7-13 外缘翻边

a）外凸外缘翻边 b）内凹外缘翻边

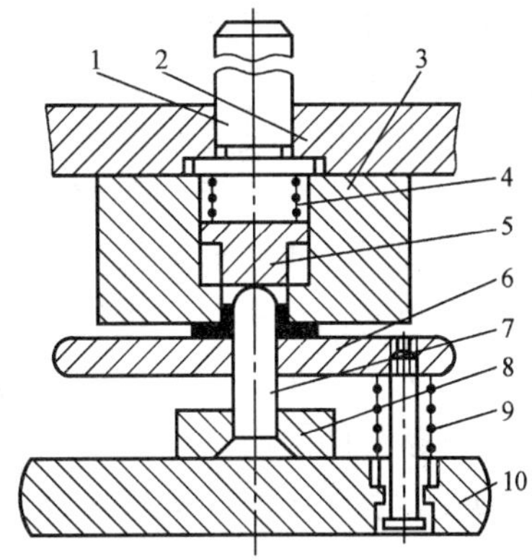

图 7-14 翻边模结构

1—模柄 2—上模座 3—凹模 4、9—弹簧 5—顶件器 6—卸料板 7—凸模 8—凸模固定板 10—下模座

图 7-15 是几种常见圆孔翻边模的凸模形状和尺寸。对于平底凸模一般取 $r_{凸} \geqslant 4t$，翻边模采用压边圈时，凸模台肩可以不用。

考虑翻边后材料的变薄，翻边凸、凹模单边间隙 $Z \approx 0.85t$。

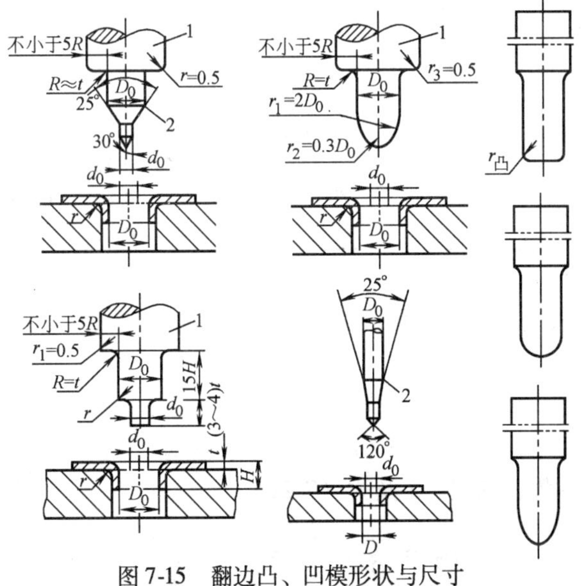

图 7-15 翻边凸、凹模形状与尺寸

7.3 缩口

缩口是将预先拉深好的圆筒或管件毛坯，通过缩口模具将其口部缩小的一种成形工艺。

缩口工艺在国防工业和民用工业中有广泛应用，如枪炮的弹壳、钢气瓶等。

7.3.1 缩口变形特点及变形程度

缩口的应力、应变特点如图7-16所示，变形区的金属受切向压应力σ_1和轴向压应力σ_3的作用，在轴向和厚度方向产生伸长变形ε_3和ε_2，切向产生压缩变形ε_1。在缩口变形过程中，材料主要受切向压应力作用，使直径减小，壁厚和高度增加。由于切向压应力的作用，在缩口时坯料易于压缩失稳起皱。同时，非变形区的筒壁，由于承受全部缩口压力，也易压缩失稳产生变形，所以防止压缩失稳是缩口工艺的主要问题。缩口的极限变形程度主要受失稳条件的限制。

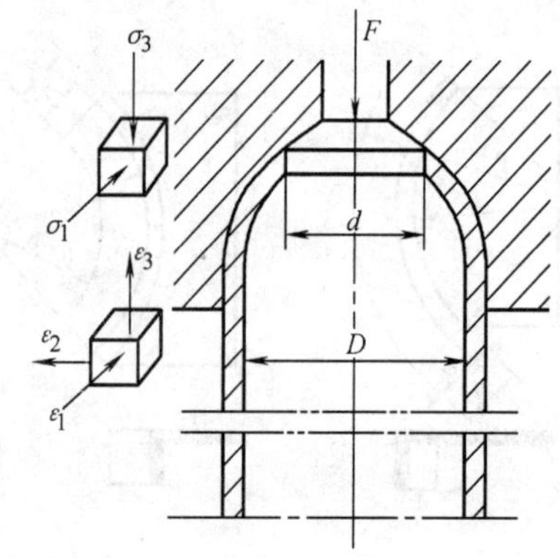

图7-16 缩口的应力、应变状态

缩口的变形程度用缩口系数m来表示，其表达式为

$$m = \frac{d}{D} \tag{7-21}$$

式中，d是缩口后直径（mm）；D是缩口前直径（mm）。

极限缩口系数的大小主要与材料性质、材料厚度、模具形式和坯料表面质量有关。表7-5是不同材料、不同厚度的平均缩口系数。表7-6是不同材料、不同支承方式的允许缩口系数。

表7-5 平均缩口系数$m_{均}$

材料	材料厚度/mm		
	~0.5	>0.5~1	>1
黄铜	0.85	0.8~0.7	0.7~0.65
钢	0.85	0.75	0.7~0.65

表7-6 缩口系数m

材料	支承方式		
	无支承	外支承	内外支承
低碳钢	0.70~0.75	0.55~0.60	0.3~0.35
黄铜H62，H68	0.65~0.70	0.50~0.55	0.27~0.32
铝	0.68~0.72	0.53~0.57	0.27~0.32
硬铝（退火）	0.73~0.80	0.60~0.63	0.35~0.40
硬铝（淬火）	0.75~0.80	0.63~0.72	0.40~0.43

当工件需要进行多次缩口时，其各次缩口系数的计算见式（7-22）~式（7-24）。

首次缩口系数

$$m_1 = 0.9m_{均} \tag{7-22}$$

再次缩口系数

$$m_2 = (1.05 \sim 1.10)m_{均} \tag{7-23}$$

式中，$m_{均}$是平均缩口系数，见表7-5及式（7-24）

$$m_{均} = \frac{d_1}{D} = \frac{d_2}{d_1} = \cdots = \frac{d_n}{d_{n-1}} \tag{7-24}$$

式中，d_1，d_2，…，d_n分别是第一次、第二次、……第n次缩口后工件直径。

缩口次数为

$$n = \frac{\lg d - \lg D}{\lg m_{均}} \tag{7-25}$$

缩口后，工件端部壁厚略有变大，一般忽略不计，精确计算时为

$$t_n = t_{n-1}\sqrt{\frac{d_{n-1}}{d_n}} \tag{7-26}$$

式中，t_{n-1}是缩口前的厚度（mm）；t_n 是缩口后的厚度（mm）。

7.3.2 缩口工艺计算

1. 毛坯高度的计算

缩口后，工件高度有变化，缩口毛坯高度 H 按式（7-27）～式（7-29）计算，式中符号如图 7-17 所示。

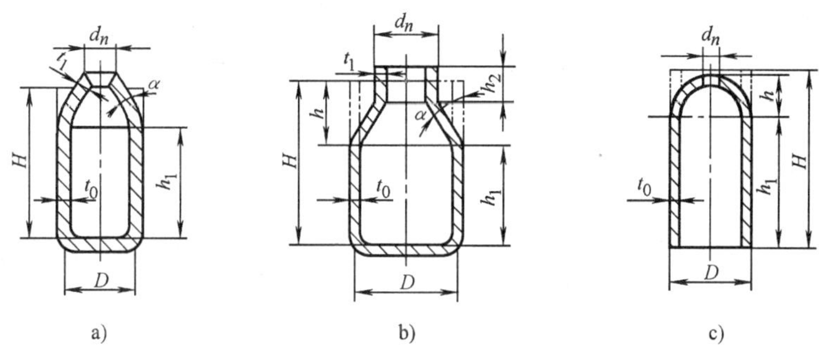

图 7-17　缩口形式

图 7-17a 所示形式毛坯高度为

$$H = 1.05\left[h_1 + \frac{D^2 - d_n^2}{8D\sin\alpha}\left(1 + \sqrt{\frac{D}{d_n}}\right)\right] \tag{7-27}$$

图 7-17b 所示形式毛坯高度为

$$H = 1.05\left[h_1 + h\sqrt{\frac{d_n}{D}} + \frac{D^2 - d_n^2}{8D\sin\alpha}\left(1 + \sqrt{\frac{D}{d_n}}\right)\right] \tag{7-28}$$

图 7-17c 所示形式毛坯高度为

$$H = h_1 + \frac{1}{4}\left(1 + \sqrt{\frac{D}{d}}\right)\sqrt{D^2 - d_n^2} \tag{7-29}$$

缩口凹模的半锥角 α 对缩口成形有重要作用，一般使 $\alpha<45°$，最好使 α 在 30°以内。当模具有合理的半锥角 α 时，允许的极限缩口系数 m 可比平均缩口系数 $m_{均}$ 小 10%～15%。

2. 缩口力的计算

图 7-17a 所示的锥形缩口件，若在无内支承模具进行缩口时，缩口力 F 为

$$F = k\left[1.1\pi D t_0 \sigma_s\left(1 - \frac{d}{D}\right)(1 + \mu\cot\alpha)\frac{1}{\cos\alpha}\right] \tag{7-30}$$

式中，F 为缩口力（N）；t_0 为缩口前材料厚度（mm）；D 为缩口前毛坯直径（mm）；d 为工件缩口部分直径（mm）；μ 为工件与凹模摩擦因数；σ_s 为材料屈服点（MPa）；α 为凹模圆锥半角；k 为速度系数，用压力机时，$k=1.15$。

7.4 校形

校形通常指平板工序件的校平和空间形状工序件的整形。校形工序大都是在冲裁、弯曲、拉深等工序之后进行，以便使冲压件获得高精度的平面度、圆角半径和形状尺寸，所以它在冲压生产中具有相当重要的意义，而且应用也比较广泛。

校平和整形工序的共同特点：

（1）只在工序件局部位置产生不大的塑性变形，以达到提高零件的形状和尺寸精度的目的。

（2）由于校形后工件精度比较高，因而相应地也要求模具精度比较高。

（3）校形时需要在压力机下止点对工序件施加校正力，因此所用设备最好为精压机。若用机械压力机时，机床应有较好的刚度，并需要装有过载保护装置，以防材料厚度波动等原因损坏设备。

7.4.1 平板零件的校平

校平通常是校正冲裁件的穹弯。校平的方式通常有三种：模具校平、手工校平和在专门校平设备上校平。

平板零件的校平模有光面校平模和齿形校平模两种形式。

光面校平模适用于软材料、薄料或表面不允许有压痕的制件。光面模改变材料的内应力状态的作用不大，仍有较大回弹，特别是对于高强度材料的零件校平效果比较差。在生产实际中有时将工序件背靠背地（弯曲方向相反）叠起来校平，能收到一定的效果。为了使校平不受压力机滑块导向精度的影响，校平模最好采用浮动式结构，如图 7-18 所示。

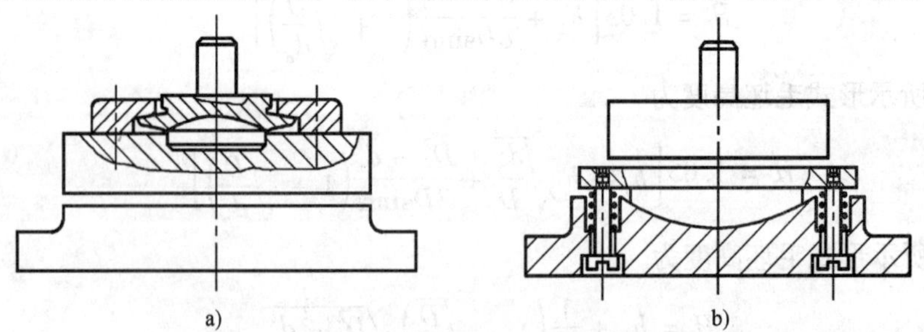

图 7-18 光面校平模

a）上模浮动式 b）下模浮动式

齿形校平模适用于平直度要求较高或抗拉强度高的较硬材料的零件。齿形模有细齿和粗齿两种，齿互相交错（见图 7-19）。采用细齿校平模时，模具的细齿挤压进入材料表面层内一定的深度，形成塑性变形的小网点，改变了材料原有应力状态，故能减少回弹，校平效果较好。但在校平零件的表面上留有较深的压痕，而且工件也容易粘在模具上不易脱模，所以生产中多用粗齿校平模。

如果零件的表面不允许有压痕，或零件的尺寸较大，而又要求具有较高的平直度时，还可以采用加热校平法。将需要校平的工件叠成一定的高度，由夹具压紧成平直状态，然后放进加热炉内加热到一定温度。由于温度升高以后材料的屈服强度降低，材料的内应力数值也相应降低，所以回弹变形减小，达到校平的目的。

校平力计算式为

$$F = Ap \tag{7-31}$$

式中，F 为校平力（N）；A 为校平投影面积（mm^2）；p 为单位校平力（MPa），可查表 7-7。

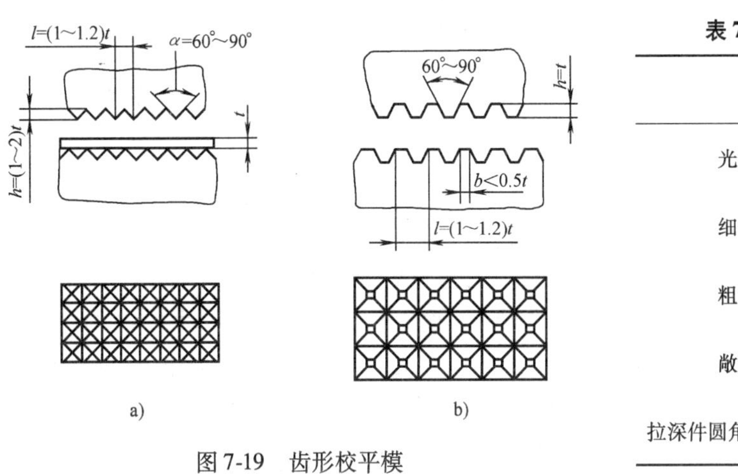

图 7-19　齿形校平模

a）细齿齿形　b）粗齿齿形

表 7-7　校平与整形单位压力

方法	p/MPa
光面校平模校平	50 ~ 80
细齿校平模校平	80 ~ 120
粗齿校平模校平	100 ~ 150
敞开形制件整形	50 ~ 100
拉深件圆角半径及底、侧面整形	150 ~ 200

7.4.2　空间形状零件的整形

空间形状零件的整形是在弯曲、拉深或其他成形工序之后对工序件的整形。在整形前工件已基本成形，但可能圆角半径还太大，或是某些形状和尺寸还未达到产品的要求，这样可以借助整形模使工序件产生局部的塑性变形，以达到提高精度的目的。整形模和前工序的成形模相似，但对模具工作部分的精度、表面粗糙度要求更高，圆角半径和间隙较小。

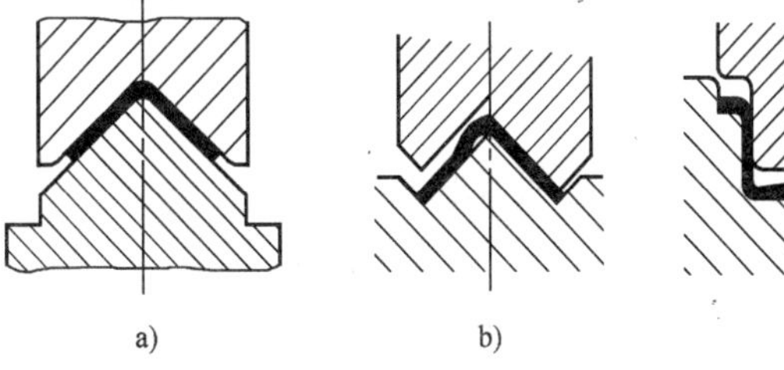

图 7-20　弯曲件的整形

a）压校　b）、c）镦校

弯曲件的整形方法有图 7-20a 所示的压校和图 7-20b、图 7-20c 所示的镦校两种形式。镦校时使整个工序件处于三向受压的应力状态，改变了工序件的应力状态，故能得到较好的整形效果。但带大孔的、或宽度不等的弯曲件不能采用镦校。

整形力可按校平力公式计算，式中以整形投影面积代替校平投影面积即可。

7.5　旋压

旋压是将板料或空心毛坯夹紧在模芯上，由旋压机带动模芯和毛坯一起高速旋转，同时利用滚轮的压力和进给运动，使毛坯产生局部塑性变形并使之逐步扩展，最后获得轴对称的壳体零件，如图7-21所示。

在旋压过程中，改变毛坯形状，直径增加或减少，而其厚度不变或有少许变化者称为不变薄旋压。在旋压中不仅改变毛坯形状而且壁厚有明显变薄者，称为变薄旋压，又称强力旋压。

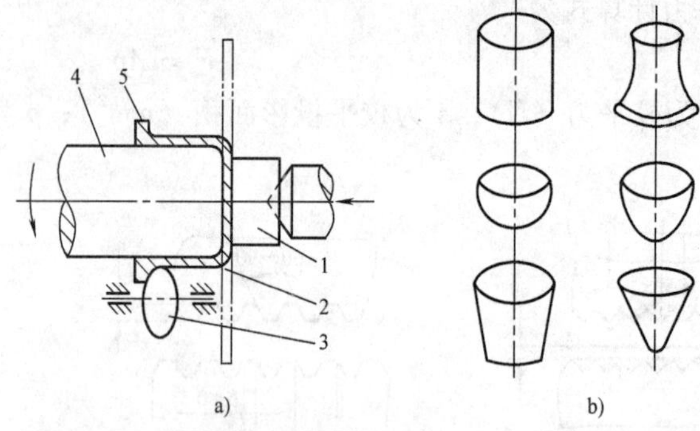

图7-21 旋压原理及旋压件举例

a）旋压原理 b）旋压件举例

1—顶板 2—毛坯 3—滚轮 4—模具 5—加工中的毛坯

7.5.1 不变薄旋压特点及变形程度

不变薄旋压的基本方法有：拉深旋压（拉旋）、缩径旋压（缩旋）和扩径旋压（扩旋）等三种。

拉深旋压是指旋压生产拉深件的方法，是不变薄旋压中最主要和应用最广的旋压方法。旋压时合理选择模芯的转速是很重要的。转速太低，工件边缘容易起皱，增加成形阻力，甚至导致工件的破裂。转速过高，材料变薄严重。合理转速一般是：低碳钢为400～600r/min，铜600～800r/min，黄铜为800～1100r/min。

旋压成形的变形程度用旋压系数 m 来表示，

$$m = \frac{d}{D} \tag{7-32}$$

式中，d 是工件直径（工件为锥形件时，则 d 是圆锥最小直径）；D 是坯料直径。

圆筒形件的极限旋压系数可取为

$$m_{\min} = 0.6 \sim 0.8$$

圆锥形件的极限旋压系数可取为

$$m_{\min} = 0.2 \sim 0.3$$

除拉旋之外，还有将回转体空心件或管毛坯进行径向局部旋压压缩，以减小其直径的缩径旋压和使毛坯进行局部直径增大的扩径旋压（图7-22）。再加上其他辅助成形工序，旋压可以完成旋转体零件的拉深、缩口、胀形、翻边、卷边、压筋、叠缝等不同工序。其优点是旋压模具简单，可用功率和公称压力较小的设备加工大型工件。但生产效率低，操作较难，多用于加工批量小而形状复杂的零件。

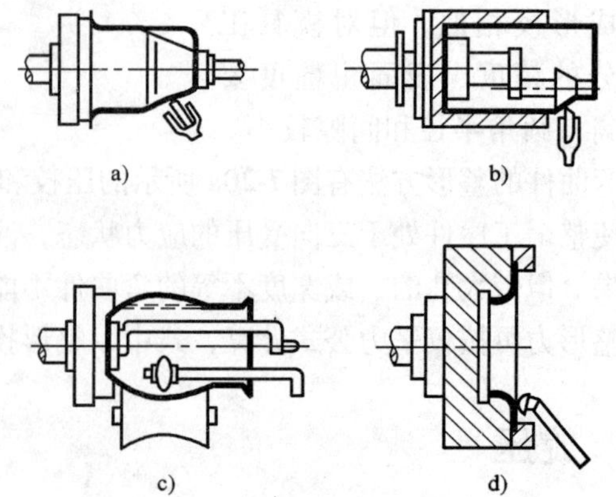

图7-22 各种旋压成形方法

a）拉深 b）缩口 c）胀形 d）翻边

7.5.2 变薄旋压

变薄旋压又称强力旋压。根据旋压件的类型和变形机理的差异，变薄旋压可分为锥形件变薄旋压（剪切旋压），筒形件变薄旋压（挤出旋压）两种。前者用于加工锥形、抛物线形和半球形等异形件，后者用于加工筒形件和管形件。

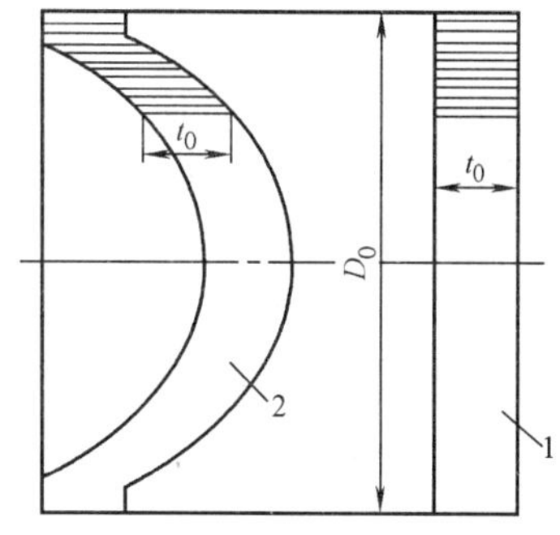

图 7-23　变薄旋压时的纯剪切变形
1—毛坯　2—旋压件

异形件变薄旋压的理想变形是纯剪切变形，只有这种变形状态才能获得最佳的金属流动。此时，毛坯在旋压过程中，只有轴向的剪切滑移而无其他任何变形。旋压前后工件的直径和轴向厚度不变。从工件的纵断面看，其变形过程犹如按一定素线形状推动一叠扑克牌一样（见图 7-23）。

对具有一定锥角和壁厚的锥形件进行变薄旋压时，根据纯剪切变形原理，可求出旋压时的最佳减薄率和合理的毛坯厚度。图 7-24 说明了旋压前后毛坯厚度的关系，即

$$t = t_0 \sin\alpha$$

$$t_0 = \frac{t}{\sin\alpha} \tag{7-33}$$

这一关系称为变薄旋压时异形件壁厚变化的正弦规律。它虽由锥形件所推出，但是对其他异形件基本上都适用。

旋压半球形或抛物线形零件，毛坯可用等断面的，也可用变断面的。等断面毛坯旋压后所得工件的壁厚是不相等的，如图 7-25 所示。变薄旋压的毛坯可以用板材、预冲压成形的杯形件或经过车削的锻件和铸件等。

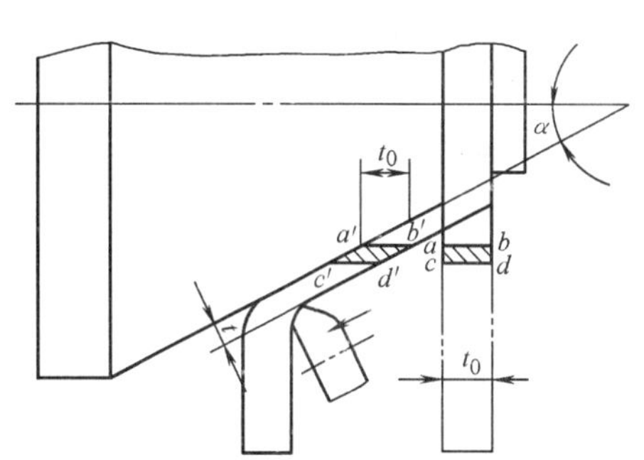

图 7-24　锥形件的变薄旋压

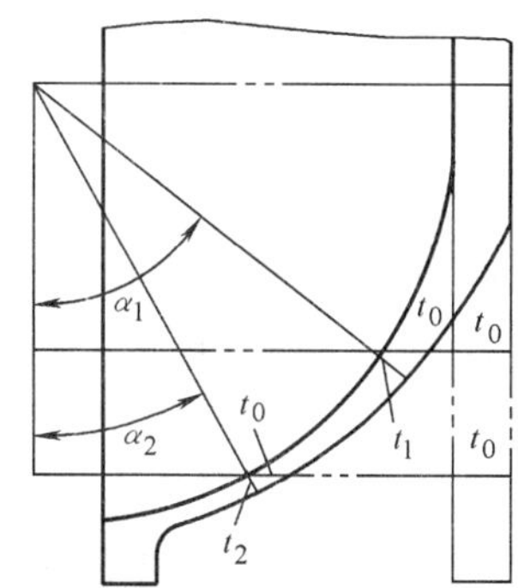

图 7-25　用等断面毛坯旋压半球形零件

筒形件的变薄旋压，不存在锥形件的正弦关系，而只是体积的位移，所以这种旋压也称挤出旋压。它遵循塑性变形体积不变条件和金属流动的最小阻力定律。

变薄旋压的变形程度用减薄率 ε 表示

$$\varepsilon = \frac{t_0 - t}{t_0} \tag{7-34}$$

式中，t_0 是毛坯厚度（mm）；t 是零件厚度（mm）。

旋压时各种金属的最大总减薄率见表 7-8。

许多材料一次旋压常取减薄率 $\varepsilon \leqslant 30\% \sim 40\%$，这样可以保证工件达到较高的尺寸精度。

影响变薄旋压工件质量的因素还包括进给量、转速、滚轮直径和圆角半径、滚轮与模具间隙的调整等，进给量一般取 0.25 ~ 0.75mm/r，转速一般取 200 ~ 700r/min，滚轮圆角半径不小于毛坯原始厚度，滚轮与模具的间隙最好符合正弦规律。

表 7-8 旋压最大总减薄率 ε（无中间退火）

材料	圆锥形	半球形	圆筒形
不锈钢	60% ~75%	45% ~50%	65% ~75%
高合金钢	65% ~75%	50%	75% ~82%
铝合金	50% ~75%	35% ~50%	70% ~75%
钛合金①	30% ~55%	—	30% ~35%

① 钛合金为加热旋压。

7.6 冷挤压

冷挤压是将冷挤压模具装在压力机上，利用压力机简单的往复运动，使金属在模腔内产生塑性变形，从而获得所需要的尺寸、形状及一定性能的机械零件。冷挤压是在室温条件下进行的，不需要对毛坯进行加热。

冷挤压加工可以在冷挤压压力机上进行，也可以在普通机械压力机（冲床）、液压机、摩擦压力机或高速锤上进行。

7.6.1 概述

1. 冷挤压方法

（1）正挤压。正挤压时，金属的流动方向与凸模的运动方向相同。图 7-26 所示是正挤压实心工件的情形，它的加工过程是：先将毛坯放在凹模内，凹模底部有一个大小与所制零件外径相同的孔，然后用凸模去挤压毛坯。在挤压时由于凸模压力的作用，使金属达到塑性状态，产生塑性流动，强迫金属从凹模的小孔中流出，从而制成所需要的零件。一般地，正挤压可以制造各种形状的实心工件（采用实心毛坯），也可以制造各种形状的管子、（见图 7-27）和弹壳类零件——采用空心毛坯或杯形毛坯。

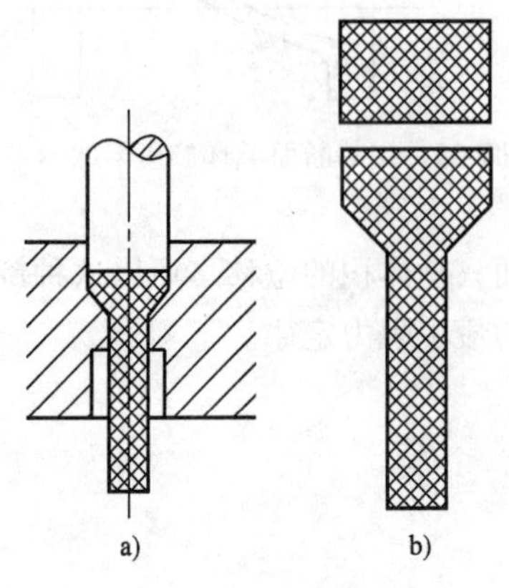

图 7-26 正挤压实心件
a）挤压示意图 b）毛坯与挤压零件

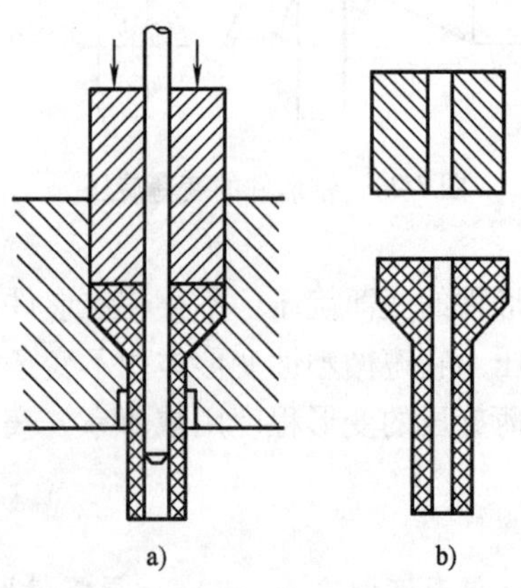

图 7-27 正挤压空心件
a）挤压示意图 b）毛坯与挤压零件

（2）反挤压。反挤压时，金属的流动方向与凸模的运动方向相反。图 7-28 所示为反挤压空心杯形工件的情形，它的加工过程是：把扁平的毛坯放在凹模底上，凹模与凸模在半径方向上的间隙等于杯形零件的壁厚。当凸模向毛坯施加压力时，金属便沿凸模与凹模之间的间隙向上流动，从而制成所需要的空心杯形零件。

（3）复合挤压。复合挤压时，毛坯上一部分金属的流动方向与凸模的运动方向相同，而另一部分金属的流动方向则相反。图 7-29 所示为复合挤压工作的情况。用复合挤压的方法，可以制造各种带有突起的复杂形状的空心工件。

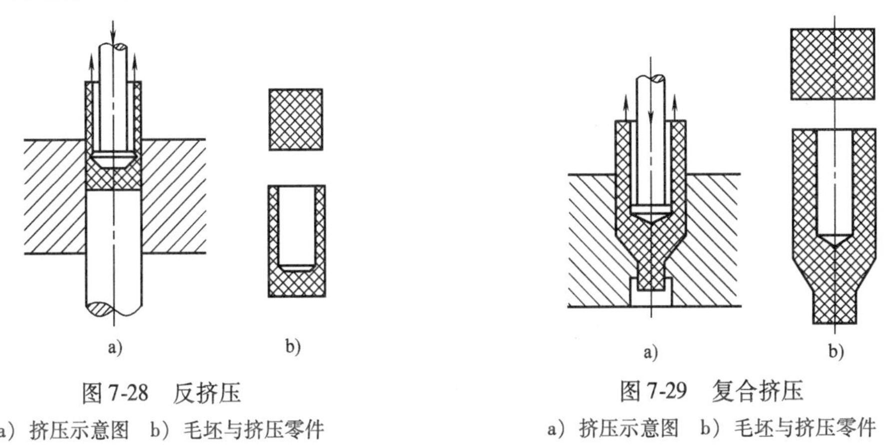

图 7-28　反挤压

a）挤压示意图　b）毛坯与挤压零件

图 7-29　复合挤压

a）挤压示意图　b）毛坯与挤压零件

（4）径向挤压。径向挤压时，金属的流动方向与凸模的运动方向垂直，采用实心毛坯或管状毛坯挤压制成盘类零件或内壁有凸出要求的零件如图 7-30、图 7-31 所示。

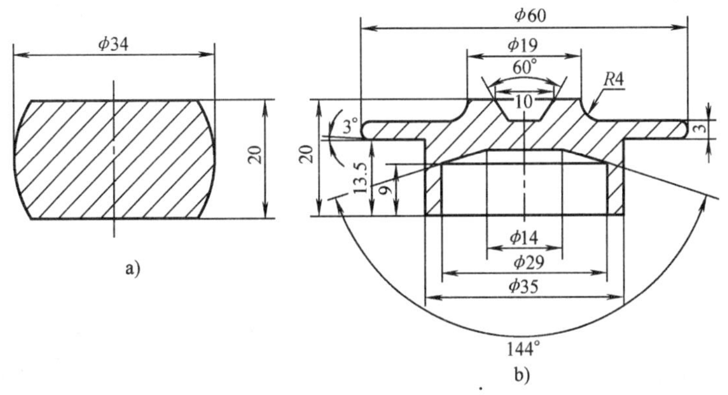

图 7-30　盘状径向挤压

a）毛坯　b）零件

2. 采用冷挤压存在的问题

冷挤压时，为了使被挤压的材料产生塑性变形流动，模具需承受巨大的反作用力。为顺利实施冷挤压工艺必须考虑和解决以下几方面的问题：

（1）选用适合于冷挤压加工的材料。

（2）采用正确、合理的冷挤压工艺方案。

（3）选用合理的毛坯软化热处理方案。

（4）采用合理的毛坯表面处理方法及选用最理想的润滑剂。

(5) 设计并制造适合冷挤压特点的模具结构，保证成品达到所要求的质量，同时还应保证模具有较长的工作寿命、较高的生产率，工作安全可靠。

(6) 选用合适的冷挤压模具材料及其热处理方法。

(7) 选择适合冷挤压工艺特点的设备。

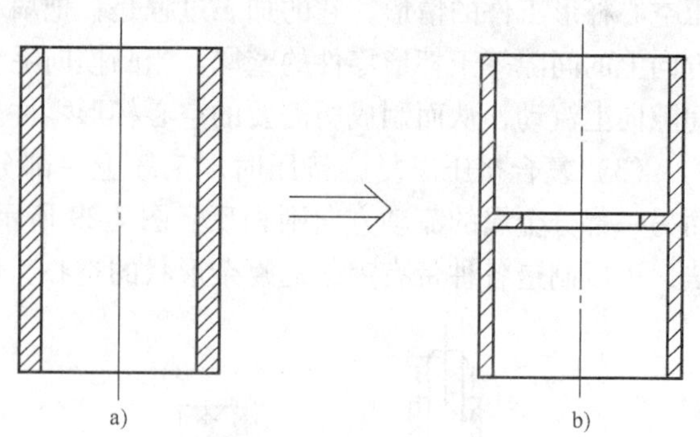

图 7-31　管状径向挤压

a) 毛坯　b) 零件

7.6.2　影响金属流动的主要因素

(1) 摩擦力的影响。挤压时模具型腔侧壁与流动的金属之间的摩擦力对挤压时的金属流动影响最为突出。摩擦力使得被挤压金属心部与侧壁间的流速差加大。材料内部的变形加剧。在模具制造时必须降低模具型腔的表面粗糙度以减小摩擦阻力，同时还应采取其他行之有效的润滑措施。

(2) 模具形状的影响。模具形状决定变形区的形式和大小，以及金属流动的形式。正挤压时以凹模锥角的形式及大小对金属流动的影响最大。图 7-32 所示为分别采用锥角为 60°、90°、120°、180°时正挤压金属流动的坐标网格实验。从实验的结果可以看出锥角愈大，径向网格弯曲愈严重，金属内外的流速差愈大。

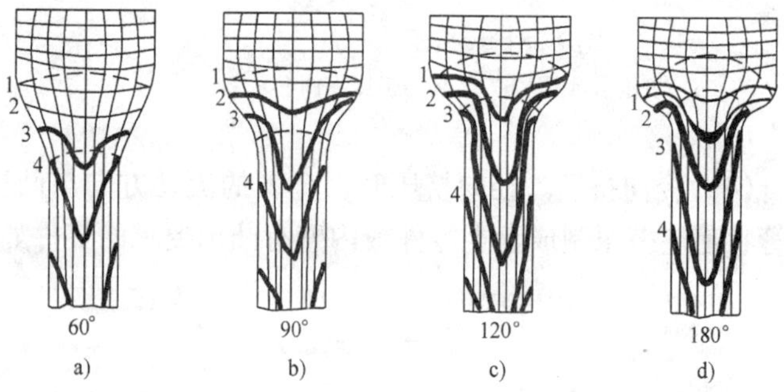

图 7-32　凹模中心锥角对金属流动的影响

反挤压时主要是凸模结构形状对金属流动的影响较大，为减小反挤压底部金属流动的粘滞区，凸模底部做成 120°倒锥形最为理想，既利于金属流动又可减小挤压力。

(3) 变形程度的影响。在其他条件相同的情况下，变形程度愈大愈不利于金属流动。

(4) 其他因素的影响。在金属挤压时，毛坯的尺寸和形状、被挤压材料的性能、挤压变形的速度、挤压工艺条件、模具质量等均会影响金属流动状况，应合理确定。

冷挤压模具设计的有关内容详见相关设计资料和手册，这里不再叙述。

7.7　锌基合金模

锌基合金模具是近十几年来发展起来的一种新型模具，锌基合金是一种以锌为基体的锌、铝、铜、镁四元素合金材料，它具有熔点低及铸造性好等特点，因此，可以通过铸造成形方法来制作多种冲压成形模和冲裁模。由于模具采用铸造方式制作，改变了过去钢模制造的复杂工艺过程，因此能简化制造，缩短生产周期，降低模具生产成本，在中、小批量生产和产品试制中，使用这种模具可以获得显著的技术经济效果。

1. 锌基合金材料及其力学性能

表7-9所示为国内外目前适用的几种锌基合金成分，表7-10所示为几种锌基合金物理力学性能。

表7-9 锌基合金成分

锌基合金牌号	质量分数（%）			
	锌（Zn）	铜（Cu）	铝（Al）	镁（Mg）
ZAS（日本）	其余	2.85～3.35	3.9～4.2	0.03～0.06
KirKsite（美国）	其余	3.09	3.95	0.049
（北京农业工程大学）	其余	2.96	3.96	0.034
（南京机械研究所）	其余	3～3.5	4～4.5	0.04～0.07
62-1（62所）	92.12	3.42	3.56	0.04
62-2（62所）	91.97	3.64	3.53	0.04
ALL13-1（前苏联）	87.4～84.9	11～13	1.5～2	0.1
ALL13-2（前苏联）	90.7～89.3	7～8	1.8～2.2	0.5

表7-10 国内外冲压模具用锌基合金力学性能

性能 \ 种类	ZAS（日本）	Crmopdie（美国）	Kayem-2（英国）	Z-430（德）	南京机械研究所（中国）	62-1（中国）	ALL13-1（前苏联）	ALL13-2（前苏联）
密度/g·cm^{-3}	6.7	6.7	6.6	6.7	6.7	6.7		
熔点/℃	380	399～403	358	390	380	380	373	378
凝固收缩率（%）	1.1～1.2	0.01	1.1	1.1	1～1.1	1.1～1.2		
抗拉强度/MPa	240～290	260～300	249	220～240	297.5	268		
硬度HBW	100～115	130～150	140		123～131	124	250～280	200～250
抗压强度/MPa	550～600		685	600～700	600～700	550～600	110～125	110～125
抗剪强度/MPa	240			300		240		
热膨胀系数/（×10^{-6}/℃）	26		28	27		26		
热导率/W·（m·K）$^{-1}$	0.367					0.367		
伸长率（%）（50mm试件）	1.2～3.4	3.0		1.0		1.6		

锌基合金在熔炼过程中，对杂质很敏感，为保证合金质量要选用高纯的原材料。已重熔10次左右的旧料，应搭配50%的新料，以保证合金的性能。

2. 锌基合金模的特点及应用

锌基合金力学性能相当于低碳钢，熔点为380℃左右，因此可以较方便地用铸造方法代替机械加工铸造各种形状复杂的模具，目前在国内外的应用已有很大发展。锌基合金模具具有以下特点：

（1）设计、制造用期短。锌基合金模具结构简单，模具辅助装置少、尤其形状复杂的成形模具采用铸造方法生产，铸模后型腔不需要加工，只进行简单修整即可使用，因此生产周期短，约为钢模的1/4左右。

（2）极易保证模具间隙均匀。冲压模具都要求凸、凹模间隙均匀，这对钢模，尤其是形状复杂的钢模来说，用机械加工方法制作，就难于保证，而锌基合金模具可通过样模铸出凸、凹间隙，这就极易做到间隙均匀。

（3）节省材料，制模费用低。采用锌基合金制作模具工作部分，可以节省大量的优质钢材。铸模、熔化合金不需要特殊设备，模具失效后可以重熔再铸，多次使用，因此制模成本费用低。

3. 锌基合金模具设计

冲模用锌基合金的熔点低（380℃），耐磨性好，力学性能虽然比铋锡合金高，但其抗拉强度、硬度也仅相当于低碳钢，因此，在设计锌基合金模具时应充分考虑这些因素。

（1）锌基合金冲裁模。锌基合金模冲裁时，其凸、凹模常采用锌基合金与钢配合使用。一般落料时用锌基合金做凹模，用工具钢作凸模；冲孔时采用锌基合金作凸模，用工具钢作凹模。若对工件毛刺要求不严，则均可采用锌基合金作凹模，工具钢作凸模。

在冲裁过程中，由于质软的锌基合金磨损较大，而钢件几乎不磨损，因此凸、凹模刃口尺寸计算略不同于普通冲裁。确定凸、凹模刃口尺寸原则上仍可按落料件尺寸取决于凹模尺寸、冲孔孔径取决于凸模尺寸来考虑。但只设计钢件刃口尺寸，同时考虑到冲裁过程中主要是合金模刃口磨损，冲裁间隙是由合金模磨损自动获得，故初始间隙值取为零，因此，落料凸模刃口尺寸为

$$D_p = (D - K\Delta)^{0}_{-\delta_p} \tag{7-35}$$

冲孔凹模刃口尺寸为

$$D_d = (D + K\Delta)^{+\delta_d}_{0} \tag{7-36}$$

式中，D 为制件基本尺寸（mm）；Δ 为制件公差（mm）；δ_p、δ_d 为凸、凹模制造公差（mm）；K 为系数，与工件形状和精度有关，IT12 ~ IT13以下精度，$K=\frac{3}{4}$，IT14以上精度，$K=\frac{1}{2}$。

由于锌基合金的强度较低，故在设计凹模时应保证有足够的强度，其孔口竖壁高度 h 和凹模壁厚与高度 h_1 等尺寸（见图7-33）均需加大（见表7-11）。

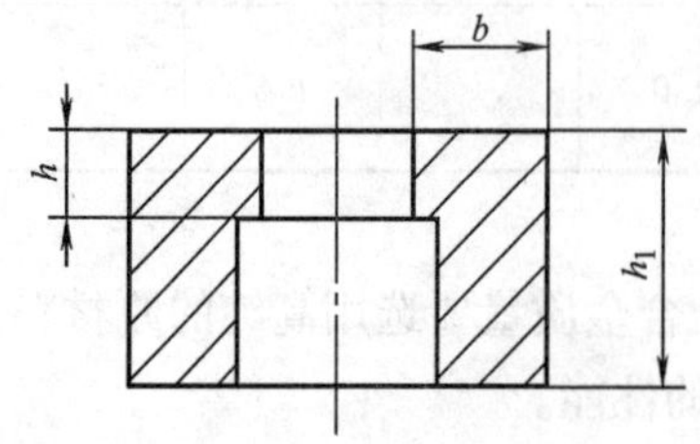

图7-33　凹模尺寸

表7-11　孔口竖壁高度 *h*

t/mm	≤1	≤2	≤3	≤4
h_1/mm	5 ~ 8	8 ~ 12	12 ~ 15	15 ~ 20

一般凹模高度（h_1）最小为30mm，最小壁厚（b）为40mm，随被冲材料厚度的增加而增加。

由于锌基合金硬度低、质地软，故只适合于小批量生产及较薄零件的冲裁。为了提高锌基合金冲裁模寿命，使其应用于大批量生产，也可采用锌基合金作凹模基体，在凹模刃口部分镶4～10mm钢板，称作锌基合金钢板冲裁模。这种模具不仅结构简单，间隙均匀，而且冲裁精度高，薄或厚的工件均可冲裁，模具寿命也大大提高，可满足大批量生产要求。图7-34所示即为锌基合金钢板冲裁模。

（2）锌基合金成形模。锌基合金模应用广泛，除制造冲裁模具外，还可用于制作弯曲模、拉深模、其他成形模具。

1）锌基合金成形模具都是采用样模通过铸造方法制造的。样模又称样件、标准件，由于其形状、尺寸和表面质量，将直接反映在模具上，因此，样模的设计、制造，直接影响成形工件的质量。

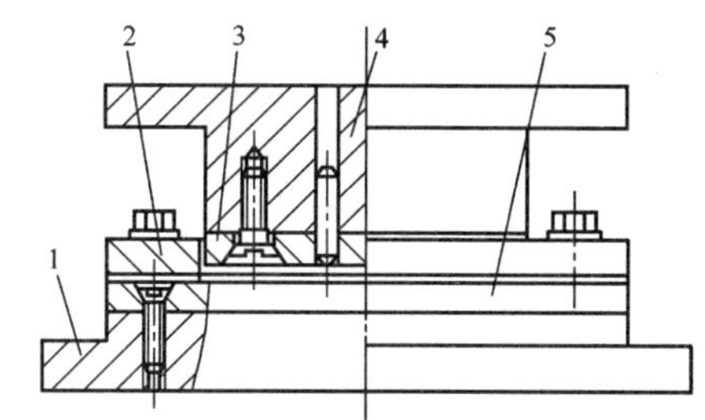

图7-34 锌基合金钢板冲裁模

1—锌基合金凹模体 2—锌基合金卸料板 3—凸模刃口钢板 4—锌基合金凸模体 5—凹模刃口钢板

2）如图7-35所示，样模除应符合成形模具的特点和要求，并按这些要求确定它的结构（形状和尺寸）、选择工艺参数（间隙、圆角等）外，从其铸造工艺性方面，还需注意以下几点：

①为了便于起模，沿样模四周应设有斜度，斜度大小应视成形件大小和深浅而定。

②需有正确的形状、精确的尺寸、较高的表面质量。

③具有较好刚度和一定的强度。

④样模材料的厚度将是凸凹模之间隙，故其厚度应均匀一致。

⑤弯曲样模还应考虑回弹影响，按计算的回弹量制作。

3）如果已有冲压件样件，需要制作模具，可将原冲压件按样模要求进行改制，并在改制后的样模上涂上间隙层材料，以保证铸出凸、凹模之间的间隙。当无原冲压件时，可由板金工敲制样件。此法操作简单，样模的材料厚度一致，铸出的模具间隙均匀，为目前最普遍采用的样模制作方法。

（3）锌基合金成形模具的结构形式

1）整体式。为了简化模具结构，减少模具中的构件数目，根据锌基合金具有良好的铸造性能和加工性能的特点，可将上模、下模的工作零件、支承定位零件、连接零件及固定零件等简化，设计成一个整体，通过浇铸方法制成上模或下模。这种结构的模具称为整体式模具结构（见图7-36）。

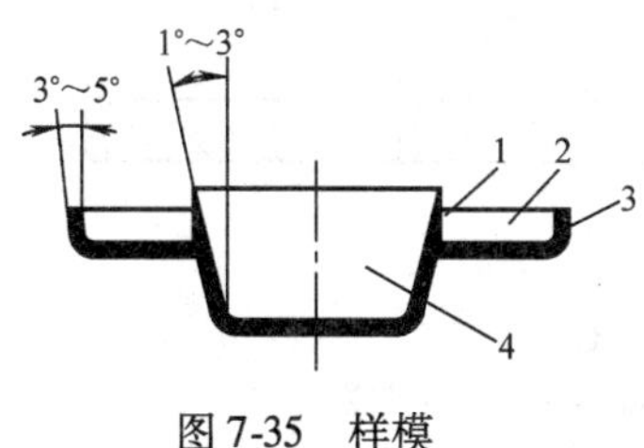

图7-35 样模

1—内挡墙 2—外腔 3—外挡墙 4—内腔

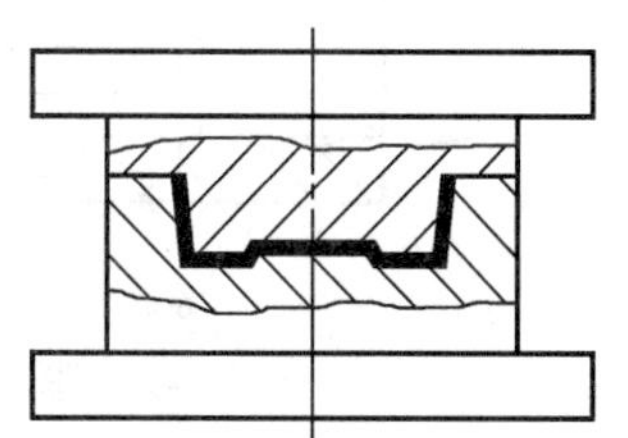
图7-36 整体式模具结构

2）模口镶钢式。在整体式结构的锌基合金模的模口处可以采用局部镶钢或整体镶钢的形式。图 7-37 所示为弯曲模模口局部镶钢结构，它可以增加凹模圆角部分的硬度，提高模具的使用寿命。图 7-38 所示为拉深模模口整体镶钢。镶块可采用整体式结构，也可采用拼接式结构。

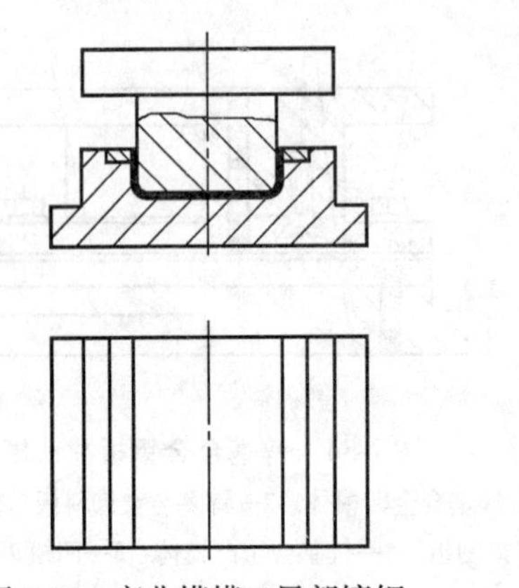

图 7-37　弯曲模模口局部镶钢

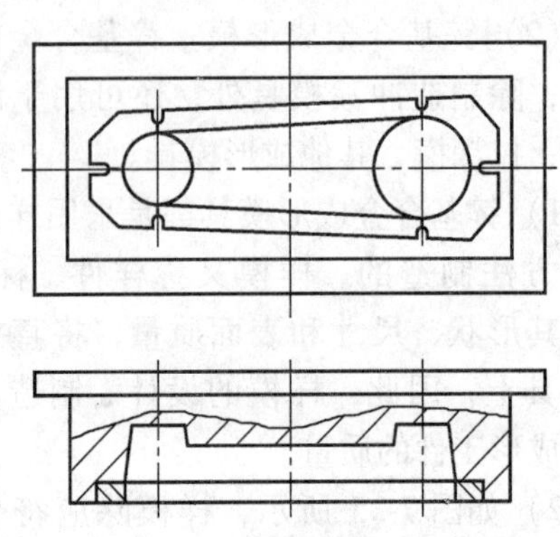

图 7-38　拉深模模口整体镶钢

锌基合金制模材料在常温下有蠕变性能，模具长期使用后，会发生形状、尺寸的微小变化。所以，对长期使用、生产批量又较大的模具，为了保持模具型腔尺寸的精确和提高模具的使用寿命，一般应采用镶钢措施。

3）组合式。这种结构是将凸、凹模工作部分分成若干小块后由锌基合金铸成。合金块彼此接缝处经加工后相拼，然后用销钉、螺钉固定、联接到模具底板上。模具的底模，可采用钢板焊接结构，也可采用铸造结构。图 7-39 所示为组合式结构模具示意图。

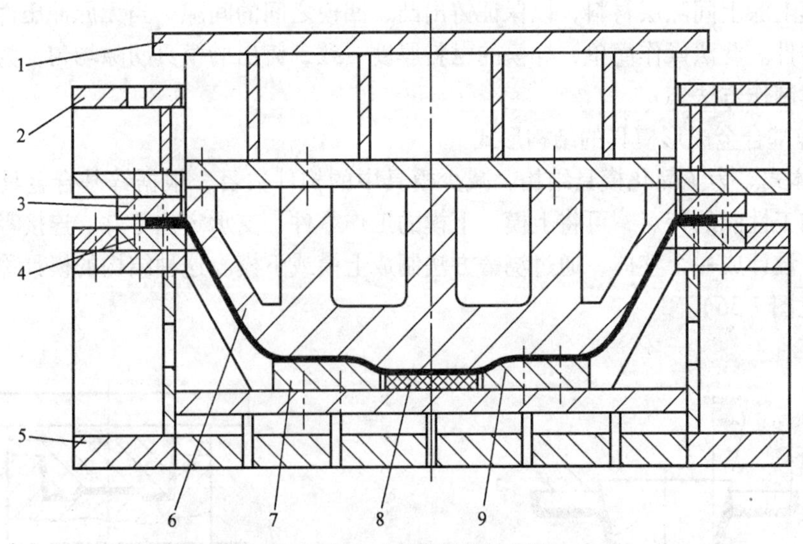

图 7-39　组合式结构模具示意图

1—凸模架　2—压边圈架　3—锌合金压边圈　4—锌合金凹模板
5—凹模架　6—锌合金凸模　7—凹模镶块　8—顶件橡胶　9—制件

这种结构的锌基合金镶块，由于尺寸较小、形状较简单，铸模后因合金收缩而引起的变形较小，因此，可以相应提高模具型腔的尺寸精度。

7.8 聚氨酯橡胶模

7.8.1 概述

聚氨酯是聚氨基甲酸酯橡胶的简称，是一种人工合成的以氨基甲酸酯为主链的具有高弹性的高分子材料。与普通天然橡胶相比，它具有高强度、耐磨、耐油、耐酸、耐老化和良好的抗撕裂性及机械加工性能等优点。按其加工方法可分为浇注型、热塑型和混炼型三种；按其主要原料不同又可分为聚酯型、聚醚型及聚酰氨型三种。目前在生产中，通常采用浇注型的聚酯型聚氨酯橡胶作为模具材料，其基本性能见表7-12。

表7-12 国产聚氨酯橡胶的基本性能

性能指标 牌号 / 性能	8295	8290	8280	8270	8260
硬度（HSA）[①]	95±3	90±3	80±5	70±5	60±5
密度/$g \cdot cm^{-3}$	1.05～1.10				
伸长率（%）	400	450	450	500	550
强度极限/MPa	45	45	45	40	30
300%定伸强度/MPa	15	13	10	5	2.5
断裂永久变形（%）	18	15	12	8	8
阿克隆磨耗/$cm^3 \cdot (1.61km)^{-1}$	0.1	0.1	0.1	0.1	0.1
抗撕强度/MPa	10	9	8	7	5
脆性温度/℃	-40	-40	-50	-50	-50
老化系数（100℃，72h）	≥0.9	≥0.9	≥0.9	≥0.9	≥0.9
耐油性（煤油，室温，72h的增重率）	≤3	≤3	≤4	≤4	≤4

① 邵氏硬度（HS）一般用于橡胶类材料。邵氏硬度计可分为A型、C型、D型，A型用于测量软质橡胶，C型和D型用于测量半硬和硬质橡胶。

国产聚氨酯橡胶的硬度有邵氏60A、70A、80A、90A及95A等。硬度高的聚氨酯橡胶，最适宜冲裁模使用；硬度低的70A、60A具有很好的流动性，制作变形量较大的弯曲、拉探和胀形模使用；硬度适中的75A～90A橡胶适合制作一般的拉深、弯曲、局部成形工艺的凹模。不同的冲压工序，所要求的聚氨酯橡胶的性能是不同的，表7-13所示为不同材料毛坯、不同冲压工序对聚氨酯橡胶硬度的要求。

表 7-13　不同材料、不同冲压工序对聚氨酯橡胶硬度的要求

工序名称	毛坯材料		硬度 HSA	工序名称	毛坯材料		硬度 HSA
	σ_b/MPa	t/mm			σ_b/MPa	t/mm	
落料、冲孔	≤300	≤1.5	75~85	落料、冲孔和成形复合	≤450	≤0.8	85~90
	≤450	≤0.8	85~90	拉深或胀形	≤300	≤0.5	40~55
简单弯曲	≤300	≤1.5	80~85		=300	0.5~0.8	50~70
	≤450	≤1.0	80~85		≈300	0.8~1.2	70~80
落料、冲孔和成形复合	≤300	≤1.5	85~90		≈450	≤0.5	70~80

7.8.2　薄板冲裁模

对于材料厚度小于 0.3mm 的薄板冲裁件，由于冲裁模的绝对间隙值很小，采用钢模制造困难，而且很难保证冲裁动态间隙的均匀性，加工成本也高。采用聚氨酯冲裁模进行冲裁，不但模具结构简单、制造周期短，而且所冲零件质量高、毛刺小，成本低，非常适宜年产量在 25000 件以内的品种多、任务急的生产。其主要缺点是条料搭边大，一般 $d=3\sim5$mm；需要较大公称压力的压力机。

1. 冲裁过程

聚氨酯橡胶模的冲裁过程可从图 7-40 加以说明。模具工作时，压边圈 5 首先将毛坯紧压在聚氨酯橡胶垫 3 上，同时件 3 也将毛坯压紧在凸凹模 6 的端面，在压力机的行程中，聚氯酯橡胶受到压缩后单位压力升高，使凸凹模刃口边缘的材料发生弯曲。因钢模端平面与聚氨酯橡胶将板料压得很紧，且聚氨酯橡胶是在封闭中变形，弯曲部分压向推杆 8 和压边圈 5 的 α 夹角，使凸凹模刃口部位的毛坯受到应力集中和拉应力的作用，当其达到毛坯材料的抗拉强度时，沿刃口部位材料随之发生分离。

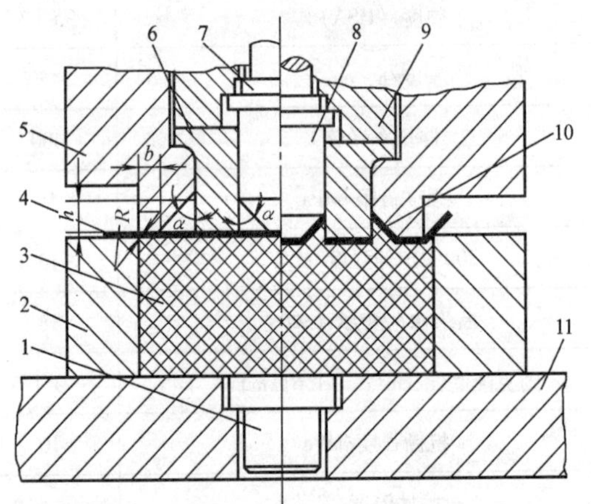

图 7-40　顺装聚氨酯橡胶复合模冲裁过程

1—橡胶顶出杆　2—容框　3—聚氨酯橡胶　4—坯料　5—压边圈　6—凸凹模　7—打杆　8—推杆　9—带模柄的上模座　10—工件　11—下模座

2. 钢质凸、凹模刃口尺寸

聚氨酯橡胶冲裁，材料是在凸、凹模刃口边缘发生弯曲变形到拉伸断裂而分离，故落料工件的外形尺寸比相应的凸模尺寸略大，如图 7-41 所示，而冲孔或冲槽的尺寸比相应的凹模尺寸略小。其差值 Δl 与毛坯的厚度和力学性能有关，而与尺寸大小无关，其值一般为

对塑性好的材料

$$\Delta l = (0.15 \sim 0.20)t$$

对塑性较差的材料

$$\Delta l = (0.10 \sim 0.15)t$$

落料时凸模尺寸

$$D_p = (D_d - \Delta l)_{-\delta_p}^{0} \tag{7-37}$$

冲孔时凹模尺寸

$$d_d = (d_p + \Delta l)_{0}^{+\delta_d} \tag{7-38}$$

式中，D_d 是按照落料时凹模刃口尺寸公式计算的凹模洞口基本尺寸（mm）；d_d 是按照冲孔时凸模刃口尺寸公式计算的冲孔凸模基本尺寸（mm）；δ_p、δ_d 是钢质凸、凹模的制造公差，一般按 IT6 ~ IT7 级精度。

聚氨酯橡胶垫（图7-40 件3）与容框为过盈配合，过盈量为 0.2 ~ 0.4mm，厚度不小于 25mm，采用邵氏硬度（90 ~ 95）A 为宜。

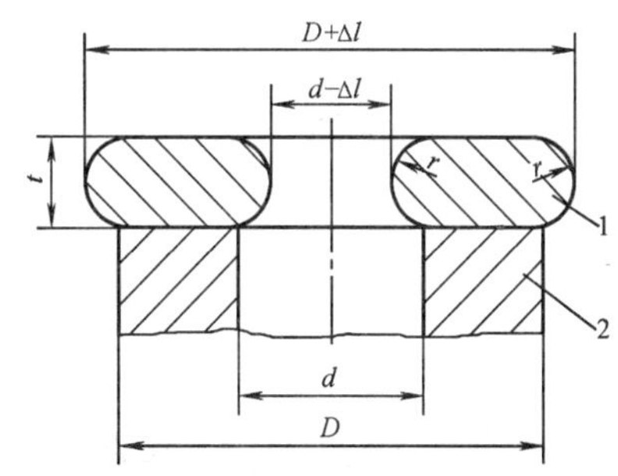

图7-41　冲裁零件与模具刃口尺寸的关系

1—冲裁零件　2—凸凹模

3. 压边圈和顶（推）杆工作部分设计

压边圈与顶（推）杆（图7-40 中件5 和8）的作用不仅仅只是压料和卸件，更重要的是控制聚氨酯橡胶的变形流动，使单位压力上升快，增加刃口处的剪切作用，并得到最有利的冲裁条件，延长模具使用寿命。

压边圈（图7-40 件5）与容框的间隙 $c = 0.2 \sim 0.4$mm，$\alpha = 60° \sim 70°$，$h = 0.3 \sim 1.2$mm，平面 $b = 2 \sim 2.5$mm，倒角 $R = 0.5 \sim 0.8$mm。

顶（推）杆有活动式顶杆和固定式顶杆两种形式。工作部分的形状根据冲孔直径 d 的大小分为三种，如图7-42 所示。

当 $d < 2.5$mm 时，选用图7-42a 所示的平头顶杆；当 $2.5 \leqslant d \leqslant 5$mm 时，选用图7-42b 所示的锥顶顶杆；当 $d > 5$mm 时，选用图7-42c 所示的锥台顶杆。

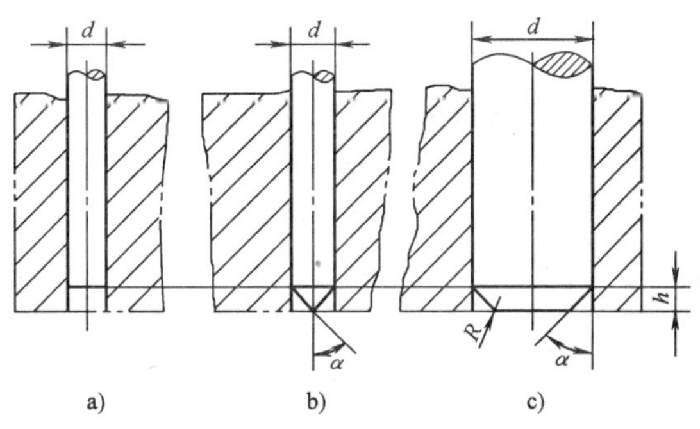

图7-42　顶杆头部形状（图示冲裁终止位置）

a）平头顶杆　b）锥顶顶杆　c）锥台顶杆

倒角 $\alpha = 60° \sim 75°$，厚料及塑性好的板料取大值，同一模具因冲孔尺寸不同也存在差异。倒角深度 h 与板料厚度和性能有关，即 $h = 2(1+\delta)\sqrt{t}$（δ 为材料伸长率），一般 $h = 0.3 \sim 1.2$mm。顶杆与凹模孔为间隙配合 H7/h6。

7.8.3　成形模

用聚氨酯橡胶制造弯曲、拉深和成形模时，同样可以用聚氨脂橡胶代替钢质的凸模或凹模。一般选用邵氏硬度在（60 ~ 80）A 的聚氨酯橡胶，它不仅有一定的硬度，而且还有较好的流动性，有利于在冲压时充满型腔，发挥成形效果。

聚氨酯橡胶制作弯曲模，不但结构简单、成本低，而且弯曲件的精度与表面质量好，回弹值比用钢模小。这是因为凸模和凹模一硬一软，不存在间隙配合问题，同时毛坯各部分受到聚氨酯橡胶的均匀压力，使压应力成分增加。加之单位压力大，使其具有很好的校正弯曲效果，提高了材料的塑性变形程度，还避免对零件表面的压伤和划痕，如图7-43 所示。

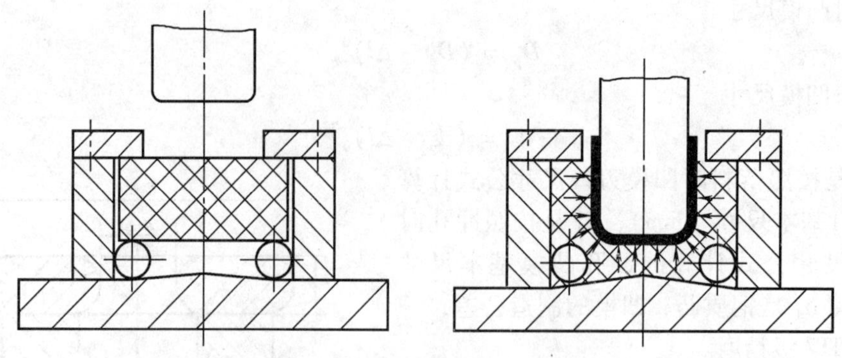

图 7-43　聚氨酯橡胶 U 形弯曲模

7.9　通用冲模和组合冲模

7.9.1　通用冲裁模

冲压零件的形状千差万别，尺寸大小各异。但如果把冲裁件轮廓线按几何形状分解，则大都是由一些简单、有序的直线或曲线和不同的孔组成。在冲压加工中，将各段直线、圆弧、圆孔分别用一些专门设计的并可以在一定应用范围内通用的冲孔模、切边模、切角模和圆弧冲裁模等，逐次一一冲出，这就是通用模的“逐次冲裁法”。

通用模在结构设计上，采用可以拆卸、更换和调节的凸模、凹模及通用定位导尺，并做到安装调节方便快捷，定位准确。

图 7-44 所示零件外形由直线边、直角边、矩形槽和圆弧及圆孔五部分组成，因此采用相应的通用模具，按序逐次冲裁成形。

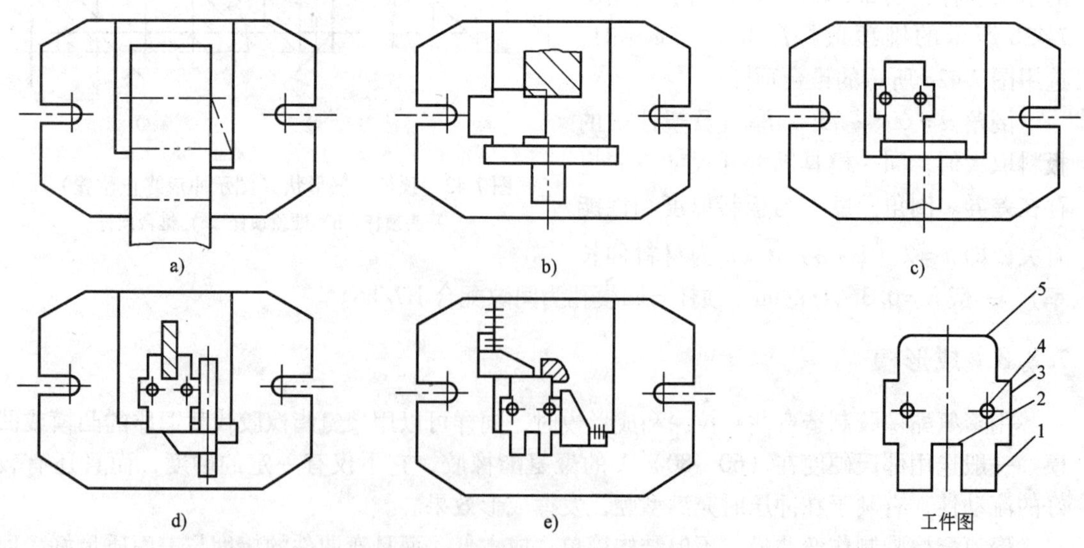

图 7-44　分解式通用模逐次冲裁简图

a）裁料　b）切直角边　c）冲孔　d）冲槽　e）切圆弧

1—直角边　2—矩形槽　3—直线边　4—圆孔　5—圆弧

7.9.2 组合冲模

组合冲模可分两种类型，一是“积木式组合冲模”，是在机床组合夹具的基础上发展起来的，图7-45所示的积木式组合弯曲模是由许多预先设计制造好的各种不同形状、不同规格尺寸的标准元件组合而成的。主要元件有：工艺性元件，包括工作元件、定位元件、压料与卸料元件等；还有结构性元件，包括基础元件、夹持元件、导向元件、紧固元件及其他元件等两大类。使用时，按需要选择其中一部分元件采用不同的组合或变换其安装位置，就能装配成各种冲压工序的模具，如冲孔模、切边模、复合模和级进模等。也可装配成弯曲模和成形模。

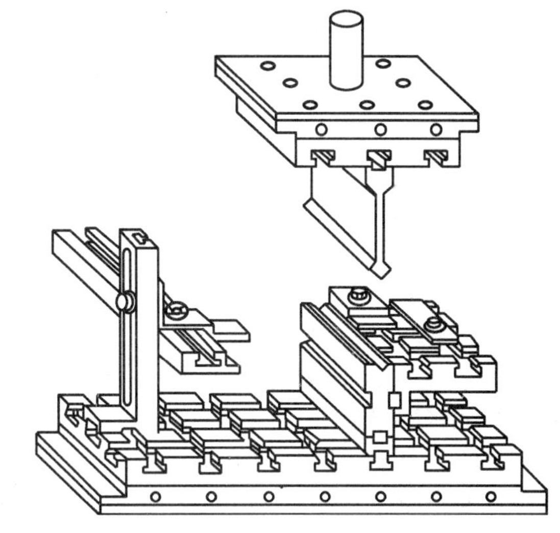

图7-45 积木式组合弯曲模

积木式组合冲模的元件设计，要求结构简单，便于制造，要有较高的制造精度并有互换性；要有足够的品种和数量，以保证能够互相构成多种多样的组合；基础板和支承板要有足够的强度和刚性，保证组装后结构的稳定可靠；元件应热处理淬硬，使其耐磨寿命长；还要求组装拆卸方便，操作方便安全等。

另一类组合冲模为配套式组合冲模，如图7-46所示。该类模具由通用模架、通用元件和专用元件三部分组成。

通用模架由浮动模柄、上下模板和滚珠式导套及导柱组成。其导向精度不受压力机精度的影响，导向精度高、工作稳定、寿命长。

通用元件由用于压紧、定位、支承及紧固等零件组成，是模具组装时选用的标准件。

专用元件是模芯部分，通常包括凸模、凹模、凸凹模及其固定板、导料板和推板等，是根据模架要求标推进行设计制造而成。更换专用元件可完成多品种不同的冲压工序。

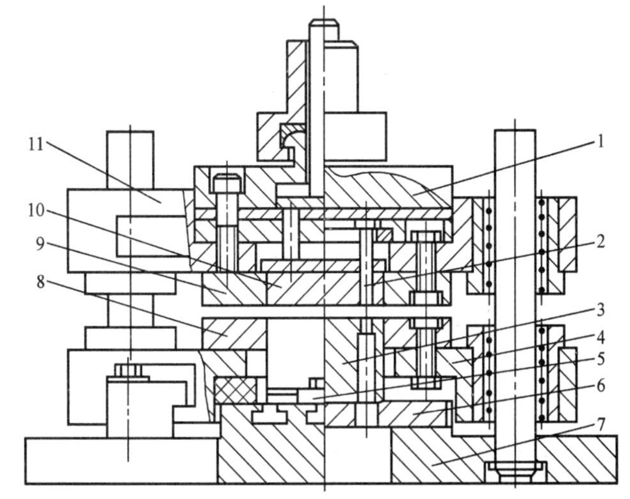

图7-46 配套式组合冲裁模

1—浮动模柄 2—凸模 3—凸凹模 4、11—模体基础板 5—压板 6—支承板 7—底板 8—导向板 9—凹模 10—推板

以上两类组合冲模一经组装成功，其使用性能和普通常规模具一样，完全可以达到一般冲压件加工的质量、精度要求。

思考练习题

1. 为减小翻边的变薄量，先压出凹窝再冲孔翻边。图 7-47 中的双点画线所示的两种预成形形状，哪一种形状对减小翻边变薄有利？为什么？

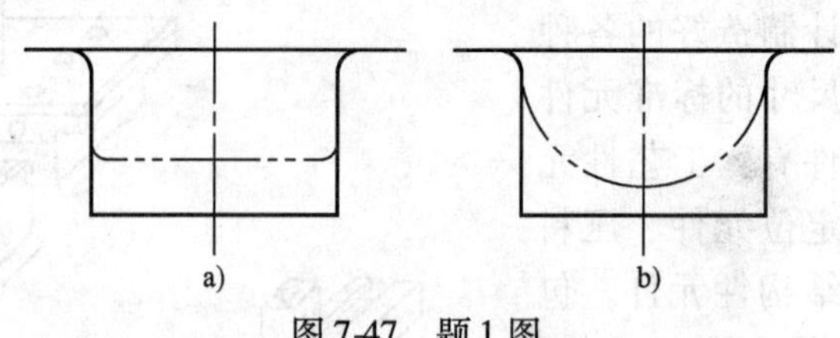

图 7-47　题 1 图

2. 缩口与拉深工序在变形特点上有何相同与不同之处？
3. 从应力和应变的角度对胀形与翻边进行比较分析。
4. 哪些冲件需要整形？
5. 试分析正、反挤压时的金属流动。
6. 分析比较锌基合金模与普通钢模冲裁时的分离过程有何不同？断面特征有什么区别？
7. 为什么冲裁、弯曲、拉深和成形等冲压工序所采用的聚氨酯橡胶应有区别？
8. 积木式组合冲模由哪些元件组成？各类元件设计有何要求？

第8章　冲压工艺规程的编制及典型模具设计实例

前面的章节对板材的各类基本冲压工艺的变形原理、变形特点、工艺计算方法和典型模具结构进行了论述和说明。本章则从实际应用的角度出发，综合性地阐述冲压件的工艺分析、工艺编排及冲压模具设计的内容和步骤，并作实例示范。

学习本章内容，目的是要基本掌握冲压件生产工艺编排和冲压模具设计的原则、方法和步骤。为透彻理解本章要点，学习过程中，要求经常回顾前面各章节的内容；同时，要始终把握“综合性”这个特点，培养和提高综合分析问题的能力，一方面是前面各章节知识的综合，一方面是冲压理论与具体条件的综合，在相互矛盾的情况下，作出合理的决断。

8.1　冲压工艺及模具设计的内容和步骤

冲压工艺及模具的设计过程牵涉到的内容很广、很多，要综合考虑、全面兼顾各方面的要求和具体实施条件，大体可依下述步骤进行，但要说明的是，有些步骤的内容相互联系、相互制约，应前后兼顾和呼应，有时还要互相穿插进行。

8.1.1　了解原始资料

在接到冲压件的生产任务后，首先要熟悉原始资料，透彻地了解产品的各种要求和生产条件，作为后续各设计步骤的依据。原始资料一般包括以下各项：

（1）生产任务书或产品图及其技术条件。若是按样件生产，要了解冲压件的功用以及在机器中的装配关系和技术要求，并反映于测绘图中。

（2）原材料情况：板材的尺寸规格、牌号及相关力学性能指标。

（3）生产纲领或生产批量。

（4）现有的冲压设备的型号、各项参数和使用说明书，及生产车间的平面布置情况。

（5）模具制造的能力和技术水平。

（6）各种技术标准及资料。

8.1.2　分析冲压件的工艺性

由产品图样，对冲压件的形状、尺寸、精度要求和材料性能进行分析，对其必需的冲压工艺进行技术和经济上的可行性论证，判断该产品在技术上能否保质、保量地稳定生产，经济效益如何。

首先，判断该零件需要哪几道、何种性质的冲压工序，各中间半成品的形状和尺寸由哪道工序完成，有时根据冲压原理可分几种情况考虑。然后，逐个分析各道工序的冲压工艺性（见前面各章节相关内容），裁定该冲压件加工的难易程度，确定是否需要采取特殊的工艺措施。凡冲压工艺性不好的，须会同产品设计人员，在保证产品使用要求的前提下，对冲压件的形状、尺寸、精度要求及原材料作必要的修改。

8.1.3 确定最佳工艺方案

结合必要的工艺计算，并经综合分析和比较，确定最佳工艺方案。这是一个十分重要的设计环节，具体过程如下：

1. 列出冲压工艺所需的全部单工序

根据产品的形状特征，判断它的主要属性，如冲裁件、弯曲件、拉深件或翻边件等，初步判定它的工艺性质，如落料、冲孔、弯曲、拉深等。许多冲压件的形状能直观地反映出其冲压加工的性质类别。如图 8-1 所示的平板件，需用剪裁、冲孔和落料工序。图 8-2 所示为弯曲件，需经落料或剪裁、弯曲和冲孔工序完成。

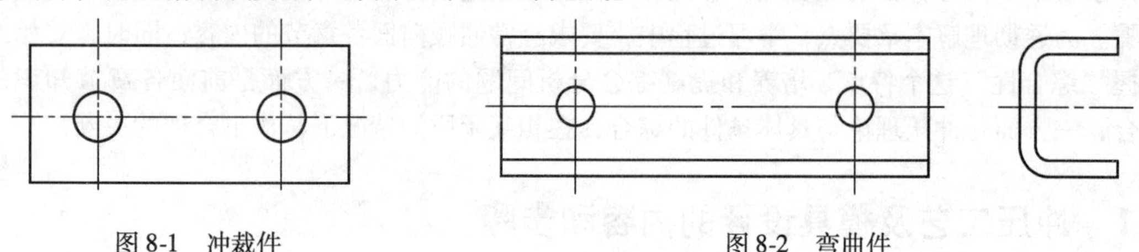

图 8-1　冲裁件　　图 8-2　弯曲件

有的冲压件则需进行细致的分析和计算才能确定其生产过程应包含的所有冲压工序。如图 8-3 所示的两个冲压零件，形状极为相似，仅管壁高度不同，图 8-3a 为油封内夹圈，管壁高 8.5mm，若用落料、冲孔、圆孔翻边三道冲压工序，可算得翻边系数为 0.84，查材料最小翻边系数为 0.75，可以实现；而图 8-3b 的外夹圈，管壁高 13.5mm，如果仍采用落料、冲孔、翻边三道工序，可算得翻边系数为 0.71，小于极限翻边系数 0.75，翻边时必定开裂。这时应先用拉深工艺获得一部分管壁高度，然后于拉深件底部冲孔，最后进行圆孔翻边获得零件高度。考虑到零件的过渡圆角较小，拉深后还需整形方可获得 $R1$mm 圆角，这样，此零件应由落料、拉深、整形、冲孔、翻边五道工序完成加工生产。

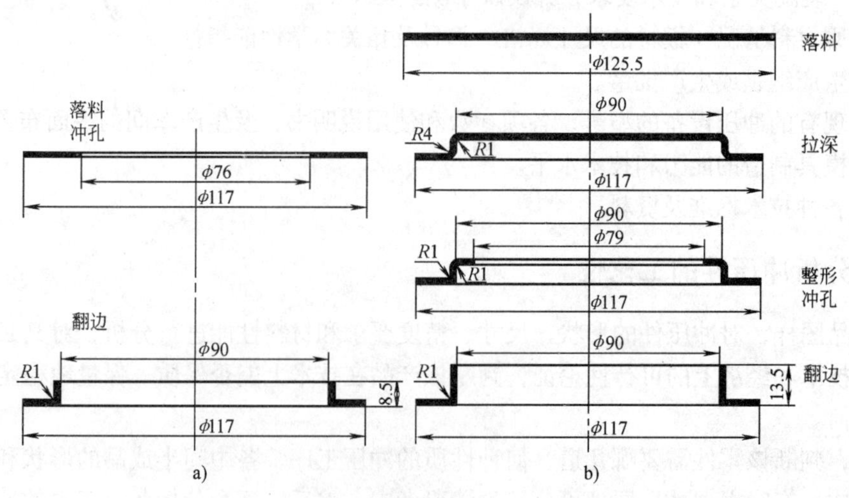

图 8-3　油封内夹圈和外夹圈的冲压工艺过程

a）内夹圈　b）外夹圈

有时，为了保证冲压件的精度和质量，也要改变工序性质和工艺安排。如此确定了产品的基本工序性质后，即可进行毛坯外形尺寸计算。对于拉深件，还应进一步计算拉深次数、是否采用压边圈等，以确定拉深工序数。弯曲件、冲裁件等也要根据其形状、尺寸和精度要求，确定分为一次或几次加工。

2. 冲压顺序的初步安排

对于所列各道加工工序，还要根据其变形性质、质量要求、操作的方便性等因素，对工序的先后次序作出安排。其一般原则为：

（1）对于带有孔或缺口的冲裁件，若选用单工序模，一般先落料，再冲孔或冲缺口；若用级进模生产，则落料应作为最后工序。

（2）对于带孔的弯曲件，其冲孔工序的安排，应参照弯曲件的工艺性分析，并考虑孔的位置精度、模具结构和操作方便等因素来决定。

（3）对于带孔的拉深件，一般应先拉深，后冲孔，但当孔的位置在材料的非变形区，且孔径相对较小，精度要求不高时，也可先冲孔，后拉深。

（4）多角弯曲件，有多道弯曲工序，应从材料变形影响和弯曲时材料窜动的趋势两方面分析来确定弯曲顺序。一般先弯外角，后弯内角。

（5）对于形状复杂的拉深件，为便于材料的变形流动，应先成形内部形状，再拉深外部形状。

（6）有的冲压件不仅形状复杂，而且需要变形性质不同的多种成形工序，这时要仔细分析材料流动的规律、特点及相互影响，并考虑模具结构，来安排各工序顺序。一般来说，变形程度大、变形区域大的成形工序应安排在前面，所以，生产中这类工件往往是先进行拉深，后安排局部胀形、翻边、弯曲等工序。

（7）整形、校平等工序，应安排在相应的基本成形工序之后。

3. 工序的组合

将所有的单工序初步排序后，还必须根据产品的生产批量、精度要求、尺寸大小以及模具制造水平、设备条件等多种因素，进行综合分析，对某些单工序进行必要而可行的组合或复合，并有可能对原来的排序作个别调整。一般来说，厚板料、低精度、小批量、大尺寸的冲压件宜单工序生产，用单工序模；薄板料、大批量、小尺寸的冲压件宜用级进模进行连续生产；而大批量、形位精度高的产品，可用复合模生产，也可只复合部分工序。图 8-3 所示的两个工件的冲压工艺过程中，落料与冲孔、整形与冲孔，就分别复合了两道单工序，以减少模具数量，简化生产过程。

至于级进模和复合模的工序组合方式，是各种各样的，在此不予归纳、列举，总之要适应各方面的现实条件和要求，工艺上可行。

有些特殊的或组合式的冲压件，除冲压加工外，还有其他辅助加工，如焊接、铆合、表面处理等，可根据具体需要，将它们穿插安排在相应的冲压工序之前或之后。

这样，经过冲压工序的顺序安排和组合，就形成了工艺方案。可行的工艺方案可能不止一个，还需从中进行筛选，取其最佳方案。

4. 最佳工艺方案的确定

技术上可行的各种工艺方案总是各有其优缺点的，还要从综合经济效益方面深入研究、认真分析、反复比较，从中选取一个最佳方案，使其既能可靠保证产品质量和生产率，又使设备资源和人力资源的占用最少，原材料利用率最高，同时，模具的制造和维修成本最低，生产操作安全、方便。

5. 完成工艺计算

工艺方案确定后，要对每道冲压工序进行工艺计算，其内容大致如下：

（1）毛坯或工序件形状和尺寸及材料利用率，若用条料生产，还需画出完整的排样图。

（2）各种力的计算，并得出总的冲压力和冲压功。

（3）计算或求解压力中心。

（4）凸、凹模工作部分尺寸计算。

6. 冲模类型及总体结构确定

其实，这个环节的内容在确定冲压工艺方案时就有所考虑，这里作进一步细化。针对每一道冲压工序，它包括以下内容：

（1）确定模具类型：是简单模、级进模还是复合模（顺装式还是倒装式）。

（2）确定操作方式：是自动化操作、半自动化操作还是手工操作。

（3）确定毛坯或工序件的送进、定位方法和工件的取出及整理方式。根据工序内容、特点和零件精度来考虑，保证定位合理、可靠，操作安全、方便。例如：以毛坯的哪部分定位，能否用导正销导正，侧刃的结构类型如何等等。

（4）确定压料与卸料方式：压料或不压料、弹性或刚性卸料、用弹性件还是机床气垫等。

（5）确定合理的导向方式：包括导向类型、导向间隙、导向数量及分布、是否对凸模采用导向保护等。

（6）绘制模具草图，估算模具总体尺寸。

在这个过程中，一定要考虑操作者的人身安全。包括操作者的站位和移位，送料、取件和除废料等所有动作，都要尽量保证操作者肢体不易进入模具危险区，或增加防护措施。另外，较重的模具或零件（20kg 以上）要有起重措施，保证运输安全。

7. 冲压设备选择

根据工艺计算和模具总体尺寸的估算值，结合现有设备条件，合理选择各道冲压工序的设备。其要求如下；

（1）计算的总冲压力 $F_{冲}$ 必须小于压力机公称压力 $F_{公}$ 的 75% ~80% 左右，即

$$F_{冲} \leqslant (0.7 \sim 0.8) F_{公}$$

（2）压力机的装模高度必须符合模具闭合高度的要求。

（3）压力机的滑块行程必须满足冲压件的成形要求。例如，弯曲、拉深时，为便于取件，行程必须大于工件高度的 2 ~2.5 倍。

（4）压力机的工作台面尺寸应大于模具水平尺寸，一般每边需大 50 ~ 70mm，便于装模；同时，模具平面尺寸还必须大于工作台面上孔的尺寸，一般每边须大 40 ~50mm 左右。

考虑这些要求后，经调整，模具的总体尺寸和安装方式就确定下来了。

8. 完成模具设计

针对每道冲压工序，在模具总体结构和尺寸的基础上，完成各零部件的结构、装配关系的设计以及标准件的选用，绘制模具装配图和非标准零件图。其主要内容和要求如下：

（1）主要零部件的结构设计要充分考虑其制造、装配和维修的工艺性。对易损件或易

损部分，以及局部强度和刚性差的工件，条件允许下，尽量采用快换结构或镶拼、镶套结构，各非标准零部件之间的连接方式在合理、可靠的前提下，要考虑拆卸、装配方便。

(2) 尽量选用已经标准化（国家标准、行业标准、企业标准），尤其是已经商品化的零件。例如，模架、导向元件等。

(3) 根据工件的功用、形状结构和尺寸，合理选用材料及热处理。

(4) 通过计算，确定弹性元件（弹簧、橡胶等）的规格和数量。

(5) 绘制模具装配图和非标准件的零件图。

9. 编写工艺文件和设计计算说明书

工艺文件指工艺过程卡之类的冲压生产指导书，将工艺方案及各工序的模具类型、冲压设备等以表格形式表示出来。其栏目有工序序号、工序名称、工序件形状和尺寸示意图、模具类型与编号、冲压设备型号、检验要求等项。

设计计算说明书应简明而全面地记录个工序设计的概况：工艺性分析及结论，工艺方案的分析、比较和最佳方案的确认，各项工艺计算结果，各工序模具类型、结构和设备选择的依据和结论。并插以必要的简图说明。

工艺过程卡和设计计算说明书是重要的技术文件，是组织和实施冲压生产的主要依据。

8.2 冲压工艺及模具设计实例

实例1 图8-4所示焊片的冲压工艺及模具设计过程如下。

1. 工艺性分析

该工件只有冲裁工序，从尺寸精度来看，总长度的公差为0.2mm，达IT12级精度，其他尺寸未注公差，可视为IT14级，都在冲压件的经济精度范围内。由于零件尺寸小，位置公差（对称度、同心度）按宽度方向最大尺寸的尺寸公差（IT14级为0.3mm）的1/2确定，为0.15mm。

从结构、尺寸来看，零件各部尺寸均较小，需校核右端的槽宽和槽深、左端的孔—边距及最小圆角。参照冲裁件工艺性的生产纲领：10万件产量，槽宽1.8mm > 1.5t，计算得槽深为8.75mm < 5 × 1.8mm，孔—边距1.1mm > 1.5t，R0.2mm > 0.18t，因而，该零件各部结构、尺寸是满足冲裁件工艺性要求的。但材料较薄，冲裁间隙小，模具零件刚性差，模具设计过程中要予以充分考虑。

2. 确定最佳工艺方案

(1) 列出全部单工序。该零件的冲压只有冲孔和落料两道工序。

(2) 冲压顺序安排。根据该工件的材料厚度、尺寸大小和生产纲领，显然宜用条料毛坯在级进模或复合模上生产，因此，其冲压工序安排应是先冲孔，后落料，或用复合模同时冲孔和落料。

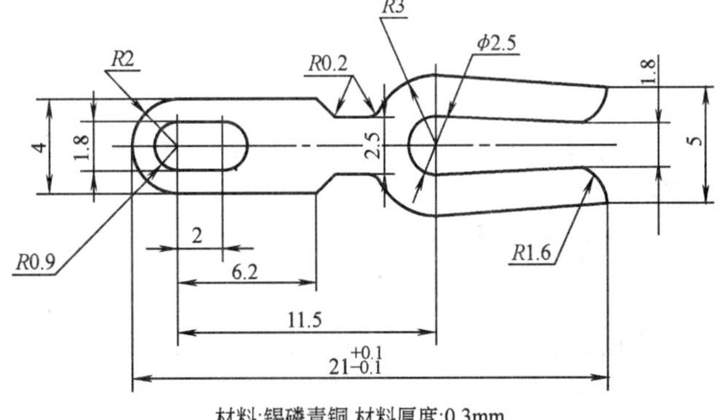

图8-4 焊片零件图

(3）工序组合。既然只适合用级进模或复合模生产，可行的工序组合只能有下面两种：

1）级进模生产：冲孔，落料两步。考虑材料厚度仅 0.3mm，不便使用导正销精定位，故用成形侧刃定距。

2）复合模生产：同时冲孔和落料。检查凸凹模壁厚，最小处为 1.1mm，大于材料厚度的 1.5 倍，但小于 1.4mm，可用顺装式结构，不可用倒装式结构。

以上两个方案在工艺上均可行，且考虑到零件很小，批量很大，都可以按一模两件生产，其排样图如图 8-5 所示。

3. 确定最佳工艺方案

比较图 8-5 所示的两个方案，很容易看出，图 8-5a 所示的方案 1 的耗材较多，经计算，比图 8-5b 所示的方案 2 高出近 20%；同时，为保证产品位置精度，方案 1 的条料宽度偏差要控制得较小，方案 2 则对条料无需太高要求；另外，方案 1 的模具尺寸比方案 2 约大一倍。从模具制造方面考虑，由于冲裁间隙很小，精度都较高，还要针对强度和刚性较差的部分刃口，采取特殊结构，都需要较高的模具制造水平，但方案 2 的制造难度要更大一些。综合考虑，决定用方案 2，即用顺装式复合模生产。

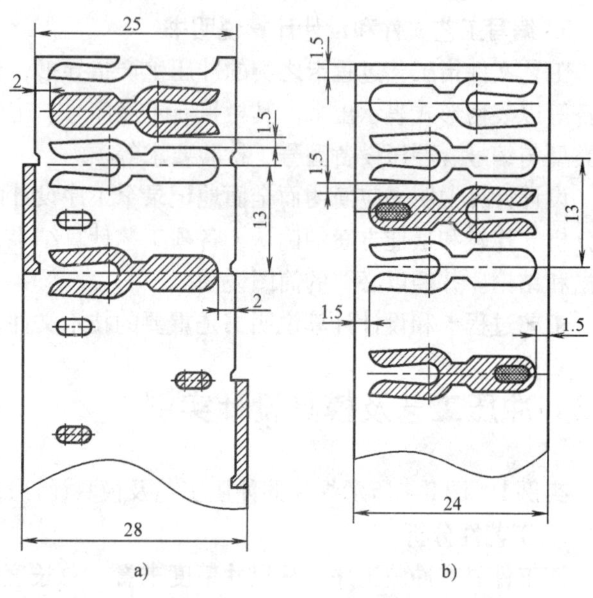

图 8-5 可行的工艺方案

a）级进模生产 b）复合模生产

4. 工艺计算

(1）计算条料规格和材料利用率。根据图 8-5b 所示的排样图，条料毛坯的宽度尺寸就定为 $B=24\text{mm}$，长度可根据公式：

$L=n\times 13+2.5$，并考虑操作的方便性来确定剪板机下料。

材料利用率为

$$\eta=\frac{2n\times(21\times 6)}{24\times(13n+2.5)}\times 100\%=\frac{21n}{26n+5}\times 100\%$$

若取 $n=20$，则 $L=262.5\text{mm}$，材料利用率为 $\eta=80\%$。

(2）计算冲压力。根据产品尺寸，计算得一模两件的总冲裁长度为 $L=154.76\text{mm}$，取 $L=155\text{mm}$。

查锡磷青铜的抗拉强度为 $\sigma_b=539\text{MPa}$，材料厚度 $t=0.3\text{mm}$，据此求得冲裁力为

$$F_{冲}=Lt\sigma_b=155\times 0.3\times 539\text{N}=25063.5\text{N}\approx 25\text{kN}$$

先假设模具的卸料和顶料（顺装式复合模无推料）均为弹性结构，来计算总冲压力，并且计算卸料力和顶料力时，不分冲裁区域（落料部分还是冲孔部分），都以总冲裁力为基数。由于冲裁力不大（$2.5\times 10^4\text{N}$），这样计算的误差影响很小，况且是更安全的。

查相关经验表格，得卸料、顶料系数分别为

$$K_X = 0.04,\ K_D = 0.06$$

可计算得卸料力、顶料力分别为

$$F_X = K_X F_{冲} = 0.04 \times 25\text{kN} = 1\text{kN}$$

$$F_D = K_D F_{冲} = 0.06 \times 25\text{kN} = 1.5\text{kN}$$

这样，即可求得总冲压力为

$$F_{总} = F_{冲} + F_X + F_D = 27.5\text{kN}。$$

（3）求解压力中心。由于冲裁位置的两个工件呈中心对称，压力中心可用几何方法简单获得，如图 8-6 所示。

（4）凸、凹模工作部分尺寸计算。查初始冲裁间隙为：Z_{max} = 0.05mm，Z_{min} = 0.02mm，$Z_{max} - Z_{min}$ = 0.03mm < 0.05mm。由于工件形状复杂，故冲裁刃口应采用配做法，并应以凸凹模为基准件，其刃口尺寸计算过程见表 8-1，结果标注于图 8-7 的刃口截面图中。

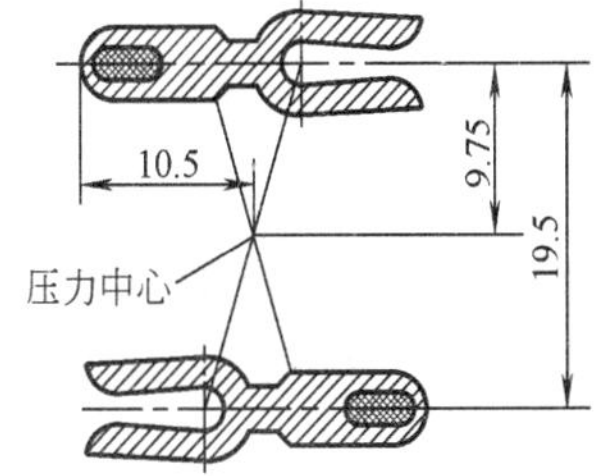

图 8-6　压力中心求解

落料凹模和冲孔凸模按凸凹模的实际尺寸配做，保证双面间隙为 0.02 ~ 0.05mm 均匀。

说明：计算时，除尺寸 21 外，工件其余尺寸均取 IT14 级公差，所有尺寸按“入体”原则标示，以便于刃口计算；刃口磨损系数均取 $x = 0.5$；刃口尺寸公差 δ 取零件相应尺寸公差的 1/5，即 1/5Δ。

表 8-1　凸凹模刃口尺寸计算

零件尺寸	零件公差 Δ/mm	刃口性质	刃口磨损尺寸变化	刃口尺寸公差 δ/mm	凸凹模刃口尺寸
$4_{-0.3}^{0}$	0.3	落料凸模	变小	0.06	$4 - 0.5 \times 0.3 - Z_{min} = 3.83_{-0.06}^{0}$mm
$R2_{-0.15}^{0}$	0.15	落料凸模	变小	0.03	$2 - 0.5 \times 0.15 - 0.5Z_{min} = R1.915_{-0.03}^{0}$mm
$6.2_{-0.22}^{0}$	0.22	落料凸模	变小	0.04	$6.2 - 0.5 \times 0.22 - 0.5Z_{min} = 6.08_{-0.04}^{0}$mm
11.5 ± 0.215	0.43	落料凸模	不变	0.08	$11.5 \pm 0.5\delta = 11.5 \pm 0.04$mm
$R1.6_{-0.15}^{0}$	0.15	落料凸模	变小	0.03	$1.6 - 0.5 \times 0.15 - 0.5Z_{min} = R1.52_{-0.03}^{0}$mm
$1.8_{0}^{+0.25}$	0.25	落料凸模	变大	0.05	$1.8 + 0.5 \times 0.25 + Z_{min} = 1.94_{0}^{+0.05}$mm
$5_{-0.3}^{0}$	0.3	落料凸模	变小	0.06	$5 - 0.5 \times 0.3 - Z_{min} = 4.83_{-0.06}^{0}$mm
$\phi 2.5_{0}^{+0.25}$	0.25	落料凸模	变大	0.05	$2.5 + 0.5 \times 0.25 + Z_{min} = \phi 2.64_{0}^{+0.05}$mm
$R3_{-0.15}^{0}$	0.15	落料凸模	变小	0.03	$3 - 0.5 \times 0.15 - 0.5Z_{min} = R2.92_{-0.03}^{0}$mm
$2.5_{-0.25}^{0}$	0.25	落料凸模	变小	0.05	$2.5 - 0.5 \times 0.25 - Z_{min} = 2.37_{-0.05}^{0}$mm
$21.1_{-0.2}^{0}$	0.2	落料凸模	变小	0.04	$21.1 - 0.5 \times 0.2 - Z_{min} = 20.99_{-0.04}^{0}$mm
2 ± 0.125	0.25	冲孔凹模	不变	0.05	$2 \pm 0.5\delta = 2 \pm 0.025$mm
$1.8_{0}^{+0.25}$	0.25	冲孔凹模	变大	0.05	$1.8 + 0.5 \times 0.25 + Z_{min} = 1.94_{0}^{+0.05}$mm

5. 模具总体结构

（1）模具类型：顺装式复合模。

（2）毛坯形式及定位：条料生产，导料销和挡料销定位，手动操作。首件用条料前端定位，以后各件以落料孔后侧定位。

(3) 卸料方式：上模弹压卸料板压料、卸料，下模弹性顶件；考虑到上模空间及装配，冲孔废料由上模推杆刚性打出。

(4) 模架及导向：选用标准模架，双导柱滑动导向，对称分布，防止侧偏力。要求两导柱直径分别取 ϕ20mm 和 ϕ22mm，防止合模错位。导柱与导套的配合为：H6/h5（最大双边间隙 0.022mm）。

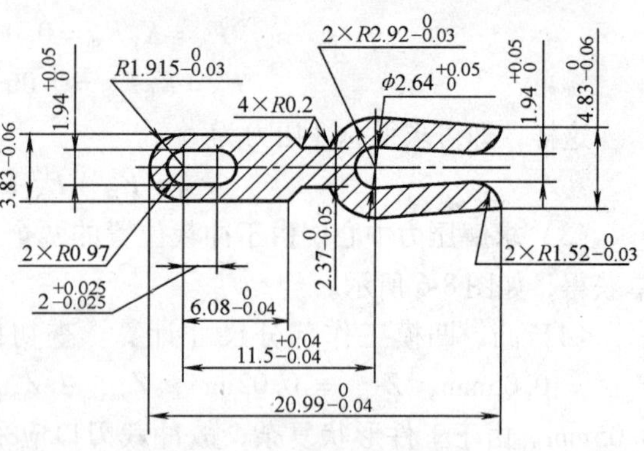

图 8-7　凸凹模刃口截面图

(5) 大致结构和总体尺寸：根据排样图，一模两件，考虑合适的螺孔、销孔布置区域，落料凹模的总体尺寸大约为 80mm × 60mm ×12mm 左右，并据此查找、粗选模架规格。模具闭合高度由上模座（25mm），上模垫板（6mm），上模固定板（15mm 左右），上模卸料板（8mm 左右），上模弹性件（厚 10mm 左右）和下模座（30mm），下模垫板(6mm)，下模固定板（15mm 左右），过渡垫板（12mm 左右），落料凹模形成。初步计算，得模具闭合高度在 138 ~ 145mm 左右，水平尺寸为 190mm ×105mm。草图略。

6. 选择压力机型号

本题未给出现有设备情况，现根据一般情况选核。

(1) 公称压力：$F_{公} \geqslant F_{总} \div 0.8 = 27.5 \div 0.8\text{kN} = 34.375\text{kN}$

(2) 查设备资料，考虑闭合高度和台面尺寸，型号为 J23—6.3 的开式压力机比较合适。模具闭合高度就定为 142mm。

7. 模具设计

(1) 主要零件的结构设计。落料凹模有一部分为最窄处 1.8mm，总长 10mm 左右的悬臂，强度和刚度都很薄弱，虽然冲裁力较小，但容易受侧偏力而弯折，考虑将此部分做成镶

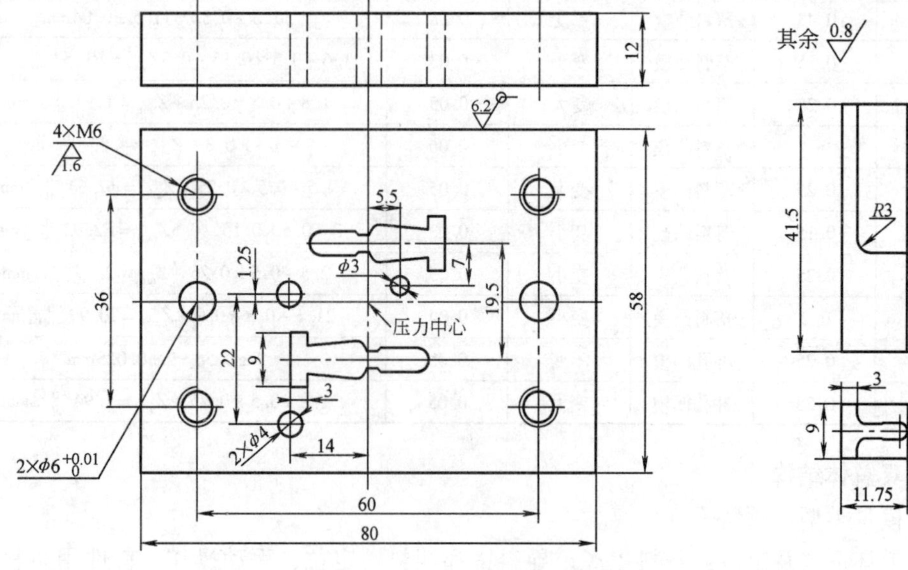

图 8-8　落料凹模和凹模镶块

块，视同冲孔凸模，固定于下模固定板，并与落料凹模无间隙镶配，既能改善其受力状态，增大其刚度，又便于拆换，降低维修成本。落料凹模及凹模镶块的结构图如图 8-8 所示。

凸凹模做成直通式，便于用线切割加工，但宽 1.8mm 的槽口不宜为直通型，以保证零件的刚度；冲孔凹模刃口亦为直通式，保证凸凹模壁厚，相应的推杆也制成扁形。凸凹模的结构图如图 8-9 所示。

下模两个顶件块和托板若制成一体，结构太复杂，位置要求也很高，不便加工。若分别制作，由于顶件块尺寸太小，与托板的连接困难。考虑是弹性顶件，且顶件力不大（单件 0.75kN），这里采用在装配时用黏结剂黏结的办法，如图 8-10 所示。

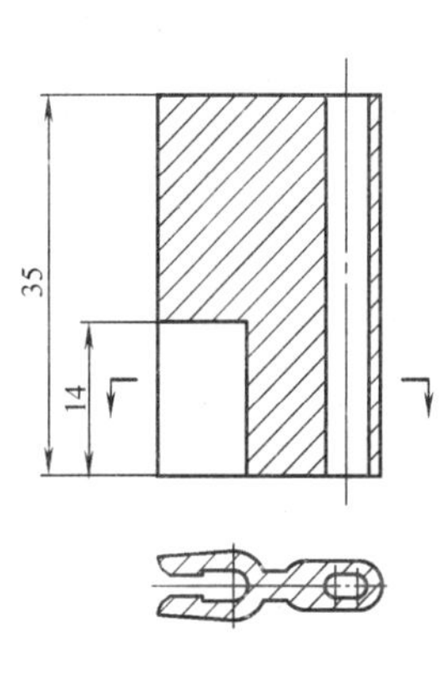

图 8-9　凸凹模

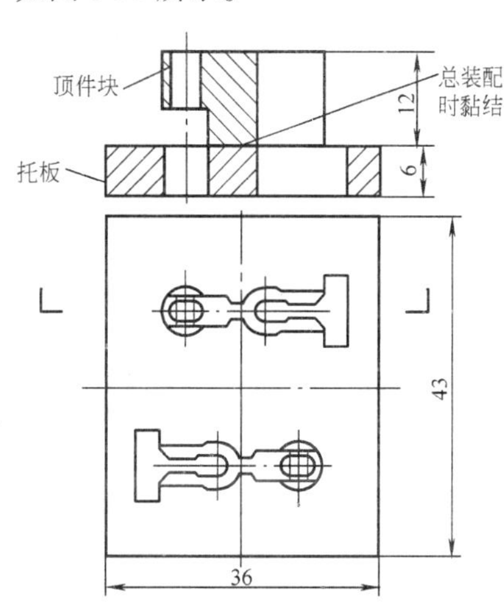

图 8-10　托板和顶件块组合

（2）主要的装配关系和要求。凸凹模、凹模镶块和冲孔凸模与相应固定板的配合取较紧的过渡配合 H7/n6，其中凹模镶块还与落料凹模无间隙镶配，另外，凸凹模和凹模镶块与固定板装配后尾部铆开、磨平，故要求尾部 15 ~ 20mm 的长度不得淬火。

推杆与凸凹模，顶件块与凹模和凹模镶块，卸料板与凸凹模，以及托板与凹模镶块的三直边之间，均取单边 0.1 ~ 0.15mm 的间隙配合，保证滑动自如。由于首次只冲一个零件，托板和顶件块的组合体受侧偏顶力，容易卡死，为此，下模增设一直径为 ϕ6mm 的小导柱给托板导向，二者配合取 H7/h6，而小导柱与下模固定板过渡配合。

（3）主要零部件的材料和热处理。凹模、凹模镶块、凸模和凸凹模的工作部分尺寸很小，要注意淬火时的变形和开裂，故选用 Cr12，Cr12MoV 等合金工具钢，而不宜用 T10A 等碳素工具钢。还要注意凸凹模和凹模镶块的固定形式，不得整体淬火。

推杆、顶杆、打棒等受压的细长件，应选 45 钢，调质处理。上、下模垫板直接承受冲裁力的冲击，需淬火到 50HRC 以上。托板和推板由于尺寸小，受冲击，也应用 45 钢并调质处理，顶件块可用 Q235。

（4）模具装配图（见图 8-11）。此模具的主要特点是落料凹模的镶拼结构和下模顶件装置的黏结形式，由于形状不规则，尺寸小，装配精度要求高，需要较高的模具制造水平，制作过程中要用线切割、数控铣等高精度设备加工，保证各部的位置精度，并减少人工修配工作量。

模具安装、调试时，要控制上、下模刃口吃入深度不超过 0.5mm。

8. 冲压工艺文件

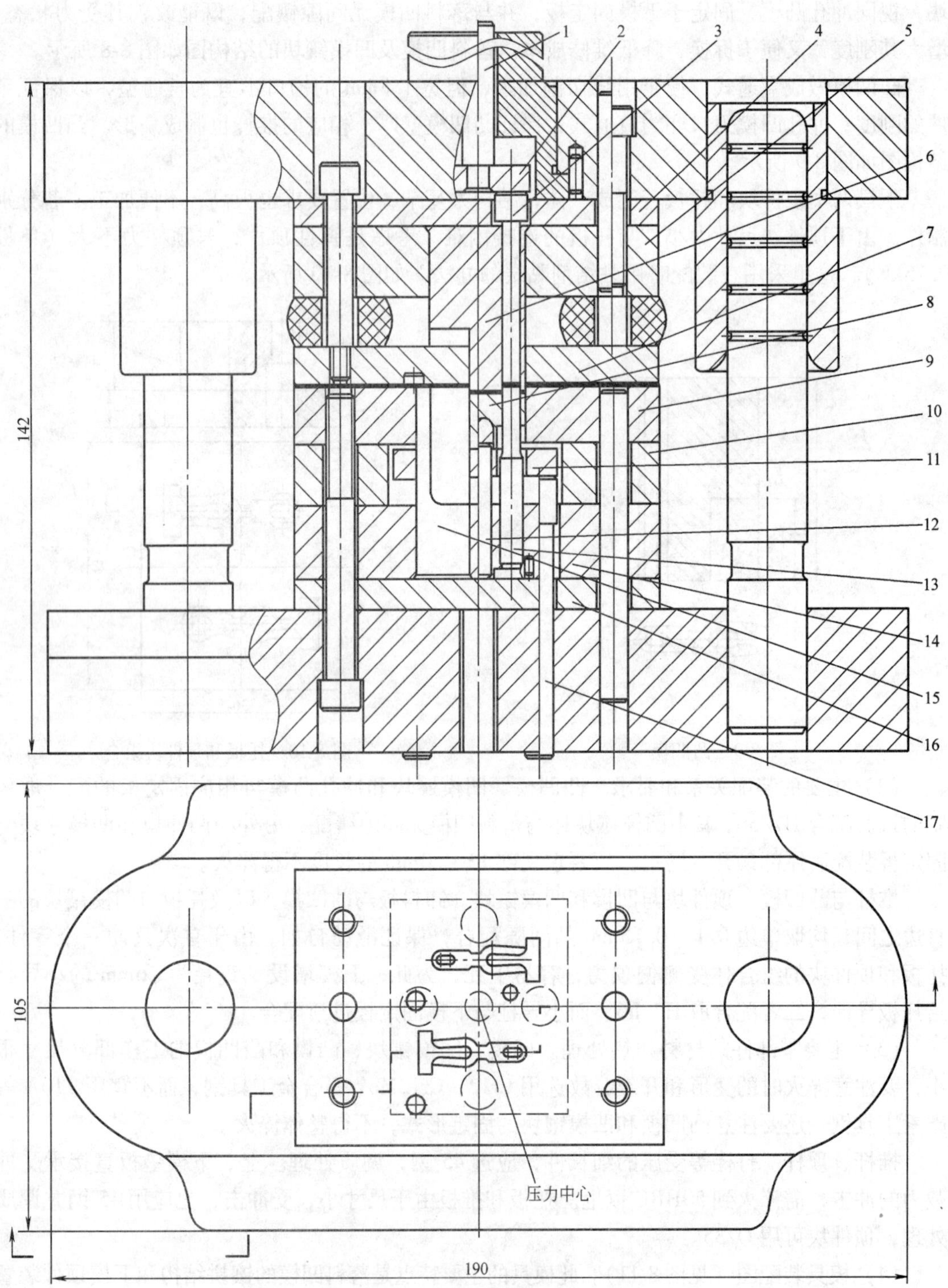

图 8-11　焊片复合冲裁模装配图

1—打棒　2—推板　3—推杆（2）　4—上垫板　5—上固定板　6—凸凹模　7—卸料板　8—顶件块（2）　9—落料凹模　10—过渡垫板　11—托板　12—小导柱　13—冲孔凸模（2）　14—下固定板　15—凹模镶块（2）　16—下垫板　17—顶杆（4）

本例的工艺文件内容不多，仅一道复合冲裁工序，现列出，以说明冲压工艺卡片的格式和内容，见表8-2。

表8-2　冲压工艺卡片

<table>
<tr><td colspan="2" rowspan="2">冲压一车间</td><td colspan="2" rowspan="2">冷冲压
工艺卡片</td><td>产品名称</td><td>****</td><td>产品代号</td><td>****</td></tr>
<tr><td>零件名称</td><td>焊片</td><td>零件编号</td><td>****</td></tr>
<tr><td>材 料</td><td>毛坯尺寸</td><td>每条件数</td><td>消耗定额</td><td>工时定额</td><td colspan="2">每产品零件数</td><td>第1页</td></tr>
<tr><td>QSnP</td><td>24mm×0.3mm卷材</td><td></td><td></td><td></td><td colspan="2"></td><td>共1页</td></tr>
<tr><td colspan="4">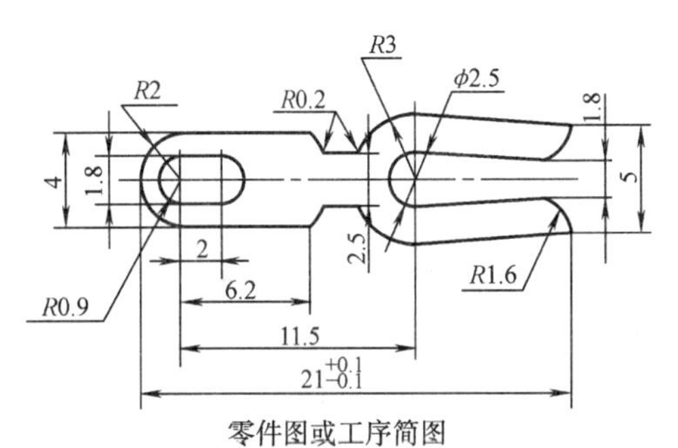

零件图或工序简图</td><td colspan="4">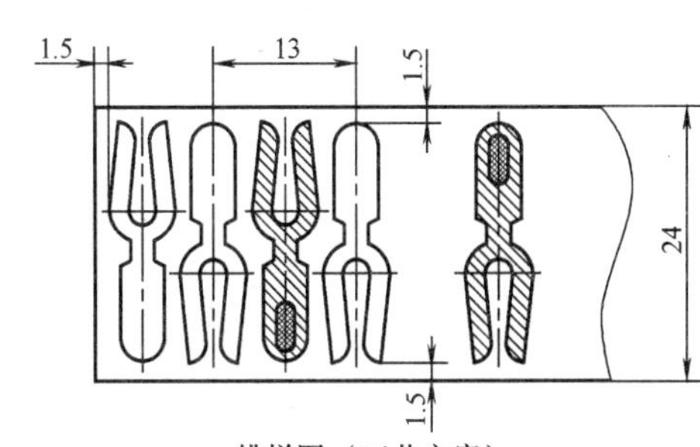

排样图（工艺方案）</td></tr>
</table>

<table>
<tr><td>工序号</td><td>工序说明</td><td colspan="3">工装（模具）简图</td><td>设备型号</td><td>J23—6.3</td></tr>
<tr><td rowspan="4">10</td><td rowspan="4">落料冲孔</td><td colspan="3" rowspan="4">（略）</td><td>公称压力</td><td>63kN</td></tr>
<tr><td>模具编号</td><td>****</td></tr>
<tr><td>操作工人</td><td>1</td></tr>
<tr><td></td><td></td></tr>
<tr><td>更改标记</td><td>处数</td><td>文件号</td><td>签字</td><td>日期</td><td>设计</td><td>审核</td></tr>
</table>

实例2　图8-12是形状相似、尺寸相关、材料和厚度相同的一组垫片，大批量生产。为提高材料利用率，拟套料生产，现进行冲压工艺方案和模具的设计。

1. 工艺分析

按照实例1的分析方法，这三个工件形状简单、规则，尺寸适中，最高尺寸精度IT12级，均符合冲裁件的工艺要求。但本例要求三个工件套料生产，由于冲孔和落料的工艺计算不同，必须先明确上图中ϕ40mm和ϕ28.2mm两个尺寸的工艺性质，是冲孔还是落料，即是内孔的精度高，还是外圆的精度高。考虑一般垫片的使用要求，我们将二者均视为冲孔。

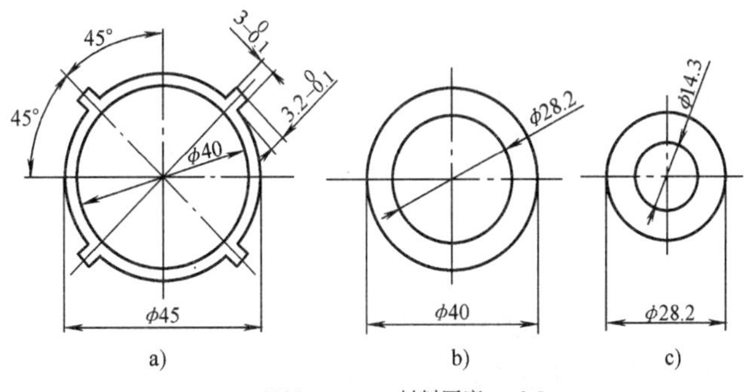

图8-12　垫片组

a）产品1　b）产品2　c）产品3

2. 确定最佳工艺方案

这三个工件的冲压工序都很简单，用条料毛坯大批量生产也很自然，主要问题是如何进行工序组合，图 8-13 是三种可行的工艺方案的排样图。图 8-13a 所示方案 A 是用四步级进模生产，矩形侧刃加导正销定位；图 8-13b 所示方案 B 是三个工件一次复合生产；图 8-13c 所示方案 C 是两步复合一级进模生产。对它们加以比较不难发现：方案 A 的特点是模具结构简单，制造和维修方便，但模具尺寸比其他两方案大得多，材料利用率也比另两个方案稍高（约 6% 左右）；方案 B 的模具结构复杂，制造和维修都较麻烦，取件也不方便，但毛坯定位简单，模具总体尺寸小；方案 C 是用两道复合工序组成的级进模来生产，模具尺寸和复杂程度似乎都介于方案 A 和方案 B 之间，但是，由于它在模具的不同位置分别复合两道工序，模具的卸料、顶件机构会更复杂，毛坯定位若不用侧刃，则还需初始挡料销，综合起来，还不如前两个方案，故淘汰之。至于方案 A 和方案 B 哪个更合理，要综合多方面情况而定，本例由于复合模的结构比较有特色，级进模结构较简单，这里选用方案 B，着重介绍复合模的结构特点。

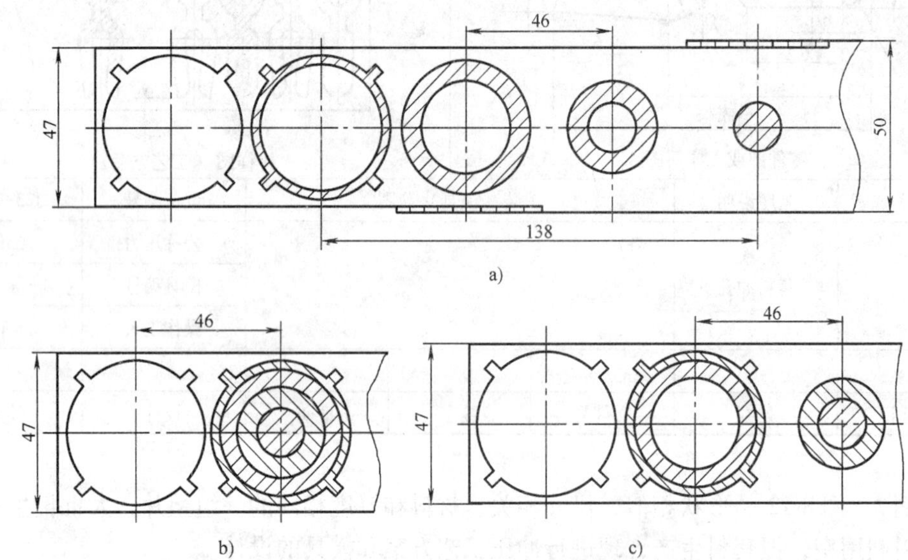

图 8-13　三种可行的工艺方案的排样图

3. 完成工艺计算

（1）条料宽度如图 8-13b 所示，为 47mm。材料利用率可用下式近似计算：

$$\eta = \frac{\frac{\pi}{4} \times 45^2 + 4 \times 3 \times 3.2 - \frac{\pi}{4} \times 14.3^2}{46 \times 47} \times 100\% = 68\%$$

（2）计算冲压力和压力中心。计算得冲裁线长度为 $L = 426\text{mm}$，查 Q195 的抗拉强度为 $\sigma_b = 390\text{MPa}$，则冲裁力为

$$F_{冲} = Lt\sigma_b = 426 \times 0.5 \times 390\text{N} = 83070\text{N} \approx 83\text{kN}$$

结合后面的模具结构，可计算得卸料力和顶件力为

$$F_D = K_D F_{冲} = 0.08 \times 83\text{kN} = 6.64\text{kN}$$

$$F_X = K_X F_{冲1} = 0.05 \times 83 \times \frac{\pi \times 45 + 8 \times 3.2}{426}\text{kN} = 1.63\text{kN}$$

总冲压力为　$$F_{总} = F_{冲} + F_D + F_X = 91.3\text{kN}$$

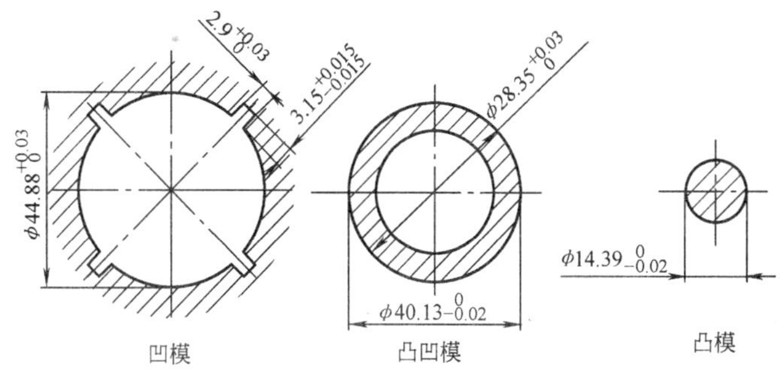

图 8-14　基准件刃口尺寸

压力中心显然就在几何中心即零件的圆心处。

(3) 凸、凹模刃口尺寸计算。查初始冲裁间隙为：查初始冲裁间隙为：$Z_{max}=0.06$mm，$Z_{min}=0.04$mm，$Z_{max}-Z_{min}=0.02\text{mm}<0.05\text{mm}$，为降低刃口制作难度，采用配做法。本复合模的工作零件包括一个落料凹模、一个冲孔凸模和三个凸凹模，为使配做刃口时工艺性最好，选定落料凹模、冲孔凸模和一个凸凹模作为基准件，它们的刃口尺寸计算过程见表 8-3，结果标注于图 8-14 的基准件刃口尺寸图中。其他刃口按相关基准件的实际尺寸配做，保证双面间隙为 0.04 ~0.06mm 均匀。

注意：ϕ40mm 和 ϕ28.2mm 两个尺寸均按冲孔性质对待；零件未注公差均取 IT12 级，并按“入体”原则标注。由于形状规则，易于加工，基准件刃口尺寸公差均取较小值：0.02 ~0.03mm。

表 8-3　基准件刃口尺寸计算

零件尺寸/mm	零件公差 Δ/mm	刃口性质	刃口磨损尺寸变化	刃口磨损系数 x	刃口尺寸公差 δ/mm	基准件刃口尺寸
$3_{-0.1}^{0}$	0.1	落料凹模	变大	1	0.03	$(3-1\times0.1)\text{mm}=2.9_{0}^{+0.03}\text{mm}$
$3.2_{-0.1}^{0}$	0.1	落料凹模	不变	无	0.03	$(3.15\pm0.015)\text{mm}$
$\phi45_{-0.25}^{0}$	0.25	落料凹模	变大	0.5	0.03	$(\phi45-0.5\times0.25)\text{mm}=44.88_{0}^{+0.03}\text{mm}$
$\phi40_{0}^{+0.25}$	0.25	冲孔凸模	变小	0.5	0.02	$(\phi40+0.5\times0.25)\text{mm}=\phi40.13_{-0.02}^{0}\text{mm}$
$\phi28.2_{0}^{+0.21}$	0.21	冲孔凹模	变大	0.5	0.03	$\phi28.2+0.5\times0.21+Z_{min}=\phi28.35_{0}^{+0.03}\text{mm}$
$\phi14.3_{0}^{+0.18}$	0.18	冲孔凸模	变小	0.5	0.02	$(\phi14.3+0.5\times0.18)\text{mm}=\phi14.39_{-0.02}^{0}\text{mm}$

4. 模具结构

本例的其他设计环节没有什么特殊的可圈可点之处，不予细述，这里仅就模具结构及装配关系和模具制作的关键加以说明。图 8-15 是模具装配总图，其特点如下：

(1) 模具工作零件及其紧固方式。模具有五个工作零件，落料凹模（件 13）、冲孔凸模（件 21）和三个凸凹模（件 6、7 和 23），件 13、21、23 在下模，件 6、7 在上模，冲压工艺方案决定了三个凸凹模均为套筒式结构。上模通过固定板 9 和衬套 10 定位及紧固件 6 和件 7，下模通过固定板 18 和衬套 22 定位及紧固件 21 和件 23，衬套 10 与件 6 和件 7，衬套 22 与件 21 和件 23 之间，均为无间隙配合，且要求内外圆同心，可在内外圆磨床上一次装夹，按相应件的实际尺寸配磨。模具结构非常紧凑，拆装也很方便。

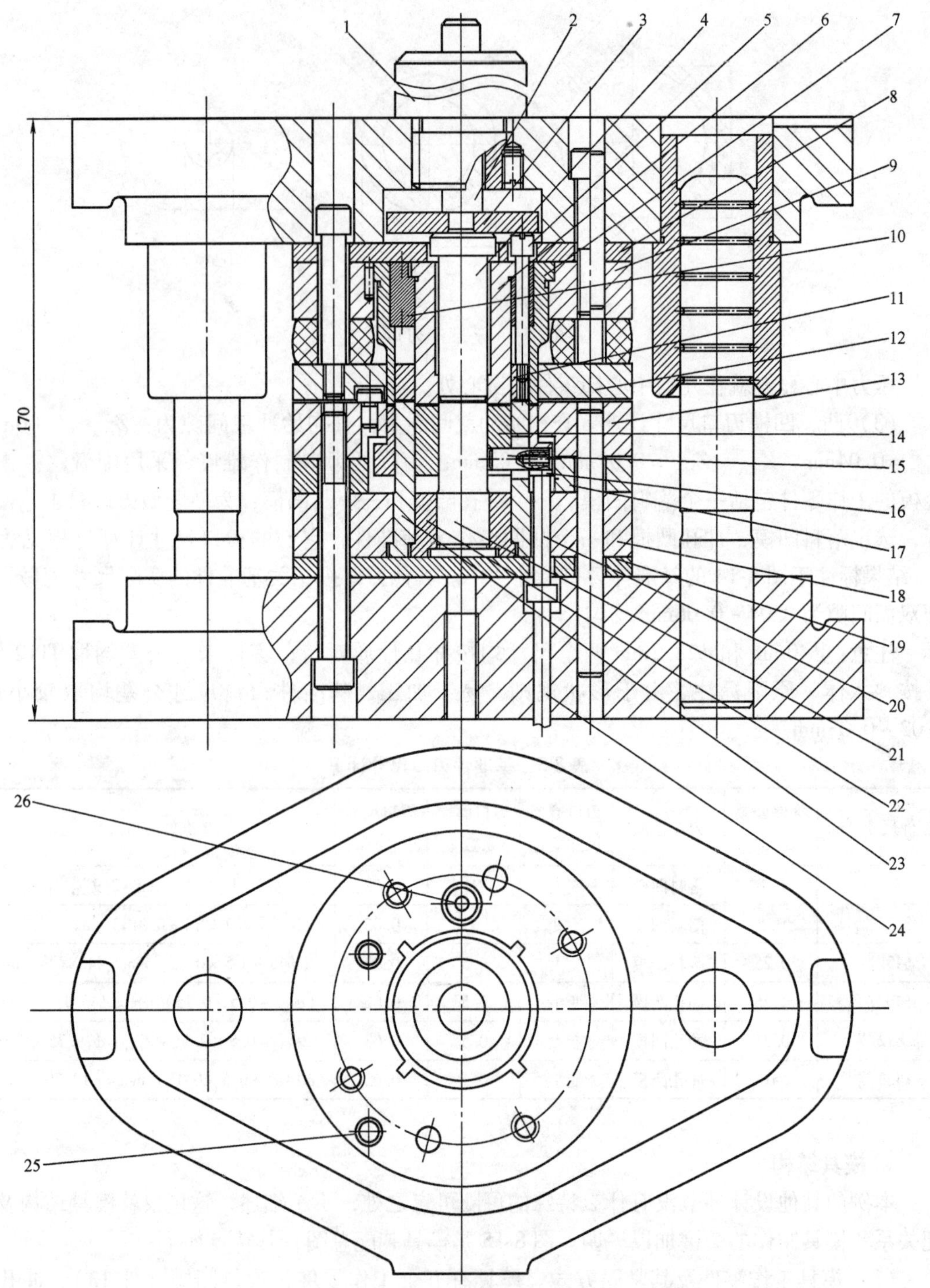

图 8-15　一模多件套筒式复合冲裁模

1—模柄　2—打棒　3—推板　4—推杆　5—打料螺钉　6—凸凹模（1）　7—凸凹模（2）　8—上模垫板　9—上固定板　10、22—衬套　11—打料块　12—卸料板　13—凹模　14—内顶件块　15—连接销　16—外顶件块　17—过渡垫板　18—下固定板　19—下模垫板　20—过渡顶杆　21—凸模　23—凸凹模（3）　24—顶杆　25—导料销　26—挡料销

（2）模具的卸料、顶料机构。此模具卸料机构稍复杂，上模除了由弹压卸料板 12 卸除外圈废料外，刚性打料机构通过打棒 2、推板 3 传力到推杆 4 和打料螺钉 5，件 4 直接打出冲孔废料，件 5 则再通过打料块 11 打出产品零件 2（见图 8-12b）。产品 1（见图 8-12a）和 3（见图 8-12c）留在下模，其顶出由内、外顶件块 14 和 16 完成。由于件 14 底部不便安设顶杆，弹性力无法传到件 14，解决的办法是，将凸凹模 23 的侧臂开三条纵向等高、周向均布的长形槽，连接销 15 穿过此槽将内、外顶件块 14 和 16 刚性连接，使模具在工作时，外顶件块 16 能通过连接销 15 带动内顶件块 14 同时作上下运动。要注意的是，件 23 侧臂上的槽的长度要足够，防止工作时与件 15 干涉而损坏模具，同时，还要保证件 23 刃口的强度。另外，件 15 与件 14、16 取较松的过渡配合，其一端攻小螺孔，是为了拆卸方便。

当然，这样的结构设计也是有条件的，由于空间尺寸小，模具零件多，不少零件的局部强度较弱，只能适用于冲压力不大的情况，而且必须进行强度和刚性的校核。本例未列出校核过程。

实例 3　图 8-16 所示冲压件是某电子产品上的一个小支架，材料为软黄铜，材料厚度 1mm，大批量生产，现设计其冲压工艺及模具。

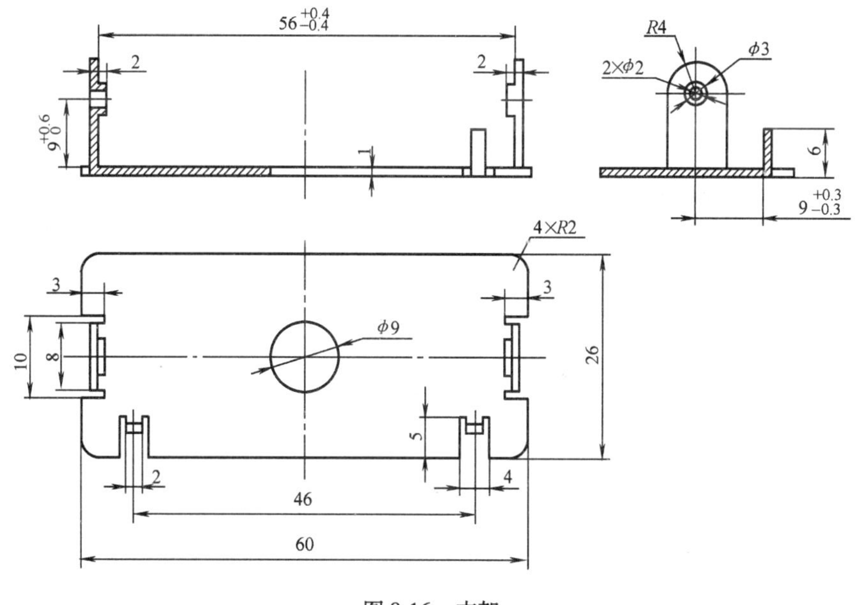

图 8-16　支架

1. 冲压工艺分析

该工件为一弯曲件，不难看出其生产过程包含冲裁、翻孔和弯曲三种工艺，现分别分析其工艺性。先看弯曲，尺寸公差等级为 IT14 ~ IT15 级，形位公差未注，为普通精度等级；两端的弯曲宽度为 8mm，属宽板弯曲，侧面的两处弯曲宽度为 2mm，属窄板弯曲；图中未标注弯曲半径，为减少零件回弹，不妨取接近最小弯曲半径的值，查第 5 章的相关表格，得软黄铜的最小弯曲半径为 $0.1t$（弯曲线垂直材料纤维）和 $0.35t$（弯曲线平行材料纤维），本例材料厚度为 1mm，故取两端的弯曲半径为 0.2mm，侧面的弯曲半径为 0.5mm，下料及冲裁时注意材料的方向性，弯曲时注意使毛刺位于弯曲的内侧。

再看翻孔，是变薄翻孔，$2\times\phi2$mm 孔是供弹性插拔件用，无特殊要求，可采用无预制孔翻孔的方法，但翻边后孔的端部会不平，且变薄较严重，但均不影响使用。图中未注翻孔圆角半径，现仍取0.5mm。翻孔的位置尺寸公差为0.6mm，可以在弯曲时保证。

至于冲裁，可先将弯曲件展开，得弯曲件毛坯如图8-17，落料时，弯曲工艺槽口的宽度为1mm＜1.5t，凸模刃口的强度和刚性较差，但改变工件尺寸也不适宜，需在冲裁模结构上采取相应措施。

2. 最佳工艺方案确定

（1）列出工件冲压工艺所需基本单工序。由图8-16和图8-17不难得出，此工件的生产需用冲孔、落料、翻孔、两端弯曲和侧面弯曲五道单工序完成。

（2）工序组合。经综合分析，对各单工序进行可行的组合，得到以下三种冲压工艺方案：

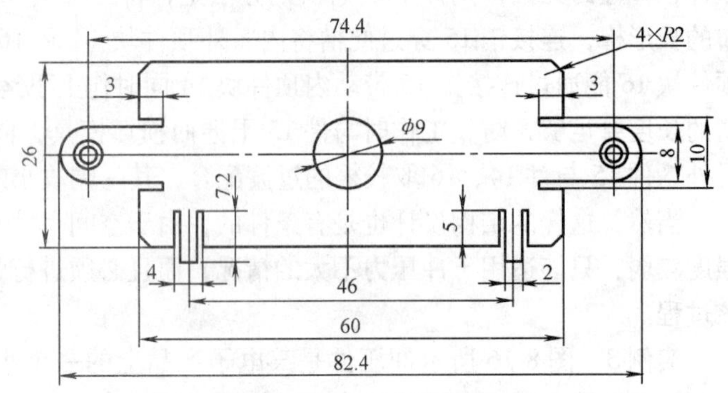

图8-17　弯曲件展开料

A方案　冲孔、翻孔、弯曲、落料级进模生产。

B方案　组合成三道工序：①落料冲孔；②弯曲；③翻孔。

C方案　组合成两道工序：①落料冲孔及翻孔；②弯曲。

上述方案中，翻孔均指无预制孔翻孔。

（3）最佳方案确定。比较上述三个方案，A方案效率最高，但模具尺寸较大，且结构过于复杂，最后所得零件的取出要采取可靠措施，方能实现高生产率。B方案也是符合工艺原理的，但问题在于弯曲后再进行翻孔，要么悬挂定位，垂直冲压，定位不可靠，模具强度差，要采取辅助措施，生产效率也不高；要么水平定位，斜楔冲压，模具结构将非常复杂。相比之下，C方案最为合理，第一道工序用条料在复合模上进行冲孔、翻孔和落料，工艺可行，效率高，模具亦不太复杂，为防止冲裁的凸、凹模刃口吃入太深，可用倒装复合模，并使翻孔凸模高出冲裁刃口1~1.5mm，翻孔比冲裁提前进行；第二道工序弯曲，为防止翻孔的直臂干涉，可在弯曲凸模上开台阶，由于翻孔位置远离弯曲变形区，这种结构不会影响弯曲工艺的进行，只是工件需从上模水平方向取出，但效率仍比B方案高得多。

故此，选用C方案，用两道工序完成。以下仅叙述弯曲模的设计过程，第一道工序的复合模，有兴趣的读者可自行完成。

3. 完成工艺计算

（1）凸、凹模主要尺寸计算

1）弯曲尺寸分析。本件有三个弯曲尺寸，两端属U形弯曲，内廓尺寸（56±0.4）mm，由弯曲凸模保证；侧面为单角弯曲，内侧到孔中心距离（9±0.2）mm，可通过毛坯定位保证。另外，为确保翻孔位置尺寸$9^{+0.6}_{0}$mm，可在制造冲裁模前，通过简单试验确定展开料的两翻孔中心距。当然，也可先制造弯曲模，后制造冲裁模，但会延长制造周期。

2）回弹量的估算及减少回弹的措施。根据相对弯曲半径（两端的弯曲为$r/t=0.2$，侧面的弯曲为$r/t=0.5$），可查得软黄铜自由弯曲90°时的平均回弹角为$\Delta\alpha_{90}=2°$，小于5°，可在弯曲凸模上做出相应的补偿角并适当取较小间隙来减少回弹量，而不必用校正弯曲，而且，针对本例，若用校正弯曲，零件底面反而不平整。

3）凸、凹模的主要尺寸确定。凸、凹模单边间隙取材料厚度 1mm，由于凸、凹模均可用线切割精确加工，尺寸公差都取 IT7 级，尺寸计算过程见表 8-4，结果标注于图 8-18 和图 8-19。

表 8-4　凸、凹模主要尺寸计算　（单位：mm）

零件尺寸	凸模尺寸	单边间隙	凹模尺寸
56 ± 0.4	$56 - 0.4 + (0.75 \times 0.8) = 56.2_{-0.03}^{\ 0}$	1	$58.2_{\ 0}^{+0.03}$
9 ± 0.2		1	$9 + 1 = 10 \pm 0.02$
46			46 ± 0.02
	凸模圆角 = 弯曲半径		入口圆角 $R5$
	回弹角补偿:2°		

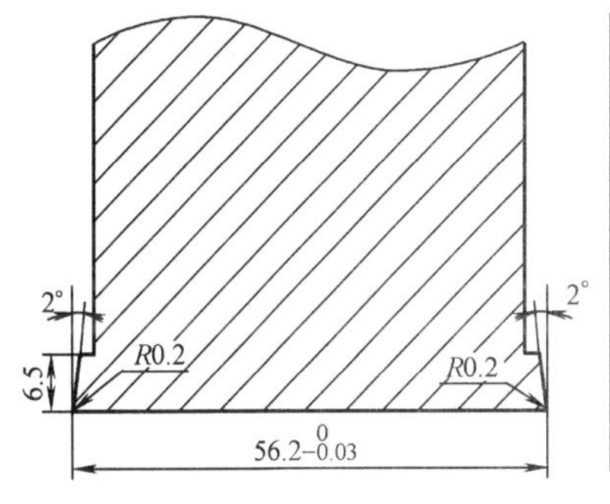

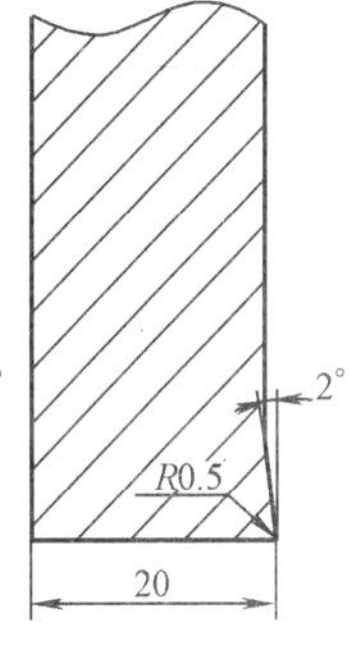

图 8-18　弯曲凸模工作尺寸

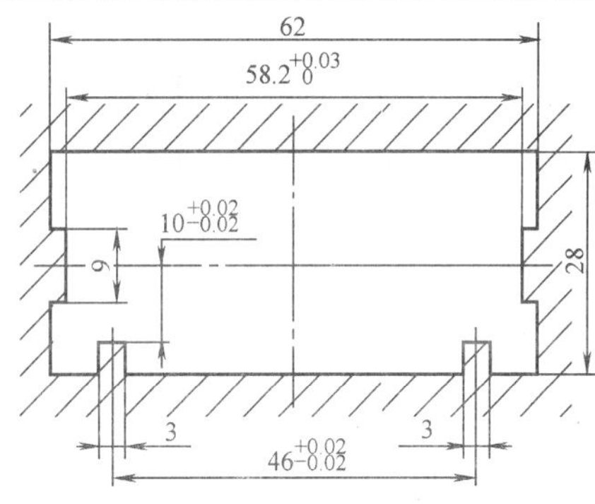

图 8-19　弯曲凹模主要尺寸

（2）冲压力及压力机公称压力。可视为两个 U 形弯曲，弯曲宽度分别为 $B_1 = 8\text{mm}$，$B_2 = 2\text{mm}$，查软黄铜抗拉强度为：$\sigma_b = 294\text{MPa}$，取安全系数 $K = 1.3$，利用经验公式计算，得自由弯曲力为

$$F_{自} = \Sigma \frac{0.7KBt^2\sigma_b}{r+t} = 0.7 \times 1.3 \times 1^2 \times 294 \times \left(\frac{8}{1+0.2} + \frac{2}{1+0.5}\right)\text{N} = 2140\text{N}$$

顶件力可近似取为　$F_D = 0.5F_{自} = 1070\text{N}$。

总冲压力为 $F_{总} = F_D + F_{自} = 3210\text{N}$，非常小，压力机可根据设备情况安排。

4. 模具结构设计

图 8-20 所示为支架弯曲模装配图，结构比较简单，大致说明如下：

（1）毛坯定位。毛坯由定位销 5 和两个定位块 1 定位，定位销 5 固定于顶件块 2 上，与毛坯孔取 H9/h9 配合；定位块 1 固定于凹模 3 上，防止毛坯转动，其位置可调节。

（2）顶件机构。产品由弹顶器 7 通过顶杆 6 作用于顶件块 2 顶出凹模 3，由于顶件块 2 的晃动会影响毛坯的定位，故取顶件块 2 与凹模 3 的单边间隙为 0.05mm。

（3）产品取出。由于产品上翻孔的影响，弯曲后零件挂在凸模 4 上，可水平取出。

（4）凸、凹模单边间隙取一个材料厚度即 1mm，并于凸模上补偿弯曲角 2°。凹模内形非工作面让开毛坯 1mm，防止零件与凹模摩擦。由于弯曲力很小，上下模均未设垫板。

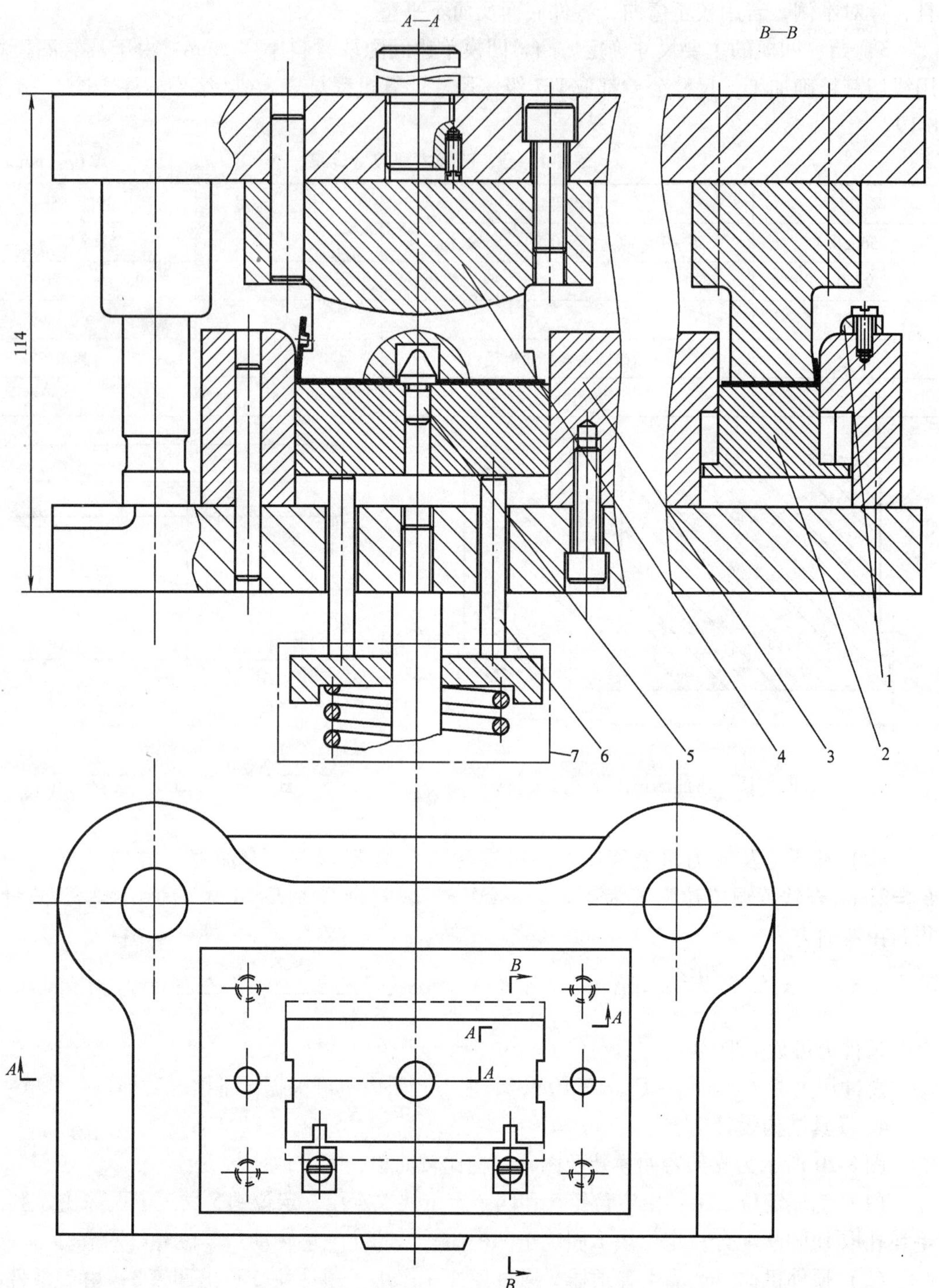

图 8-20　支架弯曲模装配图

1—定位块　2—顶件块　3—凹模　4—凸模　5—定位销　6—顶杆　7—弹顶器

实例 4　图 8-21 所示为一壳体零件，材料为 08 钢，材料厚度 1.5mm，年产量 5 万件。试制定冲压工艺过程。

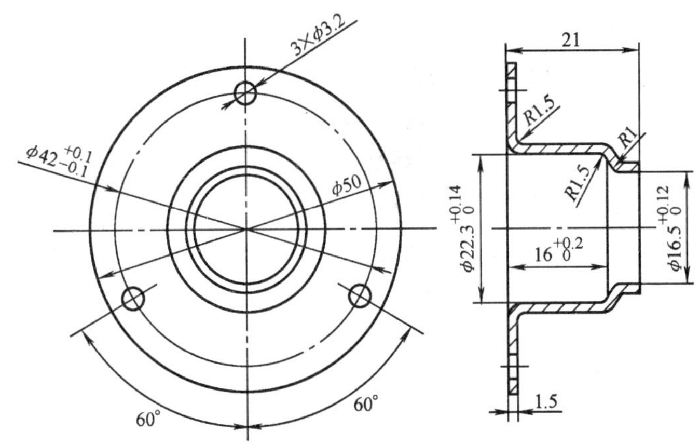

图 8-21　壳体零件图

1. 冲压工艺分析

零件材料为 08 钢，材料厚度 1.5mm，并且形状为旋转体，很适合冲压成形。

内腔 $\phi22.3^{+0.14}_{0}$mm，$\phi16.5^{+0.12}_{0}$mm，$16^{+0.2}_{0}$mm 以及三个小孔的位置尺寸 $\phi42\pm0.1$mm 为 IT11 ~ IT12 级，要求拉深模有较高精度和较小的凸、凹模间隙，并需要整形工序；冲孔模需以内腔精确定位同时冲出三个孔，精度要求也较高。

总的说来，该零件是带凸缘圆筒形件的拉深成形，从形状、结构、尺寸以及材料性能方面看，冲压工艺性都比较好。

2. 冲压工艺方案确定

（1）底部尺寸 $\phi16.5^{+0.12}_{0}$mm 的成形方法。容易看出，零件高度尺寸未注公差，用翻孔的方法成形底部应能满足要求，工艺上也最简单，而且节省材料，现进行相关计算。

将 $t=1.5$mm，$r=1$mm，$H=(21-16)$mm $=5$mm，$D=(16.5+1.5)$mm $=18$mm 代入公式得预冲孔径为

$$d=D-2(H-0.43r-0.72t)=11.02\text{mm}=\phi11\text{mm}$$

翻孔系数为：$K=\dfrac{d}{D}=\dfrac{11}{18}=0.61$

根据 $d/t=11/1.5=7.33$ 查表，用球形凸模翻孔的极限翻孔系数为 $K_{\min}=0.44$，$K>K_{\min}$，可以一次翻孔成形。图 18-22 所示为冲孔翻孔前的工序件图。

（2）确定拉深次数

1）毛坯直径计算。根据凸缘相对直径 $d_t/d=50/(22.3+1.5)=2.1$。

查表得拉深件的切边余量为 $\Delta R=1.8$mm，取 2mm，因此，图 18-21 所示的工序件图应加上 ΔR，凸缘直径按括号中尺寸计算。即 $d_t=\phi54$mm

按料厚中心层展开，用相关公式计算，得毛坯直径为 $D_0=\phi65$mm。

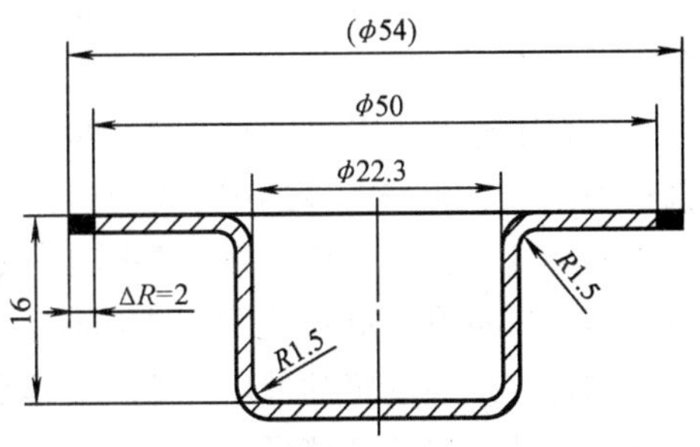

图 8-22　冲孔翻孔前的工序件图

2）判断能否一次拉深成形。根据凸缘相对直

径 $d_t/d = 54/(22.3+1.5) = 2.27$ 和毛坯相对厚度 $t/D_0 = 1.5/65 = 2.3\%$，查得首次拉深的极限相对高度为 $(h_1/d_1)_{max} = 0.45$，而工序件（见图 18-21）的实际相对高度为 $(h_1/d_1)_{实} = 16/23.8 = 0.67 > (h_1/d_1)_{max}$，故不能一次拉深成形，需多次拉深。

3）确定拉深次数和各次拉深的拉深系数。不妨试取首次拉深直径为 $d_1 = d_t/1.5 = 54/1.5 = 36$mm，查表得首次极限拉深系数为 $m_{1min} = 0.47$，且查得以后各次的极限拉伸系数为 $m_{2min} = 0.73$，$m_{3min} = 0.75$，$m_{4min} = 0.78$，而实际首次拉深系数为 $m_1 = d_1/D_0 = 36/65 = 0.55$，工序件总拉深系数为 $m = 23.8/65 = 0.366$，可算得 $0.55 \times 0.73 \times 0.78 = 0.3 < m = 0.366$，因此，需三次拉深成形。

将各次拉深系数加以调整，使 $m_1 m_2 m_3 = m = 0.366$，最后得各次拉深系数为 $m_1 = 0.56$，$m_2 = 0.797$，$m_3 = 0.82$。

综合以上分析计算，该工件的冲压需要九道单工序，即：落料→首次拉深→第二次拉深→第三次拉深→整形→冲翻孔预制孔→翻孔→冲三个小孔→切边。

(3) 工序组合。对上面列出的九道单工序，作可行的组合，得到以下五种冲压工艺方案：

A 方案：落料与首次拉深复合，其余按基本单工序。

B 方案：落料与首次拉深复合，冲三个 $\phi3.2$mm 的孔与切边复合，冲 $\phi11$mm 底孔与翻孔复合，其余按基本单工序。

C 方案：落料与首次拉深复合，冲三个 $\phi3.2$mm 的孔与冲 $\phi11$mm 底孔复合，翻孔与切边复合，其余按基本单工序。

D 方案：落料与首次拉深和冲 $\phi11$mm 底孔复合，其余按基本单工序。

E 方案：采用级进模或多工位压力机生产。

(4) 最佳工艺方案的确定。比较上述五个方案，E 方案效率最高，但模具结构复杂，制造成本高，周期长，或需要多工位压力机，而本例零件批量不太大，不适合用此方案。

D 方案在首次拉深时复合冲出 $\phi11$mm 的翻孔预制孔，在后续拉深工序中，材料的变形区将有所变化，底部材料会参与变形，$\phi11$mm 的孔径会变大，最终影响翻孔的高度。

C 方案中，由于三个 $\phi3.2$mm 的孔与底部 $\phi11$mm 的翻孔预制孔不在同一平面，并且，这两个平面的距离要求为 $16^{+0.2}_{0}$mm，此时整形工序已完成并保证了该尺寸，若将这两道冲孔工序复合，模具制造和维修的难度加大，尤其两平面磨损不一致时。切边与翻孔的复合也存在同样的问题，故此方案也要放弃。

B 方案将冲三个 $\phi3.2$mm 的孔与切边复合，冲 $\phi11$mm 底孔与翻孔复合，可计算出凸凹模的壁厚太薄（分别为 2.4mm 和 2.75mm，都小于最小壁厚 3.8mm），模具极易损坏，此方案仍不适合。

A 方案避开了上述所有缺点，但工序复合程度低，生产率也较低，不过模具结构简单，制造费用低，正与本件的中小批量生产相适应，因此决定选用 A 方案。本方案中，第三次拉深和翻孔工序对零件都兼起整形作用；至于将切边工序安排在最后，是因为若切边后再冲三个 $\phi3.2$mm 孔，孔一边距为 2.4mm，已接近最小极限值（$1.5t = 2.25$mm）。

这样，最后确定的冲压方案为：落料及首次拉深→第二次拉深→第三次拉深及整形→冲翻孔预制孔→翻孔及整形→冲三个小孔→切边。

3. 工艺计算

(1) 工序件尺寸计算

1）首次拉深工序件尺寸。为防止凸缘区材料在第二、第三次拉深时参与变形，从而引起传力区开裂，在首次拉深时使流入凹模的坯料面积增加3%，而增加的这部分材料在第二次和第三次拉深时逐步转移到零件口部凸缘上来（1%和2%），使凸缘增厚。因此，坯料的落料尺寸和首次拉深系数还需修正。

根据前面初定的 $m_1=0.56$，$D_0=65\text{mm}$，得 $d_1=m_1D_0=0.56\times65\text{mm}=36.4\text{mm}$，取36.5mm。

则首次拉深的凹模圆角半径为 $R_{A1}=0.8\sqrt{(D_0-d_1)\times t}=5.23\text{mm}$，取 $R_{A1}=5\text{mm}$。

取首次拉深的凸模圆角半径为 $R_{T1}=0.8R_{A1}=4\text{mm}$。

那么工序件凸缘平面的材料面积为（按料厚中心层计算，下同）

$$A_t=\frac{\pi}{4}\left\{d_t^2-\left[d_1+2\left(R_{A1}+\frac{t}{2}\right)\right]^2\right\}=\frac{\pi}{4}\left\{54^2-\left[36.5+2\left(5+\frac{1.5}{2}\right)\right]^2\right\}\text{mm}^2=\frac{\pi}{4}\times612\text{mm}^2$$

首次拉深时拉入凹模的材料面积为

$$A_{in}=\frac{\pi}{4}D_0^2-A_t=\frac{\pi}{4}(65^2-612)\text{mm}^2=\frac{\pi}{4}\times3613\text{mm}^2$$

实际多拉入3%，应为 $A_{in}=1.03A_{in}=\frac{\pi}{4}\times3721\text{mm}^2$。

毛坯总面积为 $A=A_t+A_{in}=\frac{\pi}{4}(612+3721)\text{mm}^2=\frac{\pi}{4}\times4333\text{mm}^2$。

毛坯直径应为 $D_0=\sqrt{4333}\text{mm}=65.83\text{mm}$，取 $D_0=\phi66\text{mm}$。

这时，可计算首次拉深工序件的高度为

$$\begin{aligned}h_1&=\frac{0.25}{d_1}(D_0^2-d_t^2)+0.43\left(R_{T1}+\frac{t}{2}+R_{A1}+\frac{t}{2}\right)+\frac{0.14}{d_1}\left[\left(R_{T1}+\frac{t}{2}\right)^2-\left(R_{A1}+\frac{t}{2}\right)^2\right]\\&=\left[\frac{0.25}{36.5}\times(66^2-54^2)+0.43\times(4+5+1.5)+\frac{0.14}{36.5}\times(4.75^2-5.75^2)\right]\text{mm}\\&=14.3\text{mm}\end{aligned}$$

校验首次拉深的工艺参数。

拉深系数为 $m_1=d_1/D_0=36.5/66=0.553>m_{1\min}=0.47$。

相对高度为 $h_1/d_1=14.3/36.5=0.393<(h_1/d_1)_{\max}=0.45$。

均符合要求。

2）第二、第三次拉深的工序件尺寸。第二次拉深时，工序件直径为 $d_2=m_2d_1=0.797\times36.5\text{mm}=29\text{mm}$，考虑到第三次拉深结束时的整形量不可太大，凸缘和底部圆角半径（凹模和凸模圆角半径）都减小至 $0.5R_{A1}$，即 $R_{A2}=R_{T2}=2.5\text{mm}$。

多拉入凹模的材料面积为2%（其余1%的材料返回到凸缘使其增厚），则假想坯料（原坯料减去使凸缘增厚的那部分材料）面积为

$$A''_{in}=1.015A_{in}=1.02\times\frac{\pi}{4}\times3613\text{mm}^2=\frac{\pi}{4}\times3685\text{mm}^2$$

假想坯料直径为 $D''_0=\sqrt{\frac{4}{\pi}(A_t+A''_{in})}=\sqrt{612+3685}\text{mm}=65.55\text{mm}$。

工序件高度为 $h_2=\frac{0.25}{d_2}(D_0''^2-d_t^2)+0.43\left(R_{T2}+\frac{t}{2}+R_{A2}+\frac{t}{2}\right)$

$$= \left[\frac{0.25}{29} \times (65.55^2 - 54^2) + 0.43 \times (2.5 + 2.5 + 1.5)\right] \text{mm}$$
$$= 14.7\text{mm}$$

第三次拉深及整形的工序件尺寸就是图 18-21 所示的冲孔翻孔前的工序件尺寸。三道拉深工序的工序件尺寸列于表 8-5 中。其他工序的计算较简单，结果见表 8-6。

表 8-5 拉深工序的工序件尺寸

工序号	工序内容	拉深系数 m_i	凸缘直径 d_t/mm	凸缘圆角半径 R_{Ai}/mm	底部圆角半径 R_{Ti}/mm	工序件直径/mm	工序件高度/mm	简图
	落料	落料直径 $D_0 = \phi 66$mm						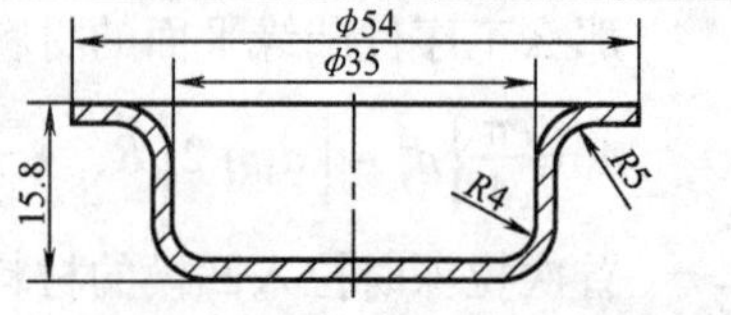
01	首次拉深	$m_1 = 0.553$	$\phi 54$	5	4	36.5	14.3	
02	二次拉深	$m_2 = 0.797$	$\phi 54$	2.5	2.5	29	14.7	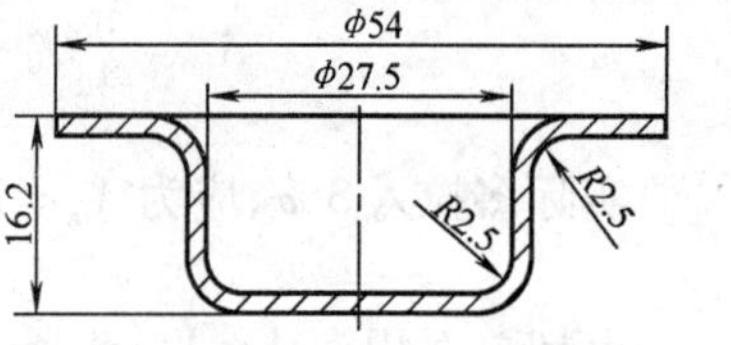
03	三次拉深及整形	$m_3 = 0.82$	$\phi 54$	1.5	1.5	23.8	16	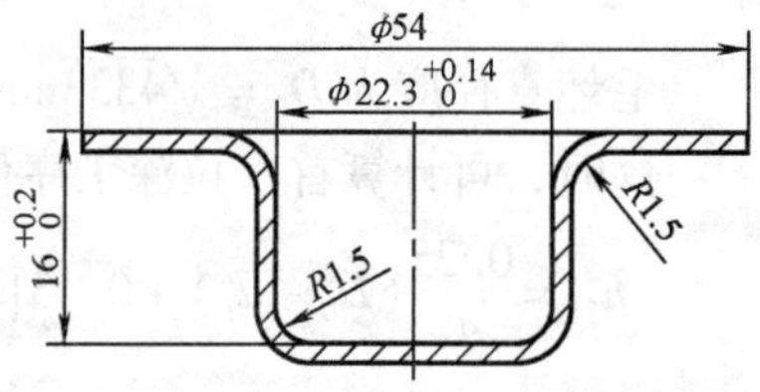

表 8-6 其他工序的工序件尺寸

工序号	工序内容	工序尺寸计算	简图
04	冲翻孔预制孔	前面已计算出孔径 $\phi 11$mm，按 IT13 级计算，冲孔尺寸为 $d_0 = \phi 11^{+0.27}_{0}$mm	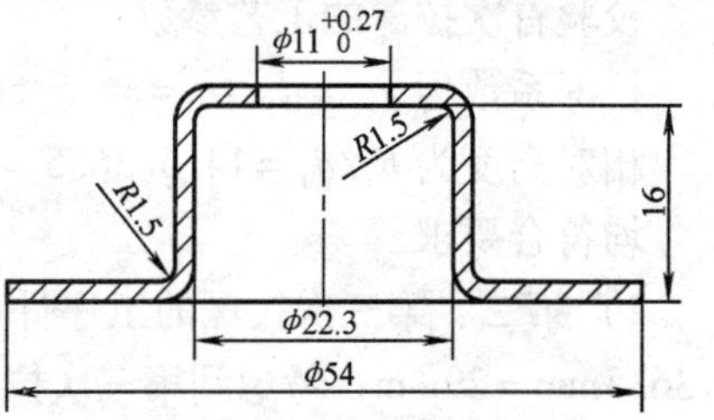
05	翻孔整形	直接保证零件尺寸	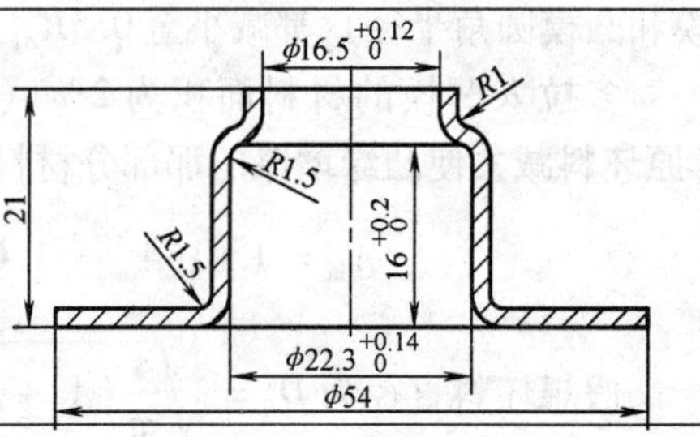
06	冲孔	按 IT13 级，$3 - \phi 3.2^{+0.18}_{0}$mm	略
07	切边	按 IT13 级，$\phi 50 \pm 0.23$mm	略

（2）力的计算及压力机要求

1）压边圈的采用与否和压料力的计算。根据各次拉深时材料的相对厚度（t/D）和拉深系数，可查表得首次拉深需采用压边圈，而第二、第三次拉深无需压边圈。压料方式根据设备情况而定。压料力大小按第6章的经验公式 $F_Y = A_Y p_y$ 计算，式中，A_Y 为所压坯料投影面积，p_y 为单位面积压料力。

2）拉深力的计算。应用经验公式 $F_L = \pi d_i t \sigma_b K_i$ 计算，参见第6章相关内容。

3）整形力计算。按公式 $F_Z = A_Z p_z$ 计算，A_Z 为整形面投影面积，p_z 为单位面积整形力。

4）翻孔力计算。按公式 $F_F = 1.1\pi(D-d)t\sigma_s$ 计算，式中 D 和 d 分别为翻孔直径和翻孔预制孔直径。

5）拉深的顶件力。按拉深力的10%计算。

6）冲裁力及相应的卸料力、推件力计算。前面的冲裁案例已有示范，不再详述。

各项工艺力的计算结果以及各工序选用压力机的说明，列于表8-7中。

表8-7　工艺力计算及压力机选择

工序号	01	02	03	04	05	06	07
工序内容	落料拉深	拉深	拉深整形	冲孔	翻孔整形	冲孔	切边
冲裁力/kN	124			21		18	98
卸料力/kN	6			1		1	废料切刀
推件力/kN				6		5	
顶件力/kN	7	4	3				
拉深力/kN	69	44	34				
整形力/kN			173		27		
压料力/kN	5				1		
翻孔力/kN					7		
总冲压力/kN	211	48	210	28	35	24	98
压力机的选择要求	考虑压力机的压力-行程曲线完全高于各项工艺力-行程曲线			公称压力≥28kN	公称压力≥35kN	公称压力≥24kN	公称压力≥98kN

（3）模具工作部分尺寸计算。计算方法参见前面相关章节，结果列于表8-8中。

表8-8　模具工作部分尺寸

工序号	工序内容	单边间隙/mm	凸模直径/mm	凸模圆角/mm	凹模直径/mm	凹模圆角/mm
01	落料	0.065～0.12	$\phi65.72_{-0.02}^{0}$	—	$\phi65.85_{0}^{+0.03}$	—
	首次拉深	1.7～1.8	$\phi34.6_{-0.03}^{0}$	$R4$	$\phi38_{0}^{+0.05}$	$R5$
02	二次拉深	1.6～1.7	$\phi27.3_{-0.03}^{0}$	$R2.5$	$\phi30.5_{0}^{+0.05}$	$R2.5$
03	三次拉深及整形	1.4～1.45	$\phi22.36_{-0.03}^{0}$	$R1.5$	$\phi25.16_{0}^{+0.05}$	$R1.5$
04	冲孔	0.065～0.12	$\phi11.14_{-0.02}^{0}$	—	$\phi11.27_{0}^{+0.02}$	—
05	翻孔整形	1.1～1.15	$\phi16.59_{-0.02}^{0}$	$SR8.3$	$\phi18.8_{0}^{+0.02}$	$R1$
06	冲孔	0.065～0.12	$\phi3.36_{-0.02}^{0}$	—	$\phi3.49_{0}^{+0.02}$	—
07	切边	0.065～0.12	$\phi49.87_{-0.02}^{0}$	—	$\phi50_{0}^{+0.03}$	—

4. 模具结构设计

本例需设计七副模具，由于篇幅所限，现只将拉深模的结构简图画出，分别如图8-23、图8-24和图8-25所示。图8-23所示为落料、拉深复合模，用条料生产，可计算得条料宽度70mm，送进步距67.5mm；压边圈的压力由下部可调弹顶器（未画出）提供。注意图8-24中的压件块和压件板在下止点时均被压死，并有刚性冲击，对零件整形，这与前两次拉深不同。三副拉深模的拉深凸模均开有漏气孔。

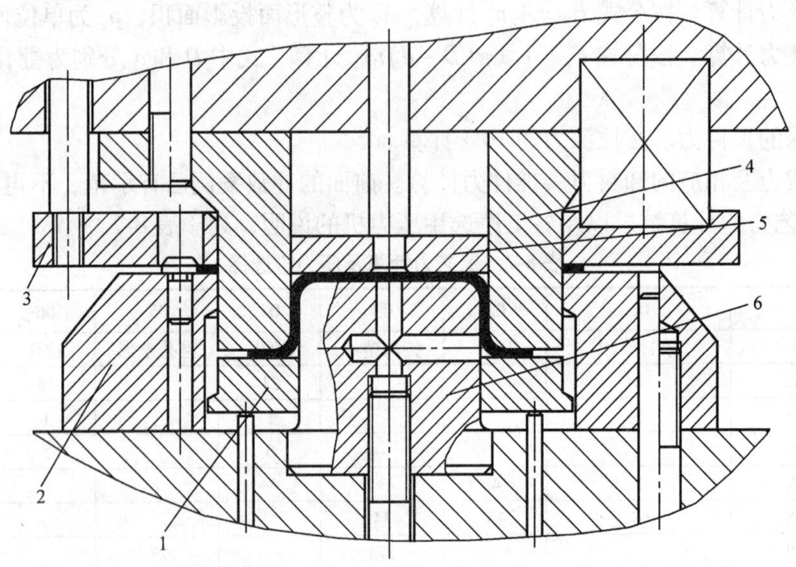

图8-23　壳体落料、拉深复合模

1—压边圈　2—落料凹模　3—卸料板　4—落料凸模、拉深凹模　5—顶件块　6—拉深凸模

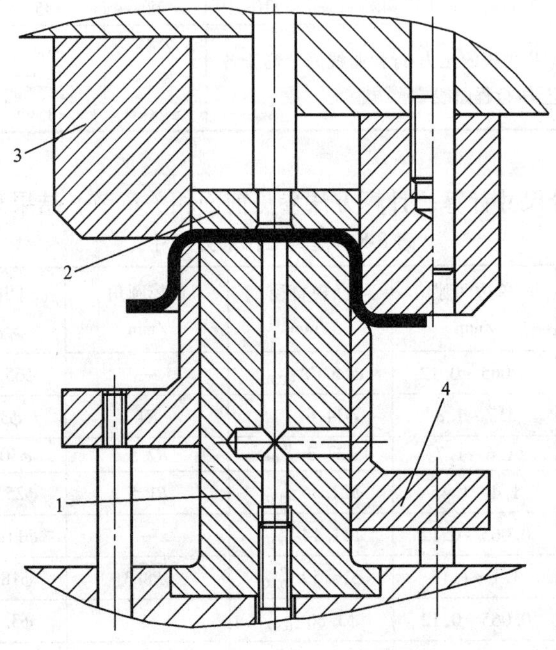

图8-24　壳体二次拉深模

1—凸模　2—顶件块　3—凹模　4—定位兼顶件器

其他的单工序冲裁或翻孔模的结构读者可自行设计，注意冲 ϕ11mm 翻孔预制孔时，应从底部向腔内冲，使毛刺在腔内，便于翻孔；翻孔时最后对圆角整形；冲三个 ϕ3.2mm 孔时，零件要以 ϕ22.3mm 内孔定位；切边时为便于废料清除，不用卸料板，而用 3 ~ 4 个废料切刀将废料切成若干块；尤其要注意其他工序模具的压料、卸料等零件工作时不得破坏拉深件的尺寸和形位精度，相关部位要留出可靠间隙。

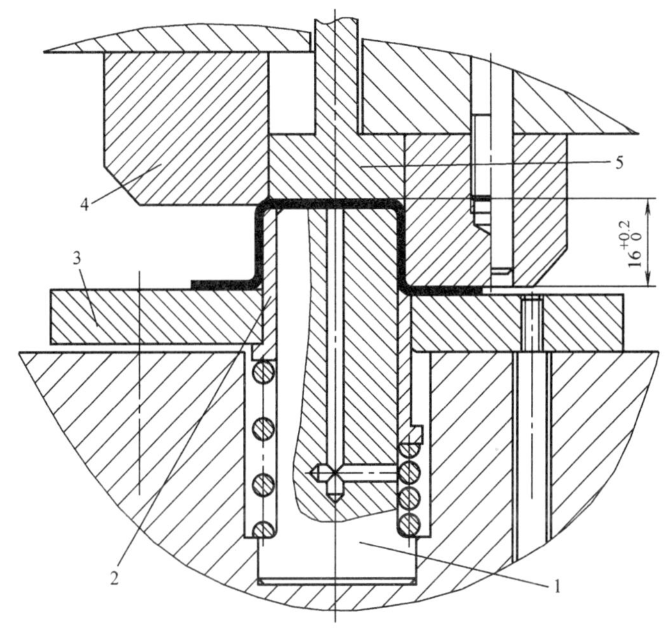

图 8-25　壳体三次拉深及整形模

1—凸模　2—定位兼顶件器　3—压件板　4—凹模　5—压件块

思考练习题

对图 8-26 ~ 图 8-29 所示的冲压件进行冲压工艺过程和模具设计。

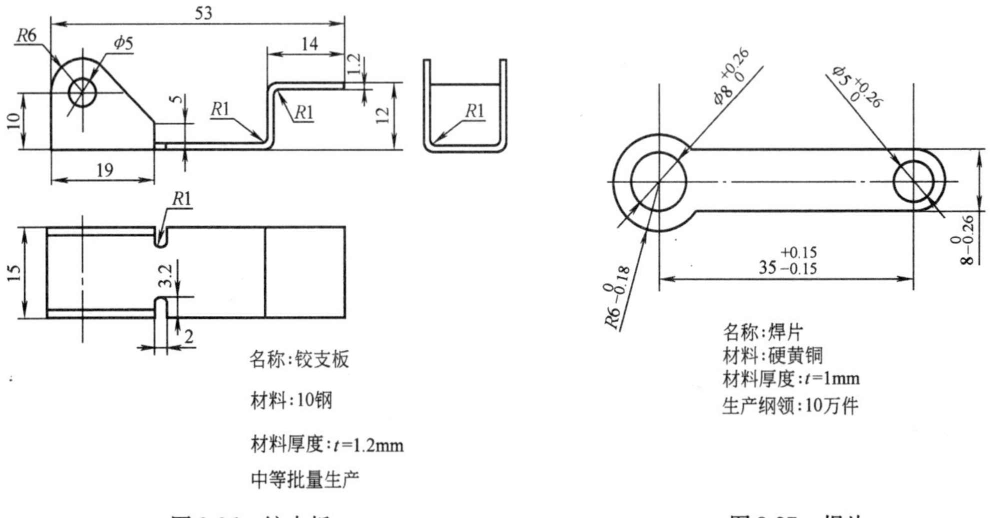

图 8-26　铰支板

图 8-27　焊片

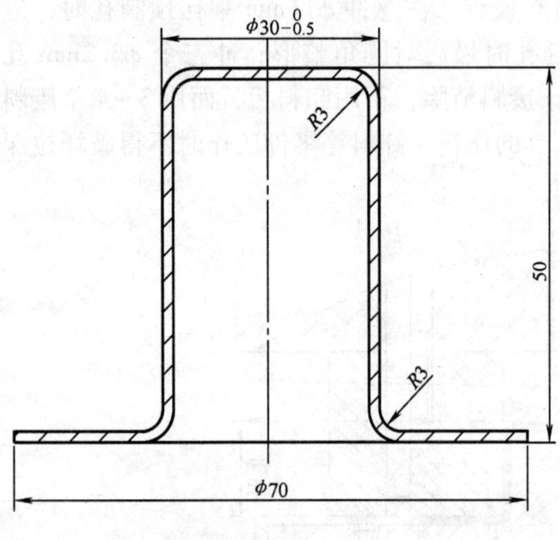

名称:壳
材料:08钢
材料厚度:t= 1.5mm
大批量生产

图 8-28 壳

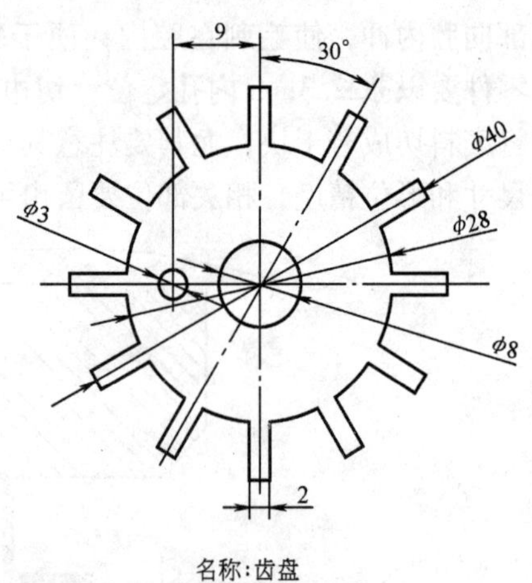

名称:齿盘
材料:HPb59-1钢
材料厚度:t =1mm
生产纲领:15万件

图 8-29 齿盘

参 考 文 献

[1] 郑家贤．冲压工艺与模具设计实用技术［M］．北京：机械工业出版社，2005.
[2] 吴伯杰．冲压工艺与模具［M］．北京：电子工业出版社，2004.
[3] 丁松聚．冷冲模设计［M］．北京：机械工业出版社，2001.
[4] 肖景容，姜奎华．冲压工艺学［M］．北京：机械工业出版社，1999.
[5] 马正元，韩启．冲压工艺与模具设计［M］．北京：机械工业出版社，1998.
[6] 冲模设计手册编写组．冲模设计手册［M］．北京：机械工业出版社，2000.
[7] 成虹．冲压工艺与模具设计［M］．北京：高等教育出版社，2000.
[8] 段来根．多工位级进模与冲压自动化［M］．北京：机械工业出版社，2001.
[9] 翁其金．冷冲压技术［M］．北京：机械工业出版社，2000.
[10] 模具实用技术丛书编委会．模具制造工艺装备及应用［M］．北京：机械工业出版社，1999.
[11] 张荣清．模具设计与制造［M］．北京：高等教育出版社，2003.
[12] 中国模具设计大典编委会．中国模具设计大典［M］．南昌：江西科学技术出版社，2002.
[13] 刘建超，张宝忠．冲压模具设计与制造［M］．北京：高等教育出版社，2004.
[14] 姜奎华．冲压工艺与模具设计［M］．北京：机械工业出版社，2003.
[15] 模具实用技术丛书编委会．冲模设计应用实例［M］．北京：机械工业出版社，1994.
[16] 高鸿庭，刘建超．冷冲模设计与制造［M］．北京：机械工业出版社，2002.
[17] 陈孝康等．实用模具技术手册［M］．北京：中国轻工业出版社，2001.
[18] 陈剑鹤．冲压工艺与模具设计［M］．北京：机械工业出版社，2002.
[19] 模具设计与制造技术教育丛书编委会．模具制造工艺与装备［M］．北京：机械工业出版社，2003.
[20] 冯炳尧，韩泰荣，蒋文森．模具设计与制造简明手册［M］．2 版．上海：上海科学技术出版社，1998.